野火

野火嵌入式系列

RTOS

RT-Thread内核实现与应用开发实战指南

基于STM32

刘火良 杨森 编著

图书在版编目（CIP）数据

RT-Thread 内核实现与应用开发实战指南：基于 STM32/ 刘火良，杨森编著．—北京：机械工业出版社，2019.1（2024.2 重印）
（电子与嵌入式系统设计丛书）

ISBN 978-7-111-61366-4

I. R… II. ① 刘… ② 杨… III. 微控制器 - 系统开发 - 指南 IV. TP332.3-62

中国版本图书馆 CIP 数据核字（2018）第 263077 号

RT-Thread 内核实现与应用开发实战指南：基于 STM32

出版发行：机械工业出版社（北京市西城区百万庄大街 22 号 邮政编码：100037）

责任编辑：赵亮宇　　责任校对：殷　虹

印　　刷：北京建宏印刷有限公司　　版　　次：2024 年 2 月第 1 版第 6 次印刷

开　　本：186mm×240mm 1/16　　印　　张：26

书　　号：ISBN 978-7-111-61366-4　　定　　价：99.00 元

客服电话：（010）88361066　68326294

推 荐 序

从2006年走来，RT-Thread已经走过了十多个年头。早年就和野火相识于网络，记得那个时候野火电子才开始做开发板，RT-Thread也只是国内一个小众的RTOS。直至2018年年中，野火来上海我俩才有缘相见，互道年轻。

2017年年底，欣闻野火有写作RT-Thread相关书籍的计划，非常欣喜、感谢。这将是介绍RT-Thread的首本书籍，在RT-Thread的基础生态推广方面有着举足轻重的作用！不仅如此，作为RT-Thread的官方合作伙伴，野火电子也在其全系列的STM32开发板上适配了RT-Thread例程并配套了手把手的教程。

野火的这本书，第一部分由0到1，从底层的汇编开始，一步一步构造出一个RT-Thread操作系统内核，向大家揭示了任务如何定义、如何切换，也讲解了任务的延时如何实现、如何支持多优先级、如何实现定时器以及如何实现时间片等RT-Thread操作系统的核心知识点；第二部分则讲解了RT-Thread内核设施的应用，使得大家学习和使用RT-Thread不再困难。

整本书由浅入深，层层叠加，与初学者的入门路径完全吻合，是学习RT-Thread物联网操作系统的不二之选。同时，整本书也兼顾深度，对想要了解操作系统内核原理的读者来说，也非常值得一读。

RT-Thread创始人

熊谱翔

RT-Thread

前　　言

如何学习本书

本书是首本系统讲解 RT-Thread 的中文书籍，共分为两个部分。第一部分重点讲解 RT-Thread 的原理实现，从 0 开始，不断迭代，教你把 RT-Thread 的内核写出来，让你彻底学会线程是如何定义的、系统是如何调度的（包括底层的汇编代码讲解）、多优先级是如何实现的等操作系统的最深层次的知识。当你拿到本书开始学习的时候，你一定会惊讶，原来 RTOS 的学习并没有那么复杂，反而是那么有趣；原来自己也可以写 RTOS，成就感立马爆棚。

当彻底掌握第一部分的知识之后，再学习其他 RTOS，可以说十分轻松。纵观现在市面上流行的几种 RTOS，它们的内核实现差异不大，只需要深入研究其中一种即可，没有必要对每一种 RTOS 都深入地研究源码，但如果时间允许，看一看也并无坏处。第二部分重点讲解 RT-Thread 的移植、内核中每个组件的应用，比起第一部分，这部分内容掌握起来应该比较容易。

全书内容循序渐进，不断迭代，尤其在第一部分，前一章是后一章的基础，必须从头开始阅读，不能进行跳跃式的阅读。在学习时务必做到两点：一是不能一味地看书，要把代码和书本结合起来学习，一边看书，一边调试代码。如何调试代码呢？即单步执行每一条程序，看程序的执行流程和执行的效果与自己所想的是否一致。二是在每学完一章之后，必须将配套的例程重写一遍（切记不要复制，即使是一个分号，但可以照书录入），做到举一反三，确保真正理解。在自己写的时候难免错误百出，要珍惜这些错误，好好调试，这是你提高编程能力的最好机会。记住，程序不是一气呵成写出来的，而是一步一步调试出来的。

本书的编写风格

本书第一部分主要以 RT-Thread Nano 3.0.3 官方源码为蓝本，抽丝剥茧，不断迭代，教你如何从 0 开始把 RT-Thread 内核写出来。书中涉及的数据类型、变量名称、函数名称、文件名称、文件存放的位置都完全按照 RT-Thread 官方的方式来实现。学完这本书之后，你可以无缝地切换到原版的RT-Thread中使用。要注意的是，在实现的过程中，某些函数中会去掉一些形参和冗余的代码，只保留核心的功能，但这并不会影响我们学习。

本书第二部分主要介绍RT-Thread的移植和内核组件的使用，不会再去深入讲解源码，而是着重讲解如何应用，如果对第一部分不感兴趣，也可以跳过第一部分，直接进入第二部分的学习。

本书还有姊妹篇——《FreeRTOS内核实现与应用开发实战指南：基于STM32》，两本书的编写风格、内容框架和章节命名与排序基本一致，语言阐述类似，且涉及RTOS抽象层的理论部分也相同，不同之处在于RTOS的实现原理、内核源码的讲解和上层API的使用，这些内容才是重点部分，是读者学习的核心。例如，虽然两本书的第一部分的章节名称基本类似，但内容不同，因为针对的RTOS不一样。其中，关于新建RT-Thread工程和裸机系统与多线程（任务）系统的描述属于RTOS抽象层的理论部分，不具体针对某个RTOS，所以基本一样。第二部分中，对于什么是线程（任务）、阻塞延时和信号量的应用等RTOS抽象层的理论讲解也基本类似，但是具体涉及这两个RTOS的原理实现和代码讲解时则完全不同。

如果读者已经学习了其中一本书，再学习另外一本的话，那么涉及RTOS抽象层的理论部分可跳过，只需要把精力放在RTOS内核的实现和源码API的应用方面。因为现有的RTOS在理论层基本都是相通的，但在具体的代码实现上各有特点，所以可以用这两本书进行互补学习，掌握了其中一本书的知识，再学习另外一本书定会得心应手，事半功倍。

本书的参考资料和配套硬件

关于本书的参考资料和配套硬件的信息，请参考本书附录部分。

本书的技术论坛

如果在学习过程中遇到问题，可以到野火电子论坛www.firebbs.cn发帖交流，开源共享，共同进步。

鉴于水平有限，书中难免有错漏之处，热心的读者也可把勘误发送到论坛上以便改进。祝你学习愉快，RT-Thread的世界，野火与你同行。

引　　言

为什么学习 RTOS

当我们进入嵌入式系统这个领域时，首先接触的往往是单片机编程，单片机编程又首选51单片机来入门。这里说的单片机编程通常都是指裸机编程，即不加入任何RTOS（Real Time Operation System，实时操作系统）的程序。常用的RTOS有国外的FreeRTOS、μC/OS、RTX和国内的RT-Thread、Huawei LiteOS、AliOS-Things等，其中，开源且免费的FreeRTOS的市场占有率最高。如今国产的RT-Thread经过10余年的迅猛发展，在国产RTOS中占据鳌头。

在裸机系统中，所有的程序基本都是用户自己写的，所有的操作都是在一个无限的大循环里面实现。现实生活的很多中小型电子产品中用的都是裸机系统，而且能够满足需求。但是为什么还要学习RTOS编程，并会涉及一个操作系统呢？一是因为项目需求，随着产品要实现的功能越来越多，单纯的裸机系统已经不能完美地解决问题，反而会使编程变得更加复杂，如果想降低编程的难度，可以考虑引入RTOS实现多线程管理，这是使用RTOS的最大优势；二是出于学习的需要，必须学习更高级的技术，实现更好的职业规划，为将来能有更好的职业发展做准备，而不是一味拘泥于裸机编程。作为一个合格的嵌入式软件工程师，学习是永远不能停歇的，时刻都得为将来做准备。书到用时方恨少，希望当机会来临时，读者不要有这种感觉。

为了帮大家厘清RTOS编程的思路，本书会在第2章简单地分析这两种编程方式的区别，这个区别被笔者称为“学习RTOS的‘命门’”，只要掌握这一关键内容，以后的RTOS学习可以说是易如反掌。在讲解这两种编程方式的区别时，我们主要讲解方法，不会涉及具体的代码编程，即主要还是通过伪代码来讲解。

如何学习 RTOS

裸机编程和RTOS编程的风格有些不一样，而且有很多人说学习RTOS很难，这就导致想要学习RTOS的人一听到RTOS编程就在心里忌惮三分，结果就是“出师未捷身先死”。

那么到底如何学习RTOS呢？最简单的方法就是在别人移植好的系统上，先看看RTOS中API的使用说明，然后调用这些API实现自己想要的功能即可，完全不用关心底层的移植，这是最简单、快速的入门方法。这种方法有利有弊，如果是做产品，好处是可以快速地实现功能，将产品推向市场，赢得先机；弊端是当程序出现问题时，因对RTOS不够了解，会导致调试困难。如果想系统地学习RTOS，那么只会简单地调用API是不可取的，我们应该深入学习其中一款RTOS。

目前市场上现有的RTOS，其内核实现方式差异不大，我们只需要深入学习其中一款即可。万变不离其宗，即使以后换到其他型号的RTOS，使用起来自然也是得心应手。那么，如何深入地学习一款RTOS呢？这里有一个非常有效但也十分难的方法，就是阅读RTOS的源码，深入研究内核和每个组件的实现方式。这个过程枯燥且痛苦，但为了能够学到RTOS的精华，还是很值得一试的。

市面上虽然有一些讲解RTOS源码的图书，但如果基础知识掌握得不够，且先前没有使用过该款RTOS，那么只看源码还是会非常枯燥，并且不能从全局掌握整个RTOS的构成和实现。

现在，我们采用一种全新的方法来教大家学习一款RTOS，既不是单纯地介绍其中的API如何使用，也不是单纯拿里面的源码一句句地讲解，而是从0开始，层层叠加，不断完善，教大家如何把一个RTOS从0到1写出来，让你在每一个阶段都能享受到成功的喜悦。在这个RTOS实现的过程中，只需要具备C语言基础即可，然后就是跟着本书笃定前行，最后定有所成。

选择什么RTOS

用来教学的RTOS，我们不会完全从头写一个，而是选取目前国内很流行的RT-Thread为蓝本，将其抽丝剥茧，从0到1写出来。在实现的过程中，数据类型、变量名、函数名称、文件类型等都完全按照RT-Thread里面的写法，不会再重新命名。这样学完本书之后，就可以无缝地过渡到RT-Thread了。

RT-Thread简介

RT-Thread的版权属于上海睿赛德电子科技有限公司，它于2006年1月首次发布，初始版本号为0.1.0，经过10余年的发展，如今主版本号已经升级到3.0，累计开发者人数达数百万，在各行各业产品中装机量达到了2000多万，占据国产RTOS的鳌头。

RT-Thread是一款开源免费的实时操作系统，遵循的是GPLv2+许可协议。这里所说的开源，指的是你可以免费获取RT-Thread的源代码，而且当你的产品使用了RT-Thread且没有修改RT-Thread内核源码时，你的产品的全部代码都可以闭源，但是当你修改了RT-Thread内核源码时，就必须将修改的这部分开源，反馈给社区，其他应用部分不用开源。无论是个人还是公司，都可以免费使用RT-Thread。

RT-Thread的意义

不知你是否发现，在RTOS领域，我们能接触到的实时操作系统基本都来自国外，很少见到有国内厂家的产品。从早年很流行的μC/OS，到如今市场占有率很高的FreeRTOS，到获得安全验证非常多的RTX（KEIL自家的），再到盈利能力领先的ThreadX，均来自国外。可在十几年前，在中国，出现了一个天赋异禀、倔强不屈的极客——熊谱翔。他编写了RT-Thread初代内核，并联合中国开源社区的极客不断完善，推陈出新，经过十几年的发展，如今占据国产RTOS的鳌头，且每年能递增数十万名开发者，加上如今AI和物联网等技术发展的机遇，让RT-Thread有“一统江湖”之势，从2018年完成A轮数百万美元的融资就可以看出，在未来不出5年，RT-Thread将是你学习和做产品的不二之选。

那么RT-Thread的意义究竟是什么？RT-Thread来自中国，让我们看到了国内的技术开发者也能写出如此优秀的RTOS，技术方面并不逊色于其他国家。以我们10多年从事电子行业的经验来看，RT-Thread无疑增强了我们在这一领域的自信，这是我们认为的RT-Thread的最大意义。当然，作为一款国产的物联网操作系统，RT-Thread简单易用、低功耗设计、组件丰富等特性也将让其大放异彩。野火，作为一个国内嵌入式领域的教育品牌，能为国产RTOS出一份力也是我们的荣幸，希望本书能够帮助大家快速地入门并掌握RT-Thread。

目　录

第一部分

从 0 到 1 教你写 RT-Thread 内核

本部分以 RT-Thread Nano 为蓝本，抽丝剥茧，不断迭代，教大家如何从 0 开始写 RT-thread。这一部分的重点在于 RTOS 的实现过程，当学完这部分内容之后，再来重新使用 RT-Thread 或者其他 RTOS 将会得心应手，不仅知其然，而且知其所以然。在源码实现的过程中，涉及的数据类型、变量名称、函数名称、文件名称以及文件的存放目录都会完全按照 RT-Thread 的来实现，一些不必要的代码会被剔除，但这并不会影响我们理解整个操作系统的功能。

本部分中每一章都以前一章为基础，环环相扣，逐渐揭开操作系统的神秘面纱，读起来会有一种令人豁然开朗的感觉。如果你把代码都自己输入一遍，得到的仿真效果如果与书中的一样，那从心里油然而生的成就感简直就要爆棚，恨不得一下子把这本书读完，真是让人看了还想看，读了还想读。

第 1 章

新建 RT-Thread 工程——软件仿真

在开始编写 RT-Thread 内核之前，我们先新建一个 RT-Thread 工程，Device 选择 Cortex-M3（Cortex-M4 或 Cortex-M7）内核的处理器，调试方式选择软件仿真，然后我们开始一步一步地教大家把 RT-Thread 内核写出来，让大家彻底明白 RT-Thread 的内部实现和设计思想，最后把 RT-Thread 移植到野火 STM32 开发板上。最后的移植其实已经非常简单，只需要换一下启动文件并添加 bsp 驱动即可。

1.1 新建本地工程文件夹

在开始新建工程之前，我们先在本地计算机中新建一个文件夹用于存放工程。可将文件夹命名为“新建 RT-Thread 工程——软件仿真”（名字可以随意设置），然后在该文件夹下新建各个文件夹和文件，有关这些文件夹的包含关系和作用如表 1-1 所示。

表 1-1 工程文件夹根目录下的文件夹及作用

<table>
<tr><th>文件夹名称</th><th>文 件 夹</th><th>文件夹作用</th></tr>
<tr><td>Doc</td><td>—</td><td>用于存放整个工程的说明文件，如 readme.txt。通常情况下，要对整个工程实现的功能、如何编译、如何使用等做一个简要的说明</td></tr>
<tr><td>Project</td><td>—</td><td>用于存放新建的工程文件</td></tr>
<tr><td rowspan="9">rtthread/3.0.3</td><td>bsp</td><td>存放板级支持包，暂时为空</td></tr>
<tr><td>components\finsh</td><td>存放 RT-Thread 组件，暂时为空</td></tr>
<tr><td>include</td><td rowspan="2">存放头文件，暂时为空</td></tr>
<tr><td>include\libc</td></tr>
<tr><td>libcpu\arm\cortex-m0</td><td rowspan="4">存放与处理器相关的接口文件，暂时为空</td></tr>
<tr><td>libcpu\arm\cortex-m3</td></tr>
<tr><td>libcpu\arm\cortex-m4</td></tr>
<tr><td>libcpu\arm\cortex-m7</td></tr>
<tr><td>src</td><td>存放 RT-Thread 内核源码，暂时为空</td></tr>
<tr><td>User</td><td></td><td>存放 main.c 和其他用户编写的程序，第一次使用 main.c 时需要用户自行创建</td></tr>
</table>

1.2　使用 KEIL 新建工程

开发环境我们使用 KEIL5，版本为 5.23，高于或者低于 5.23 均可，但应为版本 5 系列。

1.2.1　New Project

首先打开 KEIL5 软件，新建一个工程，工程文件放在目录 Project 下面，命名为 Fire_RT-Thread，其中 Fire 表示“野火”，当然也可以为其他名称，但是应注意必须用英文，不能用中文。

1.2.2　Select Device for Target

设置好工程名称，确定之后会弹出相应 Select Device for Target 对话框，选择处理器，这里选择 ARMCM3，也可根据 Device 型号选择 ARMCM4 或 ARMCM7，如图 1-1 ～图 1-3 所示。

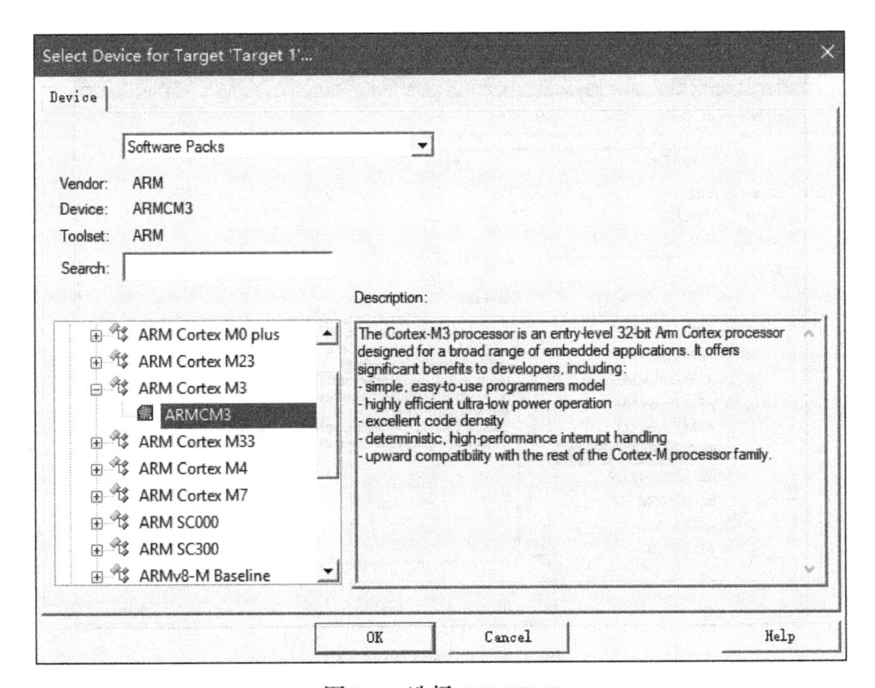

图 1-1　选择 ARMCM3

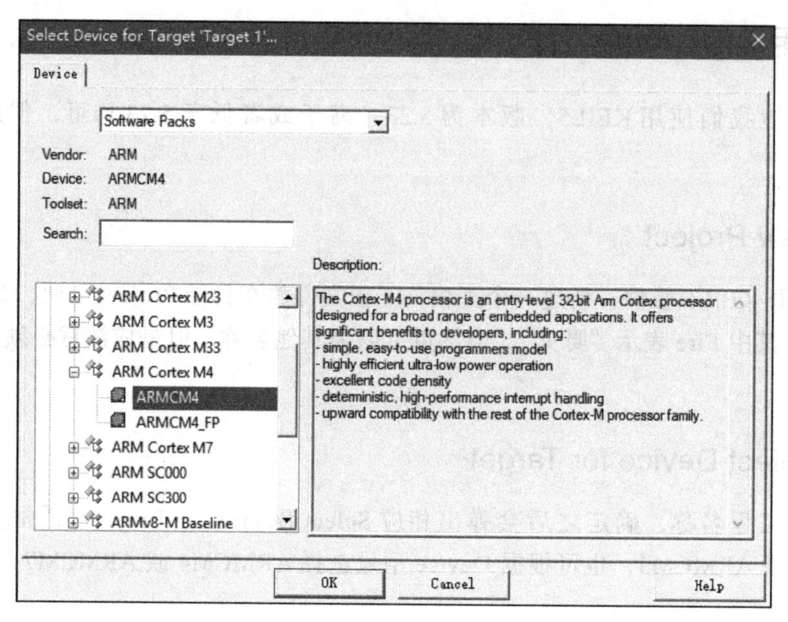

图 1-2 选择 ARMCM4

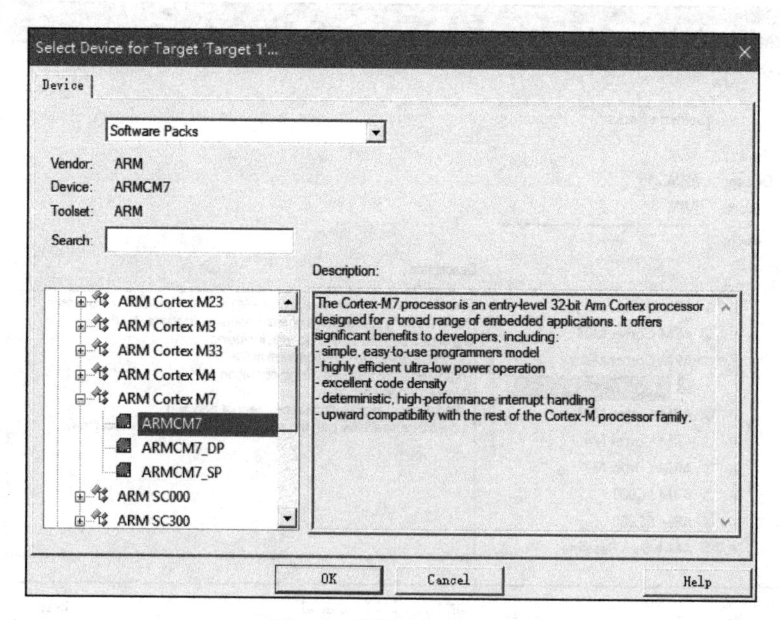

图 1-3 选择 ARMCM7

1.2.3 Manage Run-Time Environment

选择好处理器后，单击 OK 按钮将弹出 Manage Run-Time Environment 对话框。这里在 CMSIS 栏中选中 CORE，在 Device 栏中选中 Startup 文件即可，如图 1-4 所示。

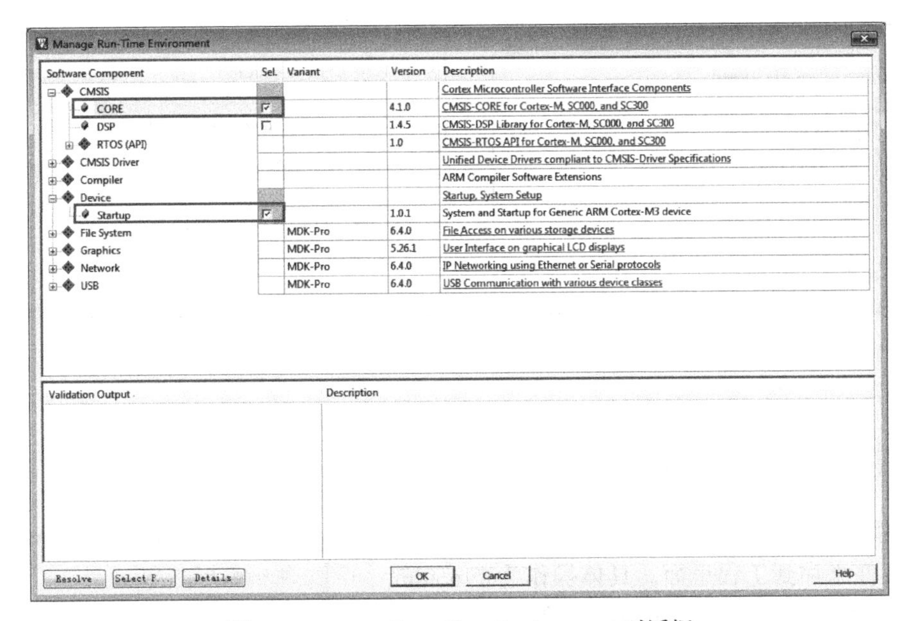

图 1-4　Manage Run-Time Environment 对话框

单击 OK 按钮，关闭 Manage Run-Time Environment 对话框之后，刚刚选择的 CORE 和 Startup 这两个文件就会添加到工程组中，如图 1-5 所示。

这两个文件刚开始都是存放在 KEIL 的安装目录下，当配置 Manage Run-Time Environment 对话框之后，软件就会把选中的文件从 KEIL 的安装目录复制到我们的工程目录 Project\RTE\Device\ARMCM3（ARMCM4 或 ARMCM7）下面。其中 startup_ARMCM3.s(startup_ARMCM4.s 或 startup_ARMCM7.s）是用汇编语言编写的启动文件，system_ARMCM3.c（system_ARMCM4.c 或 system_ARMCM7.c）是用C语言编写的与时钟相关的文件。若想了解更加具体的内容，可直接阅读这两个文件的源码。只要是 Cortex-M3（Cortex-M4 或 Cortex-M7）内核的单片机，这两个文件都适用。

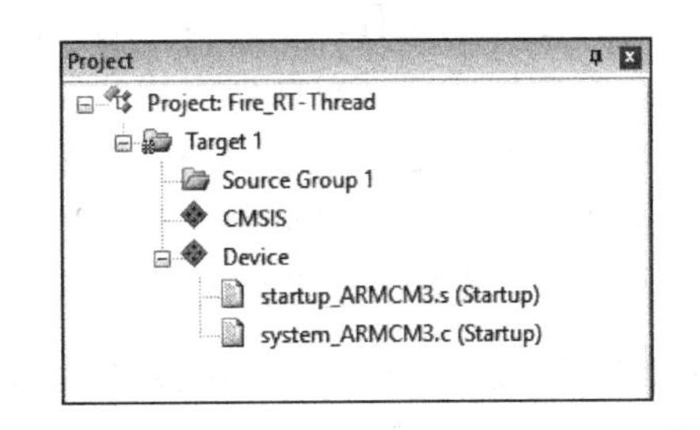

图 1-5　CORE（即 system）和 Startup 文件

1.3　在 KEIL 工程中新建文件组

在 KEIL 工程中添加 user、rtt/ports、rtt/source 和 doc 这 4 个文件组，用于管理文件，如图 1-6 所示。

对于初学者，有一个问题就是如何添加文件组。具体的方法为右击 Target 1，在弹出的快捷菜单中选择 Add Group... 命令即可，如图 1-7 所示。需要多少个组，就按此步骤操作多少次。

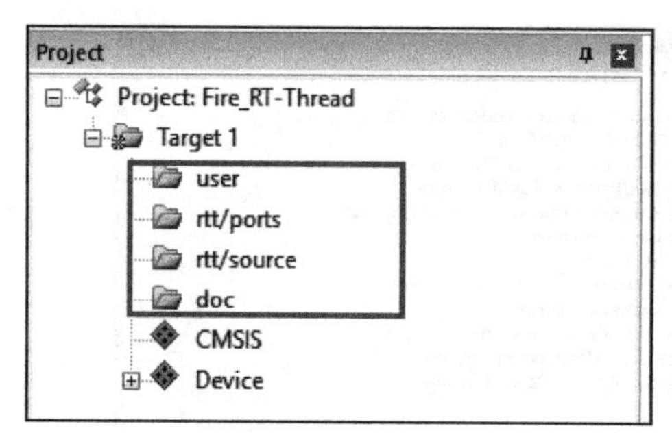

图 1-6　新添加的文件组

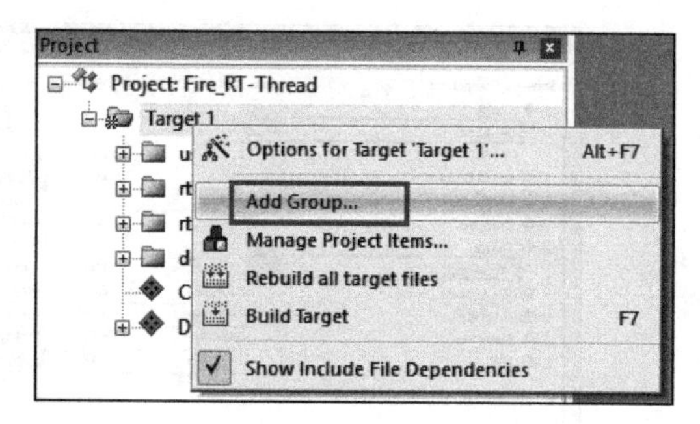

图 1-7　添加组

1.4　在 KEIL 工程中添加文件

在工程中添加好组之后，需要把本地工程中创建好的文件添加到工程里面。具体操作为把 readm.txt 文件添加到 doc 组，把 main.c 文件添加到 user 组，至于 RT-Thread 相关的文件目前还没有编写，那么 RT-Thread 相关的组暂时为空，如图 1-8 所示。

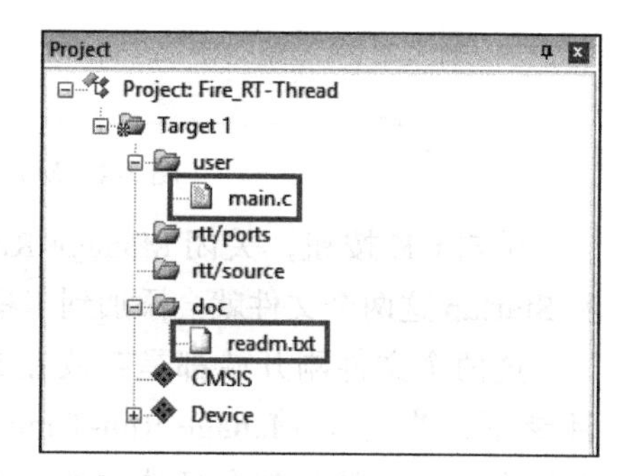

图 1-8　向组中添加文件

对于初学者，有一个问题是如何将本地工程中的文件添加到工程组中。具体的方法为双击相应的组，在弹出的文件对话框中找到要添加的文件，默认的文件类型是 C 文件。如果要添加的是文本或者汇编文件，那么此时将看不到这类文件，这时就需要将“文件类型”设置为 All files，最后单击 Add 按钮即可，如图 1-9 所示。

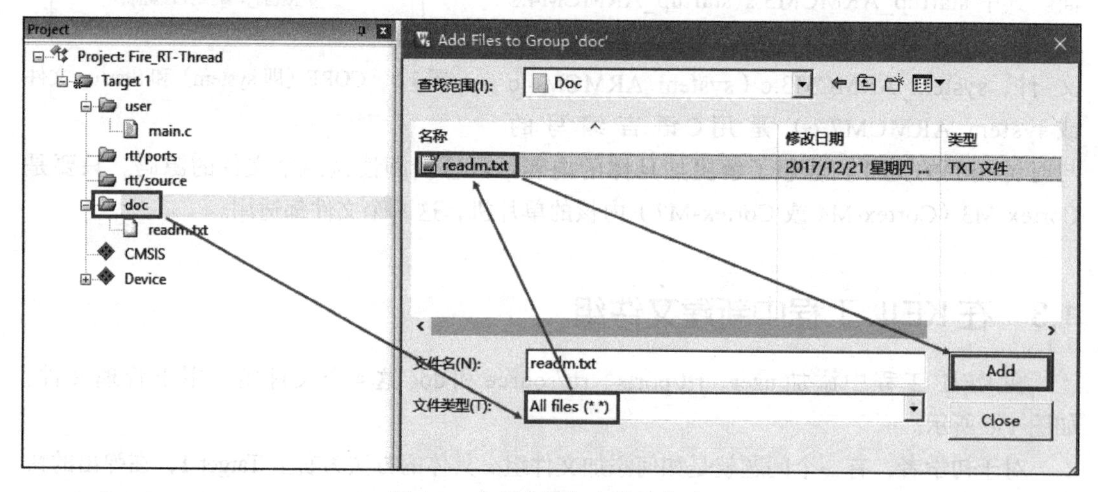

图 1-9　向组中添加文件的方法

下面编写 main() 函数。

一个工程中如果没有 main() 函数是无法编译成功的，因为系统在开始执行时先执行启动文件里面的复位程序，复位程序中会调用 C 库函数 __main，__main 的作用是初始化系统变量，如全局变量，以及只读的、可读可写的变量等。__main 最后会调用 __rtentry，再由 __rtentry 调用 main() 函数，从而由汇编跳入 C 的世界，这里的 main() 函数就需要我们手动编写，如果没有编写 main() 函数，就会出现 main() 函数未定义的错误，如图 1-10 所示。

```
Build Output
*** Using Compiler 'V5.06 update 4 (build 422)', folder: 'C:\Keil_v5\ARM\ARMCC\Bin'
Build target 'Target 1'
assembling startup_ARMCM3.s...
compiling main.c...
compiling system_ARMCM3.c...
linking...
.\Objects\YH-uCOS-III.axf: Error: L6218E: Undefined symbol main (referred from __rtentry2.o).
Not enough information to list image symbols.
Finished: 1 information, 0 warning and 1 error messages.
".\Objects\YH-uCOS-III.axf" - 1 Error(s), 0 Warning(s).
Target not created.
Build Time Elapsed:  00:00:02
```

图 1-10　未定义 main() 函数的错误

main() 函数写在 main.c 文件中，因为是刚刚新建的工程，所以 main() 函数暂时为空，具体参见代码清单 1-1。

代码清单1-1　main()函数

```
 1 /*
 2 ************************************************************************
 3 *                               main() 函数
 4 ************************************************************************
 5 */
 6 int main(void)
 7 {
 8     for (;;)
 9     {
10         /* 无操作 */
11     }
12 }
```

1.5　调试配置

1.5.1　设置软件仿真

完成上述操作后，再配置一下调试相关的参数即可。为了方便，本书全部代码都用软件仿真，既不需要开发板，也不需要仿真器，只需要一个 KEIL 软件即可。有关软件仿真的具体配置如图 1-11 所示。

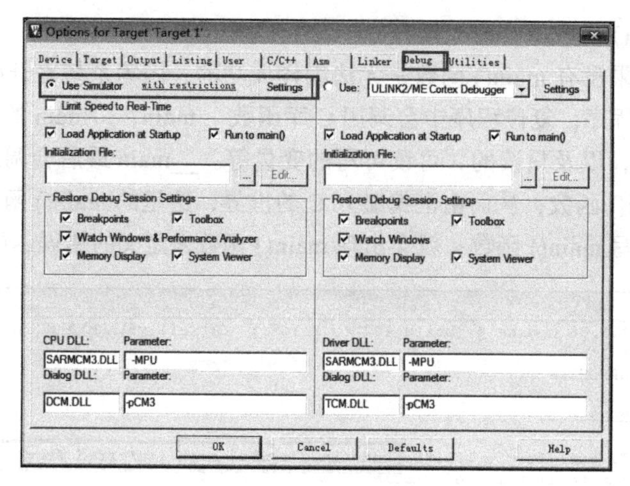

图 1-11　软件仿真的配置

1.5.2　修改时钟大小

在时钟相关文件 system_ARMCM3.c（system_ARMCM4.c 或 system_ARMCM7.c）的开头，有一段代码定义了系统时钟的频率为 25MHz，具体参见代码清单 1-2。在软件仿真时，要确保时间的准确性，代码中系统时钟与软件仿真的时钟必须一致，所以 Options for Target 对话框中 Target 选项卡中的时钟频率应该由默认的 12 改成 25，如图 1-12 所示。

代码清单1-2　时钟相关宏定义

```
1 #define  __HSI            ( 8000000UL)
2 #define  __XTAL           ( 5000000UL)
3
4 #define  __SYSTEM_CLOCK    (5*__XTAL) /* 5*5000000=25M*/
```

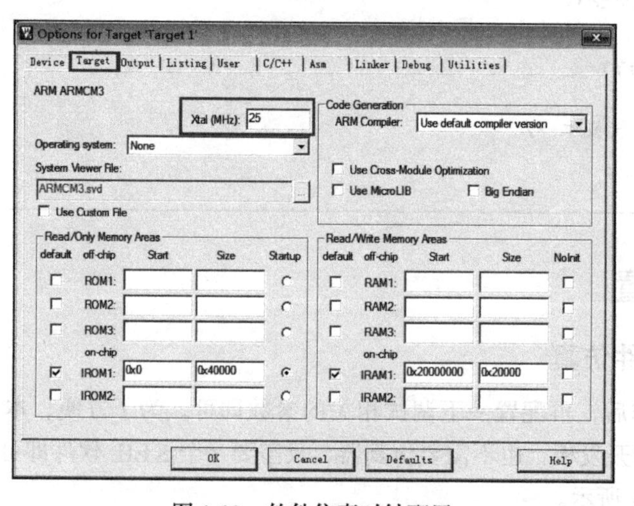

图 1-12　软件仿真时钟配置

1.5.3　添加头文件路径

应在 C/C++ 选项卡中指定工程头文件的路径，否则编译会出错。头文件路径的具体指定方法如图 1-13 所示。

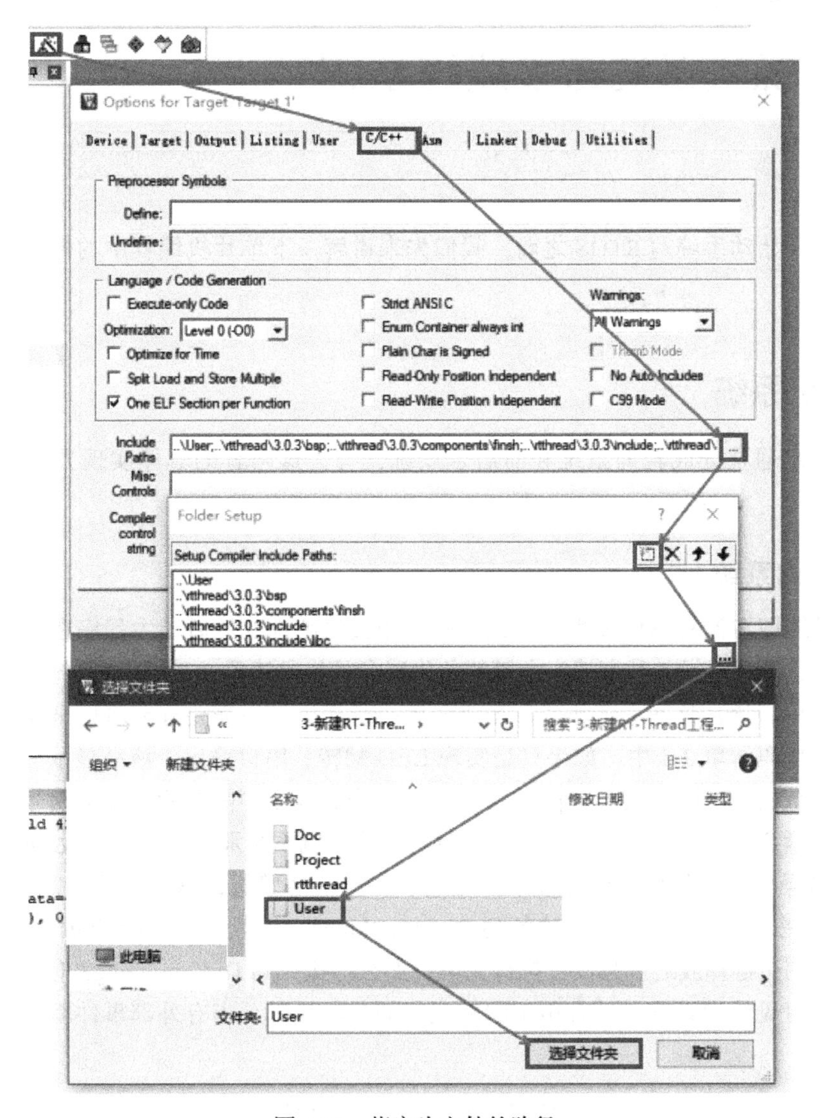

图 1-13　指定头文件的路径

至此，一个完整的基于 Cortex-M3（Cortex-M4 或 Cortex-M7）内核的 RT-Thread 软件仿真工程建立完毕。

第2章 裸机系统与多线程系统

在真正开始动手编写 RTOS 之前，我们先来讲解一下单片机编程中的裸机系统和多线程系统。

2.1 裸机系统

裸机系统通常分成轮询系统和前后台系统，有关这两者的具体实现方式请看下面的讲解。

2.1.1 轮询系统

轮询系统即在裸机编程过程中，先初始化相关的硬件，然后让主程序在一个死循环里面不断循环，顺序地做各种事情，大概的伪代码参见代码清单 2-1。轮询系统是一种非常简单的软件结构，通常只适用于那些只需要顺序执行代码且不需要外部事件来驱动就能完成的操作。在代码清单 2-1 中，如果只是实现 LED 翻转、串口输出、液晶显示等操作，那么使用轮询系统将会非常完美。但是，如果加入了按键操作等需要检测外部信号的事件，或者用来模拟紧急报警，那么整个系统的实时响应能力就不会那么好了。假设 DoSomething3 是按键扫描操作，当外部按键被按下，相当于产生一个警报，这个时候，需要立刻响应，并做紧急处理，而这时程序刚好执行到 DoSomething1，并且 DoSomething1 执行的时间会比较久，久到按键释放之后都没有执行完毕，那么当执行到 DoSomething3 时就会丢失一次事件。由此可见轮询系统只适合用于顺序执行的功能代码，当有外部事件驱动时，实时性就会降低。

代码清单2-1 轮询系统伪代码

```
1 int main(void)
2 {
3     /* 硬件相关初始化 */
4     HardWareInit();
5
6     /* 无限循环 */
7     for (;;) {
```

```
 8          /* 处理事件 1 */
 9          DoSomething1();
10
11          /* 处理事件 2 */
12          DoSomething2();
13
14          /* 处理事件 3 */
15          DoSomething3();
16      }
17 }
```

2.1.2　前后台系统

相较于轮询系统，前后台系统是在轮询系统的基础上加入了中断。外部事件的响应在中断里面完成，对事件的处理还是回到轮询系统中完成。在这里我们称中断为“前台”，main() 函数里面的无限循环称为“后台”，大概的伪代码参见代码清单 2-2。

代码清单2-2　前后台系统伪代码

```
 1 int flag1 = 0;
 2 int flag2 = 0;
 3 int flag3 = 0;
 4
 5 int main(void)
 6 {
 7     /* 硬件相关初始化 */
 8     HardWareInit();
 9
10     /* 无限循环 */
11     for (;;) {
12         if (flag1) {
13             /* 处理事件 1 */
14             DoSomething1();
15         }
16
17         if (flag2) {
18             /* 处理事件 2 */
19             DoSomething2();
20         }
21
22         if (flag3) {
23             /* 处理事件 3 */
24             DoSomething3();
25         }
26     }
27 }
28
29 void ISR1(void)
30 {
31     /* 置位标志位 */
```

```
32      flag1 = 1;
33      /* 如果事件处理时间很短，则在中断里面处理;
34         如果事件处理时间比较长，则回到后台处理 */
35      DoSomething1();
36 }
37
38 void ISR2(void)
39 {
40      /* 置位标志位 */
41      flag2 = 1;
42
43      /* 如果事件处理时间很短，则在中断里面处理 ;
44         如果事件处理时间比较长，则回到后台处理 */
45      DoSomething2();
46 }
47
48 void ISR3(void)
49 {
50      /* 置位标志位 */
51      flag3 = 1;
52
53      /* 如果事件处理时间很短，则在中断里面处理 ;
54         如果事件处理时间比较长，则回到后台处理 */
55      DoSomething3();
56 }
```

在顺序执行后台程序时，如果有中断产生，那么中断会打断后台程序的正常执行流，转而去执行中断服务程序，在中断服务程序里面标记事件。如果要处理的事件很简短，则可在中断服务程序里面处理，如果要处理的事件比较繁杂，则返回后台程序中处理。虽然事件的响应和处理被分开了，但是事件的处理还是在后台中顺序执行的，相比轮询系统，前后台系统确保了事件不会丢失，再加上中断具有可嵌套的功能，这可以大大提高程序的实时响应能力。在大多数中小型项目中，前后台系统运用得好，堪比操作系统的效果。

2.2 多线程系统

相比前后台系统，多线程系统的事件响应也是在中断中完成的，但事件的处理是在线程中完成的。在多线程系统中，线程与中断一样，也具有优先级，优先级高的线程会被优先执行。当一个紧急事件在中断中被标记之后，如果事件对应的线程的优先级足够高，就会立刻得到响应。相比前后台系统，多线程系统的实时性又被提高了。多线程系统大概的伪代码参见代码清单 2-3。

代码清单2-3 多线程系统伪代码

```
1 int flag1 = 0;
2 int flag2 = 0;
3 int flag3 = 0;
```

```
4
5 int main(void)
6 {
7     /* 硬件相关初始化 */
8     HardWareInit();
9
10    /* OS 初始化 */
11    RTOSInit();
12
13    /* OS 启动，开始多线程调度，不再返回 */
14    RTOSStart();
15 }
16
17 void ISR1(void)
18 {
19    /* 置位标志位 */
20    flag1 = 1;
21 }
22
23 void ISR2(void)
24 {
25    /* 置位标志位 */
26    flag2 = 2;
27 }
28
29 void ISR3(void)
30 {
31    /* 置位标志位 */
32    flag3 = 1;
33 }
34
35 void DoSomething1(void)
36 {
37    /* 无限循环，不能返回 */
38    for (;;) {
39        /* 线程实体 */
40        if (flag1) {
41
42        }
43    }
44 }
45
46 void DoSomething2(void)
47 {
48    /* 无限循环，不能返回 */
49    for (;;) {
50        /* 线程实体 */
51        if (flag2) {
52
53        }
54    }
```

```
55 }
56
57 void DoSomething3(void)
58 {
59     /* 无限循环，不能返回 */
60     for (;;) {
61         /* 线程实体 */
62         if (flag3) {
63
64         }
65     }
66 }
```

相比前后台系统中后台顺序执行的程序主体，在多线程系统中，根据程序的功能，我们把这个程序主体分割成一个个独立的、无限循环且不能返回的小程序，这个小程序我们称之为"线程"。每个线程都是独立的、互不干扰的，且具备自身的优先级，它由操作系统调度管理。加入操作系统后，我们在编程时不需要再精心设计程序的执行流，不用担心每个功能模块之间是否存在干扰。加入了操作系统，我们的编程反而变得简单了。整个系统带来的额外开销就是操作系统占据的少量FLASH和RAM。现如今，单片机的FLASH和RAM容量越来越大，完全足以支撑RTOS的开销。

无论是轮询系统、前后台系统还是多线程系统，不能单纯地评定孰优孰劣，它们是不同时代的产物，在各自的领域有相当大的应用价值，只有合适的才是最好的。有关这3个软件模型的区别如表2-1所示。

表2-1 轮询系统、前后台系统和多线程系统软件模型的区别

模型	事件响应	事件处理	特点
轮询系统	主程序	主程序	轮询响应事件，轮询处理事件
前后台系统	中断	主程序	实时响应事件，轮询处理事件
多线程系统	中断	线程	实时响应事件，实时处理事件

第 3 章 线程的定义与线程切换的实现

本章我们真正开始从 0 到 1 写 RT-Thread，必须学会创建线程，并重点掌握线程是如何切换的。因为线程的切换是由汇编代码来完成的，所以代码可能比较难懂，但是这里会尽量把代码讲透彻。如果本章内容学不会，后面的内容将无从下手。

在这一章中，我们会创建两个线程，并让这两个线程不断地切换，线程的主体都是让一个变量按照一定的频率翻转，通过 KEIL 的软件仿真功能，在逻辑分析仪中观察变量的波形变化，最终的波形图如图 3-1 所示。

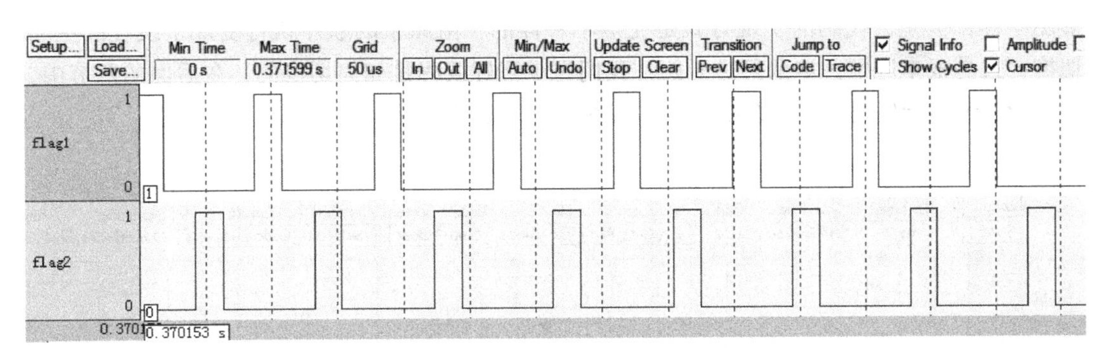

图 3-1　线程轮流切换波形图

其实，图 3-1 中显示的波形图效果并不是真正的多线程系统中线程切换的效果图，这个效果其实可以完全由裸机代码来实现，具体参见代码清单 3-1。

代码清单3-1　裸机系统中两个变量轮流翻转

```
 1 /* flag 必须定义成全局变量才能添加到逻辑分析仪里面以观察波形
 2  * 在逻辑分析仪中要设置为 bit 模式才能看到波形，不能用默认的模拟量
 3  */
 4 uint32_t flag1;
 5 uint32_t flag2;
 6
 7
 8 /* 软件延时，先不必考虑具体的时间 */
 9 void delay( uint32_t count )
10 {
```

```
11      for (; count!=0; count--);
12 }
13
14 int main(void)
15 {
16      /* 无限循环，顺序执行 */
17      for (;;) {
18          flag1 = 1;
19          delay( 100 );
20          flag1 = 0;
21          delay( 100 );
22
23          flag2 = 1;
24          delay( 100 );
25          flag2 = 0;
26          delay( 100 );
27      }
28 }
```

在多线程系统中，两个线程不断切换的效果图应该像图 3-2 所示那样，即两个变量的波形是完全一样的，就好像 CPU 在同时做两件事一样，这才是多线程的意义。虽然两者的波形图一样，但是，代码的实现方式是完全不一样的，由原来的顺序执行变成了线程的主动切换，这是根本区别。本章只是开始，我们先掌握好线程是如何切换的，在后面的章节中，会陆续完善功能代码，加入系统调度，实现真正的多线程。

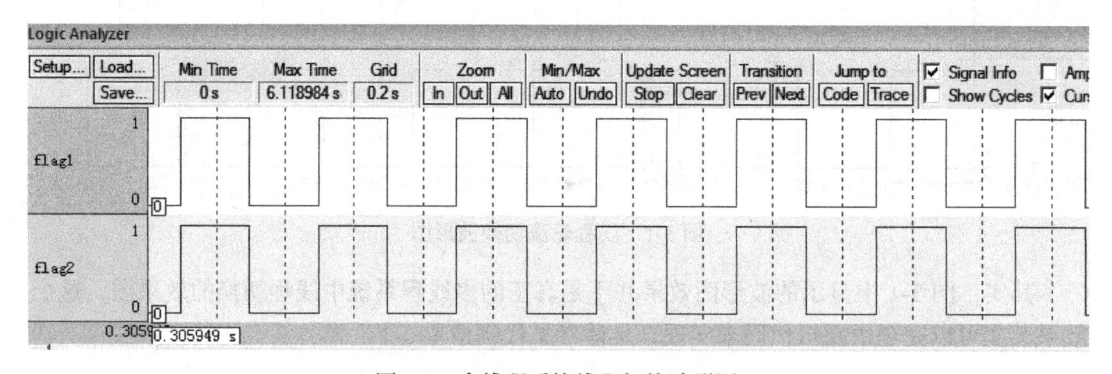

图 3-2 多线程系统线程切换波形图

3.1 什么是线程

在裸机系统中，系统的主体就是 main() 函数里面顺序执行的无限循环，在这个无限循环中，CPU 按照顺序完成各种操作。在多线程系统中，我们根据功能的不同，把整个系统分割成一个个独立的且无法返回的函数，这个函数称为线程。线程的大概形式参见代码清单 3-2。

代码清单3-2　多线程系统中线程的形式

```
1 void thread_entry (void *parg)
2 {
3     /* 线程主体，无限循环且不能返回 */
4     for (;;) {
5         /* 线程主体代码 */
6     }
7 }
```

3.2　创建线程

3.2.1　定义线程栈

我们先回想一下，在一个裸机系统中，如果有全局变量，有子函数调用，有中断发生，那么系统在运行时全局变量放在哪里，子函数调用时局部变量放在哪里，中断发生时函数返回地址是什么？如果只是单纯的裸机编程，则不必考虑这些，但是如果要写一个 RTOS，那么我们必须弄清楚这些变量是如何存储的。

在裸机系统中，它们统统存放在栈中。栈是单片机 RAM 里一段连续的内存空间，栈的大小一般在启动文件或者链接脚本中指定，最后由 C 库函数 __main 进行初始化。

但是，在多线程系统中，每个线程都是独立的、互不干扰的，所以要为每个线程都分配独立的栈空间，这个栈空间通常是一个预先定义好的全局数组，也可以是动态分配的一段内存空间，但它们都存在于 RAM 中。

本章我们要实现两个变量按照一定的频率轮流翻转，每个变量对应一个线程，那么就需要定义两个线程栈，具体参见代码清单 3-3。在多线程系统中，有多少个线程就需要定义多少个线程栈。

代码清单3-3　定义线程栈

```
1 ALIGN(RT_ALIGN_SIZE)                              (2)
2 /* 定义线程栈 */
3 rt_uint8_t rt_flag1_thread_stack[512];            (1)
4 rt_uint8_t rt_flag2_thread_stack[512];
```

代码清单 3-3（1）：线程栈其实就是一个预先定义好的全局数据，数据类型为 rt_uint8_t，大小我们设置为 512。在 RT-Thread 中，凡是涉及数据类型的地方，RT-Thread 都会将标准的 C 数据类型用 typedef 重新设置一个类型名，以 rt 前缀开头。这些经过重定义的数据类型放在 rtdef.h（第一次使用 rtdef.h 时，需要在 include 文件夹下面新建并添加到工程 rtt/source 组文件）头文件中，具体参见代码清单 3-4。其中，除了 rt_uint8_t 外，其他数据类型重定义是本章后面内容中需要用到的，这里统一给出，后面将不再赘述。

代码清单3-4　rtdef.h 中的数据类型

```
1 #ifndef __RT_DEF_H__
```

```
 2 #define __RT_DEF_H__
 3
 4 /*
 5 ************************************************************************
 6 *                              数据类型
 7 ************************************************************************
 8 */
 9 /* RT-Thread 基础数据类型重定义 */
10 typedef signed   char                         rt_int8_t;
11 typedef signed   short                        rt_int16_t;
12 typedef signed   long                         rt_int32_t;
13 typedef unsigned char                         rt_uint8_t;
14 typedef unsigned short                        rt_uint16_t;
15 typedef unsigned long                         rt_uint32_t;
16 typedef int                                   rt_bool_t;
17
18 /* 32bit CPU */
19 typedef long                                  rt_base_t;
20 typedef unsigned long                         rt_ubase_t;
21
22 typedef rt_base_t                             rt_err_t;
23 typedef rt_uint32_t                           rt_time_t;
24 typedef rt_uint32_t                           rt_tick_t;
25 typedef rt_base_t                             rt_flag_t;
26 typedef rt_ubase_t                            rt_size_t;
27 typedef rt_ubase_t                            rt_dev_t;
28 typedef rt_base_t                             rt_off_t;
29
30 /* 布尔数据类型重定义 */
31 #define RT_TRUE                               1
32 #define RT_FALSE                              0
33
34 #ifdef __CC_ARM
35 #define rt_inline                        static __inline
36 #define ALIGN(n)                         __attribute__((aligned(n)))
37
38 #elif defined (__IAR_SYSTEMS_ICC__)
39 #define rt_inline                        static inline
40 #define ALIGN(n)                         PRAGMA(data_alignment=n)
41
42 #elif defined (__GNUC__)
43 #define rt_inline                        static __inline
44 #define ALIGN(n)                         __attribute__((aligned(n)))
45 #else
46 #error not supported tool chain
47 #endif
48
49
50 #define RT_ALIGN(size, align)           (((size) + (align)- 1) & ~((align)- 1))
51 #define RT_ALIGN_DOWN(size, align)           ((size) & ~((align)- 1))
52
53
54 #define RT_NULL                               (0)
```

```
55
56 #endif/* __RT_DEF_H__ */
```

代码清单 3-3（2）：设置变量需要多少个字节对齐，对它下面的变量起作用。ALIGN 是一个带参宏，在 rtdef.h 中定义，具体参见代码清单 3-4。RT_ALIGN_SIZE 是一个在 rtconfig.h（第一次使用 rtconfig.h 时，需要在 User 文件夹下面新建，然后将其添加到工程 user 组文件）中定义的宏，默认为 4，表示 4 个字节对齐，具体参见代码清单 3-5。

代码清单3-5　RT_ALIGN_SIZE宏定义

```
1 #ifndef __RTTHREAD_CFG_H__
2 #define __RTTHREAD_CFG_H__
3
4 #define RT_ALIGN_SIZE            4            /* 多少个字节对齐 */
5
6
7 #endif/* __RTTHREAD_CFG_H__ */
```

3.2.2　定义线程函数

线程是一个独立的函数，函数主体无限循环且不能返回。本章我们在 main.c 中定义的两个线程具体参见代码清单 3-6。

代码清单3-6　线程函数

```
 1 /* 软件延时 */
 2 void delay (uint32_t count)
 3 {
 4     for (; count!=0; count--);
 5 }
 6
 7 /* 线程 1 */
 8 void flag1_thread_entry( void *p_arg )                    (1)
 9 {
10     for ( ;; )
11     {
12         flag1 = 1;
13         delay( 100 );
14         flag1 = 0;
15         delay( 100 );
16     }
17 }
18
19 /* 线程 2 */
20 void flag2_thread_entry( void *p_arg )                    (2)
21 {
22     for ( ;; )
23     {
24         flag2 = 1;
25         delay( 100 );
```

```
26          flag2 = 0;
27          delay( 100 );
28      }
29 }
```

代码清单3-6（1）、（2）：正如所介绍的那样，线程是一个独立的、无限循环且不能返回的函数。

3.2.3 定义线程控制块

在裸机系统中，程序的主体是CPU按照顺序执行的。而在多线程系统中，线程的执行是由系统调度的。系统为了顺利地调度线程，为每个线程都额外定义了一个线程控制块，这个线程控制块相当于线程的“身份证”，里面存有线程的所有信息，比如线程的栈指针、线程名称、线程的形参等。有了这个线程控制块，以后系统对线程的全部操作就可以通过这个线程控制块来实现。定义一个线程控制块需要一个新的数据类型，该数据类型在rtdef.h这个头文件中声明，具体声明参见代码清单3-7，使用它可以为每个线程都定义一个线程控制块实体。

代码清单3-7 线程控制块类型声明

```
1 struct rt_thread                                                    (1)
2 {
3     void *sp;                          /* 线程栈指针 */
4     void *entry;                       /* 线程入口地址 */
5     void *parameter;                   /* 线程形参 */
6     void *stack_addr;                  /* 线程栈起始地址 */
7     rt_uint32_t stack_size;            /* 线程栈大小，单位为字节 */
8 };
9 typedef struct rt_thread *rt_thread_t;                              (2)
```

代码清单3-7（1）：目前线程控制块结构体里面的成员还比较少，以后我们会慢慢向里面添加成员。

代码清单3-7（2）：在RT-Thread中，会给新声明的数据结构重新定义一个指针。以后如果要定义线程控制块变量就使用struct rt_thread xxx的形式，定义线程控制块指针就使用rt_thread_t xxx的形式。

在本章中，我们在main.c文件中为两个线程定义线程控制块，参见代码清单3-8。

代码清单3-8 线程控制块定义

```
1 /* 定义线程控制块 */
2 struct rt_thread rt_flag1_thread;
3 struct rt_thread rt_flag2_thread;
```

3.2.4 实现线程创建函数

线程的栈、函数实体以及控制块最终需要联系起来才能由系统进行统一调度。那么这个联系的工作就由线程初始化函数 rt_thread_init() 来实现，该函数在 thread.c（第一次使用 thread.c 时需要自行在文件夹 rtthread\3.0.3\src 中新建并添加到工程的 rtt/source 组）中定义，在 rtthread.h 中声明，所有与线程相关的函数都在这个文件中定义。rt_thread_init() 函数的实现参见代码清单 3-9。

代码清单3-9　rt_thread_init()函数

```
 1 rt_err_t rt_thread_init(struct rt_thread *thread,                (1)
 2                         void (*entry)(void *parameter),           (2)
 3                         void  *parameter,                         (3)
 4                         void  *stack_start,                       (4)
 5                         rt_uint32_t  stack_size)                  (5)
 6 {
 7     rt_list_init(&(thread->tlist));                               (6)
 8
 9     thread->entry = (void *)entry;                                (7)
10     thread->parameter = parameter;                                (8)
11
12     thread->stack_addr = stack_start;                             (9)
13     thread->stack_size = stack_size;                              (10)
14
15     /* 初始化线程栈，并返回线程栈指针 */                            (11)
16     thread->sp =
17     (void *)rt_hw_stack_init( thread->entry,
18                               thread->parameter,
19     (void *)((char *)thread->stack_addr + thread->stack_size- 4) );
20
21     return RT_EOK;                                                (12)
22 }
```

rt_thread_init() 函数遵循 RT-Thread 中的函数命名规则，以小写的 rt 开头，表示这是一个外部函数，可以由用户调用，以 _rt 开头的函数表示内部函数，只能由 RT-Thread 内部使用。紧接着是文件名，表示该函数放在哪个文件中，最后是函数功能名称。

代码清单 3-9（1）：thread 是线程控制块指针。

代码清单 3-9（2）：entry 是线程函数名，表示线程的入口。

代码清单 3-9（3）：parameter 是线程形参，用于传递线程参数。

代码清单 3-9（4）：stack_start 用于指向线程栈的起始地址。

代码清单 3-9（5）：stack_size 表示线程栈的大小，单位为字节。

1. 实现链表相关函数

代码清单 3-9（6）：初始化线程链表节点，以后我们要把线程插入各种链表中，就是通过这个节点来实现的，它就好像是线程控制块里的一个钩子，可以把线程控制块挂在各种链表中。在初始化之前，需要在线程控制块中添加一个线程链表节点，具体实现参见代码清单 3-10 中的加粗部分。

代码清单3-10 在线程控制块中添加线程链表节点

```
 1 struct rt_thread
 2 {
 3     void *sp;                  /* 线程栈指针 */
 4     void *entry;               /* 线程入口地址 */
 5     void *parameter;           /* 线程形参 */
 6     void *stack_addr;          /* 线程栈起始地址 */
 7     rt_uint32_t stack_size;    /* 线程栈大小，单位为字节 */
 8
 9     rt_list_t tlist;           /* 线程链表节点 */    (1)
10 };
```

代码清单3-10（1）：线程链表节点tlist的数据类型是rt_list_t，该数据类型在rtdef.h中定义，具体实现参见代码清单3-11。

（1）定义链表节点数据类型

代码清单3-11 定义双向链表节点数据类型rt_list_t

```
1 struct rt_list_node
2 {
3     struct rt_list_node *next;              /* 指向后一个节点 */
4     struct rt_list_node *prev;              /* 指向前一个节点 */
5 };
6 typedef struct rt_list_node rt_list_t;
```

rt_list_t类型的节点中有两个rt_list_t类型的节点指针next和prev，分别用来指向链表中的下一个节点和上一个节点。由rt_list_t类型的节点构成的双向链表示意图如图3-3所示。

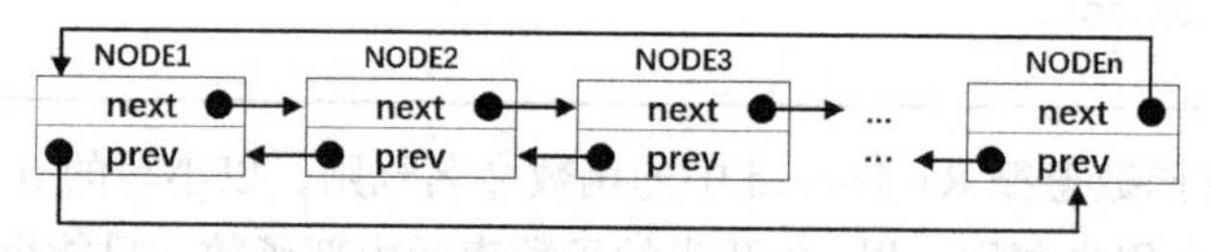

图3-3 rt_list_t类型的节点构成的双向链表

现在我们详细讲解一下双向链表的相关操作，这些函数均在rtservice.h中实现，rtservice.h第一次使用时需要自行在rtthread\3.0.3\include文件夹下新建，然后添加到工程的rtt/source组中。

（2）初始化链表节点

rt_list_t类型的节点的初始化，就是将节点里面的next和prev这两个节点指针指向节点本身，具体的代码实现参见代码清单3-12，具体的示意图如图3-4所示。

代码清单3-12 初始化rt_list_t类型的链表节点

```
1 rt_inline void rt_list_init(rt_list_t *l)
2 {
3     l->next = l->prev = l;
4 }
```

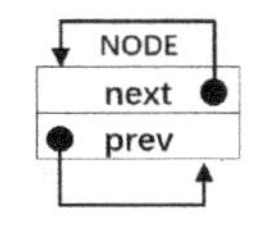

图 3-4　rt_list_t 类型的链表节点初始化完成示意图

（3）在双向链表表头后面插入一个节点

在双向链表表头后面插入一个节点，具体代码实现参见代码清单 3-13，主要处理分为 4 步，插入前和插入后的示意图如图 3-5 所示。

代码清单3-13　在双向链表表头后面插入一个节点

```
1 /* 在双向链表头部插入一个节点 */
2 rt_inline void rt_list_insert_after(rt_list_t *l, rt_list_t *n)
3 {
4     l->next->prev = n;          /* 第①步 */
5     n->next = l->next;          /* 第②步 */
6
7     l->next = n;                /* 第③步 */
8     n->prev = l;                /* 第④步 */
9 }
```

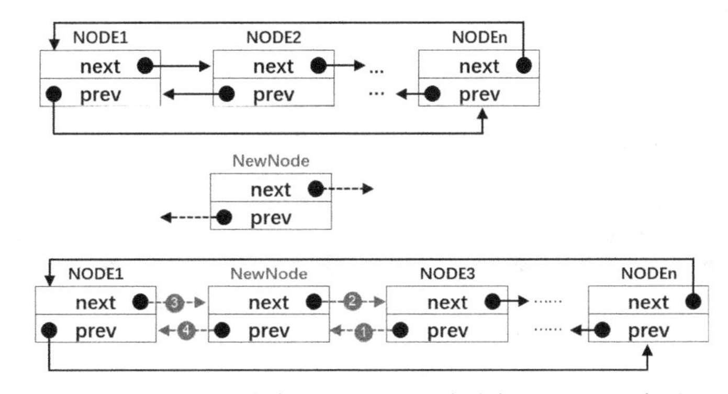

图 3-5　在双向链表表头后面插入一个节点处理过程示意图

（4）在双向链表表头前面插入一个节点

在双向链表表头前面（也可理解为在双向链表尾部）插入一个节点，具体代码实现参见代码清单 3-14，主要处理分为 4 步，插入前和插入后的示意图如图 3-6 所示。

代码清单3-14　在双向链表表头前面插入一个节点

```
1 rt_inline void rt_list_insert_before(rt_list_t *l, rt_list_t *n)
2 {
3    l->prev->next = n;           /* 第①步 */
4    n->prev = l->prev;           /* 第②步 */
5
6    l->prev = n;                 /* 第③步 */
7    n->next = l;                 /* 第④步 */
8 }
```

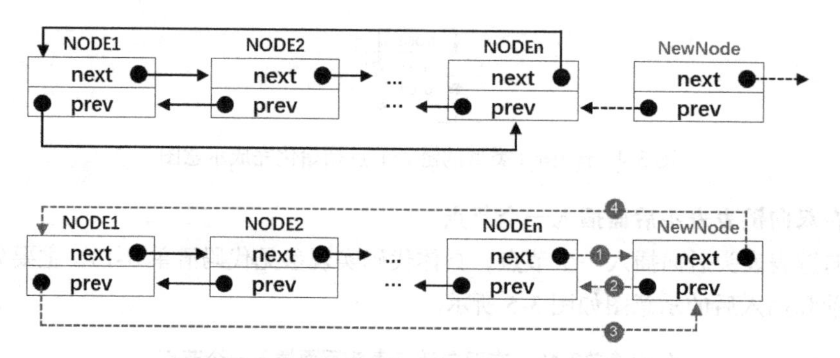

图 3-6　在双向链表表头前面插入一个节点处理过程示意图

（5）从双向链表中删除一个节点

从双向链表中删除一个节点，具体代码实现参见代码清单 3-15，主要处理分为 3 步，删除前和删除后的示意图如图 3-7 所示。

代码清单3-15　从双向链表中删除一个节点

```
1 rt_inline void rt_list_remove(rt_list_t *n)
2 {
3     n->next->prev = n->prev;          /* 第①步 */
4     n->prev->next = n->next;          /* 第②步 */
5
6     n->next = n->prev = n;            /* 第③步 */
7 }
```

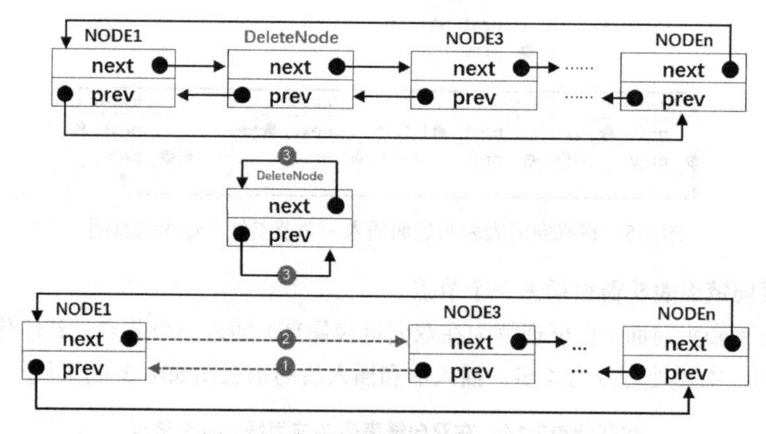

图 3-7　从双向链表中删除一个节点

代码清单 3-9（7）：将线程入口保存到线程控制块的 entry 成员中。

代码清单 3-9（8）：将线程入口形参保存到线程控制块的 parameter 成员中。

代码清单 3-9（9）：将线程栈起始地址保存到线程控制块的 stack_start 成员中。

代码清单 3-9（10）：将线程栈大小保存到线程控制块的 stack_size 成员中。

代码清单 3-9（11）：初始化线程栈，并返回线程栈顶指针。

2. rt_hw_stack_init() 函数

在前面的代码清单 3-9 中，rt_hw_stack_init() 函数用来初始化线程栈，当线程第一次运行时，加载到 CPU 寄存器的参数就放在线程栈里面，该函数在 cpuport.c 中实现，具体实现参见代码清单 3-16。第一次使用 cpuport.c 时需要自行在 rtthread\3.0.3\libcpu\arm\cortex-m3（cortex-m4 或 cortex-m7）文件夹下新建，然后添加到工程的 rtt/ports 组中。

代码清单3-16　rt_hw_stack_init()函数

```
 1 rt_uint8_t *rt_hw_stack_init(void *tentry,                              (1)
 2                              void *parameter,                           (2)
 3                              rt_uint8_t *stack_addr)                    (3)
 4 {
 5
 6
 7     struct stack_frame *stack_frame;                                    (4)
 8     rt_uint8_t *stk;
 9     unsigned long i;
10
11
12     /* 获取栈顶指针
13      调用 rt_hw_stack_init() 时，传给 stack_addr 的是 ( 栈顶指针 -4)*/
14     stk = stack_addr + sizeof(rt_uint32_t);                             (5)
15
16     /* 让 stk 指针向下 8 字节对齐 */
17     stk = (rt_uint8_t *)RT_ALIGN_DOWN((rt_uint32_t)stk, 8);             (6)
18
19     /* stk 指针继续向下移动 sizeof(struct stack_frame) 个偏移量 */
20     stk-= sizeof(struct stack_frame);                                   (7)
21
22     /* 将 stk 指针强制转化为 stack_frame 类型后存储到 stack_frame 中 */
23     stack_frame = (struct stack_frame *)stk;                            (8)
24
25     /* 以 stack_frame 为起始地址，将栈空间里面的 sizeof(struct stack_frame)
26     个内存地址初始化为 0xdeadbeef */
27     for (i = 0; i <sizeof(struct stack_frame) / sizeof(rt_uint32_t); i ++)  (9)
28     {
29         ((rt_uint32_t *)stack_frame)[i] = 0xdeadbeef;
30     }
31
32     /* 初始化异常发生时自动保存的寄存器 */                                  (10)
33     stack_frame->exception_stack_frame.r0  = (unsigned long)parameter; /* r0 :
argument */
34     stack_frame->exception_stack_frame.r1  = 0;                        /* r1 */
35     stack_frame->exception_stack_frame.r2  = 0;                        /* r2 */
36     stack_frame->exception_stack_frame.r3  = 0;                        /* r3 */
37     stack_frame->exception_stack_frame.r12 = 0;                        /* r12 */
38     stack_frame->exception_stack_frame.lr  = 0;                        /* lr: 暂
时初始化为 0 */
39     stack_frame->exception_stack_frame.pc  = (unsigned long)tentry;/* entry
point, pc */
```

```
40    stack_frame->exception_stack_frame.psr = 0x01000000L;        /* PSR */
41
42
43    /* 返回线程栈指针 */
44    return stk;                                                      (11)
45 }
```

代码清单 3-16（1）：线程入口。

代码清单 3-16（2）：线程形参。

代码清单 3-16（3）：线程栈顶地址 -4，在该函数调用时传进来的是线程栈的栈顶地址 -4。

代码清单 3-16（4）：定义一个 struct stack_frame 类型的结构体指针 stack_frame，该结构体类型在 cpuport.c 中定义，具体实现参见代码清单 3-17。

代码清单3-17　struct stack_frame类型结构体定义

```
 1 struct exception_stack_frame
 2 {
 3     /* 异常发生时，自动加载到 CPU 寄存器的内容 */
 4     rt_uint32_t r0;
 5     rt_uint32_t r1;
 6     rt_uint32_t r2;
 7     rt_uint32_t r3;
 8     rt_uint32_t r12;
 9     rt_uint32_t lr;
10     rt_uint32_t pc;
11     rt_uint32_t psr;
12 };
13
14 struct stack_frame
15 {
16     /* 异常发生时，需要手动加载到 CPU 寄存器的内容 */
17     rt_uint32_t r4;
18     rt_uint32_t r5;
19     rt_uint32_t r6;
20     rt_uint32_t r7;
21     rt_uint32_t r8;
22     rt_uint32_t r9;
23     rt_uint32_t r10;
24     rt_uint32_t r11;
25
26     struct exception_stack_frame exception_stack_frame;
27 };
```

代码清单 3-16（5）：获取栈顶指针，将栈顶指针传给指针 stk。rt_hw_stack_init() 函数在 rt_thread_init() 函数中调用时，传给形参 stack_addr 的值是栈顶指针减去 4，所以现在加上 sizeof(rt_uint32_t) 刚好与减掉的 4 相互抵消，即传递给 stk 的是栈顶指针。

代码清单 3-16（6）：让 stk 指针向下 8 个字节对齐，确保 stk 是 8 字节对齐的地址。在

Cortex-M3（Cortex-M4 或 Cortex-M7）内核的单片机中，因为总线宽度是 32 位的，通常只要栈保持 4 字节对齐即可，这里为什么需要 8 字节？难道是因为有操作是 64 位的？确实有，那就是浮点运算，所以要 8 字节对齐，但是目前我们还没有涉及浮点运算，这里只是出于后续兼容浮点运算的考虑。如果栈顶指针是 8 字节对齐的，在进行向下 8 字节对齐时，指针不会移动；如果不是 8 字节对齐的，在进行向下 8 字节对齐时，就会空出几个字节不会被使用，比如当 stk 是 33 时，明显不能被 8 整除，进行向下 8 字节对齐就是 32，那么就会空出一个字节不使用。

代码清单 3-16（7）：stk 指针继续向下移动 sizeof(struct stack_frame) 个偏移，即 16 个字的大小。如果栈顶指针一开始都是 8 字节对齐的，那么 stk 现在在线程栈中的指向如图 3-8 所示。

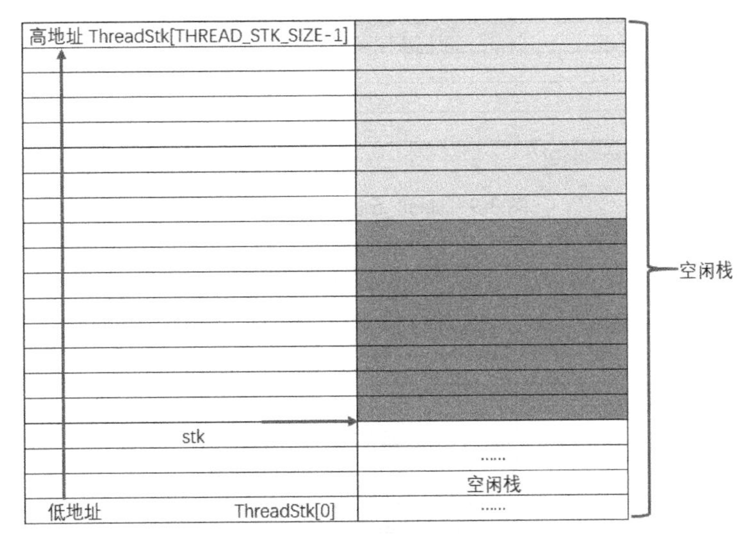

图 3-8　stk 指针指向

代码清单 3-16（8）：将 stk 指针强制转化为 stack_frame 类型后存储到指针变量 stack_frame 中，这时 stack_frame 在线程栈中的指向如图 3-9 所示。

代码清单 3-16（9）：以 stack_frame 为起始地址，将栈空间里面的 sizeof（struct stack_frame）个内存地址初始化为 0xdeadbeef，这时栈空间的内容分布如图 3-10 所示。

代码清单 3-16（10）：线程第一次运行时，加载到 CPU 寄存器的环境参数要先初始化。从栈顶开始，初始化的顺序固定，首先是异常发生时自动保存的 8 个寄存器，即 xPSR、r15、r14、r12、r3、r2、r1 和 r0。其中 xPSR 寄存器的 24 位必须是 1，r15 PC 指针必须存的是线程的入口地址，r0 必须是线程形参，剩下的 r14、r12、r3、r2 和 r1 初始化为 0。

剩下的是 8 个需要手动加载到 CPU 寄存器的参数，即 r4 ～ r11，默认初始化为 0xdeadbeef，如图 3-11 所示。

代码清单 3-16（11）：返回线程栈指针 stk，这时 stk 指向剩余栈的栈顶。

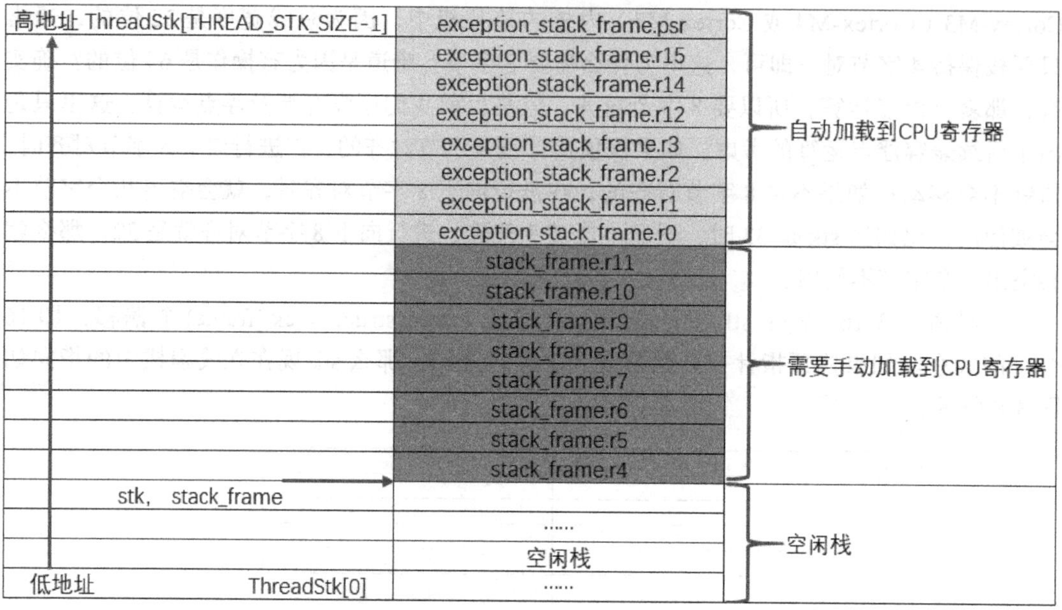

图 3-9　stack_frame 指针指向

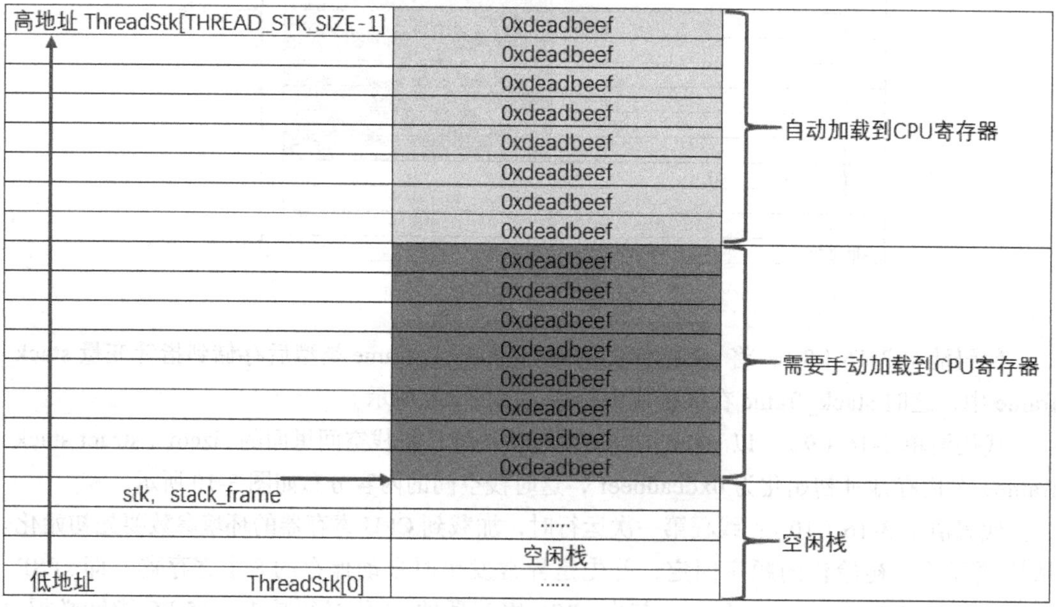

图 3-10　栈空间内容分布

回到代码清单 3-9。

代码清单 3-9（12）：线程初始化成功，返回错误码 RT_EOK。RT-Thread 的错误码在 rtdef.h 中定义，具体实现参见代码清单 3-18。

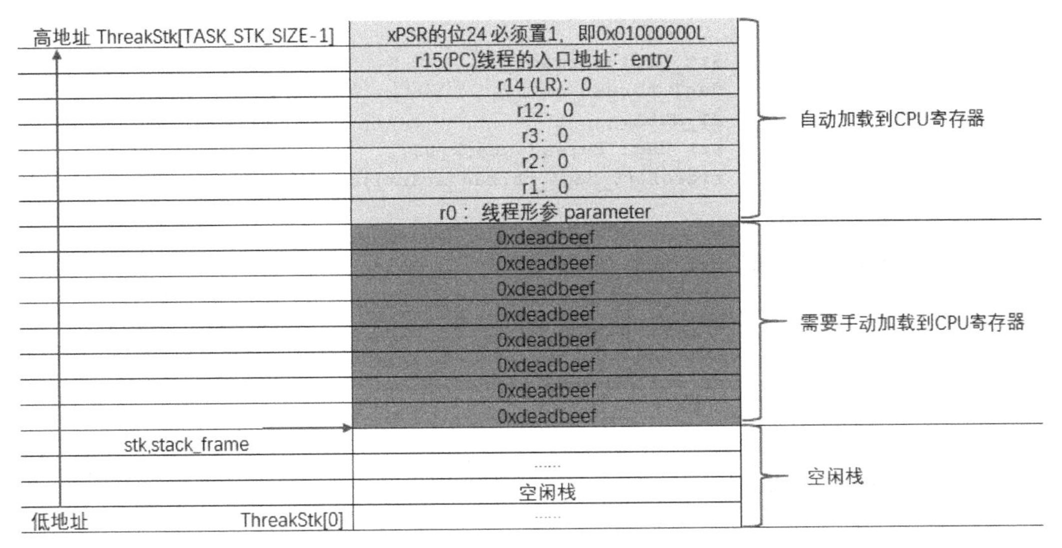

图 3-11　初始化寄存器环境参数

代码清单3-18　错误码宏定义

```
 1 /*
 2 ***********************************************************************
 3 *                               错误码定义
 4 ***********************************************************************
 5 */
 6 /* RT-Thread 错误码重定义 */
 7 #define RT_EOK                  0       /**< There is no error */
 8 #define RT_ERROR                1       /**< A generic error happens */
 9 #define RT_ETIMEOUT             2       /**< Timed out */
10 #define RT_EFULL                3       /**< The resource is full */
11 #define RT_EEMPTY               4       /**< The resource is empty */
12 #define RT_ENOMEM               5       /**< No memory */
13 #define RT_ENOSYS               6       /**< No system */
14 #define RT_EBUSY                7       /**< Busy */
15 #define RT_EIO                  8       /**< IO error */
16 #define RT_EINTR                9       /**< Interrupted system call */
17 #define RT_EINVAL               10      /**< Invalid argument */
```

在本章中，我们在 main() 函数中创建两个 flag 相关的线程，具体实现参见代码清单 3-19。

代码清单3-19　初始化线程

```
1 int main(void)
2 {
3     /* 硬件初始化 */
4     /* 将硬件相关的初始化放在这里，如果是软件仿真，则没有相关初始化代码 */
5
6
```

```
 7    /* 初始化线程 */
 8    rt_thread_init( &rt_flag1_thread,                  /* 线程控制块 */
 9                    flag1_thread_entry,                /* 线程入口地址 */
10                    RT_NULL,                           /* 线程形参 */
11                    &rt_flag1_thread_stack[0],         /* 线程栈起始地址 */
12                    sizeof(rt_flag1_thread_stack));    /* 线程栈大小，单位为字节 */
13
14    /* 初始化线程 */
15    rt_thread_init( &rt_flag2_thread,                  /* 线程控制块 */
16                    flag2_thread_entry,                /* 线程入口地址 */
17                    RT_NULL,                           /* 线程形参 */
18                    &rt_flag2_thread_stack[0],         /* 线程栈起始地址 */
19                    sizeof(rt_flag2_thread_stack));    /* 线程栈大小，单位为字节 */
```

3.3 实现就绪列表

3.3.1 定义就绪列表

线程创建好之后，需要把线程添加到就绪列表中，表示线程已经就绪，系统随时可以调度。就绪列表在 scheduler.c 中定义（第一次使用 scheduler.c 时，需要在 rtthread\3.0.3\src 目录下新建，然后添加到工程的 rtt/source 组中），具体实现参见代码清单 3-20。

代码清单3-20 定义就绪列表

```
1 /* 线程就绪列表 */
2 rt_list_t rt_thread_priority_table[RT_THREAD_PRIORITY_MAX]; (1)
```

代码清单 3-20（1）：就绪列表实际上就是一个 rt_list_t 类型的数组，数组的大小由决定最大线程优先级的宏 RT_THREAD_PRIORITY_MAX 决定，RT_THREAD_PRIORITY_MAX 在 rtconfig.h 中默认定义为 32。数组的下标对应了线程的优先级，同一优先级的线程统一插入就绪列表的同一条链表中。一个空的就绪列表如图 3-12 所示。

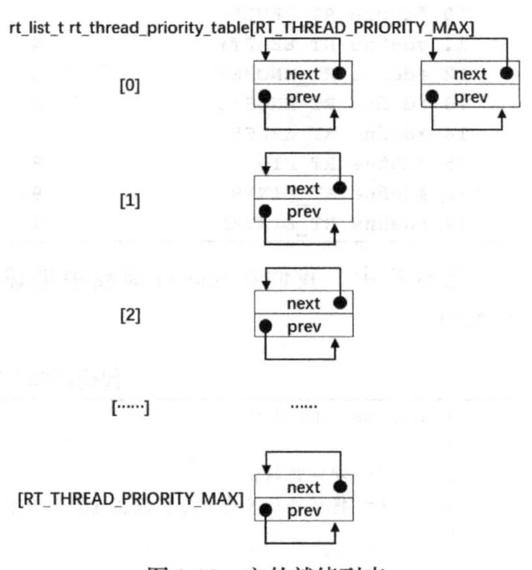

图 3-12 空的就绪列表

3.3.2 将线程插入就绪列表

线程控制块中有一个 tlist 成员，数据类型为 rt_list_t，我们将线程插入就绪列表里面，就是通过将线程控制块的 tlist 节点插入就绪列表中来实现的。如果把就绪列表比作晾衣竿，线程比作衣服，那么 tlist 就是晾衣架，每个线程都自带晾衣架，就是为了把自己挂在不同的链表中。

在本章中，我们在线程创建好之后，紧接着将线程插入就绪列表，具体实现参见代码清单 3-21 的加粗部分。

代码清单3-21　将线程插入就绪列表

```
1 /* 初始化线程 */
2 rt_thread_init( &rt_flag1_thread,                 /* 线程控制块 */
3                 flag1_thread_entry,               /* 线程入口地址 */
4                 RT_NULL,                          /* 线程形参 */
5                 &rt_flag1_thread_stack[0],        /* 线程栈起始地址 */
6 sizeof(rt_flag1_thread_stack) );  /* 线程栈大小，单位为字节 */
7 /* 将线程插入就绪列表 */
8 rt_list_insert_before( &(rt_thread_priority_table[0]),&(rt_flag1_thread.tlist) );
9
10 /* 初始化线程 */
11 rt_thread_init( &rt_flag2_thread,                /* 线程控制块 */
12                 flag2_thread_entry,              /* 线程入口地址 */
13                 RT_NULL,                         /* 线程形参 */
14                 &rt_flag2_thread_stack[0],       /* 线程栈起始地址 */
15                 sizeof(rt_flag2_thread_stack) ); /* 线程栈大小，单位为字节 */
16 /* 将线程插入就绪列表 */
17 rt_list_insert_before( &(rt_thread_priority_table[1]),&(rt_flag2_thread.tlist) );
```

就绪列表的下标对应的是线程的优先级，但是目前我们的线程还不支持优先级，有关支持多优先级的知识点后面会介绍，所以 flag1 和 flag2 线程在插入就绪列表时，可以任意选择插入的位置。在代码清单 3-21 中，我们选择将 flag1 线程插入就绪列表下标为 0 的链表中，将 flag2 线程插入就绪列表下标为 1 的链表中，如图 3-13 所示。

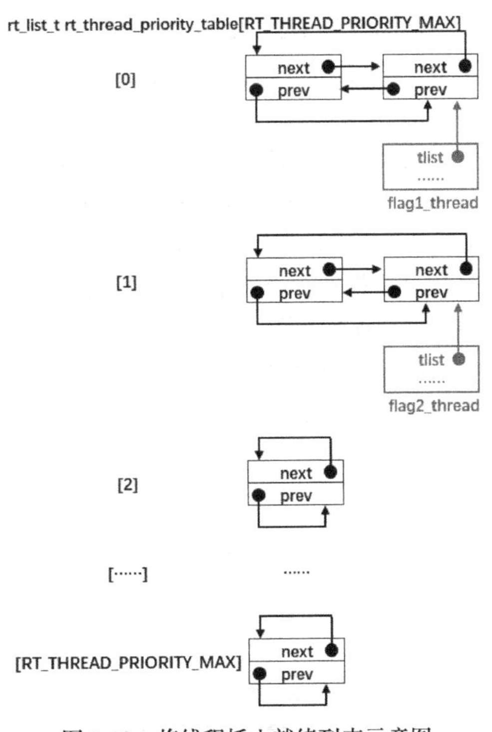

图 3-13　将线程插入就绪列表示意图

3.4　实现调度器

调度器是操作系统的核心，其主要功能是实现线程的切换，即从就绪列表中找到优先级最高的线程，然后执行该线程。从代码上来看，调度器无非是由几个全局变量和一些可以实现线程切换的函数组成的，全部在 scheduler.c 文件中实现。

3.4.1 调度器初始化

调度器在使用之前必须先初始化，具体实现参见代码清单 3-22。

代码清单3-22 调度器初始化函数

```
1 /* 初始化系统调度器 */
2 void rt_system_scheduler_init(void)
3 {
4     register rt_base_t offset;                                          (1)
5
6
7     /* 线程就绪列表初始化 */
8     for (offset = 0; offset < RT_THREAD_PRIORITY_MAX; offset ++)  (2)
9     {
10        rt_list_init(&rt_thread_priority_table[offset]);
11    }
12
13    /* 初始化当前线程控制块指针 */
14    rt_current_thread = RT_NULL;                                        (3)
15 }
```

代码清单 3-22（1）：定义一个局部变量，用C语言关键词 register 修饰，防止被编译器优化。

代码清单 3-22（2）：初始化线程就绪列表，初始化完成后，整个就绪列表为空，如图 3-14 所示。

代码清单 3-22（3）：初始化当前线程控制块指针为空。rt_current_thread 是在 scheduler.c 中定义的一个 struct rt_thread 类型的全局指针，用于指向当前正在运行的线程的线程控制块。

在本章中，我们把调度器初始化放在硬件初始化之后，线程创建之前，具体实现参见代码清单 3-23 中的加粗部分。

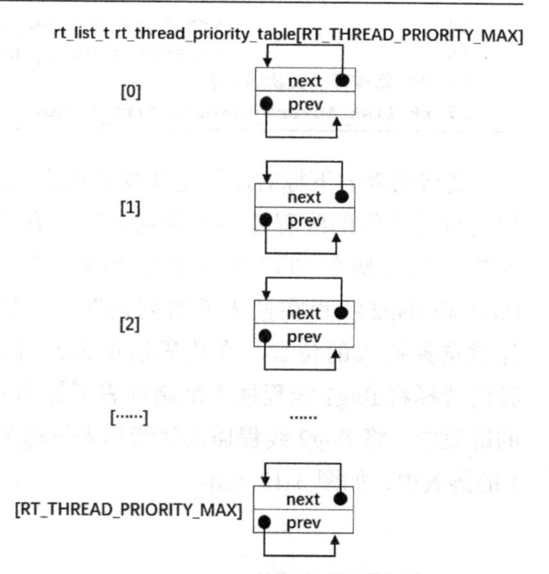

图 3-14 空的线程就绪列表

代码清单3-23 调度器初始化

```
1 int main(void)
2 {
3     /* 硬件初始化 */
4     /* 将硬件相关的初始化放在这里，如果是软件仿真，则没有相关初始化代码 */
5
6     /* 调度器初始化 */
7     rt_system_scheduler_init();
8
```

```
 9
10     /* 初始化线程 */
11     rt_thread_init( &rt_flag1_thread,                /* 线程控制块 */
12                     flag1_thread_entry,              /* 线程入口地址 */
13                     RT_NULL,                         /* 线程形参 */
14                     &rt_flag1_thread_stack[0],       /* 线程栈起始地址 */
15                     sizeof(rt_flag1_thread_stack)); /* 线程栈大小，单位为字节 */
16     /* 将线程插入就绪列表 */
17     rt_list_insert_before( &(rt_thread_priority_table[0]),&(rt_flag1_
thread.tlist) );
18
19     /* 初始化线程 */
20     rt_thread_init( &rt_flag2_thread,                /* 线程控制块 */
21                     flag2_thread_entry,              /* 线程入口地址 */
22                     RT_NULL,                         /* 线程形参 */
23                     &rt_flag2_thread_stack[0],       /* 线程栈起始地址 */
24                     sizeof(rt_flag2_thread_stack)); /* 线程栈大小，单位为字节 */
25     /* 将线程插入就绪列表 */
26     rt_list_insert_before( &(rt_thread_priority_table[1]),&(rt_flag2_
thread.tlist) );
27 }
```

3.4.2　启动调度器

调度器的启动由函数 rt_system_scheduler_start() 来完成，具体实现参见代码清单 3-24。

代码清单3-24　启动调度器函数

```
 1 /* 启动系统调度器 */
 2 void rt_system_scheduler_start(void)
 3 {
 4     register struct rt_thread *to_thread;
 5
 6
 7     /* 手动指定第一个运行的线程 */                                  (1)
 8     to_thread = rt_list_entry(rt_thread_priority_table[0].next,
 9                               struct rt_thread,
10                               tlist);
11     rt_current_thread = to_thread;                                    (2)
12
13     /* 切换到第一个线程，该函数在 context_rvds.s 中实现，
14        在 rthw.h 中声明，用于实现第一次线程切换。
15        当一个汇编函数在 C 文件中调用时，如果有形参，
16        则执行时会将形参传入 CPU 寄存器 r0*/
17     rt_hw_context_switch_to((rt_uint32_t)&to_thread->sp);           (3)
18 }
```

代码清单 3-24（1）：调度器在启动时会从就绪列表中取出优先级最高的线程的线程控制块，然后切换到该线程。但是目前我们的线程还不支持优先级，那么就手动指定第一个运行的线程为就绪列表下标为 0 这条链表中挂着的线程。rt_list_entry 是一个已知某结构体

中的成员地址，反推出该结构体的首地址的宏，在 scheduler.c 开头定义，具体实现参见代码清单 3-25。

代码清单3-25　rt_list_entry宏定义

```
1 /* 已知一个结构体中成员的地址，反推出该结构体的首地址 */
2 #define rt_container_of(ptr, type, member) \                    (2)
3     ((type *)((char *)(ptr)- (unsigned long)(&((type *)0)->member)))
4
5 #define rt_list_entry(node, type, member) \                     (1)
6     rt_container_of(node, type, member)
```

代码清单 3-25（1）：node 表示一个节点的地址，type 表示该节点所在的结构体的类型，member 表示该节点在该结构体中的成员的名称。

代码清单 3-25（2）：rt_container_of() 的实现算法如图 3-15 所示。

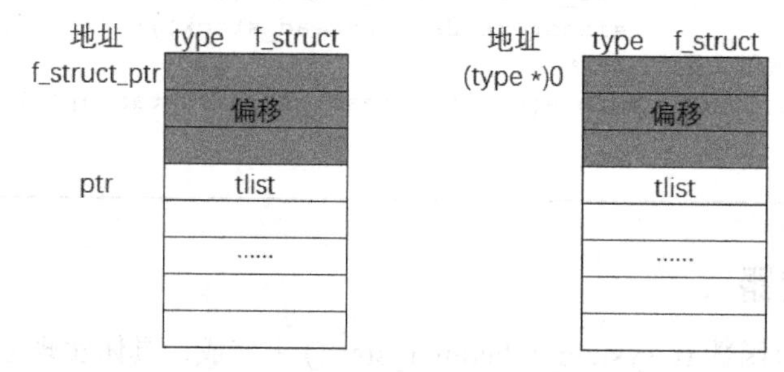

图 3-15　已知 type 类型的结构体 f_struct 中 tlist 成员的地址为 ptr，推算出 f_struct 的起始地址 f_struct_ptr 的示意图

由图 3-15 我们知道了 tlist 节点的地址 ptr，现在要推算出该节点所在的 type 类型的结构体的起始地址 f_struct_ptr。将 ptr 的值减去图 3-15 中灰色部分的偏移的大小，即可得到 f_struct_ptr 的地址，现在的关键是如何计算出灰色部分的偏移大小。这里采取的做法是将 0 地址强制转换类型为 type，即 (type *)0，然后通过指针访问结构体成员的方式获取偏移的大小，即 (&((type *)0)->member)，最后即可算出 f_struct_ptr　= ptr- (&((type *)0)->member)。

代码清单 3-24（2）：将获取的第一个要运行的线程控制块指针传到全局变量 rt_current_thread 中。

3.4.3　第一次线程切换

1. rt_hw_context_switch_to() 函数

代码清单 3-24（3）：第一次切换到新的线程，rt_hw_context_switch_to() 函数在 context_rvds.s 中实现（第一次使用 context_rvds.s 文件时，需要在 rtthread\3.0.3\libcpu\arm\cortex-m3（cortex-m4 或者 cortex-m7）中新建，然后添加到工程的 rtt/ports 组中），在 rthw.h 中声明，用于实现第一次线程切换。当一个汇编函数在 C 文件中调用时，如果有一个形参，则执行时会将这个形参传入 CPU 寄存器 r0，如果有两个形参，第二个形参则传入 r1。rt_hw_context_switch_to() 函数的具体实现参见代码清单 3-26。context_rvds.s 文件中涉及的 ARM 汇编指令如表 3-1 所示。

表 3-1 ARM 常用汇编指令讲解

指令名称	作 用
EQU	给数字常量设置一个符号名，相当于 C 语言中的 define
AREA	汇编一个新的代码段或者数据段
SPACE	分配内存空间
PRESERVE8	当前文件栈需要按照 8 字节对齐
EXPORT	声明一个标号具有全局属性，可被外部文件使用
DCD	以字为单位分配内存，要求 4 字节对齐，并要求初始化这些内存
PROC	定义子程序，与 ENDP 成对使用，表示子程序结束
WEAK	弱定义，如果外部文件声明了一个标号，则优先使用外部文件定义的标号，即使外部文件没有定义也不出错。要注意的是，这不是 ARM 的指令，而是编译器的，这里放在一起只是为了方便
IMPORT	声明标号来自外部文件，与 C 语言中的 EXTERN 关键字类似
B	跳转到一个标号
ALIGN	编译器对指令或者数据的存放地址进行对齐，一般需要跟一个立即数，默认表示 4 字节对齐。要注意的是，这不是 ARM 的指令，而是编译器的，这里放在一起只是为了方便
END	到达文件的末尾，文件结束
IF，ELSE，ENDIF	汇编条件分支语句，与 C 语言的 if else 类似
MRS	加载特殊功能寄存器的值到通用寄存器
MSR	存储通用寄存器的值到特殊功能寄存器
CBZ	比较，如果结果为 0 则转移
CBNZ	比较，如果结果非 0 则转移
LDR	从存储器中加载字到一个寄存器中
LDR[伪指令]	加载一个立即数或者一个地址值到一个寄存器。例如，LDR Rd, = label，如果 label 是立即数，那么 Rd 等于立即数；如果 label 是一个标识符（比如指针），那么存入 Rd 的就是 label 标识符的地址
LDRH	从存储器中加载半字到一个寄存器中
LDRB	从存储器中加载字节到一个寄存器中
STR	把一个寄存器按字存储到存储器中
STRH	把一个寄存器的低半字存储到存储器中
STRB	把一个寄存器的低字节存储到存储器中
LDMIA	加载多个字，并且在加载后自增基址寄存器
STMIA	存储多个字，并且在存储后自增基址寄存器
ORR	按位或
BX	直接跳转到由寄存器给定的地址
BL	跳转到标号对应的地址，并且把跳转前的下一条指令地址保存到 LR
BLX	跳转到由寄存器 REG 给出的地址，并且根据 REG 的 LSB 切换处理器状态，还要把转移前的下一条指令地址保存到 LR。ARM(LSB=0)，Thumb(LSB=1)。Cortex-M3 只在 Thumb 中运行，那就必须保证 reg 的 LSB=1，否则会报错

代码清单3-26 rt_hw_context_switch_to()函数

```
1 ;*********************************************************************
2 ;                          全局变量                              (4)
3 ;*********************************************************************
4     IMPORT rt_thread_switch_interrupt_flag
5     IMPORT rt_interrupt_from_thread
6     IMPORT rt_interrupt_to_thread
7
8 ;*********************************************************************
9 ;                          常量                                  (5)
10 ;*********************************************************************
11 ;---------------------------------------------------------------------
12 ;有关内核外设寄存器定义可参考官方文档：STM32F10xxx Cortex-M3 programming manual
13 ;系统控制块外设 SCB 地址范围：0xE000ED00 ～ 0xE000ED3F
14 ;---------------------------------------------------------------------
15 SCB_VTOR          EQU      0xE000ED08       ; 向量表偏移寄存器
16 NVIC_INT_CTRL     EQU      0xE000ED04       ; 中断控制状态寄存器
17 NVIC_SYSPRI2      EQU      0xE000ED20       ; 系统优先级寄存器
18 NVIC_PENDSV_PRI   EQU      0x00FF0000       ; PendSV 优先级值 (lowest)
19 NVIC_PENDSVSET    EQU      0x10000000       ; 触发 PendSV exception 的值
20
21 ;*********************************************************************
22 ;                        代码产生指令                            (1)
23 ;*********************************************************************
24
25     AREA |.text|, CODE, READONLY, ALIGN=2
26     THUMB
27     REQUIRE8
28     PRESERVE8
29
30 ;/*
31 ; *--------------------------------------------------------------------
32 ; * 函数原型：void rt_hw_context_switch_to(rt_uint32 to);
33 ; * r0--> to
34 ; * 该函数用于开启第一次线程切换
35 ; *--------------------------------------------------------------------
36 ; */
37
38
39 rt_hw_context_switch_to  PROC                                    (6)
40
41     ; 导出 rt_hw_context_switch_to，让其具有全局属性，可以在 C 文件中调用
42     EXPORT rt_hw_context_switch_to                               (7)
43
44     ; 设置 rt_interrupt_to_thread 的值                           (8)
45     ;将 rt_interrupt_to_thread 的地址加载到 r1
46     LDR     r1, =rt_interrupt_to_thread                          (8)-①
47     ;将 r0 的值存储到 rt_interrupt_to_thread                     (8)-②
48     STR     r0, [r1]
49
50     ; 设置 rt_interrupt_from_thread 的值为 0，表示启动第一次线程切换 (9)
```

```
51      ; 将 rt_interrupt_from_thread 的地址加载到 r1
52      LDR     r1, =rt_interrupt_from_thread                          (9) - ①
53      ; 配置 r0 等于 0
54      MOV     r0, #0x0                                               (9) - ②
55      ; 将 r0 的值存储到 rt_interrupt_from_thread
56      STR     r0, [r1]                                               (9) - ③
57
58      ; 设置中断标志位 rt_thread_switch_interrupt_flag 的值为 1      (10)
59      ; 将 rt_thread_switch_interrupt_flag 的地址加载到 r1
60      LDR     r1, =rt_thread_switch_interrupt_flag                   (10) - ①
61      ; 配置 r0 等于 1
62      MOV     r0, #1                                                 (10) - ②
63      ; 将 r0 的值存储到 rt_thread_switch_interrupt_flag
64      STR     r0, [r1]                                               (10) - ③
65
66      ; 设置 PendSV 异常的优先级                                     (11)
67      LDR     r0, =NVIC_SYSPRI2
68      LDR     r1, =NVIC_PENDSV_PRI
69      LDR.W   r2, [r0,#0x00]        ; 读
70      ORR     r1,r1,r2              ; 改
71      STR     r1, [r0]              ; 写
72
73      ; 触发 PendSV 异常 (产生上下文切换)                           (12)
74      LDR     r0, =NVIC_INT_CTRL
75      LDR     r1, =NVIC_PENDSVSET
76      STR     r1, [r0]
77
78      ; 开中断
79      CPSIE   F                                                      (13)
80      CPSIE   I
81
82      ; 永远不会到达这里
83      ENDP                                                           (14)
84
85      ALIGN   4                                                      (3)
86
87      END                                                            (2)
```

代码清单 3-26（1）：汇编代码产生指令，当我们新建一个汇编文件写代码时，必须包含类似的指令。AERA 表示汇编一个新的数据段或者代码段；.text 表示段名，如果段名不是以字母开头，而是以其他符号开头，则需要在段名两边加上“|”；CODE 表示伪代码；READONLY 表示只读；ALIGN=2 表示当前文件指令要 2^2 字节对齐；THUMB 表示 THUMB 指令代码；REQUIRE8 和 PRESERVE8 均表示当前文件的栈按照 8 字节对齐。

代码清单 3-26（2）：汇编文件结束，每个汇编文件都需要一个 END。

代码清单 3-26（3）：当前文件指令代码要求 4 字节对齐，不然会有警告。

代码清单 3-26（4）：使用 IMPORT 关键字导入一些全局变量，这 3 个全局变量在 cpuport.c 中定义，具体实现参见代码清单 3-27，每个变量的含义请参见注释。

代码清单3-27 汇编文件导入的3个全局变量定义

```
1 /* 用于存储上一个线程的栈的 sp 的指针 */
2 rt_uint32_t rt_interrupt_from_thread;
3
4 /* 用于存储下一个将要运行的线程的栈的 sp 的指针 */
5 rt_uint32_t rt_interrupt_to_thread;
6
7 /* PendSV 中断服务函数执行标志 */
8 rt_uint32_t rt_thread_switch_interrupt_flag;
```

代码清单 3-26（5）：定义了一些常量，这些都是内核中的寄存器，之后触发 PendSV 异常时会用到。有关内核外设寄存器定义可参考官方文档 STM32F10xxx Cortex-M3 programming manual——4 Core peripherals，M3/4/7 内核均可以参考该文档。

代码清单 3-26（6）：PROC 用于定义子程序，与 ENDP 成对使用，表示 rt_hw_context_switch_to() 函数开始。

代码清单 3-26（7）：使用 EXPORT 关键字导出 rt_hw_context_switch_to，让其具有全局属性，可以在 C 文件中调用（但也要先在 rthw.h 中声明）。

代码清单 3-26（8）：设置 rt_interrupt_to_thread 的值。

代码清单 3-26（8）-①：将 rt_interrupt_to_thread 的地址加载到 r1。

代码清单 3-26（8）-②：将 r0 的值存储到 rt_interrupt_to_thread，r0 存储的是下一个将要运行的线程的 sp 的地址，由 rt_hw_context_switch_to((rt_uint32_t)&to_thread->sp) 调用的时候传到 r0。

代码清单 3-26（9）：设置 rt_interrupt_from_thread 的值为 0，表示启动第一次线程切换。

代码清单 3-26（9）-①：将 rt_interrupt_from_thread 的地址加载到 r1。

代码清单 3-26（9）-②：配置 r0 等于 0。

代码清单 3-26（9）-③：将 r0 的值存储到 rt_interrupt_from_thread。

代码清单 3-26（10）：设置中断标志位 rt_thread_switch_interrupt_flag 的值为 1，当执行了 PendSVC-Handler() 时，rt_thread_switch_interrupt_flag 的值会被清零。

代码清单 3-26（10）-①：将 rt_thread_switch_interrupt_flag 的地址加载到 r1。

代码清单 3-26（10）-②：配置 r0 等于 1。

代码清单 3-26（10）-③：将 r0 的值存储到 rt_thread_switch_interrupt_flag。

代码清单 3-26（11）：设置 PendSV 异常的优先级为最低。

代码清单 3-26（12）：触发 PendSV 异常（产生上下文切换）。如果前面关闭了，还要等中断打开时才能执行 PendSV 中断服务函数。

代码清单 3-26（13）：开中断。

代码清单 3-26（14）：rt_hw_context_switch_to() 函数运行结束，与 PROC 成对使用。

2. PendSV_Handler() 函数

PendSV_Handler() 是真正实现线程上下文切换的函数，具体实现参见代码清单 3-28。

代码清单3-28　PendSV_Handler()函数

```
1 ;/*
2 ; *-----------------------------------------------------------------------
3 ; * void PendSV_Handler(void);
4 ; * r0--> switch from thread stack
5 ; * r1--> switch to thread stack
6 ; * psr, pc, lr, r12, r3, r2, r1, r0 are pushed into [from] stack
7 ; *-----------------------------------------------------------------------
8 ; */
9
10 PendSV_Handler   PROC
11     EXPORT PendSV_Handler
12
13     ; 禁用中断，为了保护上下文切换不被中断                          (1)
14     MRS     r2, PRIMASK
15     CPSID   I
16
17     ; 获取中断标志位，看看是否为 0                                  (2)
18     ; 加载 rt_thread_switch_interrupt_flag 的地址到 r0
19     LDR     r0, =rt_thread_switch_interrupt_flag                  (2)-①
20     ; 加载 rt_thread_switch_interrupt_flag 的值到 r1
21     LDR     r1, [r0]                                              (2)-②
22     ; 判断 r1 是否为 0，为 0 则跳转到 pendsv_exit
23     CBZ     r1, pendsv_exit                                       (2)-③
24
25     ; r1 不为 0 则清零                                              (3)
26     MOV     r1, #0x00
27     ; 将 r1 的值存储到 rt_thread_switch_interrupt_flag，即清零
28     STR     r1, [r0]

29     ; 判断 rt_interrupt_from_thread 的值是否为 0                    (4)
30     ; 加载 rt_interrupt_from_thread 的地址到 r0
31     LDR     r0, =rt_interrupt_from_thread                         (4)-①
32     ; 加载 rt_interrupt_from_thread 的值到 r1
33     LDR     r1, [r0]                                              (4)-②
34     ; 判断 r1 是否为 0，为 0 则跳转到 switch_to_thread
35     ; 第一次线程切换时 rt_interrupt_from_thread 肯定为 0，则跳转到 switch_to_thread
36     CBZ     r1, switch_to_thread                                  (4)-③
37
38 ; ========================= 上文保存 ========================      (6)
39     ; 当进入 PendSVC-Handler() 时，上一个线程运行的环境即
40     ; xPSR，PC（线程入口地址），r14，r12，r3，r2，r1，r0（线程的形参）
41     ; 这些 CPU 寄存器的值会自动保存到线程的栈中，剩下的 r4 ~ r11 需要手动保存
42     ; 获取线程栈指针到 r1
43     MRS     r1, psp                                               (6)-①
44     ;将 CPU 寄存器 r4 ~ r11 的值存储到 r1 指向的地址（每操作一次地址将递减一次）
45     STMFD   r1!, {r4- r11}                                        (6)-②
46     ; 加载 r0 地址指向的值到 r0，即 r0=rt_interrupt_from_thread
47     LDR     r0, [r0]                                              (6)-③
48     ; 将 r1 的值存储到 r0，即更新线程栈 sp
```

```
49      STR      r1, [r0]                                              (6) - ④
50
51 ; ========================== 下文切换 ==========================     (5)
52 switch_to_thread
53      ; 加载rt_interrupt_to_thread的地址到r1
        ; rt_interrupt_to_thread是一个全局变量，里面保存的是线程栈指针sp的指针
54      LDR      r1, =rt_interrupt_to_thread                           (5) - ①
55      ; 加载rt_interrupt_to_thread的值到r1，即sp的指针
56      LDR      r1, [r1]                                              (5) - ②
57      ; 加载rt_interrupt_to_thread的值到r1，即sp
58      LDR      r1, [r1]                                              (5) - ③
59
60      ;将线程栈指针r1(操作之前先递减)指向的内容加载到CPU寄存器r4 ~ r11
61      LDMFD    r1!, {r4- r11}                                        (5) - ④
62      ;将线程栈指针更新到psp
63      MSR      psp, r1                                               (5) - ⑤
64
65 pendsv_exit
66      ; 恢复中断
67      MSR      PRIMASK, r2                                           (7)
68
69      ; 确保异常返回使用的栈指针是psp，即lr寄存器的位2要为1
70      ORR      lr, lr, #0x04                                         (8)
71      ; 异常返回，这个时候栈中的剩下内容将会自动加载到CPU寄存器：
72      ; xPSR，PC(线程入口地址)，r14，r12，r3，r2，r1，r0(线程的形参)
73      ; 同时psp的值也将更新，即指向线程栈的栈顶
74      BX       lr                                                    (9)
75
76      ; PendSV_Handler 子程序结束
77      ENDP                                                           (10)
```

代码清单3-28（1）：禁用中断，为了保护上下文切换不被中断。

代码清单3-28（2）：获取中断标志位rt_thread_switch_interrupt_flag是否为0，如果为0则退出PendSV Handler，如果不为0则继续往下执行。

代码清单3-28（2）-①：加载rt_thread_switch_interrupt_flag的地址到r0。

代码清单3-28（2）-②：加载rt_thread_switch_interrupt_flag的值到r1。

代码清单3-28（2）-③：判断r1是否为0，若为0则跳转到pendsv_exit，退出PendSV_Handler()函数。

代码清单3-28（3）：中断标志位rt_thread_switch_interrupt_flag清零。

代码清单3-28（4）：判断rt_interrupt_from_thread的值是否为0，如果为0，则表示第一次线程切换，不用做上文保存的工作，直接跳转到switch_to_thread执行下文切换即可；如果不为0，则需要先保存上文，然后再切换到下文。

代码清单3-28（4）-①：加载rt_interrupt_from_thread的地址到r0。

代码清单3-28（4）-②：加载rt_interrupt_from_thread的值到r1。

代码清单3-28（4）-③：判断r1是否为0，若为0则跳转到switch_to_thread，第一次

线程切换时 rt_interrupt_from_thread 肯定为 0，则跳转到 switch_to_thread。

代码清单 3-28（5）：下文切换。下文切换实际上就是把接下来要运行的线程栈中的内容加载到 CPU 寄存器，更改 PC 指针和 PSP 指针，从而实现程序的跳转。

代码清单 3-28（5）-①：加载 rt_interrupt_to_thread 的地址到 r1，rt_interrupt_to_thread 是一个全局变量，里面保存的是线程栈指针 sp 的指针。

代码清单 3-28（5）-②：加载 rt_interrupt_to_thread 的值到 r1，即 sp 的指针。

代码清单 3-28（5）-③：加载 rt_interrupt_to_thread 的值到 r1，即 sp。

代码清单 3-28（5）-④：将线程栈指针 r1（操作之前先递减）指向的内容加载到 CPU 寄存器 r4 ～ r11。

代码清单 3-28（5）-⑤：将线程栈指针更新到 psp。

代码清单 3-28（6）：rt_interrupt_from_thread 的值不为 0 则表示不是第一次线程切换，需要先保存上文。当进入 PendSVC_Handler() 时，上一个线程运行的环境即 xPSR，PC（线程入口地址），r14，r12，r3，r2，r1，r0（线程的形参），这些 CPU 寄存器的值会自动保存到线程的栈中，并更新 psp 的值，剩下的 r4 ～ r11 需要手动保存。

代码清单 3-28（6）-①：获取线程栈指针到 r1。

代码清单 3-28（6）-②：将 CPU 寄存器 r4 ～ r11 的值存储到 r1 指向的地址（每操作一次地址将递减一次）。

代码清单 3-28（6）-③：加载 r0 地址指向的值到 r0，即 r0=rt_interrupt_from_thread。

代码清单 3-28（6）-④：将 r1 的值存储到 r0，即更新线程栈 sp。

代码清单 3-28（7）：上下文切换完成，恢复中断。

代码清单 3-28（8）：确保异常返回使用的栈指针是 psp，即 lr 寄存器的位 2 要为 1。

代码清单 3-28（9）：异常返回，这时接下来将要运行的线程栈中的剩余内容将会自动加载到 CPU 寄存器：xPSR，PC（线程入口地址），r14，r12，r3，r2，r1，r0（线程的形参）。同时 psp 的值也将更新，即指向线程栈的栈顶。

代码清单 3-28（10）：上下文切换完成，恢复中断。

3.4.4　系统调度

系统调度就是在就绪列表中寻找优先级最高的就绪线程，然后执行该线程。但是目前我们还不支持优先级，仅实现两个线程轮流切换，涉及 rt_schedule() 函数和 rt_hw_contex_switch() 函数。

1. rt_schedule() 函数

系统调度函数 rt_schedule() 的具体实现参见代码清单 3-29。

代码清单3-29　rt_schedule()函数

```
1 /* 系统调度 */
2 void rt_schedule(void)
```

```
 3 {
 4     struct rt_thread *to_thread;
 5     struct rt_thread *from_thread;
 6
 7
 8     /* 两个线程轮流切换 */                    (1)
 9     if ( rt_current_thread == rt_list_entry( rt_thread_priority_table[0].next,
10                                             struct rt_thread,
11                                             tlist) )
12     {
13         from_thread = rt_current_thread;
14         to_thread = rt_list_entry( rt_thread_priority_table[1].next,
15                                    struct rt_thread,
16                                    tlist);
17         rt_current_thread = to_thread;
18     }
19     else                                      (2)
20     {
21         from_thread = rt_current_thread;
22         to_thread = rt_list_entry( rt_thread_priority_table[0].next,
23                                    struct rt_thread,
24                                    tlist);
25         rt_current_thread = to_thread;
26     }
27
28     /* 产生上下文切换 */
29     rt_hw_context_switch((rt_uint32_t)&from_thread->sp,(rt_uint32_t)&to_
thread->sp);
30 }
```

代码清单3-29（1）：如果当前线程为线程1，则把下一个要运行的线程改为线程2。

代码清单3-29（2）：如果当前线程为线程2，则把下一个要运行的线程改为线程1。

2. rt_hw_context_switch() 函数

rt_hw_context_switch() 函数用于产生上下文切换，在context_rvds.s中实现，在rthw.h中声明。当一个汇编函数在C文件中调用时，如果有两个形参，则执行时会将这两个形参传入CPU寄存器r0、r1。rt_hw_context_switch() 函数的具体实现参见代码清单3-30。

代码清单3-30 rt_hw_context_switch()函数

```
 1 ;/*
 2 ; *-----------------------------------------------------------------------
 3 ; * void rt_hw_context_switch(rt_uint32 from, rt_uint32 to);
 4 ; * r0--> from
 5 ; * r1--> to
 6 ; *-----------------------------------------------------------------------
 7 ; */
 8 rt_hw_context_switch    PROC
 9     EXPORT rt_hw_context_switch
10
```

```
11      ; 设置中断标志位 rt_thread_switch_interrupt_flag 为 1 (1)
12      ; 加载 rt_thread_switch_interrupt_flag 的地址到 r2
13      LDR     r2, =rt_thread_switch_interrupt_flag            (1) - ①
14      ; 加载 rt_thread_switch_interrupt_flag 的值到 r3
15      LDR     r3, [r2]                                        (1) - ②
16      ;r3 与 1 比较, 相等则执行 BEQ 指令, 否则不执行
17      CMP     r3, #1                                          (1) - ③
18      BEQ     _reswitch
19      ; 设置 r3 的值为 1
20      MOV     r3, #1                                          (1) - ④
21      ; 将 r3 的值存储到 rt_thread_switch_interrupt_flag, 即置 1
22      STR     r3, [r2]                                        (1) - ⑤
23
24      ; 设置 rt_interrupt_from_thread 的值                    (2)
25      ; 加载 rt_interrupt_from_thread 的地址到 r2
26      LDR     r2, =rt_interrupt_from_thread                   (2) - ①
27      ; 存储 r0 的值到 rt_interrupt_from_thread, 即上一个线程栈指针 sp 的指针
28      STR     r0, [r2]                                        (2) - ②
29
30  _reswitch
31      ; 设置 rt_interrupt_to_thread 的值                      (3)
32      ; 加载 rt_interrupt_from_thread 的地址到 r2
33      LDR     r2, =rt_interrupt_to_thread                     (3) - ①
34      ; 存储 r1 的值到 rt_interrupt_from_thread, 即下一个线程栈指针 sp 的指针
35      STR     r1, [r2]                                        (3) - ②
36
37      ; 触发 PendSV 异常, 实现上下文切换                      (4)
38      LDR     r0, =NVIC_INT_CTRL
39      LDR     r1, =NVIC_PENDSVSET
40      STR     r1, [r0]
41      ; 子程序返回
42      BX      LR                                              (5)
43      ; 子程序结束
44      ENDP                                                    (6)
```

代码清单 3-30（1）：设置中断标志位 rt_thread_switch_interrupt_flag 为 1。

代码清单 3-30（1）-①：加载 rt_thread_switch_interrupt_flag 的地址到 r2。

代码清单 3-30（1）-②：加载 rt_thread_switch_interrupt_flag 的值到 r3。

代码清单 3-30（1）-③：r3 与 1 比较，相等则执行 BEQ 指令，否则不执行。

代码清单 3-30（1）-④：设置 r3 的值为 1。

代码清单 3-30（1）-⑤：将 r3 的值存储到 rt_thread_switch_interrupt_flag，即置 1。

代码清单 3-30（2）：设置 rt_interrupt_from_thread 的值。

代码清单 3-30（2）-①：加载 rt_interrupt_from_thread 的地址到 r2。

代码清单 3-30（2）-②：存储 r0 的值到 rt_interrupt_from_thread，即上一个线程栈指针 sp 的指针。r0 存储的是函数调用 rt_hw_context_switch((rt_uint32_t)&from_thread->sp, (rt_uint32_t)&to_thread->sp) 时的第一个形参，即上一个线程栈指针 sp 的指针。

代码清单3-30（3）：设置rt_interrupt_to_thread的值。

代码清单3-30（3）-①：加载rt_interrupt_from_thread的地址到r2。

代码清单3-30（3）-②：存储r1的值到rt_interrupt_from_thread，即下一个线程栈指针sp的指针。r1存储的是函数调用rt_hw_context_switch((rt_uint32_t)&from_thread->sp, (rt_uint32_t)&to_thread->sp)时的第二个形参，即下一个线程栈指针sp的指针。

代码清单3-30（4）：触发PendSV异常，在PendSV_Handler()中实现上下文切换。

代码清单3-30（5）：子程序返回，返回到调用rt_hw_context_switch_to()函数的地方。

代码清单3-30（6）：汇编程序结束。

3.5 main()函数

线程的创建、就绪列表的实现、调度器的实现均已介绍完毕，现在我们把全部的测试代码都放到main.c中，具体参见代码清单3-31。

代码清单3-31 main.c代码

```
 1 /**
 2   ************************************************************************
 3   * @file     main.c
 4   * @author   fire
 5   * @version  V1.0
 6   * @date     2018-xx-xx
 7   * @brief   《RT-Thread内核实现与应用开发实战指南：基于STM32》例程
 8   *              新建RT-Thread工程——软件仿真
 9   ************************************************************************
10   * @attention
11   *
12   * 实验平台：野火 STM32 系列开发板
13   *
14   * 官网：www.embedfire.com
15   * 论坛：http://www.firebbs.cn
16   * 淘宝：https://fire-stm32.taobao.com
17   *
18   ************************************************************************
19   */
20
21
22 /*
23 *************************************************************************
24 *                               包含的头文件
25 *************************************************************************
26 */
27
28 #include <rtthread.h>
29 #include "ARMCM3.h"
30
```

```
31
32 /*
33 ******************************************************************************
34 *                                 全局变量
35 ******************************************************************************
36 */
37 rt_uint8_t flag1;
38 rt_uint8_t flag2;
39
40 extern rt_list_t rt_thread_priority_table[RT_THREAD_PRIORITY_MAX];
41
42 /*
43 ******************************************************************************
44 *                         线程控制块 & STACK & 线程声明
45 ******************************************************************************
46 */
47
48
49 /* 定义线程控制块 */
50 struct rt_thread rt_flag1_thread;
51 struct rt_thread rt_flag2_thread;
52
53 ALIGN(RT_ALIGN_SIZE)
54 /* 定义线程栈 */
55 rt_uint8_t rt_flag1_thread_stack[512];
56 rt_uint8_t rt_flag2_thread_stack[512];
57
58 /* 线程声明 */
59 void flag1_thread_entry(void *p_arg);
60 void flag2_thread_entry(void *p_arg);
61
62 /*
63 ******************************************************************************
64 *                                 函数声明
65 ******************************************************************************
66 */
67 void delay(uint32_t count);
68
69 /*****************************************************************************
70   * @brief  main()函数
71   * @param  无
72   * @retval 无
73   *
74   * @attention
75   ****************************************************************************
76   */
77 int main(void)
78 {
79     /* 硬件初始化 */
80     /* 将硬件相关的初始化放在这里，如果是软件仿真则没有相关初始化代码 */
81
```

```
82      /* 调度器初始化 */
83      rt_system_scheduler_init();
84
85
86      /* 初始化线程 */
87      rt_thread_init( &rt_flag1_thread,               /* 线程控制块 */
88                      flag1_thread_entry,             /* 线程入口地址 */
89                      RT_NULL,                        /* 线程形参 */
90                      &rt_flag1_thread_stack[0],      /* 线程栈起始地址 */
91                      sizeof(rt_flag1_thread_stack)); /* 线程栈大小，单位为字节 */
92      /* 将线程插入就绪列表 */
93      rt_list_insert_before( &(rt_thread_priority_table[0]),&(rt_flag1_
thread.tlist) );
94
95      /* 初始化线程 */
96      rt_thread_init( &rt_flag2_thread,               /* 线程控制块 */
97                      flag2_thread_entry,             /* 线程入口地址 */
98                      RT_NULL,                        /* 线程形参 */
99                      &rt_flag2_thread_stack[0],      /* 线程栈起始地址 */
100                     sizeof(rt_flag2_thread_stack)); /* 线程栈大小，单位为字节 */
101     /* 将线程插入就绪列表 */
102     rt_list_insert_before( &(rt_thread_priority_table[1]),&(rt_flag2_
thread.tlist) );
103
104     /* 启动系统调度器 */
105     rt_system_scheduler_start();
106 }
107
108 /*
109 ***************************************************************************
110 *                                   函数实现
111 ***************************************************************************
112 */
113 /* 软件延时 */
114 void delay (uint32_t count)
115 {
116     for (; count!=0; count--);
117 }
118
119 /* 线程 1 */
120 void flag1_thread_entry( void *p_arg )
121 {
122     for ( ;; )
123     {
124         flag1 = 1;
125         delay( 100 );
126         flag1 = 0;
127         delay( 100 );
128
129         /* 线程切换，这里是手动切换 */
130         rt_schedule();                                          (注意)
```

```
131     }
132 }
133
134 /* 线程 2 */
135 void flag2_thread_entry( void *p_arg )
136 {
137     for ( ;; )
138     {
139         flag2 = 1;
140         delay( 100 );
141         flag2 = 0;
142         delay( 100 );
143
144         /* 线程切换，这里是手动切换 */
145         rt_schedule();                                    (注意)
146     }
147 }
148
```

代码清单 3-31 中每个局部的代码均已经讲解过，其作用查看代码注释即可。

代码清单 3-31（注意）：因为目前还不支持优先级，每个线程执行完毕之后都主动调用系统调度函数 rt_schedule() 来实现线程的切换。

3.6　实验现象

本章代码讲解完毕，接下来是软件调试仿真，具体过程如图 3-16 ～图 3 -20 所示。

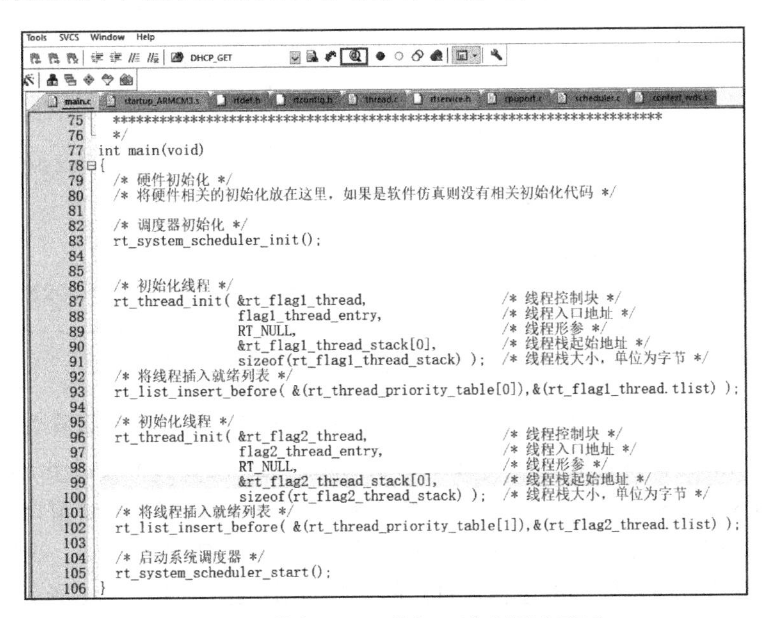

图 3-16　单击 Debug 按钮，进入调试界面

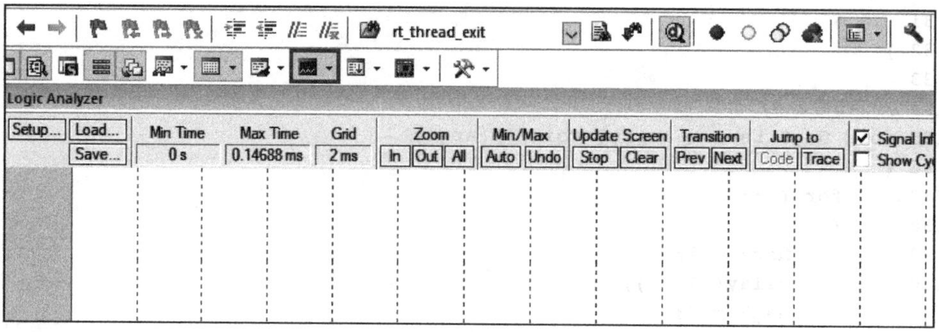

图 3-17 单击逻辑分析仪按钮，调出逻辑分析仪

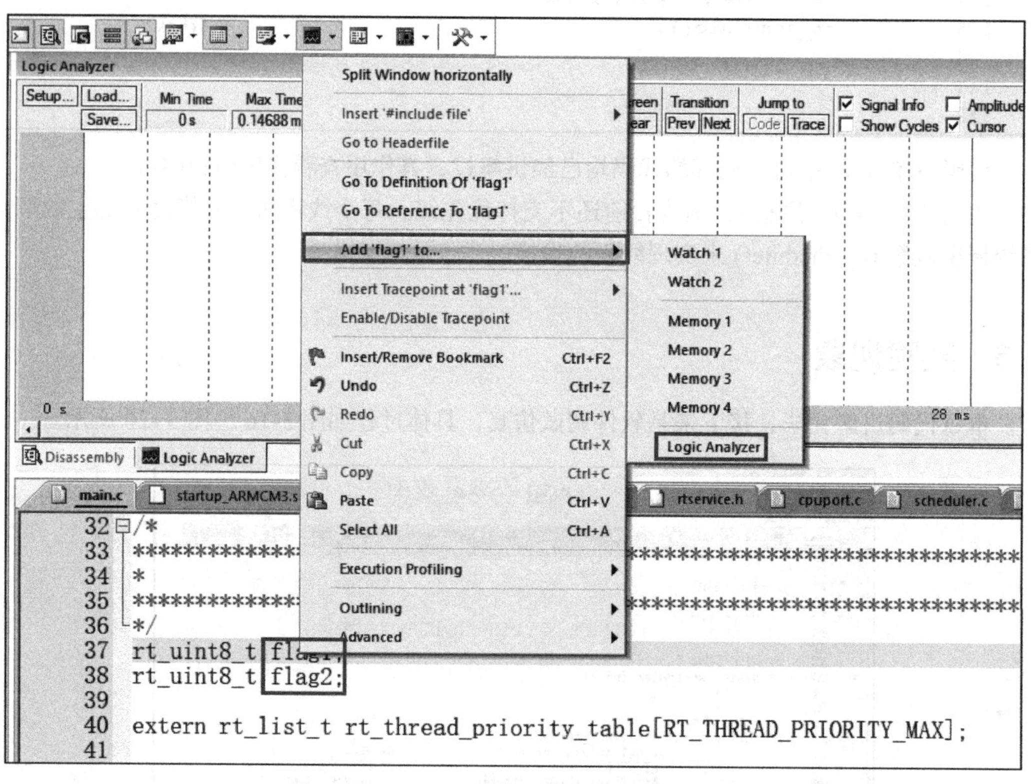

图 3-18 将要观察的变量添加到逻辑分析仪

至此，本章讲解完毕。但是，只是把本章的内容看完，然后再仿真看看波形是远远不够的，应该把当前线程控制块指针 rt_current_thread、就绪列表 rt_thread_priority_table、每个线程的控制块、线程的入口函数和线程的栈这些变量统统添加到观察窗口，然后单步执行程序，看看这些变量是怎么变化的，特别是线程切换时，CPU 寄存器、线程栈和 PSP 是怎样变化的，让机器执行代码的过程在自己的头脑中过一遍。如图 3-21 所示就是笔者在仿真调试时显现的观察窗口。

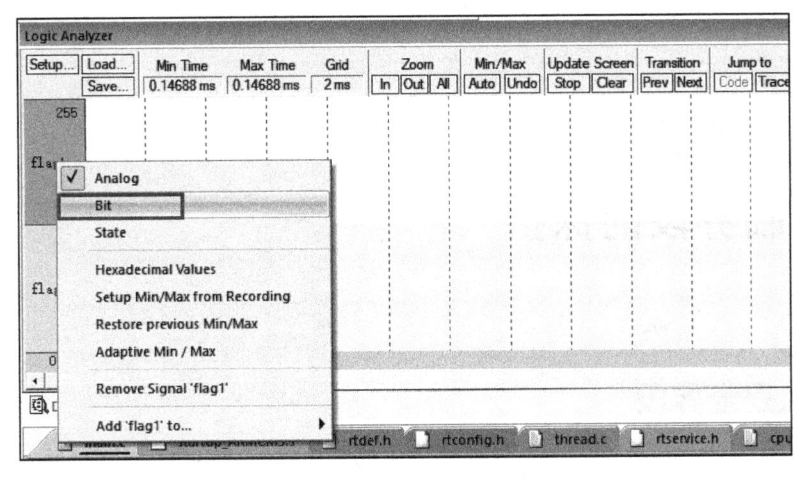

图 3-19　将变量设置为 Bit 模式，默认是 Analog

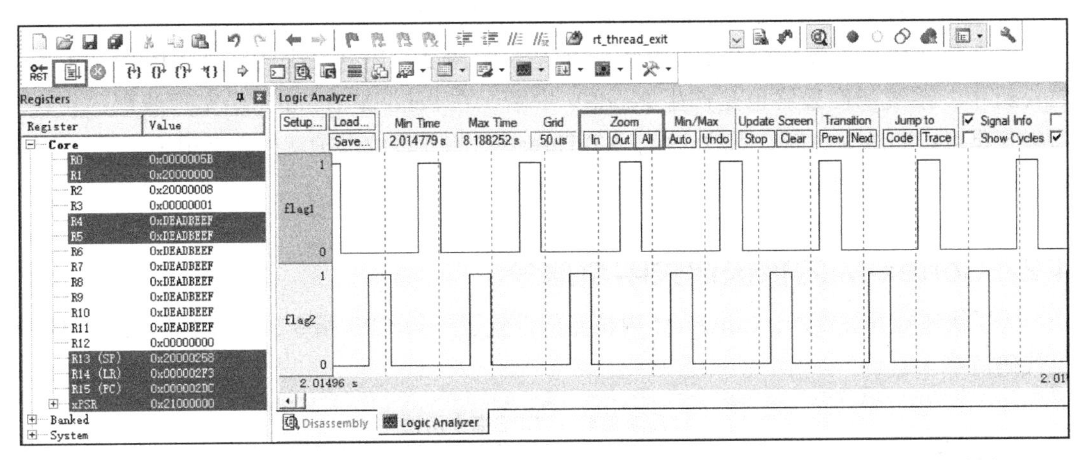

图 3-20　单击全速运行按钮查看波形，Zoom 栏中的 In、Out、All 按钮可放大和缩小波形

Watch 1

Name	Value	Type
rt_current_thread	0x2000003C &rt_flag2_thread	struct rt_thread *
rt_thread_priority_table	0x20000458 rt_thread_priority_table	struct rt_list_node[32]
rt_flag1_thread	0x20000020 &rt_flag1_thread	struct rt_thread
flag1_thread_entry	0x000002E4	void f(void *)
rt_flag1_thread_stack	0x20000058 rt_flag1_thread_stack[] ""	unsigned char[512]
rt_flag2_thread	0x2000003C &rt_flag2_thread	struct rt_thread
flag2_thread_entry	0x00000308	void f(void *)
rt_flag2_thread_stack	0x20000258 rt_flag2_thread_stack[] ""	unsigned char[512]
<Enter expression>		

Call Stack + Locals　Watch 1　Memory 1

图 3-21　软件调试仿真时的 Watch 窗口

第 4 章
临界段的保护

4.1 什么是临界段

临界段，用一句话概括就是一段在执行时不能被中断的代码段。在 RT-Thread 中，临界段最常出现的场景就是对全局变量的操作，全局变量就好像是一个靶子，谁都可以对其开枪，但是有一人开枪，其他人就不能开枪，否则就不知道是谁命中了靶子。

那么什么情况下临界段会被打断？一个是系统调度，还有一个就是外部中断。在 RT-Thread 中，系统调度最终也是产生 PendSV 中断，在 PendSV Handler 中实现线程的切换，所以还是可以归结为中断。既然这样，RT-Thread 对临界段的保护就处理得很干脆了，直接把中断关闭，但 NMI FAULT 和硬 FAULT 除外。

4.2 Cortex-M 内核快速关中断指令

为了快速地开关中断，Cortex-M 内核专门设置了一条 CPS 指令，有 4 种用法，具体参见代码清单 4-1。

代码清单4-1 CPS指令用法

```
1 CPSID I ;PRIMASK=1      ; 关中断
2 CPSIE I ;PRIMASK=0      ; 开中断
3 CPSID F ;FAULTMASK=1    ; 关异常
4 CPSIE F ;FAULTMASK=0    ; 开异常
```

代码清单 4-1 中 PRIMASK 和 FAULTMAST 是 Cortex-M 内核中 3 个中断屏蔽寄存器中的 2 个，还有一个是 BASEPRI，有关这 3 个寄存器的详细用法如表 4-1 所示。

表 4-1 Cortex-M 内核中断屏蔽寄存器组描述

寄 存 器	功 能 描 述
PRIMASK	这是一个只有单一比特的寄存器。当它被置 1 后，就关掉所有可屏蔽的异常，只剩下 NMI 和硬 FAULT 可以响应。它的默认值是 0，表示没有关中断
FAULTMASK	这是一个只有一位的寄存器。当它置 1 时，只有 NMI 才能响应，所有其他的异常，甚至是硬 FAULT，也都被忽略。它的默认值也是 0，表示没有关异常
BASEPRI	这个寄存器最多有 9 位（由表达优先级的位数决定）。它定义了被屏蔽优先级的阈值。当它被设置成某个值后，所有优先级号大于等于此值的中断都被关闭（优先级号越大，优先级越低）。但若被设置为 0，则不关闭任何中断，0 也是默认值

4.3　关中断

RT-Thread 关中断的函数在 contex_rvds.s 中定义，在 rthw.h 中声明，具体实现参见代码清单 4-2。

代码清单4-2　关中断

```
1 ;/*
2 ; * rt_base_t rt_hw_interrupt_disable();
3 ; */
4 rt_hw_interrupt_disable    PROC                         (1)
5     EXPORT  rt_hw_interrupt_disable                    (2)
6     MRS     r0, PRIMASK                                (3)
7     CPSID   I                                          (4)
8     BX      LR                                         (5)
9     ENDP                                               (6)
```

代码清单 4-2（1）：关键字 PROC 表示汇编子程序开始。

代码清单 4-2（2）：使用 EXPORT 关键字导出标号 rt_hw_interrupt_disable，使其具有全局属性，在外部头文件声明后（在 rthw.h 中声明），就可以在 C 文件中调用。

代码清单 4-2（3）：通过 MRS 指令将特殊寄存器 PRIMASK 寄存器的值存储到通用寄存器 r0。当在 C 中调用汇编的子程序返回时，会将 r0 作为函数的返回值。所以在 C 中调用 rt_hw_interrupt_disable() 时，需要事先声明一个变量用来存储 rt_hw_interrupt_disable() 的返回值，即 r0 寄存器的值，也就是 PRIMASK 的值。

代码清单 4-2（4）：关闭中断，即使用 CPS 指令将 PRIMASK 寄存器的值置 1。在这里，相信一定会有人有这样一个疑问：关中断，不是直接使用 CPSID　I 指令就可以吗？为什么还要在执行 CPSID I 指令前，先把 PRIMASK 的值保存起来？这个疑问在 4.5 节中将会揭晓。

代码清单 4-2（5）：子程序返回。

代码清单 4-2（6）：ENDP 表示汇编子程序结束，与 PROC 成对使用。

4.4　开中断

RT-Thread 开中断的函数在 contex_rvds.s 中定义，在 rthw.h 中声明，具体实现参见代码清单 4-3。

代码清单4-3　开中断

```
1 ;/*
2 ; * void rt_hw_interrupt_enable(rt_base_t level);
3 ; */
4 rt_hw_interrupt_enable    PROC                          (1)
5     EXPORT  rt_hw_interrupt_enable                     (2)
6     MSR     PRIMASK, r0                                (3)
```

```
7      BX       LR                                    (4)
8      ENDP                                           (5)
```

代码清单 4-2（1）：关键字 PROC 表示汇编子程序开始。

代码清单 4-2（2）：使用 EXPORT 关键字导出标号 rt_hw_interrupt_enable，使其具有全局属性，在外部头文件声明后（在 rthw.h 中声明），就可以在 C 文件中调用。

代码清单 4-2（3）：通过 MSR 指令将通用寄存器 r0 的值存储到特殊寄存器 PRIMASK。当在 C 中调用汇编的子程序返回时，会将第一个形参传入通用寄存器 r0。所以在 C 中调用 rt_hw_interrupt_enable() 时，需要传入一个形参，该形参是进入临界段之前保存的 PRIMASK 的值。为什么这里不使用 CPSIE I 指令开中断呢？请参见 4.5 节。

代码清单 4-2（3）：子程序返回。

代码清单 4-2（4）：ENDP 表示汇编子程序结束，与 PROC 成对使用。

4.5 临界段代码的应用

在进入临界段之前，我们会先把中断关闭，退出临界段时再把中断打开，而且 Cortex-M 内核中设置了快速关中断的 CPS 指令，那么按照我们的第一反应，开关中断的函数的实现和临界段代码的保护应该类似代码清单 4-4 中所示。

代码清单4-4　开关中断的函数的实现和临界段代码的保护

```
1 ; 开关中断的函数的实现
2 ;/*
3 ; * void rt_hw_interrupt_disable();
4 ; */
5 rt_hw_interrupt_disable    PROC
6     EXPORT  rt_hw_interrupt_disable
7     CPSID   I                                          (1)
8     BX      LR
9     ENDP
10
11 ;/*
12 ; * void rt_hw_interrupt_enable(void);
13 ; */
14 rt_hw_interrupt_enable    PROC
15     EXPORT  rt_hw_interrupt_enable
16     CPSIE   I                                          (2)
17     BX      LR
18     ENDP
```

```
1 PRIMASK = 0;                  /* PRIMASK 初始值为 0，表示没有关中断 */  (3)
2
3 /* 临界段代码保护 */
4 {
5     /* 临界段开始 */
```

```
 6      rt_hw_interrupt_disable();      /* 关中断，PRIMASK = 1 */            (4)
 7      {
 8          /* 执行临界段代码，不可中断 */                                    (5)
 9      }
10      /* 临界段结束 */
11      rt_hw_interrupt_enable();       /* 开中断，PRIMASK = 0 */            (6)
12 }
```

代码清单 4-4（1）：关中断直接使用了 CPSID I，没有像代码清单 4-2 中那样事先将 PRIMASK 的值保存在 r0 中。

代码清单 4-4（2）：开中断直接使用了 CPSIE I，而不是像代码清单 4-3 中那样从传进来的形参来恢复 PRIMASK 的值。

代码清单 4-4（3）：假设 PRIMASK 的初始值为 0，表示没有关中断。

代码清单 4-4（4）：临界段开始，调用关中断函数 rt_hw_interrupt_disable()，此时 PRIMASK 的值等于 1，确实中断已经关闭。

代码清单 4-4（5）：执行临界段代码，不可中断。

代码清单 4-4（6）：临界段结束，调用开中断函数 rt_hw_interrupt_enable()，此时 PRIMASK 的值等于 0，确实中断已经开启。

乍一看，代码清单 4-4 的这种实现开关中断的方法确实有效，没有什么错误，但是我们忽略了一种情况，就是当临界段出现嵌套时，这种开关中断的方法就不可行了，参见代码清单 4-5。

代码清单4-5　开关中断的函数的实现和嵌套临界段代码的保护（有错误，只为讲解）

```
 1 ; 开关中断的函数的实现
 2 ;/*
 3 ; * void rt_hw_interrupt_disable();
 4 ; */
 5 rt_hw_interrupt_disable    PROC
 6     EXPORT  rt_hw_interrupt_disable
 7     CPSID   I
 8     BX      LR
 9     ENDP
10
11 ;/*
12 ; * void rt_hw_interrupt_enable(void);
13 ; */
14 rt_hw_interrupt_enable    PROC
15     EXPORT  rt_hw_interrupt_enable
16     CPSIE   I
17     BX      LR
18     ENDP
```

```
 1 PRIMASK = 0;                              /* PRIMASK 初始值为 0，表示没有关中断 */
 2
 3 /* 临界段代码 */
```

```
 4 {
 5     /* 临界段 1 开始 */
 6     rt_hw_interrupt_disable();             /* 关中断, PRIMASK = 1 */
 7     {
 8         /* 临界段 2 */
 9         rt_hw_interrupt_disable();         /* 关中断, PRIMASK = 1 */
10         {
11
12         }
13         rt_hw_interrupt_enable();          /* 开中断, PRIMASK = 0 */ (注意)
14     }
15     /* 临界段 1 结束 */
16     rt_hw_interrupt_enable();              /* 开中断, PRIMASK = 0 */
17 }
```

代码清单 4-5 (注意)：当临界段出现嵌套时，这里以一重嵌套为例。临界段 1 开始和结束时，PRIMASK 分别等于 1 和 0，表示关闭中断和开启中断，这是没有问题的。临界段 2 开始时，PRIMASK 等于 1，表示关闭中断，这也是没有问题的，问题出现在临界段 2 结束时，PRIMASK 的值等于 0。如果单纯对于临界段 2 来说，这也是没有问题的，因为临界段 2 已经结束，可是临界段 2 是嵌套在临界段 1 中，虽然临界段 2 已经结束，但是临界段 1 还没有结束，中断是不能开启的，如果此时出现外部中断，那么临界段 1 就会被中断，违背了我们的初衷，那应该怎么办？正确的做法参见代码清单 4-6。

代码清单4-6 开关中断的函数的实现和嵌套临界段代码的保护（正确）

```
 1 ;/*
 2 ; * rt_base_t rt_hw_interrupt_disable();
 3 ; */
 4 rt_hw_interrupt_disable    PROC
 5     EXPORT  rt_hw_interrupt_disable
 6     MRS     r0, PRIMASK
 7     CPSID   I
 8     BX      LR
 9     ENDP
10
11 ;/*
12 ; * void rt_hw_interrupt_enable(rt_base_t level);
13 ; */
14 rt_hw_interrupt_enable    PROC
15     EXPORT  rt_hw_interrupt_enable
16     MSR     PRIMASK, r0
17     BX      LR
18     ENDP

 1 PRIMASK = 0;                        /* PRIMASK 初始值为 0, 表示没有关中断 */
                                                                          (1)
 2 rt_base_t level1;                                                      (2)
 3 rt_base_t level2;
 4
```

```
 5 /* 临界段代码 */
 6 {
 7     /* 临界段 1 开始 */
 8     level1 = rt_hw_interrupt_disable();     /* 关中断, level1=0,PRIMASK=1 */ (3)
 9     {
10         /* 临界段 2 */
11         level2 = rt_hw_interrupt_disable(); /* 关中断, level2=1,PRIMASK=1 */ (4)
12         {
13 
14         }
15         rt_hw_interrupt_enable(level2);     /* 开中断, level2=1,PRIMASK=1 */ (5)
16     }
17     /* 临界段 1 结束 */
18     rt_hw_interrupt_enable(level1);         /* 开中断, level1=0,PRIMASK=0 */ (6)
19 }
```

代码清单 4-6（1）：假设 PRIMASK 的初始值为 0，表示没有关中断。

代码清单 4-6（2）：定义两个变量，留着后面用。

代码清单 4-6（3）：临界段 1 开始，调用关中断函数 rt_hw_interrupt_disable()，rt_hw_interrupt_disable() 函数先将 PRIMASK 的值存储在通用寄存器 r0 中，一开始我们假设 PRIMASK 的值等于 0，所以此时 r0 的值即为 0。然后执行汇编指令 CPSID I 关闭中断，即设置 PRIMASK 等于 1，在返回时 r0 当作函数的返回值存储在 level1 中，所以 level1 等于 r0 等于 0。

代码清单 4-6（4）：临界段 2 开始，调用关中断函数 rt_hw_interrupt_disable()，rt_hw_interrupt_disable() 函数先将 PRIMASK 的值存储在通用寄存器 r0 中，临界段 1 开始时我们关闭了中断，即设置 PRIMASK 等于 1，所以此时 r0 的值等于 1。然后执行汇编指令 CPSID I 关闭中断，即设置 PRIMASK 等于 1，在返回时 r0 当作函数的返回值存储在 level2 中，所以 level2 等于 r0 等于 1。

代码清单 4-6（5）：临界段 2 结束，调用开中断函数 rt_hw_interrupt_enable(level2)，level2 作为函数的形参传入通用寄存器 r0，然后执行汇编指令 MSR r0，PRIMASK 恢复 PRIMASK 的值。此时 PRIAMSK = r0 = level2 = 1。关键点来了，为什么临界段 2 结束了，PRIMASK 还是等于 1，按道理应该是等于 0。因为此时临界段 2 是嵌套在临界段 1 中的，还是没有完全离开临界段的范畴，所以不能把中断打开，如果临界段是没有嵌套的，使用当前的开关中断的方法，那么 PRIMASK 确实是等于 1，具体举例参见代码清单 4-7。

代码清单4-7　开关中断的函数的实现和一重临界段代码的保护（正确）

```
1 ;/*
2 ; * rt_base_t rt_hw_interrupt_disable();
3 ; */
4 rt_hw_interrupt_disable    PROC
5     EXPORT  rt_hw_interrupt_disable
6     MRS     r0, PRIMASK
7     CPSID   I
```

```
 8     BX      LR
 9     ENDP
10
11 ;/*
12 ; * void rt_hw_interrupt_enable(rt_base_t level);
13 ; */
14 rt_hw_interrupt_enable    PROC
15     EXPORT  rt_hw_interrupt_enable
16     MSR     PRIMASK, r0
17     BX      LR
18     ENDP
```

```
 1 PRIMASK = 0;                            /* PRIMASK 初始值为 0，表示没有关中断 */
 2 rt_base_t level1;
 3
 4 /* 临界段代码 */
 5 {
 6   /* 临界段开始 */
 7   level1 = rt_hw_interrupt_disable();/* 关中断，level1=0，PRIMASK=1 */
 8   {
 9
10   }
11   /* 临界段结束 */
12   rt_hw_interrupt_enable(level1);     /* 开中断，level1=0,PRIMASK=0（注意）*/
13 }
```

代码清单 4-6（6）：临界段 1 结束，PRIMASK 等于 0，开启中断，与进入临界段 1 遥相呼应。

4.6 实验现象

本章没有实验，充分理解本章内容即可。

第 5 章
对象容器

5.1 什么是对象

在 RT-Thread 中，所有的数据结构都称为对象。

5.1.1 对象枚举的定义

线程、信号量、互斥量、事件、邮箱、消息队列、内存堆、内存池、设备和定时器等在 rtdef.h 中有明显的枚举定义，即为每个对象打上了一个数字标签，具体情况参见代码清单 5-1。

代码清单5-1　对象类型枚举定义

```
 1 enum rt_object_class_type
 2 {
 3     RT_Object_Class_Thread = 0,       /* 对象是线程 */
 4     RT_Object_Class_Semaphore,        /* 对象是信号量 */
 5     RT_Object_Class_Mutex,            /* 对象是互斥量 */
 6     RT_Object_Class_Event,            /* 对象是事件 */
 7     RT_Object_Class_MailBox,          /* 对象是邮箱 */
 8     RT_Object_Class_MessageQueue,     /* 对象是消息队列 */
 9     RT_Object_Class_MemHeap,          /* 对象是内存堆 */
10     RT_Object_Class_MemPool,          /* 对象是内存池 */
11     RT_Object_Class_Device,           /* 对象是设备 */
12     RT_Object_Class_Timer,            /* 对象是定时器 */
13     RT_Object_Class_Module,           /* 对象是模块 */
14     RT_Object_Class_Unknown,          /* 对象未知 */
15     RT_Object_Class_Static = 0x80     /* 对象是静态对象 */
16 };
```

5.1.2 对象数据类型的定义

在 rtt 中，为了方便管理这些对象，专门定义了一个对象类型数据结构，具体参见代码清单 5-2。

代码清单5-2　对象数据类型定义

```
 1 struct rt_object
```

```
2 {
3     char name[RT_NAME_MAX];                  /* 内核对象的名字 */         (1)
4     rt_uint8_t type;                         /* 内核对象的类型 */         (2)
5     rt_uint8_t flag;                         /* 内核对象的状态 */         (3)
6
7
8     rt_list_t  list;                         /* 内核对象的列表节点 */     (4)
9 };
10 typedef struct rt_object *rt_object_t;      /* 内核对象数据类型重定义 */ (5)
```

代码清单 5-2（1）：对象的名字为字符串形式，方便调试，最大长度由 rt_config.h 中的宏 RT_NAMA_MAX 决定，默认定义为 8。

代码清单 5-2（2）：对象的类型，RT-Thread 为每一个对象都打上了数字标签，取值由 rt_object_class_type 枚举类型限定，具体情况参见代码清单 5-1。

代码清单 5-2（3）：对象的状态。

代码清单 5-2（4）：对象的列表节点，每个对象都可以通过自己的列表节点 list 将自己挂到容器列表中，关于容器的更多内容可参见 5.2 节。

代码清单 5-2（5）：对象数据类型，RT-Thread 中会为每一个新的结构体用 typedef 重定义一个指针类型的数据结构。

5.1.3　在线程控制块中添加对象成员

在 RT-Thread 中，每个对象都会有一个对应的结构体，这个结构体叫作该对象的控制块。如线程会有一个线程控制块，定时器会有一个定时器控制块，信号量会有信号量控制块等。这些控制块的开头都会包含一个内核对象结构体，或者直接将对象结构体的成员放在对象控制块结构体的开头。其中线程控制块的开头放置的就是对象结构体的成员，具体见代码清单 5-3 开头的加粗部分代码。这里我们只讲解向线程控制块里添加对象结构体成员，其他内核对象都是直接在其开头使用 struct rt_object 直接定义一个内核对象变量。

代码清单5-3　在线程控制块中添加对象成员

```
1 struct rt_thread {
2     /* rt 对象 */
3     char name[RT_NAME_MAX];       /* 对象的名字 */
4     rt_uint8_t type;              /* 对象的类型 */
5     rt_uint8_t flags;             /* 对象的状态 */
6     rt_list_t  list;              /* 对象的列表节点 */
7
8     rt_list_t tlist;              /* 线程链表节点 */
9     void *sp;                     /* 线程栈指针 */
10    void *entry;                  /* 线程入口地址 */
11    void *parameter;              /* 线程形参 */
12    void *stack_addr;             /* 线程起始地址 */
13    rt_uint32_t stack_size;       /* 线程栈大小，单位为字节 */
14 };
```

5.2 什么是容器

在 rtt 中，每当用户创建一个对象，如线程，就会将这个对象放到容器中，这样做是为了方便管理，这时用户会问，管理什么？在 RT-Thread 的组件 finsh 的使用中，就需要用到容器，通过扫描容器的内核对象来获取各个内核对象的状态，然后输出调试信息。目前，我们只需要知道所有创建的对象都会被放到容器中即可。

什么是容器？从代码上看，容器就是一个数组，是一个全局变量，数据类型为 struct rt_object_information，在 object.c 中定义，具体定义参见代码清单 5-4，示意图如图 5-1 所示。

代码清单5-4 rtt容器的定义

```
 1 static struct rt_object_information                           (1)
 2 rt_object_container[RT_Object_Info_Unknown] = {              (2)
 3     /* 初始化对象容器——线程 */                                  (3)
 4     {
 5         RT_Object_Class_Thread,                               (3)-①
 6         _OBJ_CONTAINER_LIST_INIT(RT_Object_Info_Thread),      (3)-②
 7         sizeof(struct rt_thread)                              (3)-③
 8     },
 9
10 #ifdef RT_USING_SEMAPHORE                                     (4)
11     /* 初始化对象容器——信号量 */
12     {
13         RT_Object_Class_Semaphore,
14          _OBJ_CONTAINER_LIST_INIT(RT_Object_Info_Semaphore),
15         sizeof(struct rt_semaphore)
16     },
17 #endif
18
19 #ifdef RT_USING_MUTEX                                         (5)
20     /* 初始化对象容器——互斥量 */
21     {
22         RT_Object_Class_Mutex,
23         _OBJ_CONTAINER_LIST_INIT(RT_Object_Info_Mutex),
24         sizeof(struct rt_mutex)
25     },
26 #endif
27
28 #ifdef RT_USING_EVENT                                         (6)
29     /* 初始化对象容器——事件 */
30     {
31         RT_Object_Class_Event,
32         _OBJ_CONTAINER_LIST_INIT(RT_Object_Info_Event),
33         sizeof(struct rt_event)
```

```
34      },
35  #endif
36
37  #ifdef RT_USING_MAILBOX                                         (7)
38      /* 初始化对象容器——邮箱 */
39      {
40          RT_Object_Class_MailBox,
41          _OBJ_CONTAINER_LIST_INIT(RT_Object_Info_MailBox),
42          sizeof(struct rt_mailbox)
43      },
44  #endif
45
46  #ifdef RT_USING_MESSAGEQUEUE                                    (8)
47      /* 初始化对象容器——消息队列 */
48      {
49          RT_Object_Class_MessageQueue,
50          _OBJ_CONTAINER_LIST_INIT(RT_Object_Info_MessageQueue),
51          sizeof(struct rt_messagequeue)
52      },
53  #endif
54
55  #ifdef RT_USING_MEMHEAP                                         (9)
56      /* 初始化对象容器——内存堆 */
57      {
58          RT_Object_Class_MemHeap,
59          _OBJ_CONTAINER_LIST_INIT(RT_Object_Info_MemHeap),
60          sizeof(struct rt_memheap)
61      },
62  #endif
63
64  #ifdef RT_USING_MEMPOOL                                         (10)
65      /* 初始化对象容器——内存池 */
66      {
67          RT_Object_Class_MemPool,
68          _OBJ_CONTAINER_LIST_INIT(RT_Object_Info_MemPool),
69          sizeof(struct rt_mempool)
70      },
71  #endif
72
73  #ifdef RT_USING_DEVICE                                          (11)
74      /* 初始化对象容器——设备 */
75      {
76          RT_Object_Class_Device,
77          _OBJ_CONTAINER_LIST_INIT(RT_Object_Info_Device),
78          sizeof(struct rt_device)
79      },
80  #endif
81
82      /* 初始化对象容器——定时器 */                               (12)
83      /*
84      {
```

```
85       RT_Object_Class_Timer,
86       _OBJ_CONTAINER_LIST_INIT(RT_Object_Info_Timer),
87       sizeof(struct rt_timer)
88      },
89      */
90 #ifdef RT_USING_MODULE                                             (13)
91      /* 初始化对象容器——模块 */
92      {
93          RT_Object_Class_Module,
94           _OBJ_CONTAINER_LIST_INIT(RT_Object_Info_Module),
95      sizeof(struct rt_module)
96      },
97 #endif
98 };
```

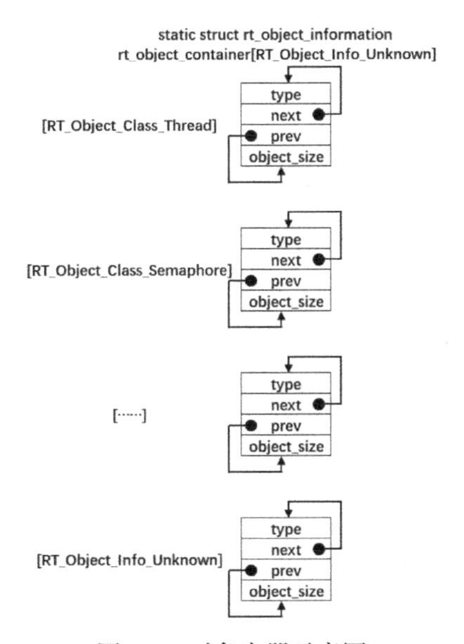

图5-1　对象容器示意图

代码清单5-4（1）：容器是一个全部变量的数组，数据类型为struct rt_object_information，这是一个结构体类型，包含对象的3个信息，分别为对象类型、对象列表节点头和对象的大小，在rtdef.h中定义，具体实现参见代码清单5-5。

代码清单5-5　内核对象信息结构体定义

```
1 struct rt_object_information {
2     enum rt_object_class_type type;     /* 对象类型 */          (1)
3     rt_list_t object_list;              /* 对象列表节点头 */    (2)
4     rt_size_t object_size;              /* 对象大小 */          (3)
5 };
```

代码清单5-5（1）：对象的类型，取值只能是rt_object_class_type枚举类型，具体取值见代码清单5-1。

代码清单 5-5（2）：对象列表节点头，每当对象创建时，对象就会通过它们控制块中的 list 节点将自己挂到对象容器中的对应列表，同一类型的对象是挂到对象容器中同一个对象列表的，容器数组的小标对应的就是对象的类型。

代码清单 5-5（3）：对象的大小，可直接通过 sizeof（对象控制块类型）获取。

代码清单 5-4（2）：容器的大小由 RT_Object_Info_Unknown 决定，RT_Object_Info_Unknown 是一个枚举类型的变量，在 rt_object_info_type 这个枚举结构体中定义，具体定义参见代码清单 5-6。

代码清单5-6　对象容器数组的下标定义

```
 1 /*
 2  * 对象容器数组的下标定义，决定容器的大小
 3  */
 4 enum rt_object_info_type
 5 {
 6     RT_Object_Info_Thread = 0,          /* 对象是线程 */
 7 #ifdef RT_USING_SEMAPHORE
 8     RT_Object_Info_Semaphore,           /* 对象是信号量 */
 9 #endif
10 #ifdef RT_USING_MUTEX
11     RT_Object_Info_Mutex,               /* 对象是互斥量 */
12 #endif
13 #ifdef RT_USING_EVENT
14     RT_Object_Info_Event,               /* 对象是事件 */
15 #endif
16 #ifdef RT_USING_MAILBOX
17     RT_Object_Info_MailBox,             /* 对象是邮箱 */
18 #endif
19 #ifdef RT_USING_MESSAGEQUEUE
20     RT_Object_Info_MessageQueue,        /* 对象是消息队列 */
21 #endif
22 #ifdef RT_USING_MEMHEAP
23     RT_Object_Info_MemHeap,             /* 对象是内存堆 */
24 #endif
25 #ifdef RT_USING_MEMPOOL
26     RT_Object_Info_MemPool,             /* 对象是内存池 */
27 #endif
28 #ifdef RT_USING_DEVICE
29     RT_Object_Info_Device,              /* 对象是设备 */
30 #endif
31     RT_Object_Info_Timer,               /* 对象是定时器 */
32 #ifdef RT_USING_MODULE
33     RT_Object_Info_Module,              /* 对象是模块 */
34 #endif
35     RT_Object_Info_Unknown,             /* 对象未知 */
36 };
```

从代码清单 5-6 中可以看出 RT_Object_Info_Unknown 位于枚举结构体的最后，其具

体取值由前面的成员多少决定，前面的成员是否有效都是通过宏定义来决定的，只有当在 rtconfig.h 中定义了相应的宏，对应的枚举成员才会有效，默认在这些宏都没有定义的情况下只有 RT_Object_Info_Thread 和 RT_Object_Info_Timer 有效时，此时 RT_Object_Info_Unknown 的值等于 2。当这些宏全部有效时，RT_Object_Info_Unknown 的值等于 11，即容器的大小为 12，此时是最大值。C 语言知识：如果枚举类型的成员值没有具体指定，那么后一个值是在前一个成员值的基础上加 1。

代码清单 5-4（3）：初始化对象容器——线程，线程是 rtt 中最基本的对象，是必须存在的，与其他的对象不一样，没有通过宏定义来选择，接下来的信号量、邮箱都通过对应的宏定义来控制是否初始化，即只有在创建了相应的对象后，才在对象容器中初始化。

代码清单 5-4（3）-①：初始化对象类型为线程。

代码清单 5-4（3）-②：初始化对象列表节点头中的 next 和 prev 两个节点指针分别指向自身，具体见图 5-1。_OBJ_CONTAINER_LIST_INIT() 是一个带参宏，用于初始化一个节点 list，在 object.c 中定义，具体定义参见代码清单 5-7。

代码清单5-7 _OBJ_CONTAINER_LIST_INIT()宏定义

```
1 #define _OBJ_CONTAINER_LIST_INIT(c)       \
2{&(rt_object_container[c].object_list), &(rt_object_container[c].object_
list)}
```

代码清单 5-4（3）-③：获取线程对象的大小，即整个线程控制块的大小。

代码清单 5-4（4）：初始化对象容器——信号量，由宏 RT_USING_SEMAPHORE 决定。

代码清单 5-4（5）：初始化对象容器——互斥量，由宏 RT_USING_MUTEX 决定。

代码清单 5-4（6）：初始化对象容器——事件，由宏 RT_USING_EVENT 决定。

代码清单 5-4（7）：初始化对象容器——邮箱，由宏 RT_USING_MAILBOX 决定。

代码清单 5-4（8）：初始化对象容器——消息队列，由宏 RT_USING_MESSAGEQUEUE 决定。

代码清单 5-4（9）：初始化对象容器——内存堆，由宏 RT_USING_MEMHEAP 决定。

代码清单 5-4（10）：初始化对象容器——内存池，由宏 RT_USING_MEMPOOL 决定。

代码清单 5-4（11）：初始化对象容器——设备，由宏 RT_USING_DEVICE 决定。

代码清单 5-4（12）：初始化对象容器——定时器，每个线程在创建时都会自带一个定时器，但是目前我们还没有在线程中加入定时器，所以这部分初始化我们先注释掉，等加入定时器时再释放。

代码清单 5-4（13）：初始化对象容器——模块，由宏 RT_USING_MODULE 决定。

5.3 容器的接口实现

容器接口相关的函数均在 object.c 中实现。

5.3.1　获取指定类型的对象信息

从容器中获取指定类型的对象的信息由函数 rt_object_get_information() 实现，具体定义参见代码清单 5-8。

代码清单5-8　rt_object_get_information()函数定义

```
 1 struct rt_object_information *
 2 rt_object_get_information(enum rt_object_class_type type)
 3 {
 4     int index;
 5 
 6     for (index = 0; index < RT_Object_Info_Unknown; index ++) {
 7         if (rt_object_container[index].type == type) {
 8             return &rt_object_container[index];
 9         }
10     }
11 
12     return RT_NULL;
13 }
```

我们知道，容器在定义时，大小是被固定的，由 RT_Object_Info_Unknown 这个枚举值决定，但容器中的成员是否初始化就不一定了，其中线程和定时器这两个对象默认会被初始化，剩下的其他对象由对应的宏决定。rt_object_get_information() 会遍历整个容器对象，如果对象的类型等于我们指定的类型，那么就返回该容器成员的地址，地址的类型为 struct rt_object_information。

5.3.2　对象初始化

每创建一个对象，都需要先将其初始化，主要分成两个部分的工作，首先将对象控制块中与对象相关的成员初始化，然后将该对象插入对象容器中，具体代码实现参见代码清单 5-9。

代码清单5-9　对象初始化rt_object_init()函数定义

```
 1 /**
 2  * 该函数将初始化对象并将对象添加到对象容器中
 3  *
 4  * @param object 要初始化的对象
 5  * @param type 对象的类型
 6  * @param name 对象的名字，在整个系统中，对象的名字必须是唯一的
 7  */
 8 void rt_object_init(struct rt_object *object,                    (1)
 9                     enum rt_object_class_type type,              (2)
10                     const char *name)                            (3)
11 {
12     register rt_base_t temp;
13     struct rt_object_information *information;
14 
```

```
15      /* 获取对象信息，即从容器中获得对应对象列表头指针 */
16      information = rt_object_get_information(type);                    (4)
17
18      /* 设置对象类型为静态 */
19      object->type = type | RT_Object_Class_Static;                     (5)
20
21      /* 复制名字 */
22      rt_strncpy(object->name, name, RT_NAME_MAX);                      (6)
23
24      /* 关中断 */
25      temp = rt_hw_interrupt_disable();                                 (7)
26
27      /* 将对象插入容器的对应列表中，不同类型的对象所在的列表不一样 */
28      rt_list_insert_after(&(information->object_list), &(object->list)); (8)
29
30      /* 启用中断 */
31      rt_hw_interrupt_enable(temp);                                     (9)
32 }
```

代码清单 5-9（1）：要初始化的对象。我们知道每个对象的控制块开头的成员都是对象信息相关的成员，比如一个线程控制块，它开头的 4 个成员都是与对象信息相关的，在调用 rt_object_init() 函数时，只需将线程控制块强制类型转化为 struct rt_object 作为第一个形参即可。

代码清单 5-9（2）：对象的类型，是一个数字化的枚举值，具体见代码清单 5-1。

代码清单 5-9（3）：对象的名字，为字符串形式，在整个系统中，对象的名字必须是唯一的。

代码清单 5-9（4）：获取对象信息，即从容器中获得对应对象列表头指针。容器是一个定义好的全局数组，可以直接操作。

代码清单 5-9（5）：设置对象类型为静态。

代码清单 5-9（6）：复制名字。rt_strncpy() 是字符串复制函数，在 kservice.c（第一次使用 kservice.c 时，需要在 rtthread\3.0.3\src 下新建，然后添加到工程 rtt/source 组中）中定义，在 rtthread.h 中声明，具体实现参见代码清单 5-10。

代码清单5-10　rt_strncpy()函数定义

```
1 /**
2  * 该函数将指定个数的字符串从一个地方复制到另外一个地方
3  *
4  * @param dst 字符串复制的目的地
5  * @param src 字符串从哪里复制
6  * @param n 要复制的最大长度
7  *
8  * @return 结果
9  */
10 char *rt_strncpy(char *dst, const char *src, rt_ubase_t n)
11 {
```

```
12      if (n != 0)
13      {
14          char *d = dst;
15          const char *s = src;
16
17          do
18          {
19              if ((*d++ = *s++) == 0)
20              {
21                  /* NUL pad the remaining n-1 bytes */
22                  while (--n != 0)
23                      *d++ = 0;
24                  break;
25              }
26          }
27          while (--n != 0);
28      }
29
30      return (dst);
31  }
```

代码清单 5-9（7）：关中断，接下来链表的操作不希望被中断。

代码清单 5-9（8）：将对象插入容器的对应列表中，不同类型的对象所在的列表不一样。比如创建了两个线程，其在容器列表中的示意图如图 5-2 所示。

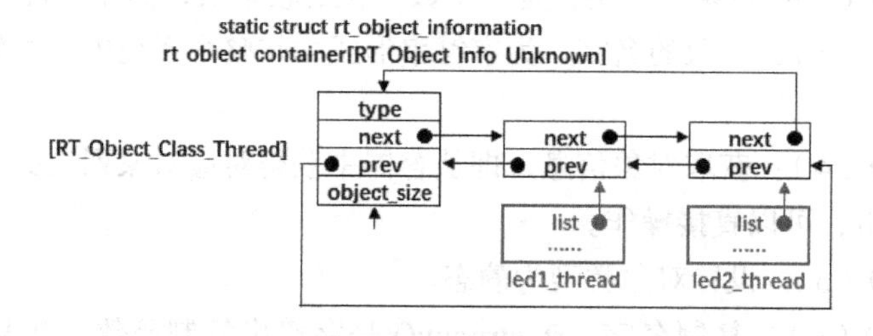

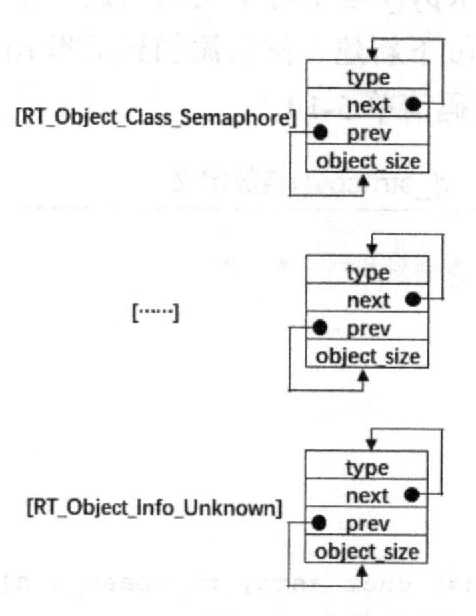

图 5-2 在容器中插入两个线程

代码清单 5-9（9）：启用中断。

5.3.3　调用对象初始化函数

对象初始化函数在线程初始化函数中被调用，具体实现见代码清单 5-11 中的加粗部分。如果创建了两个线程，在线程初始化之后，线程通过自身的 list 节点将自身挂到容器的对象列表中。

代码清单5-11　在线程初始化过程中添加对象初始化功能

```
 1 rt_err_t rt_thread_init(struct rt_thread *thread,
 2                         const char *name,
 3                         void (*entry)(void *parameter),
 4                         void *parameter,
 5                         void *stack_start,
 6                         rt_uint32_t stack_size)
 7 {
 8     /* 线程对象初始化 */
 9     /* 线程结构体开头部分的 4 个成员就是 rt_object_t 成员 */
10     rt_object_init((rt_object_t)thread, RT_Object_Class_Thread, name);
11
12
13     rt_list_init(&(thread->tlist));
14
15     thread->entry = (void *)entry;
16     thread->parameter = parameter;
17
18     thread->stack_addr = stack_start;
19     thread->stack_size = stack_size;
20
21     /* 初始化线程栈，并返回线程栈指针 */
22     thread->sp = (void *)rt_hw_stack_init
23                  ( thread->entry,
24                    thread->parameter,
25                    (void *)((char *)thread->stack_addr + thread->stack_
size- 4)
26                  );
27
28     return RT_EOK;
29 }
```

5.4　实验现象

本章没有实验，充分理解本章内容即可。

第 6 章 空闲线程与阻塞延时

在第 5 章中，线程内的延时使用的是软件延时，即还是让 CPU 空等来达到延时的效果。使用 RTOS 的很大优势就是充分发挥 CPU 的性能，永远不能让它闲着，线程如果需要延时，也就不能再让 CPU 空等来实现延时的效果。RTOS 中的延时叫作阻塞延时，即当线程需要延时时，会放弃 CPU 的使用权，CPU 可以去做其他的事情，当线程延时时间到，则重新获取 CPU 使用权，线程继续运行，这样就充分地利用了 CPU 的资源，而不是空等。

当线程需要延时，进入阻塞状态时，CPU 在做什么？如果没有其他线程可以运行，RTOS 都会为 CPU 创建一个空闲线程，这时 CPU 就运行空闲线程。在 RT-Thread 中，空闲线程是系统在初始化时创建的优先级最低的线程，空闲线程主体主要是做一些系统内存的清理工作。但是简单起见，本章实现的空闲线程只是对一个全局变量进行计数。鉴于空闲线程的这种特性，在实际应用中，当系统进入空闲线程时，可在空闲线程中让单片机进入休眠或者低功耗等操作。

6.1 实现空闲线程

6.1.1 定义空闲线程的栈

空闲线程的栈在 idle.c 文件（第一次使用 idle.c 时，需要自行在文件夹 rtthread\3.0.3\src 中新建并添加到工程的 rtt/source 组）中定义，具体定义参见代码清单 6-1。

代码清单6-1 定义空闲线程的栈

```
1 #include <rtthread.h>
2 #include <rthw.h>
3
4 #define IDLE_THREAD_STACK_SIZE      512    (1)
5
6 ALIGN(RT_ALIGN_SIZE)
7 static rt_uint8_t rt_thread_stack[IDLE_THREAD_STACK_SIZE];
```

代码清单 6-1（1）：空闲线程的栈是一个定义好的数组，大小由宏 IDLE_THREAD_STACK_SIZE 控制，默认值为 512，即 128 个字。

6.1.2 定义空闲线程的线程控制块

线程控制块是每一个线程中必需的，空闲线程的线程控制块在 idle.c 中定义，是一个全局变量，具体定义参见代码清单 6-2。

代码清单6-2 定义空闲线程的线程控制块

```
1 /* 空闲线程的线程控制块 */
2 struct rt_thread idle;
```

6.1.3 定义空闲线程函数

在 RT-Thread 中，空闲线程函数主要是做一些系统内存的清理工作，但是为了简单起见，本章实现的空闲线程只是对一个全局变量 rt_idletask_ctr 进行计数，rt_idletask_ctr 在 idle.c 中定义，默认初始值为 0。空闲线程函数在 idle.c 中定义，具体实现参见代码清单 6-3。

代码清单6-3 空闲线程函数

```
 1 rt_ubase_t  rt_idletask_ctr = 0;
 2
 3 void rt_thread_idle_entry(void *parameter)
 4 {
 5     parameter = parameter;
 6     while (1)
 7     {
 8         rt_idletask_ctr ++;
 9     }
10 }
```

6.1.4 空闲线程初始化

当定义好空闲线程的栈、线程控制块和函数主体之后，需要用空闲线程初始化函数将这三者联系在一起，这样空闲线程才能够被系统调度，空闲线程初始化函数在 idle.c 中定义，具体实现参见代码清单 6-4。

代码清单6-4 空闲线程初始化

```
 1 void rt_thread_idle_init(void)
 2 {
 3
 4     /* 初始化线程 */                                          (1)
 5     rt_thread_init(&idle,
 6                    "idle",
 7                    rt_thread_idle_entry,
 8                    RT_NULL,
 9                    &rt_thread_stack[0],
10                    sizeof(rt_thread_stack));
11
```

```
    12      /* 将线程插入就绪列表 */                          (2)
    13      rt_list_insert_before( &(rt_thread_priority_table[RT_THREAD_PRIORITY_
MAX-1]),
    14                              &(idle.tlist) );
    15 }
```

代码清单 6-4（1）：创建空闲线程。

代码清单 6-4（2）：将空闲线程插入就绪列表的末尾。在下一章中我们会支持优先级，空闲线程默认的优先级是最低的，即排在就绪列表的最后。

6.2 实现阻塞延时

阻塞延时的阻塞是指线程调用该延时函数后，线程会被剥夺 CPU 使用权，然后进入阻塞状态，直到延时结束，线程重新获取 CPU 使用权才可以继续运行。在线程阻塞的这段时间，CPU 可以执行其他线程，如果其他线程也处于延时状态，那么 CPU 就将运行空闲线程。阻塞延时函数在 thread.c 中定义，具体代码实现参见代码清单 6-5。

代码清单6-5 阻塞延时代码

```
 1 void rt_thread_delay(rt_tick_t tick)
 2 {
 3     struct rt_thread *thread;
 4 
 5     /* 获取当前线程的线程控制块 */
 6     thread = rt_current_thread;                       (1)
 7 
 8     /* 设置延时时间 */
 9     thread->remaining_tick = tick;                    (2)
10 
11     /* 进行系统调度 */
12     rt_schedule();                                    (3)
13 }
```

代码清单 6-5（1）：获取当前线程的线程控制块。rt_current_thread 是一个在 scheduler.c 中定义的全局变量，用于指向当前正在运行的线程的线程控制块。

代码清单 6-5（2）：remaining_tick 是线程控制块的一个成员，用于记录线程需要延时的时间，单位为 SysTick 的中断周期。比如本书中 SysTick 的中断周期为 10ms，调用 rt_thread_delay(2) 则完成 2*10ms 的延时。线程的定义具体参见代码清单 6-6。

代码清单6-6 remaining_tick定义

```
 1 struct rt_thread
 2 {
 3     /* rt 对象 */
 4     char name[RT_NAME_MAX];               /* 对象的名字 */
 5     rt_uint8_t type;                      /* 对象类型 */
 6     rt_uint8_t flags;                     /* 对象的状态 */
```

```
 7     rt_list_t list;                   /* 对象的列表节点 */
 8
 9     rt_list_t tlist;                  /* 线程链表节点 */
10
11     void *sp;                         /* 线程栈指针 */
12     void *entry;                      /* 线程入口地址 */
13     void *parameter;                  /* 线程形参 */
14     void *stack_addr;                 /* 线程起始地址 */
15     rt_uint32_t stack_size;           /* 线程栈大小，单位为字节 */
16
17     rt_ubase_t  remaining_tick;       /* 用于实现阻塞延时 */
18 };
```

代码清单 6-5（3）：系统调度。此处的系统调度与前面的不一样，具体实现参见代码清单 6-7，其中加粗部分 11 行起为第 3 章代码清单 3-29 中 8 ～ 26 行的代码，现已用条件编译屏蔽掉。

代码清单6-7 系统调度

```
 1 externstruct rt_thread idle;
 2 externstruct rt_thread rt_flag1_thread;
 3 externstruct rt_thread rt_flag2_thread;
 4
 5 void rt_schedule(void)
 6 {
 7     struct rt_thread *to_thread;
 8     struct rt_thread *from_thread;
 9
10 #if 0
11     /* 两个线程轮流切换 */
12     if ( rt_current_thread == rt_list_entry(rt_thread_priority_table[0].
next,
13                                                struct rt_thread,
14                                                tlist) )
15     {
16         from_thread = rt_current_thread;
17         to_thread = rt_list_entry( rt_thread_priority_table[1].next,
18                                   struct rt_thread,
19                                   tlist);
20         rt_current_thread = to_thread;
21     }
22     else
23     {
24         from_thread = rt_current_thread;
25         to_thread = rt_list_entry( rt_thread_priority_table[0].next,
26                                   struct rt_thread,
27                                   tlist);
28         rt_current_thread = to_thread;
29     }
30 #else
31
```

```
32
33      /* 如果当前线程是空闲线程，那么就去尝试执行线程 1 或者线程 2,
34         看看其延时时间是否结束，如果线程的延时时间均没有到期，
35         则返回继续执行空闲线程 */
36      if ( rt_current_thread == &idle )                              (1)
37      {
38          if (rt_flag1_thread.remaining_tick == 0)
39          {
40              from_thread = rt_current_thread;
41              to_thread = &rt_flag1_thread;
42              rt_current_thread = to_thread;
43          }
44          else if (rt_flag2_thread.remaining_tick == 0)
45          {
46              from_thread = rt_current_thread;
47              to_thread = &rt_flag2_thread;
48              rt_current_thread = to_thread;
49          }
50          else
51          {
52              return;              /* 线程延时均没有到期则返回，继续执行空闲线程 */
53          }
54      }
55      else/* 当前线程不是空闲线程则会执行到这里 */                      (2)
56      {
57          /* 如果当前线程是线程 1 或者线程 2，检查一下另外一个线程，
58          如果另外的线程不在延时中，就切换到该线程，
59          否则，判断一下当前线程是否应该进入延时状态，如果是，则切换到空闲线程，
60          否则不进行任何切换 */
61          if (rt_current_thread == &rt_flag1_thread)
62          {
63              if (rt_flag2_thread.remaining_tick == 0)
64              {
65                  from_thread = rt_current_thread;
66                  to_thread = &rt_flag2_thread;
67                  rt_current_thread = to_thread;
68              }
69              else if (rt_current_thread->remaining_tick != 0)
70              {
71                  from_thread = rt_current_thread;
72                  to_thread = &idle;
73                  rt_current_thread = to_thread;
74              }
75              else
76              {
77                  return;      /* 返回，不进行切换，因为两个线程都处于延时中 */
78              }
79          }
80          else if (rt_current_thread == &rt_flag2_thread)
81          {
82              if (rt_flag1_thread.remaining_tick == 0)
```

```
83                {
84                    from_thread = rt_current_thread;
85                    to_thread = &rt_flag1_thread;
86                    rt_current_thread = to_thread;
87                }
88                else if (rt_current_thread->remaining_tick != 0)
89                {
90                    from_thread = rt_current_thread;
91                    to_thread = &idle;
92                    rt_current_thread = to_thread;
93                }
94                else
95                {
96                    return;       /* 返回，不进行切换，因为两个线程都处于延时中 */
97                }
98            }
99        }
100 #endif
101       /* 产生上下文切换 */
102       rt_hw_context_switch((rt_uint32_t)&from_thread->sp,(rt_uint32_t)&to_
thread->sp);                                                  (3)
103 }
```

代码清单 6-7（1）：如果当前线程是空闲线程，那么就去尝试执行线程 1 或者线程 2，看看其延时时间是否结束，如果线程的延时时间均没有到期，则就返回继续执行空闲线程。

代码清单 6-7（2）：如果当前线程是线程 1 或者线程 2，检查一下另外一个线程，如果另外的线程不在延时中，就切换到该线程。否则，判断当前线程是否应该进入延时状态，如果是，则切换到空闲线程，否则不进行任何切换。

代码清单 6-7（3）：系统调度，实现线程的切换。

6.3 SysTick_Handler() 中断服务函数

在系统调度函数 rt_schedule() 中，会判断每个线程的线程控制块中的延时成员 remaining_tick 的值是否为 0，如果为 0，就要将对应的线程就绪；如果不为 0，就继续延时。如果一个线程要延时，一开始 remaining_tick 肯定不为 0，当 remaining_tick 变为 0 时表示延时结束，那么 remaining_tick 是以什么周期在递减？在哪里递减？在 RT-Thread 中，这个周期由 SysTick 中断提供，操作系统中最小的时间单位就是 SysTick 的中断周期，我们称之为一个 tick，SysTick 中断服务函数在 main.c 中实现，具体实现参见代码清单 6-8。

代码清单6-8　SysTick_Handler()中断服务函数

```
1 /* 关中断 */
2 rt_hw_interrupt_disable();                                  (1)
3
4 /* SysTick 中断频率设置 */
```

```
5 SysTick_Config( SystemCoreClock / RT_TICK_PER_SECOND );    (2)
6
7 void SysTick_Handler(void)                                 (3)
8 {
9     /* 进入中断 */
10    rt_interrupt_enter();                                  (3)-①
11    /* 时基更新 */
12    rt_tick_increase();                                    (3)-②
13
14    /* 离开中断 */
15    rt_interrupt_leave();                                  (3)-③
16 }
```

代码清单6-8（1）：关中断。在程序开始时把中断关闭是一个好习惯，等系统初始化完毕，线程创建完毕，启动系统调度时会重新打开中断。如果一开始不关闭中断，接下来SysTick初始化完成，然后初始化系统和创建线程，如果系统初始化和线程创建的时间大于SysTick的中断周期，那么会出现系统或者线程都还没有准备好的情况下就先执行了SysTick中断服务函数，进行了系统调度，显然，这是不科学的。

代码清单6-8（2）：初始化SysTick，调用固件库函数SysTick_Config来实现，配置中断周期为10ms，中断优先级为最低（无论怎么分组，中断优先级都是最低，因为这里把表示SysTick中断优先级的4个位全部配置为1，即为15，在Cortex-M内核中，优先级数值越大，逻辑优先级越低），RT_TICK_PER_SECOND是一个在rtconfig.h中定义的宏，目前等于100。SysTick的初始化函数定义详见代码清单6-9。

代码清单6-9 SysTick初始化函数（在core_cm3.h中定义）

```
1 __STATIC_INLINE uint32_t SysTick_Config(uint32_t ticks)
2 {
3     /* 非法的重装载寄存器值 */
4     if ((ticks- 1UL) > SysTick_LOAD_RELOAD_Msk)
5     {
6         return (1UL);
7     }
8
9     /* 设置重装载寄存器的值 */
10    SysTick->LOAD  = (uint32_t)(ticks- 1UL);
11
12    /* 设置 SysTick 的中断优先级 */
13    NVIC_SetPriority (SysTick_IRQn, (1UL << __NVIC_PRIO_BITS)- 1UL);
14
15    /* 加载 SysTick 计数器值 */
16    SysTick->VAL   = 0UL;
17
18    /* 设置系统定时器的时钟源为 AHBCLK
19       启用 SysTick 定时器中断
20       启用 SysTick 定时器 */
21    SysTick->CTRL  = SysTick_CTRL_CLKSOURCE_Msk |
22                     SysTick_CTRL_TICKINT_Msk   |
```

```
23                        SysTick_CTRL_ENABLE_Msk;
24     return (0UL);
25 }
```

代码清单 6-8（3）-②：更新系统时基，该函数在 clock.c（第一次使用 clock.c 时，需要自行在文件夹 rtthread\3.0.3\src 中新建并添加到工程的 rtt/source 组）中实现，具体实现参见代码清单 6-10。

代码清单6-10　时基更新函数

```
 1 #include <rtthread.h>
 2 #include <rthw.h>
 3
 4 static rt_tick_t rt_tick = 0;/* 系统时基计数器 */                        (1)
 5 extern rt_list_t rt_thread_priority_table[RT_THREAD_PRIORITY_MAX];
 6
 7
 8 void rt_tick_increase(void)
 9 {
10     rt_ubase_t i;
11     struct rt_thread *thread;
12     rt_tick ++;                                                          (2)
13
14     /* 扫描就绪列表中所有线程的 remaining_tick，如果不为 0，则减 1 */
15     for (i=0; i<RT_THREAD_PRIORITY_MAX; i++)                            (3)
16     {
17         thread = rt_list_entry( rt_thread_priority_table[i].next,
18                                 struct rt_thread,
19                                 tlist);
20         if (thread->remaining_tick > 0)
21         {
22             thread->remaining_tick--;
23         }
24     }
25
26     /* 系统调度 */
27     rt_schedule();                                                       (4)
28 }
```

代码清单 6-10（1）：系统时基计数器，是一个全局变量，用来记录产生了多少次 SysTick 中断。

代码清单 6-10（2）：系统时基计数器加 1 操作。

代码清单 6-10（3）：扫描就绪列表中所有线程的 remaining_tick，如果不为 0，则减 1。

代码清单 6-10（4）：进行系统调度。

代码清单 6-8（3）-①和③：进入中断和离开中断，这两个函数在 irq.c（第一次使用 irq.c 时，需要自行在文件夹 rtthread\3.0.3\src 中新建并添加到工程的 rtt/source 组）中实现，具体实现参见代码清单6-11。

代码清单6-11 进入中断和离开中断函数

```
 1 #include <rtthread.h>
 2 #include <rthw.h>
 3 
 4 /* 中断计数器 */
 5 volatile rt_uint8_t rt_interrupt_nest;                              (1)
 6 
 7 /**
 8  * 当BSP文件的中断服务函数进入时会调用该函数
 9  *
10  * @note 请不要在应用程序中调用该函数
11  *
12  * @see rt_interrupt_leave
13  */
14 void rt_interrupt_enter(void)                                       (2)
15 {
16     rt_base_t level;
17 
18 
19     /* 关中断 */
20     level = rt_hw_interrupt_disable();
21 
22     /* 中断计数器++ */
23     rt_interrupt_nest ++;
24 
25     /* 开中断 */
26     rt_hw_interrupt_enable(level);
27 }
28 
29 
30 /**
31  * 当BSP文件的中断服务函数离开时会调用该函数
32  *
33  * @note 请不要在应用程序中调用该函数
34  *
35  * @see rt_interrupt_enter
36  */
37 void rt_interrupt_leave(void)                                       (3)
38 {
39     rt_base_t level;
40 
41 
42     /* 关中断 */
43     level = rt_hw_interrupt_disable();
44 
45     /* 中断计数器-- */
46     rt_interrupt_nest--;
```

```
47
48     /* 开中断 */
49     rt_hw_interrupt_enable(level);
50 }
```

代码清单 6-11（1）：中断计数器，是一个全局变量，用于记录中断嵌套次数。

代码清单 6-11（2）：进入中断函数，中断计数器执行 rt_interrupt_nest 加 1 操作。当 BSP 文件的中断服务函数进入时会调用该函数，应用程序不能调用，切记。

代码清单 6-11（3）：离开中断函数，中断计数器执行 rt_interrupt_nest 减 1 操作。当 BSP 文件的中断服务函数离开时会调用该函数，应用程序不能调用，切记。

6.4 main() 函数

main() 函数和线程代码变动不大，具体参见代码清单 6-12，有变动的部分已加粗。

代码清单6-12　main()函数

```
 1 /*
 2 ************************************************************************
 3 *                              包含的头文件
 4 ************************************************************************
 5 */
 6
 7 #include <rtthread.h>
 8 #include <rthw.h>                                                   (1)
 9 #include"ARMCM3.h"
10
11
12 /*
13 ************************************************************************
14 *                               全局变量
15 ************************************************************************
16 */
17 rt_uint8_t flag1;
18 rt_uint8_t flag2;
19
20 extern rt_list_t rt_thread_priority_table[RT_THREAD_PRIORITY_MAX];
21
22 /*
23 ************************************************************************
24 *                    线程控制块 & STACK & 线程声明
25 ************************************************************************
26 */
27
28
29 /* 定义线程控制块 */
30 struct rt_thread rt_flag1_thread;
31 struct rt_thread rt_flag2_thread;
```

```
32
33 ALIGN(RT_ALIGN_SIZE)
34 /* 定义线程栈 */
35 rt_uint8_t rt_flag1_thread_stack[512];
36 rt_uint8_t rt_flag2_thread_stack[512];
37
38 /* 线程声明 */
39 void flag1_thread_entry(void *p_arg);
40 void flag2_thread_entry(void *p_arg);
41
42 /*
43 ************************************************************************
44 *                              函数声明
45 ************************************************************************
46 */
47 void delay(uint32_t count);
48
49 /************************************************************************
50   * @brief  main()函数
51   * @param  无
52   * @retval 无
53   *
54   * @attention
55   **********************************************************************
56   */
57 int main(void)
58 {
59     /* 硬件初始化 */
60     /* 将硬件相关的初始化放在这里，如果是软件仿真，则没有相关初始化代码 */
61
62     /* 关中断 */
63     rt_hw_interrupt_disable();                                    (2)
64
65     /* SysTick中断频率设置 */
66     SysTick_Config( SystemCoreClock / RT_TICK_PER_SECOND );    (3)
67
68     /* 调度器初始化 */
69     rt_system_scheduler_init();
70
71     /* 初始化空闲线程 */
72     rt_thread_idle_init();                                        (4)
73
74     /* 初始化线程 */
75     rt_thread_init( &rt_flag1_thread,                 /* 线程控制块 */
76                     "rt_flag1_thread",                /* 线程名字，字符串形式 */
77                     flag1_thread_entry,               /* 线程入口地址 */
78                     RT_NULL,                          /* 线程形参 */
79                     &rt_flag1_thread_stack[0],        /* 线程栈起始地址 */
80                     sizeof(rt_flag1_thread_stack) );/* 线程栈大小，单位为字节 */
81     /* 将线程插入就绪列表 */
82     rt_list_insert_before( &(rt_thread_priority_table[0]),&(rt_flag1_
```

```
thread.tlist) );
 83
 84     /* 初始化线程 */
 85     rt_thread_init( &rt_flag2_thread,                     /* 线程控制块 */
 86                     "rt_flag2_thread",                    /* 线程名字，字符串形式 */
 87                     flag2_thread_entry,                   /* 线程入口地址 */
 88                     RT_NULL,                              /* 线程形参 */
 89                     &rt_flag2_thread_stack[0],            /* 线程栈起始地址 */
 90                     sizeof(rt_flag2_thread_stack) );/* 线程栈大小，单位为字节 */
 91     /* 将线程插入就绪列表 */
 92     rt_list_insert_before( &(rt_thread_priority_table[1]),&(rt_flag2_
thread.tlist) );
 93
 94     /* 启动系统调度器 */
 95     rt_system_scheduler_start();
 96 }
 97
 98 /*
 99 ************************************************************************
100 *                                  函数实现
101 ************************************************************************
102 */
103 /* 软件延时 */
104 void delay (uint32_t count)
105 {
106     for (; count!=0; count--);
107 }
108
109 /* 线程 1 */
110 void flag1_thread_entry( void *p_arg )
111 {
112     for ( ;; )
113     {
114 #if 0
115         flag1 = 1;
116         delay( 100 );
117         flag1 = 0;
118         delay( 100 );
119
120         /* 线程切换，这里是手动切换 */
121         rt_schedule();
122 #else
123         flag1 = 1;
124         rt_thread_delay(2);                                   (5)
125         flag1 = 0;
126         rt_thread_delay(2);
127 #endif
128     }
129 }
130
131 /* 线程 2 */
```

```
132 void flag2_thread_entry( void *p_arg )
133 {
134     for ( ;; )
135     {
136 #if 0
137         flag2 = 1;
138         delay( 100 );
139         flag2 = 0;
140         delay( 100 );
141 
142         /* 线程切换，这里是手动切换 */
143         rt_schedule();
144 #else
145         flag2 = 1;
146         rt_thread_delay(2);                                    (6)
147         flag2 = 0;
148         rt_thread_delay(2);
149 #endif
150     }
151 }
152 
153 
154 void SysTick_Handler(void)                                     (7)
155 {
156     /* 进入中断 */
157     rt_interrupt_enter();
158 
159     rt_tick_increase();
160 
161     /* 离开中断 */
162     rt_interrupt_leave();
163 }
```

代码清单 6-12（1）：新包含的两个头文件。

代码清单 6-12（2）：关中断。

代码清单 6-12（3）：初始化 SysTick。

代码清单 6-12（4）：创建空闲线程。

代码清单 6-12（5）和（6）：延时函数均由原来的软件延时替代为阻塞延时，延时时间均为两个 SysTick 中断周期，即 20ms。

代码清单 6-12（7）：SysTick 中断服务函数。

6.5 实验现象

进入软件进行调试，全速运行程序，从逻辑分析仪中可以看到两个线程的波形是完全同步的，就好像 CPU 在同时做两件事，具体仿真的波形图如图 6-1 和图 6-2 所示。

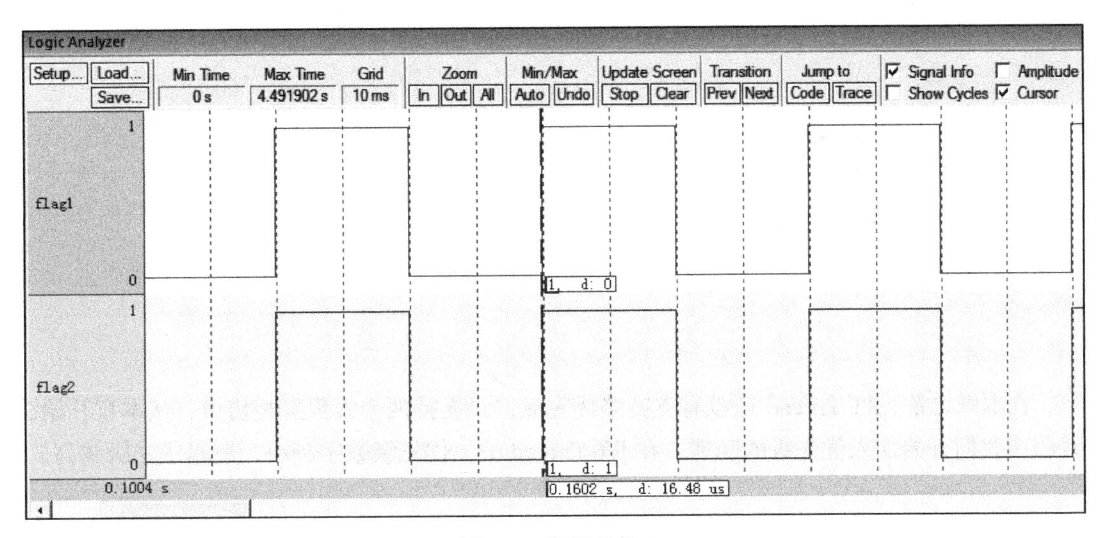

图 6-1　实验现象 1

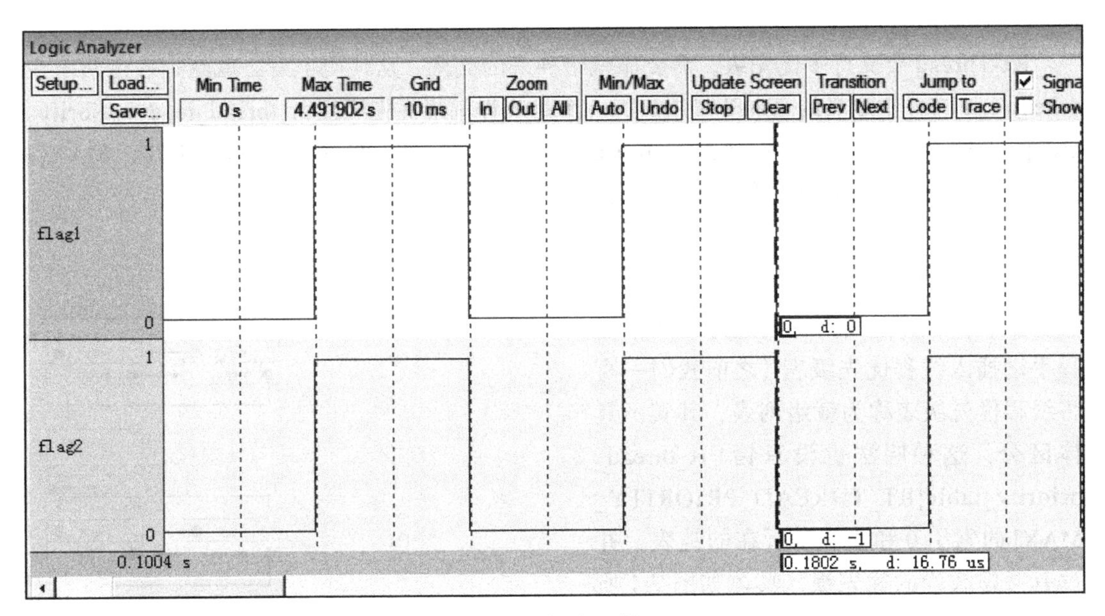

图 6-2　实验现象 2

从图 6-1 和图 6-2 可以看出，flag1 和 flag2 的高电平的时间为（0.1802−0.1602）s，刚好等于阻塞延时的 20ms，所以实验现象与代码要实现的功能是相符的。

第 7 章
多优先级

在本章之前，RT-Thread 还没有支持多优先级，只支持两个线程互相切换，从本章开始，线程中我们开始加入优先级的功能。在 RT-Thread 中，优先级数字越小，逻辑优先级越高。

7.1 就绪列表

RT-Thread 要支持多优先级，需要靠就绪列表的支持，从代码上看，就绪列表由两个在 scheduler.c 文件中定义的全局变量组成，一个是线程就绪优先级组 rt_thread_ready_priority_group，另一个是线程优先级表 rt_thread_priority_table[RT_THREAD_PRIORITY_MAX]，接下来我们将详细讲解这两个变量是如何帮系统实现多优先级的。

7.1.1 线程就绪优先级组

在本章以前，我们将创建好的两个线程手动插入线程优先级表（之前我们一直将线程优先级表称为就绪列表，其实不具体区分，这种叫法也没有错）rt_thread_priority_table[RT_THREAD_PRIORITY_MAX] 的索引 0 和索引 1 所在的链表，并没有考虑线程的优先级，具体如图 7-1 所示。线程优先级表的索引对应的是线程的优先级，从本章开始，线程将支持优先级，线程启动时将根据优先级来决定插入线程优先级表的位置。

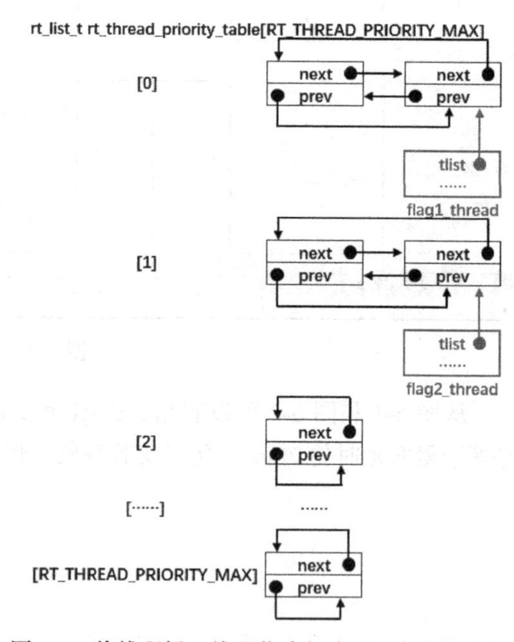

图 7-1 将线程插入线程优先级表（不考虑优先级）

为了快速找到线程在线程优先级表中的插入和移除的位置，RT-Thread 专门设计了一个线程就绪优先级组。从代码上看，线程就绪优先级组就是一个 32 位的整型数，每一个位对应一个优先级。一个就绪优先级组最多只能表示32个优先级，如果优先级超过32个，则可以定义一个线程就绪优先级数组，每一个数组成员都可以表示32个优先级，具体支持多少由系统的RAM的大小决定，这里我们只讲解最多支持32个优先级的情况。线程就绪优先级组在scheduler.c文件中定义，具体定义参见代码清单7-1。

代码清单7-1 线程就绪优先级组

```
1 /* 线程就绪优先级组 */
2 rt_uint32_t rt_thread_ready_priority_group;
```

那么线程就绪优先级组是如何帮助系统快速地找到线程在线程优先级表中的插入和移除的位置的？线程就绪优先级组的每一位对应一个优先级，位0对应优先级0，位1对应优先级1，以此类推。比如，当优先级为10的线程已经准备好，那么就将线程就绪优先级组的位10置1，表示线程已经就绪，然后根据10这个索引值，在线程优先级表10（rt_thread_priority_table[10]）的这个位置插入线程。有关线程就绪优先级组的位号与线程优先级对应的关系如图7-2所示。

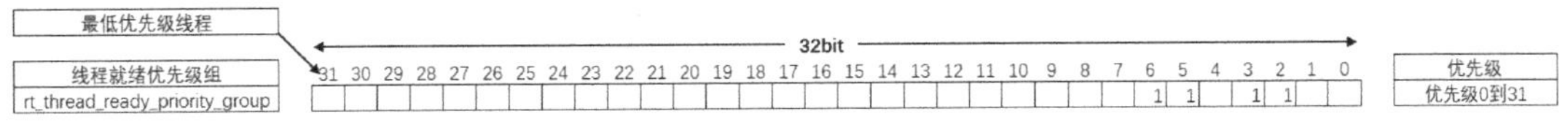

图7-2 线程就绪优先级组的位号与线程优先级对应的关系

RT-Thread是一个根据优先级来调度的抢占式实时操作系统，即在每个系统周期到来时，调度器都会扫描就绪列表，选取优先级最高的线程去执行。假设目前系统中，创建了优先级分别为1、2和3的线程1、线程2和线程3，再加上系统默认创建的空闲线程，那么此时线程就绪优先级组的位设置情况和线程优先级表的链表挂载情况如图7-3和图7-4所示。

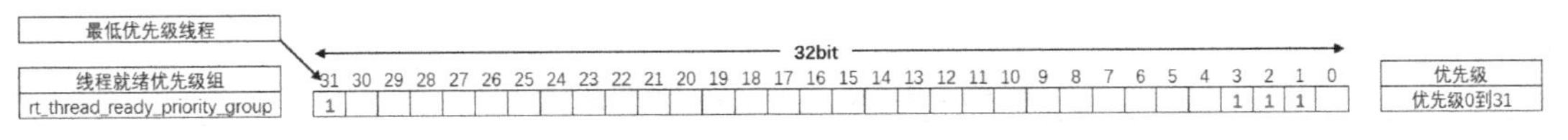

图7-3 线程就绪优先级组的位设置情况（有4个线程就绪时）

在下一个系统周期来临时，调度器需要选取优先级最高的线程去运行，从图7-3中可以看出线程就绪优先级组从右往左开始数，第一个置1的位是位1，即表示此时就绪的线程当中，优先级最高的是线程1，然后调度器从线程优先级表的索引1下取出线程1的线程控制块，从而切换到线程1。但是，单片机不能像人一样一眼就从线程就绪优先级组中看到那个第一个置1的位，怎么办？在RT-Thread kservice.c文件中，有一个专门的函数__rt_ffs()，可用来寻找32位整型数第一个（从低位开始）置1的位号，具体实现参见代码清单7-2。

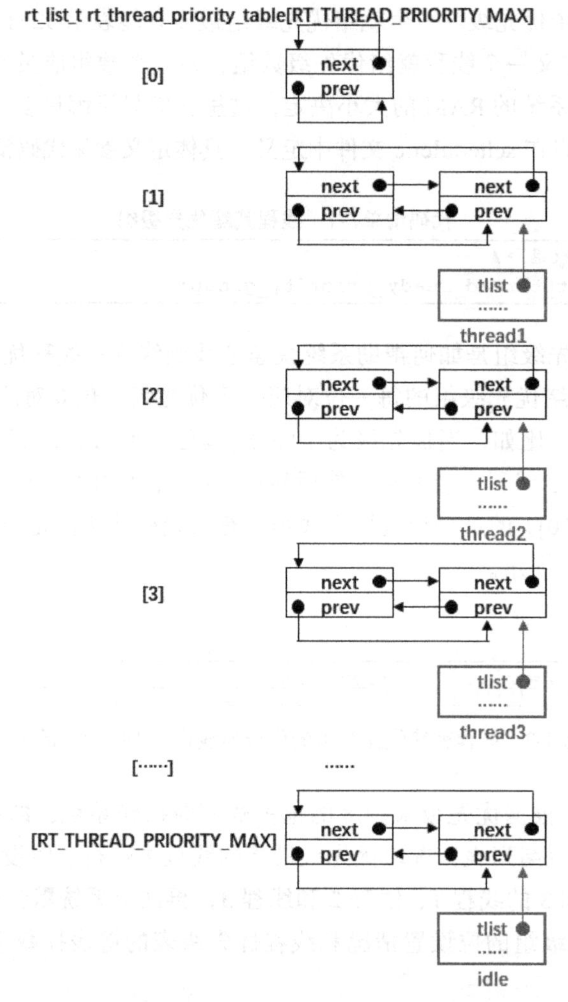

图 7-4 线程优先级表的链表挂载情况（有 4 个线程就绪时）

代码清单7-2 __rt_ffs()函数实现

```
1 /**
2  * 该函数用于从一个 32 位的数中寻找第一个被置 1 的位（从低位开始），
3  * 然后返回该位的索引（即位号）
4  *
5  * @return 返回第一个置 1 位的索引号。如果全为 0，则返回 0
6  */
7 int __rt_ffs(int value)
8 {
9     /* 如果值为 0，则直接返回 0 */
10     if (value == 0) return 0;                                   (1)
11
12     /* 检查 bits [07:00]
```

```
13      这里加 1 的原因是避免当第一个置 1 的位是位 0 时
14      返回的索引号与值都为 0 时返回的索引号重复 */
15      if (value & 0xff)                                    (2)
16          return __lowest_bit_bitmap[value & 0xff] + 1;
17
18      /* 检查 bits [15:08] */
19      if (value & 0xff00)                                  (3)
20          return __lowest_bit_bitmap[(value & 0xff00) >> 8] + 9;
21
22      /* 检查 bits [23:16] */
23      if (value & 0xff0000)                                (4)
24          return __lowest_bit_bitmap[(value & 0xff0000) >> 16] + 17;
25
26      /* 检查 bits [31:24] */                              (5)
27      return __lowest_bit_bitmap[(value & 0xff000000) >> 24] + 25;
28 }
```

代码清单 7-2（1）：如果值为 0，则直接返回 0。

代码清单 7-2（2）：检查 bits [07:00]，然后通过 __lowest_bit_bitmap[value & 0xff] + 1 返回第一个置 1 的位号，这里加 1 的原因是避免当第一个置 1 的位是位 0 时，返回的索引号与值都为 0 时返回的索引号重复，返回 1 表示优先级为 0，就绪，使用这个索引号时再减 1 即可。现在我们再具体分析一下 __lowest_bit_bitmap[] 这个数组，该数组在 kservice.c 中定义，具体定义参见代码清单 7-3。

代码清单7-3　数组__lowest_bit_bitmap[]定义

```
 1 /*
 2  * __lowest_bit_bitmap[] 数组的解析
 3  * 将一个 8 位整型数的取值范围 0~255 作为数组的索引，
 4  * 索引值第一个出现 1（从最低位开始）的位号作为该数组索引下的成员值。
 5  * 举例：十进制数 10 的二进制为 00001010，从最低位开始，
 6  * 第一个出现 1 的位号为 bit1，则有 __lowest_bit_bitmap[10]=1
 7  * 注意：只需要找到第一个出现 1 的位号即可
 8  */
 9 const rt_uint8_t __lowest_bit_bitmap[] =
10 {    /* 位号 */
11      /* 00 */ 0, 0, 1, 0, 2, 0, 1, 0, 3, 0, 1, 0, 2, 0, 1, 0,
12      /* 10 */ 4, 0, 1, 0, 2, 0, 1, 0, 3, 0, 1, 0, 2, 0, 1, 0,
13      /* 20 */ 5, 0, 1, 0, 2, 0, 1, 0, 3, 0, 1, 0, 2, 0, 1, 0,
14      /* 30 */ 4, 0, 1, 0, 2, 0, 1, 0, 3, 0, 1, 0, 2, 0, 1, 0,
15      /* 40 */ 6, 0, 1, 0, 2, 0, 1, 0, 3, 0, 1, 0, 2, 0, 1, 0,
16      /* 50 */ 4, 0, 1, 0, 2, 0, 1, 0, 3, 0, 1, 0, 2, 0, 1, 0,
17      /* 60 */ 5, 0, 1, 0, 2, 0, 1, 0, 3, 0, 1, 0, 2, 0, 1, 0,
18      /* 70 */ 4, 0, 1, 0, 2, 0, 1, 0, 3, 0, 1, 0, 2, 0, 1, 0,
19      /* 80 */ 7, 0, 1, 0, 2, 0, 1, 0, 3, 0, 1, 0, 2, 0, 1, 0,
20      /* 90 */ 4, 0, 1, 0, 2, 0, 1, 0, 3, 0, 1, 0, 2, 0, 1, 0,
21      /* A0 */ 5, 0, 1, 0, 2, 0, 1, 0, 3, 0, 1, 0, 2, 0, 1, 0,
22      /* B0 */ 4, 0, 1, 0, 2, 0, 1, 0, 3, 0, 1, 0, 2, 0, 1, 0,
```

```
23      /* C0 */ 6, 0, 1, 0, 2, 0, 1, 0, 3, 0, 1, 0, 2, 0, 1, 0,
24      /* D0 */ 4, 0, 1, 0, 2, 0, 1, 0, 3, 0, 1, 0, 2, 0, 1, 0,
25      /* E0 */ 5, 0, 1, 0, 2, 0, 1, 0, 3, 0, 1, 0, 2, 0, 1, 0,
26      /* F0 */ 4, 0, 1, 0, 2, 0, 1, 0, 3, 0, 1, 0, 2, 0, 1, 0
27 };
```

代码清单 7-2（3）、（4）、（5）：依次检查剩下的位，原理同（2）。

7.1.2 线程优先级表

线程优先级表就是之前讲的就绪列表，本章为了讲解方便将就绪列表分为了线程就绪优先级组和线程优先级表，除了本章，之后我们提及的就绪列表就是线程优先级表。线程优先级表是一个在 scheduler.c 中定义的全局数组，具体定义参见代码清单 7-4。

代码清单7-4 线程优先级表定义

```
1 /* 线程优先级表 */
2 rt_list_t rt_thread_priority_table[RT_THREAD_PRIORITY_MAX];
```

线程优先级表的数据类型为 rt_list，每个索引号对应线程的优先级，该索引下维护着一条双向链表，当线程就绪时，线程就会根据优先级插入对应索引的链表，同一个优先级的线程都会被插入同一条链表中（当同一个优先级下有多个线程时，需要时间片的支持，目前本章暂时不支持时间片，后面的章节中再讲解）。一个空的就绪列表和一个有 5 个线程就绪的就绪列表示意图如图 7-5 和图 7-6 所示。

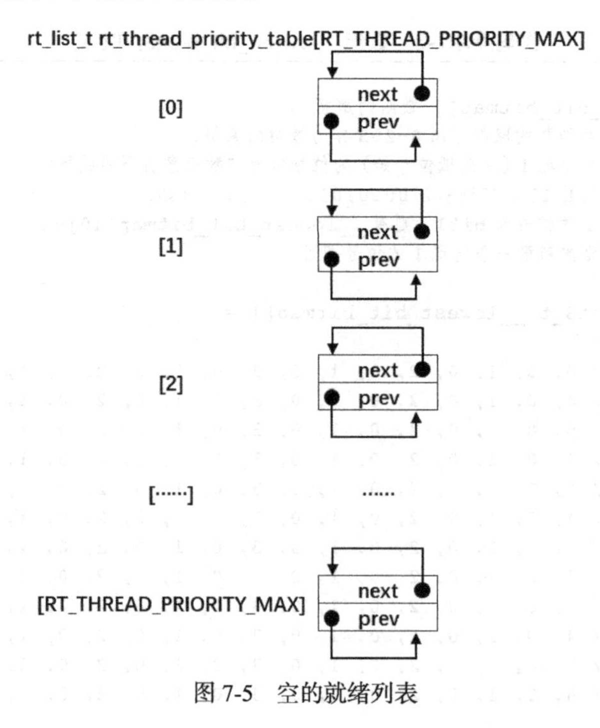

图 7-5 空的就绪列表

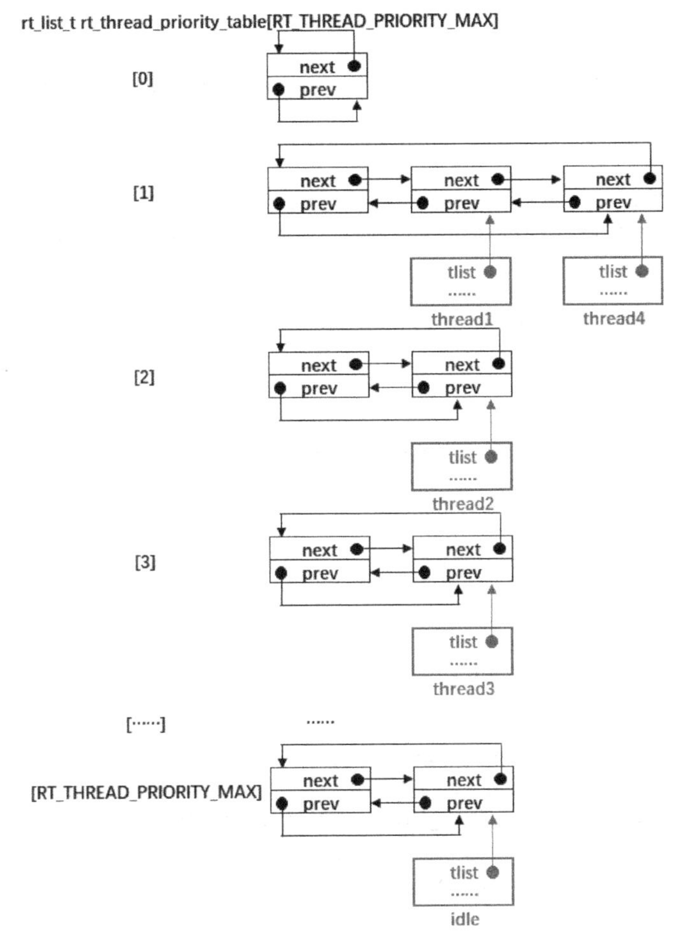

图 7-6　有 5 个线程就绪的就绪列表（其中优先级 1 下有两个线程）

将线程插入线程优先级表和移除分别由 scheduler.c 的 rt_schedule_insert_thread() 和 rt_schedule_remove_thread() 这两个函数实现，它们的具体定义参见代码清单 7-5 和代码清单 7-6。

1. 调度器插入线程

代码清单7-5　调度器插入线程

```
1 void rt_schedule_insert_thread(struct rt_thread *thread)
2 {
3     register rt_base_t temp;
4
5     /* 关中断 */
6     temp = rt_hw_interrupt_disable();
7
8     /* 改变线程状态 */
9     thread->stat = RT_THREAD_READY;
```

```
10
11      /* 将线程插入就绪列表 */
12      rt_list_insert_before(&(rt_thread_priority_table[thread->current_
priority]),
13                            &(thread->tlist));
14
15      /* 设置线程就绪优先级组中对应的位 */
16      rt_thread_ready_priority_group |= thread->number_mask;
17
18      /* 开中断 */
19      rt_hw_interrupt_enable(temp);
20 }
```

2. 调度器删除线程

代码清单7-6 调度器删除线程

```
1 void rt_schedule_remove_thread(struct rt_thread *thread)
2 {
3     register rt_base_t temp;
4
5
6     /* 关中断 */
7     temp = rt_hw_interrupt_disable();
8
9     /* 将线程从就绪列表中删除 */
10    rt_list_remove(&(thread->tlist));
11    /* 将线程就绪优先级组对应的位清除 */
12    if (rt_list_isempty(&(rt_thread_priority_table[thread->current_priority])))
13    {
14        rt_thread_ready_priority_group &= ~thread->number_mask;
15    }
16
17    /* 开中断 */
18    rt_hw_interrupt_enable(temp);
19 }
```

7.2 修改代码以支持多优先级

接下来我们在第 6 章代码的基础上继续迭代修改，从而实现多优先级。

7.2.1 修改线程控制块

在线程控制块中增加与优先级相关的成员，具体加粗部分，其中还增加了错误码和线程状态成员，具体参见代码清单 7-7。

代码清单7-7 修改线程控制块代码

```
1 struct rt_thread
2 {
```

```
3      /* rt 对象 */
4      char name[RT_NAME_MAX];                 /* 对象的名字 */
5      rt_uint8_t type;                        /* 对象类型 */
6      rt_uint8_t flags;                       /* 对象的状态 */
7      rt_list_t list;                         /* 对象的列表节点 */
8
9      rt_list_t tlist;                        /* 线程链表节点 */
10
11     void *sp;                               /* 线程栈指针 */
12     void *entry;                            /* 线程入口地址 */
13     void *parameter;                        /* 线程形参 */
14     void *stack_addr;                       /* 线程起始地址 */
15     rt_uint32_t stack_size;                 /* 线程栈大小，单位为字节 */
16
17     rt_ubase_t  remaining_tick;             /* 用于实现阻塞延时 */
18
19     rt_uint8_t  current_priority;           /* 当前优先级 */          (1)
20     rt_uint8_t  init_priority;              /* 初始优先级 */          (2)
21     rt_uint32_t number_mask;                /* 当前优先级掩码 */      (3)
22
23     rt_err_t    error;                      /* 错误码 */              (4)
24     rt_uint8_t  stat;                       /* 线程的状态 */          (5)
25 };
```

代码清单 7-7（1）：当前优先级。

代码清单 7-7（2）：初始优先级。

代码清单 7-7（3）：当前优先级掩码，即线程就绪优先级组的索引。

代码清单 7-7（4）：错误码，具体取值在 rtdef.h 中定义，参见代码清单 7-8。

代码清单7-8　RT-Thread 错误码重定义

```
1 /* RT-Thread 错误码重定义 */
2 #define RT_EOK                          0                 /* 没有错误 */
3 #define RT_ERROR                        1                 /* 一个常规错误 */
4 #define RT_ETIMEOUT                     2                 /* 超时 */
5 #define RT_EFULL                        3                 /* 资源已满 */
6 #define RT_EEMPTY                       4                 /* 资源为空 */
7 #define RT_ENOMEM                       5                 /* 没有内存 */
8 #define RT_ENOSYS                       6                 /* 没有系统 */
9 #define RT_EBUSY                        7                 /* 忙 */
10 #define RT_EIO                         8                 /* I/O 错误 */
11 #define RT_EINTR                       9                 /* 中断系统调用 */
12 #define RT_EINVAL                      10                /* 无效形参 */
```

代码清单 7-7（5）：线程的状态，具体取值在 rtdef.h 中定义，参见代码清单 7-9。

代码清单7-9　线程状态定义

```
1 /*
2  * 线程状态定义
3  */
```

```
 4 #define RT_THREAD_INIT                    0x00                    /* 初始态 */
 5 #define RT_THREAD_READY                   0x01                    /* 就绪态 */
 6 #define RT_THREAD_SUSPEND                 0x02                    /* 挂起态 */
 7 #define RT_THREAD_RUNNING                 0x03                    /* 运行态 */
 8 #define RT_THREAD_BLOCK                   RT_THREAD_SUSPEND       /* 阻塞态 */
 9 #define RT_THREAD_CLOSE                   0x04                    /* 关闭态 */
10 #define RT_THREAD_STAT_MASK               0x0f
11
12 #define RT_THREAD_STAT_SIGNAL             0x10
13 #define RT_THREAD_STAT_SIGNAL_READY       (RT_THREAD_STAT_SIGNAL | RT_
THREAD_READY)
14 #define RT_THREAD_STAT_SIGNAL_SUSPEND     0x20
15 #define RT_THREAD_STAT_SIGNAL_MASK        0xf0
```

7.2.2 修改调度器初始化函数 rt_system_scheduler_init()

对调度器初始化函数 rt_system_scheduler_init() 的修改参见代码清单 7-10。

代码清单7-10 系统调度器初始化

```
 1 void rt_system_scheduler_init(void)
 2 {
 3 #if 0
 4     register rt_base_t offset;
 5
 6
 7     /* 线程就绪列表初始化 */
 8     for (offset = 0; offset < RT_THREAD_PRIORITY_MAX; offset ++)
 9     {
10         rt_list_init(&rt_thread_priority_table[offset]);
11     }
12
13     /* 初始化当前线程控制块指针 */
14     rt_current_thread = RT_NULL;
15 #else
16     register rt_base_t offset;
17
18
19     /* 线程优先级表初始化 */                                          (1)
20     for (offset = 0; offset < RT_THREAD_PRIORITY_MAX; offset ++)
21     {
22         rt_list_init(&rt_thread_priority_table[offset]);
23     }
24
25     /* 初始化当前优先级为空闲线程的优先级 */
26     rt_current_priority = RT_THREAD_PRIORITY_MAX- 1;                (2)
27
28     /* 初始化当前线程控制块指针 */
29     rt_current_thread = RT_NULL;                                    (3)
30
31     /* 初始化线程就绪优先级组 */
```

```
32      rt_thread_ready_priority_group = 0;                       (4)
33 #endif
34 }
```

代码清单 7-10（1）：线程优先级表初始化。

代码清单 7-10（2）：初始化当前优先级为空闲线程的优先级，rt_current_priority 是在 scheduler.c 中定义的全局变量，表示当前运行线程的优先级。

代码清单 7-10（3）：初始化当前线程控制块指针为 0，rt_current_thread 是在 scheduler.c 中定义的全局指针，表示指向当前正在运行的线程的线程控制块。

代码清单 7-10（4）：初始化线程就绪优先级组为 0，即没有一个线程就绪。

7.2.3　修改线程初始化函数 rt_thread_init()

在线程初始化函数中添加优先级形参，在函数中初始化线程控制块中优先级、错误码和线程状态成员，具体参见代码清单 7-11 中加粗部分。

代码清单7-11　线程初始化函数rt_thread_init()

```
 1 rt_err_t rt_thread_init(struct rt_thread *thread,
 2                         const char *name,
 3                         void (*entry)(void *parameter),
 4                         void *parameter,
 5                         void *stack_start,
 6                         rt_uint32_t       stack_size,
 7                         rt_uint8_t        priority)
 8 {
 9     /* 线程对象初始化 */
10     /* 线程结构体开头部分的成员就是 rt_object_t 类型 */
11     rt_object_init((rt_object_t)thread, RT_Object_Class_Thread, name);
12     rt_list_init(&(thread->tlist));
13 
14     thread->entry = (void *)entry;
15     thread->parameter = parameter;
16 
17     thread->stack_addr = stack_start;
18     thread->stack_size = stack_size;
19 
20     /* 初始化线程栈，并返回线程栈指针 */
21     thread->sp = (void *)rt_hw_stack_init( thread->entry,
22                                             thread->parameter,
23               (void *)((char *)thread->stack_addr + thread->stack_size- 4) );
24 
25     thread->init_priority = priority;
26     thread->current_priority = priority;
27     thread->number_mask = 0;
28 
29     /* 错误码和状态 */
30     thread->error = RT_EOK;
31     thread->stat = RT_THREAD_INIT;
```

```
32
33 return RT_EOK;
34 }
```

7.2.4 添加线程启动函数 rt_thread_startup()

在本章之前，创建好线程之后会调用函数 rt_list_insert_before() 将线程插入线程优先级表，本章开始我们另外独立添加一个函数 rt_thread_startup() 来实现该功能，该函数在 thread.c 中定义，具体实现参见代码清单 7-12。

代码清单7-12 线程启动函数rt_thread_startup()

```
 1 /**
 2  * 启动一个线程并将其放到系统的就绪列表中
 3  *
 4  * @param thread 待启动的线程
 5  *
 6  * @return 操作状态, RT_EOK on OK, -RT_ERROR on error
 7  */
 8 rt_err_t rt_thread_startup(rt_thread_t thread)
 9 {
10     /* 设置当前优先级为初始优先级 */
11     thread->current_priority = thread->init_priority;          (1)
12     thread->number_mask = 1L << thread->current_priority;      (2)
13
14     /* 改变线程的状态为挂起状态 */
15     thread->stat = RT_THREAD_SUSPEND;                          (3)
16     /* 然后恢复线程 */
17     rt_thread_resume(thread);                                  (4)
18
19     if (rt_thread_self() != RT_NULL)                           (5)
20     {
21         /* 系统调度 */
22         rt_schedule();                                         (6)
23     }
24
25     return RT_EOK;
26 }
```

代码清单 7-12（1）：设置当前优先级为初始优先级。

代码清单 7-12（2）：根据优先级计算线程就绪优先级组的掩码值。

代码清单 7-12（3）：设置线程的状态为挂起态，等下会恢复。

代码清单 7-12（4）：恢复线程，即将线程插入就绪列表，由单独的 rt_thread_resume() 函数来实现，该函数在 thread.c 中定义，具体实现参见代码清单 7-13。

代码清单7-13 线程恢复函数rt_thread_resume()

```
1 /**
2  * 该函数用于恢复一个线程，然后将其放到就绪列表
```

```
 3  *
 4  * @param thread 需要被恢复的线程
 5  *
 6  * @return 操作状态, RT_EOK on OK, -RT_ERROR on error
 7  */
 8 rt_err_t rt_thread_resume(rt_thread_t thread)
 9 {
10     register rt_base_t temp;
11 
12     /* 将被恢复的线程必须为挂起状态，否则返回错误码 */
13     if ((thread->stat & RT_THREAD_STAT_MASK) != RT_THREAD_SUSPEND)
14     {
15         return -RT_ERROR;
16     }
17 
18     /* 关中断 */
19     temp = rt_hw_interrupt_disable();
20 
21     /* 从挂起队列移除 */
22     rt_list_remove(&(thread->tlist));
23 
24     /* 开中断 */
25     rt_hw_interrupt_enable(temp);
26 
27     /* 插入就绪列表 */
28     rt_schedule_insert_thread(thread);
29 
30     return RT_EOK;
31 }
```

代码清单 7-12（5）：rt_thread_self() 是一个在 thread.c 中定义的函数，具体参见代码清单 7-14，用于返回全局指针 rt_current_thread。该指针指向当前正在运行的线程的线程控制块，在系统没有启动之前，rt_current_thread 的值为 RT_NULL，是在代码清单 7-10 调度器初始化函数中初始化的，所以不会执行系统调度。

代码清单7-14　rt_thread_self()函数

```
1 rt_thread_t rt_thread_self(void)
2 {
3     return rt_current_thread;
4 }
```

代码清单 7-12（6）：系统调度，暂时不会执行，因为系统还没有启动，rt_current_thread 的值还是 RT_NULL。系统调度函数接下来也需要修改。

7.2.5　修改空闲线程初始化函数 rt_thread_idle_init()

修改空闲线程初始化函数，将原先的线程插入就绪列表的部分代码修改为用 rt_thread_startup() 代替，具体参见代码清单 7-15 中加粗部分。

代码清单7-15 空闲线程初始化函数rt_thread_idle_init()

```
1 void rt_thread_idle_init(void)
2 {
3
4     /* 初始化线程 */
5     rt_thread_init(&idle,
6                    "idle",
7                    rt_thread_idle_entry,
8                    RT_NULL,
9                    &rt_thread_stack[0],
10                   sizeof(rt_thread_stack),
11                   RT_THREAD_PRIORITY_MAX-1);
12
13    /* 将线程插入就绪列表 */
14    //rt_list_insert_before( &(rt_thread_priority_table[RT_THREAD_PRIORITY_
MAX-1]),&(idle.tlist) );
15    rt_thread_startup(&idle);
16 }
```

7.2.6 修改启动系统调度器函数 rt_system_scheduler_start()

修改启动系统调度器函数 rt_system_scheduler_start()，不再是手动指定第一个需要运行的线程，而是根据优先级来决定第一个运行的线程，具体修改参见代码清单 7-16 中的加粗部分。

代码清单7-16 系统调度器函数rt_system_scheduler_start()

```
1 /* 启动系统调度器 */
2 void rt_system_scheduler_start(void)
3 {
4 #if 0
5     register struct rt_thread *to_thread;
6
7     /* 手动指定第一个运行的线程 */
8     to_thread = rt_list_entry(rt_thread_priority_table[0].next,
9                               struct rt_thread,
10                              tlist);
11    rt_current_thread = to_thread;
12
13    /* 切换到第一个线程，该函数在context_rvds.s中实现，在rthw.h中声明，
14       用于实现第一次线程切换。当一个汇编函数在C文件中调用时，
15       如果有形参，则执行时会将形参传入CPU寄存器r0 */
16    rt_hw_context_switch_to((rt_uint32_t)&to_thread->sp);
17 #else
18    register struct rt_thread *to_thread;
19    register rt_ubase_t highest_ready_priority;
20
21    /* 获取就绪的最高优先级 */                                    (1)
22    highest_ready_priority = __rt_ffs(rt_thread_ready_priority_group)- 1;
23
```

```
24      /* 获取将要运行线程的线程控制块 */                          (2)
25      to_thread = rt_list_entry(rt_thread_priority_table[highest_ready_
priority].next,
26                                struct rt_thread,
27                                tlist);
28
29      rt_current_thread = to_thread;                              (3)
30
31      /* 切换到新的线程 */
32      rt_hw_context_switch_to((rt_uint32_t)&to_thread->sp);       (4)
33
34      /* 永远不会返回 */                                          (5)
35  #endif
36  }
```

代码清单 7-16（1）：从线程就绪优先级组中获取就绪的最高优先级。

代码清单 7-16（2）：根据就绪的最高优先级从线程优先级表中获取线程控制块。

代码清单 7-16（3）：更新全局指针 rt_current_thread 的值。

代码清单 7-16（4）：切换到新的线程。

代码清单 7-16（5）：永远不会返回，以后将在线程之间不断切换。

7.2.7　修改系统调度函数 rt_schedule()

系统调度函数 rt_schedule() 将不再像本章之前的那样，在线程之间轮流切换，而是需要根据优先级来实现，即系统选择就绪线程当中优先级最高的来运行，具体修改参见代码清单 7-17 中的加粗部分。

代码清单7-17　系统调度函数rt_schedule ()

```
 1 void rt_schedule(void)
 2 {
 3 #if 0
 4     struct rt_thread *to_thread;
 5     struct rt_thread *from_thread;
 6
 7     /* 如果当前线程是空闲线程，那么尝试执行线程 1 或者线程 2,
 8        看看它们的延时时间是否结束，如果线程的延时时间均没有到期,
 9        则返回继续执行空闲线程 */
10     if ( rt_current_thread == &idle )
11     {
12         if (rt_flag1_thread.remaining_tick == 0)
13         {
14             from_thread = rt_current_thread;
15             to_thread = &rt_flag1_thread;
16             rt_current_thread = to_thread;
17         }
18         else if (rt_flag2_thread.remaining_tick == 0)
19         {
20             from_thread = rt_current_thread;
```

```
21                to_thread = &rt_flag2_thread;
22                rt_current_thread = to_thread;
23            }
24            else
25            {
26                return;                 /* 线程延时均没有到期则返回，继续执行空闲线程 */
27            }
28        }
29        else
30        {
31            /* 如果当前线程是线程1或者线程2,
32            检查一下另外一个线程，如果另外的线程不在延时中，
33            就切换到该线程。否则，判断当前线程是否应该进入延时状态，
34            如果是，则切换到空闲线程，否则不进行任何切换 */
35            if (rt_current_thread == &rt_flag1_thread)
36            {
37                if (rt_flag2_thread.remaining_tick == 0)
38                {
39                    from_thread = rt_current_thread;
40                    to_thread = &rt_flag2_thread;
41                    rt_current_thread = to_thread;
42                }
43                else if (rt_current_thread->remaining_tick != 0)
44                {
45                    from_thread = rt_current_thread;
46                    to_thread = &idle;
47                    rt_current_thread = to_thread;
48                }
49                else
50                {
51                    return;         /* 返回，不进行切换，因为两个线程都处于延时中 */
52                }
53            }
54            else if (rt_current_thread == &rt_flag2_thread)
55            {
56                if (rt_flag1_thread.remaining_tick == 0)
57                {
58                    from_thread = rt_current_thread;
59                    to_thread = &rt_flag1_thread;
60                    rt_current_thread = to_thread;
61                }
62                else if (rt_current_thread->remaining_tick != 0)
63                {
64                    from_thread = rt_current_thread;
65                    to_thread = &idle;
66                    rt_current_thread = to_thread;
67                }
68                else
69                {
70                    return;         /* 返回，不进行切换，因为两个线程都处于延时中 */
71                }
```

```
72          }
73      }
74 #else
75      rt_base_t level;
76      register rt_ubase_t highest_ready_priority;
77      struct rt_thread *to_thread;
78      struct rt_thread *from_thread;
79
80      /* 关中断 */
81      level = rt_hw_interrupt_disable();
82
83      /* 获取就绪的最高优先级 */                                (1)
84      highest_ready_priority = __rt_ffs(rt_thread_ready_priority_group)- 1;
85      /* 获取就绪的最高优先级对应的线程控制块 */                  (2)
86      to_thread = rt_list_entry(rt_thread_priority_table[highest_ready_
priority].next,
87                                struct rt_thread,
88                                tlist);
89
90      /* 如果目标线程不是当前线程，则要进行线程切换 */
91      if (to_thread != rt_current_thread)                      (3)
92      {
93          rt_current_priority = (rt_uint8_t)highest_ready_priority;
94          from_thread         = rt_current_thread;
95          rt_current_thread   = to_thread;
96
97          rt_hw_context_switch((rt_uint32_t)&from_thread->sp,
98                               (rt_uint32_t)&to_thread->sp);
99
100         /* 开中断 */
101         rt_hw_interrupt_enable(level);
102
103     }
104     else
105     {
106         /* 开中断 */
107         rt_hw_interrupt_enable(level);
108     }
109 #endif
110
111     /* 产生上下文切换 */
112     rt_hw_context_switch((rt_uint32_t)&from_thread->sp,(rt_uint32_t)&to_
thread->sp);
113 }
```

代码清单 7-17（1）：从线程就绪优先级组中获取就绪的最高优先级。

代码清单 7-17（2）：获取就绪的最高优先级对应的线程控制块，并保存在 to_thread 中。

代码清单 7-17（3）：如果 to_thread 不是当前线程，则进行线程切换，否则重新开启中断，继续执行当前线程。

7.2.8 修改阻塞延时函数 rt_thread_delay()

修改阻塞延时函数 rt_thread_delay()，具体修改参见代码清单 7-18 中的加粗部分。

代码清单7-18 阻塞延时函数rt_thread_delay()

```
 1 void rt_thread_delay(rt_tick_t tick)
 2 {
 3 #if 0
 4     struct rt_thread *thread;
 5
 6     thread = rt_current_thread;
 7     thread->remaining_tick = tick;
 8
 9     /* 进行线程调度 */
10     rt_schedule();
11 #else
12     register rt_base_t temp;
13     struct rt_thread *thread;
14
15     /* 禁用中断 */
16     temp = rt_hw_interrupt_disable();
17
18     thread = rt_current_thread;
19     thread->remaining_tick = tick;
20
21     /* 改变线程状态 */
22     thread->stat = RT_THREAD_SUSPEND;                              (1)
23     rt_thread_ready_priority_group &= ~thread->number_mask;      (2)
24
25     /* 启用中断 */
26     rt_hw_interrupt_enable(temp);
27
28     /* 进行系统调度 */
29     rt_schedule();
30 #endif
31 }
```

代码清单 7-18（1）：将线程的状态改为挂起，接下来将进入延时，暂时放弃 CPU 的使用权。

代码清单 7-18（2）：根据优先级将线程就绪优先级组中对应的位清零。严格来说，还需要将线程从线程优先级表中移除，但是鉴于我们目前的时基更新函数 rt_tick_increase() 还是需要通过扫描线程优先级表来判断线程的延时时间是否到期，所以不能将线程从就绪列表移除。在接下来的第 10 章中，将会有一个全新的延时方法，到时候延时时除了需要根据优先级将线程就绪优先级组中对应的位清零外，还需要将线程从线程优先级表中移除。

7.2.9 修改时基更新函数 rt_tick_increase()

修改时基更新函数 rt_tick_increase()，具体修改参见代码清单 7-19 中的加粗部分。

代码清单7-19　时基更新函数rt_tick_increase()

```
 1 void rt_tick_increase(void)
 2 {
 3     rt_ubase_t i;
 4     struct rt_thread *thread;
 5     rt_tick ++;
 6 #if 0
 7     /* 扫描就绪列表中所有线程的 remaining_tick，如果不为 0，则减 1 */
 8     for (i=0; i<RT_THREAD_PRIORITY_MAX; i++)
 9     {
10         thread = rt_list_entry( rt_thread_priority_table[i].next,
11                                 struct rt_thread,
12                                 tlist);
13         if (thread->remaining_tick > 0)
14         {
15             thread->remaining_tick--;
16         }
17     }
18 #else
19     /* 扫描就绪列表中所有线程的 remaining_tick，如果不为 0，则减 1 */
20     for (i=0; i<RT_THREAD_PRIORITY_MAX; i++)
21     {
22         thread = rt_list_entry( rt_thread_priority_table[i].next,
23                                 struct rt_thread,
24                                 tlist);
25         if (thread->remaining_tick > 0)
26         {
27             thread->remaining_tick--;
28             if (thread->remaining_tick == 0)
29             {
30                 //rt_schedule_insert_thread(thread);
31                 rt_thread_ready_priority_group |= thread->number_mask; (1)
32             }
33         }
34     }
35 #endif
36     /* 线程调度 */
37     rt_schedule();
38 }
```

代码清单 7-19（1）：如果线程的延时时间 remaining_tick 递减为 0，则表示延时时间结束，需要将线程插入线程优先级表，即简单地根据优先级将线程就绪优先级组中对应的位置 1 即可。因为在阻塞延时函数中，我们是通过清除线程就绪优先级组中对应的位来让线程挂起的，并没有将线程从线程优先级表中移除，所以这里将“rt_schedule_insert_thread(thread);”注释掉。

7.3　main() 函数

本章 main() 函数与第 6 章中基本一致，修改不大，具体修改参见代码清单 7-20 中的加粗部分。

代码清单7-20 main()函数

```
 1 int main(void)
 2 {
 3     /* 硬件初始化 */
 4     /* 将硬件相关的初始化放在这里，如果是软件仿真，则没有相关初始化代码 */
 5
 6     /* 关中断 */
 7     rt_hw_interrupt_disable();
 8
 9     /* SysTick中断频率设置 */
10     SysTick_Config( SystemCoreClock / RT_TICK_PER_SECOND );
11
12     /* 调度器初始化 */
13     rt_system_scheduler_init();
14
15     /* 初始化空闲线程 */
16     rt_thread_idle_init();
17
18     /* 初始化线程 */
19     rt_thread_init( &rt_flag1_thread,                /* 线程控制块 */
20                     "rt_flag1_thread",               /* 线程名字，字符串形式 */
21                     flag1_thread_entry,              /* 线程入口地址 */
22                     RT_NULL,                         /* 线程形参 */
23                     &rt_flag1_thread_stack[0],       /* 线程栈起始地址 */
24                     sizeof(rt_flag1_thread_stack),   /* 线程栈大小，单位为字节 */
25                     2);                               /* 优先级 */        (1)
26     /* 将线程插入就绪列表 */                                             (2)
27     //rt_list_insert_before( &(rt_thread_priority_table[0]),&(rt_flag1_
thread.tlist) );
28     rt_thread_startup(&rt_flag1_thread);
29
30     /* 初始化线程 */
31     rt_thread_init( &rt_flag2_thread,                /* 线程控制块 */
32                     "rt_flag2_thread",               /* 线程名字，字符串形式 */
33                     flag2_thread_entry,              /* 线程入口地址 */
34                     RT_NULL,                         /* 线程形参 */
35                     &rt_flag2_thread_stack[0],       /* 线程栈起始地址 */
36                     sizeof(rt_flag2_thread_stack),   /* 线程栈大小，单位为字节 */
37                     3);                               /* 优先级 */        (3)
38     /* 将线程插入就绪列表 */                                             (4)
39     //rt_list_insert_before( &(rt_thread_priority_table[1]),&(rt_flag2_
thread.tlist) );
40     rt_thread_startup(&rt_flag2_thread);
41
42     /* 启动系统调度器 */
43     rt_system_scheduler_start();
44 }
45
46 /*
47 ************************************************************************
48 *                               函数实现
```

```
49 ***************************************************************************
50 */
51 /* 软件延时 */
52 void delay (uint32_t count)
53 {
54     for (; count!=0; count--);
55 }
56
57 /* 线程 1 */
58 void flag1_thread_entry( void *p_arg )
59 {
60     for ( ;; )
61     {
62         flag1 = 1;
63         rt_thread_delay(2);
64         flag1 = 0;
65         rt_thread_delay(2);
66     }
67 }
68
69 /* 线程 2 */
70 void flag2_thread_entry( void *p_arg )
71 {
72     for ( ;; )
73     {
74         flag2 = 1;
75         rt_thread_delay(2);
76         flag2 = 0;
77         rt_thread_delay(2);
78     }
79 }
80
81
82 void SysTick_Handler(void)
83 {
84     /* 进入中断 */
85     rt_interrupt_enter();
86
87     rt_tick_increase();
88
89     /* 离开中断 */
90     rt_interrupt_leave();
91 }
```

代码清单 7-20（1）：设置线程 1 的优先级为 2，数字优先级越高，逻辑优先级越低。

代码清单 7-20（2）：启动线程，即将线程插入就绪列表，但是还不会运行，因为系统还没有启动。

代码清单 7-20（3）：设置线程 1 的优先级为 3，数字优先级越高，逻辑优先级越低。

代码清单 7-20（4）：启动线程，即将线程插入就绪列表，但是还不会运行，因为系统还没有启动。

7.4　实验现象

进入软件进行调试，全速运行程序，从逻辑分析仪中可以看到两个线程的波形是完全同步的，就好像 CPU 在同时做两件事情，具体仿真波形图如图 7-7 和图 7-8 所示。

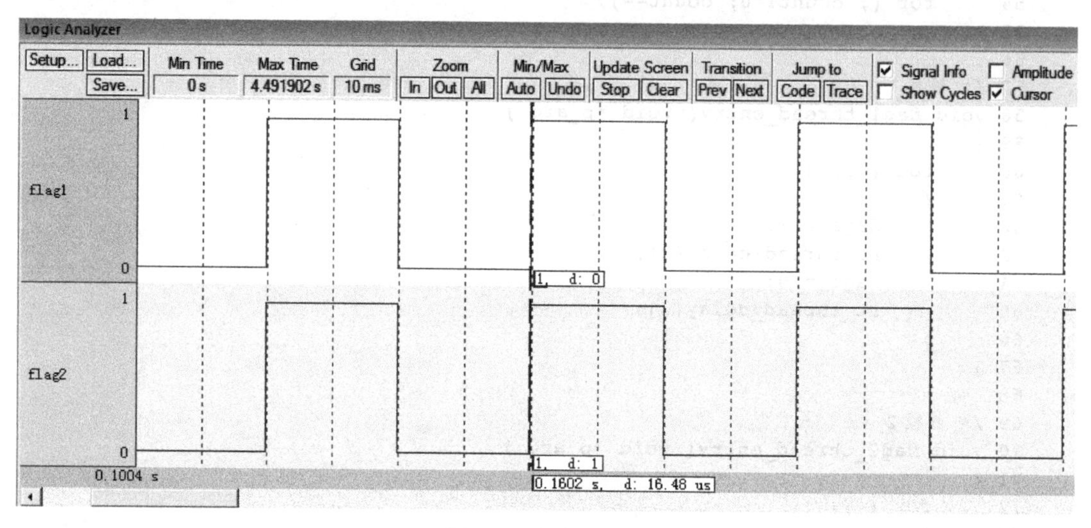

图 7-7　实验现象 1

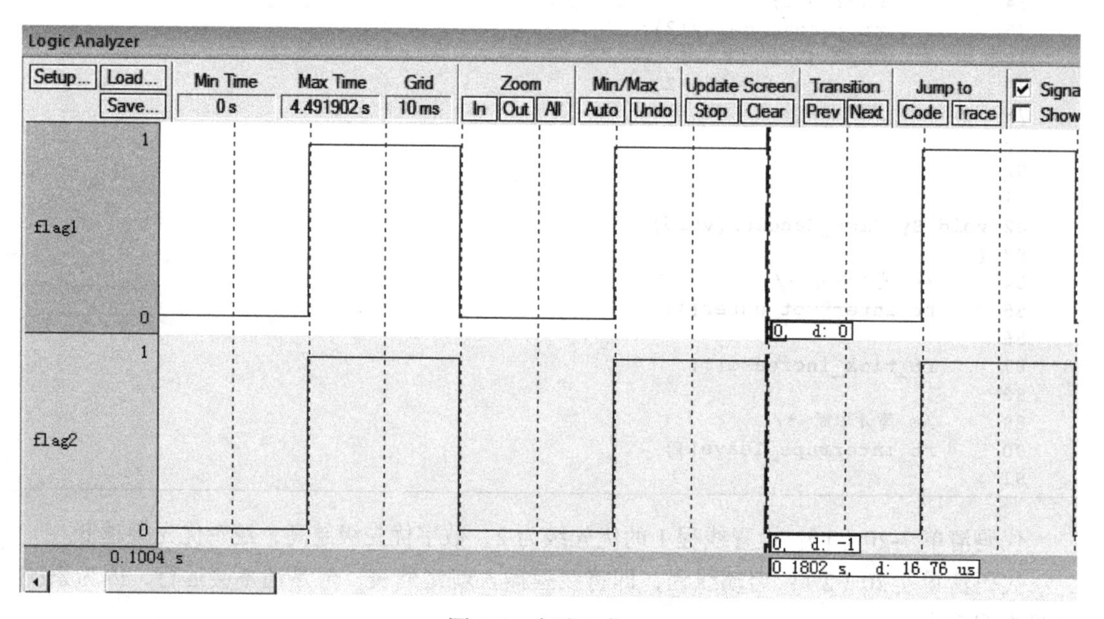

图 7-8　实验现象 2

从图 7-7 和图 7-8 可以看出，flag1 和 flag2 的高电平的时间为（0.1802−0.1602）s，刚好等于阻塞延时的 20ms，所以实验现象与代码要实现的功能是相符的。

第 8 章 定时器

在本章之前，为了实现线程的阻塞延时，在线程控制块中内置了一个延时变量 remaining_tick。每当线程需要延时的时候，就初始化 remaining_tick 需要延时的时间，然后将线程挂起，这里的挂起只是将线程在线程就绪优先级组中对应的位清零，并不会将线程从线程优先级表（即就绪列表）中删除。当每次时基中断（SysTick 中断）来临时，就扫描就绪列表中每个线程的 remaining_tick，如果 remaining_tick 大于 0，则递减一次，然后判断 remaining_tick 是否为 0，如果为 0，则表示延时时间到，将该线程就绪（即将线程在线程就绪优先级组中对应的位置位），然后等待系统下一次调度。这种延时的缺点是，在每个时基中断中需要对所有线程都扫描一遍，比较费时，优点是容易理解。之所以先这样讲解是为了慢慢地过渡到 RT-Thread 定时器的讲解。

在 RT-Thread 中，每个线程都内置一个定时器，当线程需要延时时，则先将线程挂起，然后内置的定时器就会启动，并且将定时器插入一个全局的系统定时器列表 rt_timer_list，这个全局的系统定时器列表维护着一条双向链表，每个节点代表了正在延时的线程的定时器，节点按照延时时间大小做升序排列。当每次时基中断（SysTick 中断）来临时，就扫描系统定时器列表的第一个定时器，看看延时时间是否到期，如果到期，则让该定时器对应的线程就绪，如果延时时间不到，则退出扫描。因为定时器节点是按照延时时间升序排列的，如果第一个定时器延时时间不到期，那么后面的定时器延时时间自然也不会到期。比起第一种方法，这种方法就大大缩短了寻找延时到期的线程的时间。

8.1 实现定时器

接下来具体讲解 RT-Thread 定时器的实现，彻底掀开定时器的面纱，这部分功能的一些细节方面还是有一定难度的。

8.1.1 系统定时器列表

在 RT-Thread 中，定义了一个全局的系统定时器列表，当线程需要延时时，就先把线程挂起，然后线程内置的定时器将线程挂起到这个系统定时器列表中，系统定时器列表维护着一条双向链表，节点按照定时器的延时时间的大小做升序排列。该系统定时器在 timer.c（第一次使用 timer.c 时，需要在 rtthread\3.0.3\src 目录下新建，然后添加到工程的 rtt/source 组中）中定义，具体实现参见代码清单 8-1。

代码清单8-1 系统定时器列表

```
1 /* 硬件定时器列表 */
2 static rt_list_t rt_timer_list[RT_TIMER_SKIP_LIST_LEVEL]; (1)
```

代码清单 8-1（1）：系统定时器列表是一个 rt_list 类型的数组，数组的大小由在 rtdef.h 中定义的宏 RT_TIMER_SKIP_LIST_LEVEL 决定，默认定义为 1，即数组只有一个成员。

8.1.2 系统定时器列表初始化

系统定时器列表初始化由函数 rt_system_timer_init() 来完成，在初始化调度器前需要先初始化系统定时器列表。该函数在 timer.c 中定义，具体实现参见代码清单 8-2。

代码清单8-2 系统定时器列表初始化

```
1 void rt_system_timer_init(void)
2 {
3     int i;
4
5     for (i = 0; i <sizeof(rt_timer_list) / sizeof(rt_timer_list[0]); i++)(1)
6     {
7         rt_list_init(rt_timer_list + i);                                   (2)
8     }
9 }
```

代码清单 8-2（1）：系统定时器列表是一个 rt_list 节点类型的数组，rt_timer_list 中的成员就是一个双向链表的根节点，有多少个成员就初始化多少个根节点，目前只有一个，所以该 for 循环只执行一次。

代码清单 8-2（2）：初始化节点，即初始化节点的 next 和 prev 这两个指针指向节点本身。完成初始化的系统定时器列表的示意图如图 8-1 所示。

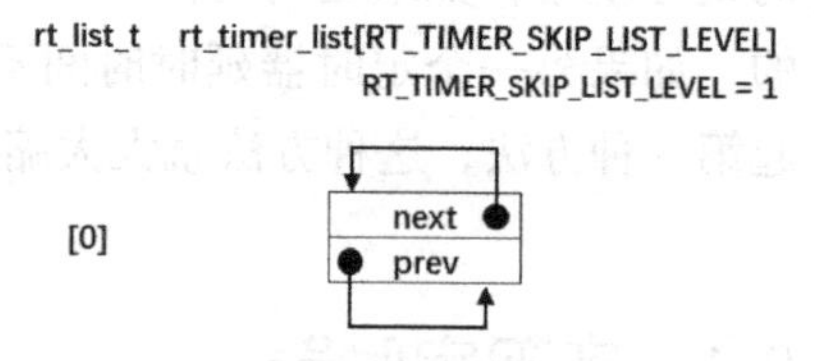

图 8-1 完成初始化的系统定时器列表

8.1.3 定义定时器结构体

定时器统一由一个定时器结构体来管理，该结构体在 rtdef.h 中定义，具体实现参见代码清单 8-3。

代码清单8-3 定时器结构体

```
1 /**
2  * 定时器结构体
3  */
4 struct rt_timer
5 {
```

```
6       struct rt_object parent;                        /* 从 rt_object 继承 */ (1)
7
8       rt_list_trow[RT_TIMER_SKIP_LIST_LEVEL];         /* 节点 */              (2)
9
10      void (*timeout_func)(void *parameter);          /* 超时函数 */          (3)
11      void *parameter;                                /* 超时函数形参 */      (4)
12
13      rt_tick_t init_tick;                  /* 定时器实际需要延时的时间 */     (5)
14      rt_tick_t timeout_tick;               /* 定时器实际超时时的系统节拍数 */ (6)
15 };
16 typedef struct rt_timer *rt_timer_t;                                         (7)
```

代码清单 8-3（1）：定时器也属于内核对象，也会在自身结构体中包含一个内核对象类型的成员，通过这个成员可以将定时器挂到系统对象容器中。

代码清单 8-3（2）：定时器自身的节点，通过该节点可以实现将定时器插入系统定时器列表。RT_TIMER_SKIP_LIST_LEVEL 在 rtdef.h 中定义，默认为 0。

代码清单 8-3（3）：定时器超时函数，当定时器延时到期时，会调用相应的超时函数，关于该函数，第 21 章中会有介绍。

代码清单 8-3（4）：定时器超时函数形参。

代码清单 8-3（5）：定时器实际需要延时的时间，单位为 tick。

代码清单 8-3（6）：定时器实际超时时的系统节拍数。这个如何理解？我们知道系统定义了一个全局的系统时基计数器 rt_tick（在 clock.c 中定义），每产生一次系统时基中断（即 SysTick 中断）时，rt_tick 计数加 1。假设线程要延时 10 个 tick，即 init_tick 等于 10，此时 rt_tick 等于 2，那么 timeout_tick 就等于 10 加 2，即 12，当 rt_tick 递增到 12 时，线程延时到期，这就是 timeout_tick 的实际含义。

8.1.4　在线程控制块中内置定时器

每个线程都会内置一个定时器，具体是在线程控制块中添加一个定时器成员，具体实现参见代码清单 8-4 中的加粗部分。

代码清单8-4　在线程控制块中内置定时器

```
1 struct rt_thread
2 {
3       /* rt 对象 */
4       char name[RT_NAME_MAX];                 /* 对象的名字 */
5       rt_uint8_t type;                        /* 对象类型 */
6       rt_uint8_t flags;                       /* 对象的状态 */
7       rt_list_t list;                         /* 对象的列表节点 */
8
9       rt_list_t tlist;                        /* 线程链表节点 */
10
11      void *sp;                               /* 线程栈指针 */
12      void *entry;                            /* 线程入口地址 */
```

```
13      void *parameter;                        /* 线程形参 */
14      void *stack_addr;                       /* 线程起始地址 */
15      rt_uint32_t stack_size;                 /* 线程栈大小，单位为字节 */
16
17      rt_ubase_t remaining_tick;              /* 用于实现阻塞延时 */
18
19      rt_uint8_t current_priority;            /* 当前优先级 */
20      rt_uint8_t init_priority;               /* 初始优先级 */
21      rt_uint32_t number_mask;                /* 当前优先级掩码 */
22
23      rt_err_t error;                         /* 错误码 */
24      rt_uint8_t stat;                        /* 线程的状态 */
25
26      struct rt_timer thread_timer;           /* 内置的线程定时器 */
27 };
```

8.1.5 定时器初始化函数

定时器初始化函数 rt_timer_init() 在 timer.c 中定义，具体实现参见代码清单 8-5。

代码清单8-5 rt_timer_init()函数

```
 1 /**
 2  * 该函数用于初始化一个定时器，通常用于初始化一个静态的定时器
 3  *
 4  * @param timer 静态定时器对象
 5  * @param name 定时器的名字
 6  * @param timeout 超时函数
 7  * @param parameter 超时函数形参
 8  * @param time 定时器的超时时间
 9  * @param flag 定时器的标志
10  */
11 void rt_timer_init(rt_timer_t  timer,
12                    const char *name,
13                    void (*timeout)(void *parameter),
14                    void *parameter,
15                    rt_tick_t   time,
16                    rt_uint8_t  flag)
17 {
18     /* 定时器对象初始化 */
19     rt_object_init((rt_object_t)timer, RT_Object_Class_Timer, name);  (1)
20
21     /* 定时器初始化 */
22     _rt_timer_init(timer, timeout, parameter, time, flag);            (2)
23 }
```

代码清单 8-5（1）：定时器对象初始化，即将定时器插入系统对象容器列表。有关对象相关的知识点请参考第 5 章。

代码清单 8-5（2）：定时器初始化函数 rt_timer_init() 将定时器具体的初始化封装在了一个内部函数 _rt_timer_init()（函数开头的“_rt”表示该函数是一个内部函数）中，该函数

在 timer.c 中定义，具体实现参见代码清单 8-6。

代码清单8-6　_rt_timer_init()函数

```
 1 static void _rt_timer_init(rt_timer_t timer,                          (1)
 2                            void (*timeout)(void *parameter),          (2)
 3                            void *parameter,                           (3)
 4                            rt_tick_t  time,                           (4)
 5                            rt_uint8_t flag)                           (5)
 6 {
 7     int i;
 8
 9     /* 设置标志 */
10     timer->parent.flag  = flag;                                       (6)
11
12     /* 先设置为非激活态 */
13     timer->parent.flag &= ~RT_TIMER_FLAG_ACTIVATED;                   (7)
14
15     timer->timeout_func = timeout;                                    (8)
16     timer->parameter    = parameter;                                  (9)
17
18     /* 初始化定时器实际超时时的系统节拍数 */
19     timer->timeout_tick = 0;                                          (10)
20     /* 初始化定时器需要超时的节拍数 */
21     timer->init_tick    = time;                                       (11)
22
23     /* 初始化定时器的内置节点 */
24     for (i = 0; i < RT_TIMER_SKIP_LIST_LEVEL; i++)                    (12)
25     {
26         rt_list_init(&(timer->row[i]));
27     }
28 }
```

代码清单 8-6（1）：定时器控制块指针。

代码清单 8-6（2）：定时器超时函数。

代码清单 8-6（3）：定时器超时函数形参。

代码清单 8-6（4）：定时器实际需要延时的时间。

代码清单 8-6（5）：设置定时器的标志，取值在 rtdef.h 中定义，具体参见代码清单 8-7。

代码清单8-7　定时器状态宏定义

```
 1 #define RT_TIMER_FLAG_DEACTIVATED      0x0   /* 定时器没有激活 */
 2 #define RT_TIMER_FLAG_ACTIVATED        0x1   /* 定时器已经激活 */
 3 #define RT_TIMER_FLAG_ONE_SHOT         0x0   /* 单次定时 */
 4 #define RT_TIMER_FLAG_PERIODIC         0x2   /* 周期定时 */
 5
 6 #define RT_TIMER_FLAG_HARD_TIMER       0x0   /* 硬件定时器，定时器回调函数在 tick
isr 中调用 */
 7
 8 #define RT_TIMER_FLAG_SOFT_TIMER       0x4   /* 软件定时器，定时器回调函数在定时器线
程中调用 */
```

代码清单 8-6（6）：设置标志。

代码清单 8-6（7）：初始时设置为非激活态。

代码清单 8-6（8）：设置超时函数，超时函数在第 19 章中有介绍。

代码清单 8-6（9）：定时器超时函数形参。

代码清单 8-6（10）：初始化定时器实际超时时的系统节拍数。

代码清单 8-6（11）：初始化定时器需要超时的节拍数。

代码清单 8-6（12）：初始化定时器的内置节点，即将节点的 next 和 prev 这两个指针指向节点本身。当启动定时器时，定时器就通过该节点将自身插入系统定时器列表 rt_timer_list 中。

8.1.6 定时器删除函数

定时器删除函数 _rt_timer_remove() 在 timer.c 中定义，实现算法是将定时器自身的节点从系统定时器列表 rt_timer_list 中脱离即可，具体实现参见代码清单 8-8。

代码清单8-8 _rt_timer_remove()函数定义

```
1 rt_inline void _rt_timer_remove(rt_timer_t timer)
2 {
3     int i;
4
5     for (i = 0; i < RT_TIMER_SKIP_LIST_LEVEL; i++)
6     {
7         rt_list_remove(&timer->row[i]);
8     }
9 }
```

8.1.7 定时器停止函数

定时器停止函数 rt_timer_stop() 在 timer.c 中定义，其实现算法也很简单，主要分成两步，先将定时器从系统定时器列表中删除，然后改变定时器的状态为非 active 即可，具体实现参见代码清单 8-9。

代码清单8-9 rt_timer_stop()函数定义

```
1 /**
2  * 该函数将停止一个定时器
3  *
4  * @param timer 将要被停止的定时器
5  *
6  * @return 操作状态, RT_EOK on OK, -RT_ERROR on error
7  */
8 rt_err_t rt_timer_stop(rt_timer_t timer)
9 {
10     register rt_base_t level;
11
```

```
12      /* 只有 active 的定时器才能被停止，否则退出返回错误码 */
13      if (!(timer->parent.flag & RT_TIMER_FLAG_ACTIVATED))
14          return -RT_ERROR;
15
16      /* 关中断 */
17      level = rt_hw_interrupt_disable();
18
19      /* 将定时器从定时器列表中删除 */
20      _rt_timer_remove(timer);
21
22      /* 开中断 */
23      rt_hw_interrupt_enable(level);
24
25      /* 改变定时器的状态为非 active */
26      timer->parent.flag &= ~RT_TIMER_FLAG_ACTIVATED;
27
28      return RT_EOK;
29  }
```

8.1.8 定时器控制函数

定时器控制函数 rt_timer_control() 在 timer.c 中定义，具体实现算法是根据不同的形参来设置定时器的状态和初始时间值，具体实现参见代码清单 8-10。

代码清单8-10 rt_timer_control()函数定义

```
 1  /**
 2   * 该函数将获取或者设置定时器的一些选项
 3   *
 4   * @param timer 将要被设置或者获取的定时器                    (1)
 5   * @param cmd 控制命令                                      (2)
 6   * @param arg 形参                                          (3)
 7   *
 8   * @return RT_EOK
 9   */
10  rt_err_t rt_timer_control(rt_timer_t timer, int cmd, void *arg)
11  {
12      switch (cmd)
13      {
14      case RT_TIMER_CTRL_GET_TIME:                              (4)
15          *(rt_tick_t *)arg = timer->init_tick;
16          break;
17
18      case RT_TIMER_CTRL_SET_TIME:                              (5)
19          timer->init_tick = *(rt_tick_t *)arg;
20          break;
21
22      case RT_TIMER_CTRL_SET_ONESHOT:
23          timer->parent.flag &= ~RT_TIMER_FLAG_PERIODIC;    (6)
24          break;
```

```
25
26      case RT_TIMER_CTRL_SET_PERIODIC:
27          timer->parent.flag |= RT_TIMER_FLAG_PERIODIC;    (7)
28          break;
29      }
30
31      return RT_EOK;
32 }
```

代码清单8-10（1）：timer表示要控制的定时器。

代码清单8-10（2）：cmd表示控制命令，取值在rtdef.h中定义，具体参见代码清单8-11。

代码清单8-11 定时器控制命令宏定义

```
1 #define RT_TIMER_CTRL_SET_TIME         0x0    /* 设置定时器定时时间 */
2 #define RT_TIMER_CTRL_GET_TIME         0x1    /* 获取定时器定时时间 */
3 #define RT_TIMER_CTRL_SET_ONESHOT      0x2    /* 修改定时器为一次定时 */
4 #define RT_TIMER_CTRL_SET_PERIODIC     0x3    /* 修改定时器为周期定时 */
```

代码清单8-10（3）：控制定时器的形参，参数取值的含义根据第2个形参cmd来决定。

代码清单8-10（4）：获取定时器延时的初始时间。

代码清单8-10（5）：重置定时器的延时时间。

代码清单8-10（6）：设置定时器为一次延时，即延时到期之后定时器就停止了。

代码清单8-10（7）：设置定时器为周期延时，即延时到期之后又重新启动定时器。

8.1.9 定时器启动函数

定时器启动函数rt_timer_start()在timer.c中定义，核心实现算法是将定时器按照延时时间做升序排列并插入系统定时器列表rt_timer_list中，具体实现参见代码清单8-12。

代码清单8-12 rt_timer_start()函数定义

```
 1 /**
 2  * 启动定时器
 3  *
 4  * @param timer 将要启动的定时器
 5  *
 6  * @return 操作状态, RT_EOK on OK, -RT_ERROR on error
 7  */
 8 rt_err_t rt_timer_start(rt_timer_t timer)
 9 {
10     unsigned int row_lvl = 0;
11     rt_list_t *timer_list;
12     register rt_base_t level;
13     rt_list_t *row_head[RT_TIMER_SKIP_LIST_LEVEL];
14     unsigned int tst_nr;
15     static unsigned int random_nr;
16
17
18     /* 关中断 */
```

```
19      level = rt_hw_interrupt_disable();                              (1)
20
21      /* 将定时器从系统定时器列表中移除 */
22      _rt_timer_remove(timer);
23
24      /* 改变定时器的状态为非 active */
25      timer->parent.flag &= ~RT_TIMER_FLAG_ACTIVATED;
26
27      /* 开中断 */
28      rt_hw_interrupt_enable(level);
29
30      /* 获取 timeout tick,
31         最大的timeout tick 不能大于 RT_TICK_MAX/2 */
32      timer->timeout_tick = rt_tick_get() + timer->init_tick;        (2)
33
34      /* 关中断 */
35      level = rt_hw_interrupt_disable();
36
37
38      /* 将定时器插入定时器列表 */
39      /* 获取系统定时器列表根节点地址, rt_timer_list 是一个全局变量 */
40      timer_list = rt_timer_list;                                     (3)
41
42
43      /* 获取系统定时器列表第一条链表根节点地址 */
44      row_head[0]  = &timer_list[0];                                  (4)
45
46      /* 因为RT_TIMER_SKIP_LIST_LEVEL等于1, 这个循环只会执行一次 */
47      for (row_lvl = 0; row_lvl < RT_TIMER_SKIP_LIST_LEVEL; row_lvl++) (5)
48      {
49          /* 当系统定时器列表 rt_timer_list 为空时, 该循环不执行 */      (6)
50          for (; row_head[row_lvl] != timer_list[row_lvl].prev; row_
head[row_lvl]  = row_head[row_lvl]->next)
51          {
52              struct rt_timer *t;
53
54              /* 获取定时器列表节点地址 */
55              rt_list_t *p = row_head[row_lvl]->next;                 (6)-①
56
57              /* 根据节点地址获取父结构的指针 */                       (6)-②
58              t = rt_list_entry(p,                   /* 节点地址 */
59                                struct rt_timer, /* 节点所在父结构的数据类型 */
60                                row[row_lvl]);   /* 节点在父结构中叫什么, 即名字 */
61
62              /* 两个定时器的超时时间相同, 则继续在定时器列表中寻找下一个节点 */
63              if ((t->timeout_tick- timer->timeout_tick) == 0)        (6)-③
64              {
65                  continue;
66              }
67              /* */
68              else if ((t->timeout_tick- timer->timeout_tick) < RT_TICK_MAX / 2)
```

```
69                {
70                    break;
71                }
72
73            }
74            /* 条件不会成真，不会被执行 */
75            if (row_lvl != RT_TIMER_SKIP_LIST_LEVEL- 1)
76            {
77                row_head[row_lvl + 1] = row_head[row_lvl] + 1;
78            }
79        }
80
81        /* random_nr 是一个静态变量，用于记录启动了多少个定时器 */
82        random_nr++;
83        tst_nr = random_nr;
84
85        /* 将定时器插入系统定时器列表 */                                    (7)
86        rt_list_insert_after(row_head[RT_TIMER_SKIP_LIST_LEVEL- 1],        /*
双向列表根节点地址 */
87                             &(timer->row[RT_TIMER_SKIP_LIST_LEVEL- 1])); /*
要被插入的节点的地址 */
88
89        /* RT_TIMER_SKIP_LIST_LEVEL 等于 1，该 for 循环永远不会执行 */
90        for (row_lvl = 2; row_lvl <= RT_TIMER_SKIP_LIST_LEVEL; row_lvl++)
91        {
92            if (!(tst_nr & RT_TIMER_SKIP_LIST_MASK))
93                rt_list_insert_after(row_head[RT_TIMER_SKIP_LIST_LEVEL- row_
lvl],
94                                     &(timer->row[RT_TIMER_SKIP_LIST_LEVEL-
row_lvl]));
95            else
96                break;
97
98            tst_nr >>= (RT_TIMER_SKIP_LIST_MASK + 1) >> 1;
99        }
100
101       /* 设置定时器标志位为激活态 */
102       timer->parent.flag |= RT_TIMER_FLAG_ACTIVATED;                     (8)
103
104       /* 开中断 */
105       rt_hw_interrupt_enable(level);
106
107       return -RT_EOK;
108 }
```

在阅读代码清单8-12的内容时，配套一个初始化好的空的系统定时器列表示意图会更好理解，如图8-2所示。

代码清单8-12（1）：关中断，进入临界段，启动定时器之前先将定时器从系统定时器列表中删除，状态改为非active。

代码清单 8-12（2）：计算定时器超时结束时的系统时基节拍计数器的值，当系统时基节拍计数器 rt_tick 的值等于 timeout_tick 时，表示定时器延时到期。在 RT-Thread 中，timeout_tick 的值要求不能大于 RT_TICK_MAX/2，RT_TICK_MAX 是在 rtdef.h 中定义的宏，具体为 32 位整型的最大值 0xffffffff。

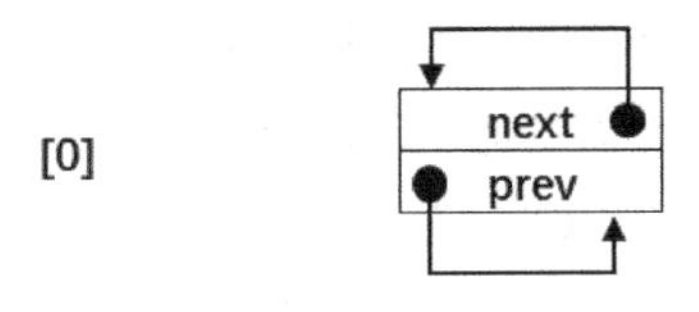

图 8-2　一个初始化好的空的系统定时器列表示意图

代码清单 8-12（3）：获取系统定时器列表 rt_timer_list 的根节点地址，rt_timer_list 是一个全局变量。

代码清单 8-12（4）：获取系统定时器列表第一条链表根节点地址。

代码清单 8-12（5）：因为 RT_TIMER_SKIP_LIST_LEVEL 等于 1，这个 for 循环只会执行一次，即只有一条定时器双向链表。首先 row_lvl 等于 0，因为 RT_TIMER_SKIP_LIST_LEVEL 等于 1，所以 row_lvl < RT_TIMER_SKIP_LIST_LEVEL 条件成立，for 循环体会被执行，当执行完 for 函数体时，执行 row_lvl++ 变成 1，再执行判断指令 row_lvl < RT_TIMER_SKIP_LIST_LEVEL，此时两者相等，条件不成立，则跳出 for 循环，只执行一次。

代码清单 8-12（6）：当系统定时器列表 rt_timer_list 为空时，该循环体不执行。rt_timer_list 为空时如图 8-2 所示，用代码表示就是 row_head[row_lvl] = timer_list[row_lvl].prev（此时 row_lvl 等于 0）。现在我们假设有 3 个定时器需要插入系统定时器列表 rt_timer_list 中，定时器 1 的 timeout_tick 等于 4，定时器 2 的 timeout_tick 等于 2，定时器 3 的 timeout_tick 等于 3，插入的顺序为定时器 1 先插入，然后是定时器 2，再然后是定时器 3。接下来我们看看这 3 个定时器是如何插入系统定时器列表的。

1. 插入定时器 1（timeout_tick=4）

启动定时器 1 之前，系统定时器列表为空，代码清单 8-12（6）跳过不执行，紧接着执行代码清单 8-12（7），定时器 1 作为第一个节点插入系统定时器列表，示意图如图 8-3 所示。

定时器 1 插入系统定时器之后，会执行到代码清单 8-12（8），将定时器的状态改变为非 active 态，至此，定时器 1 顺利完成插入。

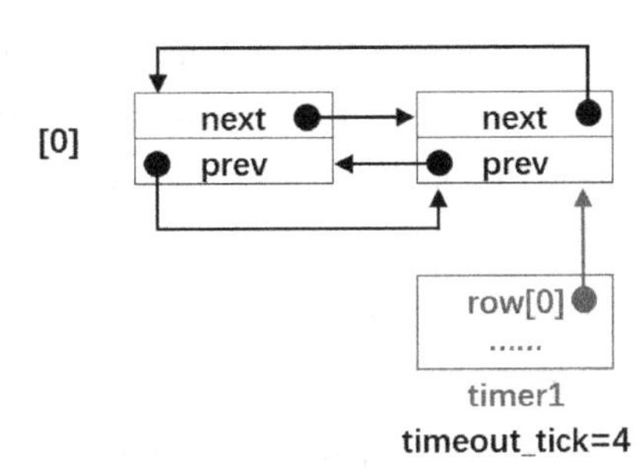

图 8-3　定时器 1 插入系统定时器列表（timeout_tick=4）

2. 插入定时器 2（timeout_tick=2）

此时要插入定时器 2，定时器启动函数 rt_timer_start() 会重新被调用，代码清单 8-12

（1）～（5）的执行过程与插入定时器 1 时是一样的，有区别的是代码清单 8-12（6）部分。此时系统定时器列表中有定时器 1，所以不为空，该 for 循环体会被执行。

代码清单 8-12（6）-①：获取定时器列表节点地址，此时 p 的值等于定时器 1 中 row[0] 的地址。

代码清单 8-12（6）-②：根据节点地址 p 获取父结构的指针，即根据 row[0] 的地址获取 row[0] 所在定时器的地址，即定时器 1 的地址。

代码清单 8-12（6）-③：比较两个定时器的 timeout_tick 值，如果相等则继续与下一个节点的定时器比较。定时器 1 的 timeout_tick 等于 4，定时器 2 的 timeout_tick 等于 2，4 减 2 等于 2，小于 RT_TICK_MAX / 2，则跳出（break）当前的 for 循环，当前 for 循环中的 row_head[row_lvl] = row_head[row_lvl]->next 语句不会被执行，即 row_head[row_lvl=0] 中保存的还是系统定时器列表 rt_timer_list 的根节点。然后执行代码清单 8-12（7），将定时器 2 插入系统定时器列表根节点的后面，即定时器 1 节点的前面，实现了按照 timeout_tick 的大小做升序排列，示意图如图 8-4 所示。

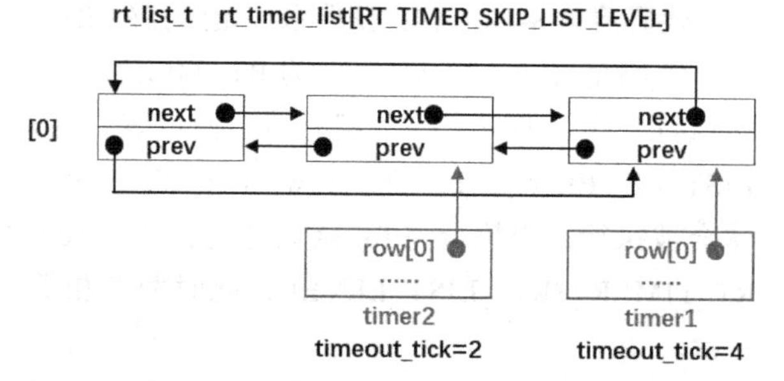

图 8-4　定时器 2 插入系统定时器列表（timeout_tick=2）

3. 插入定时器 3（timeout_tick=3）

此时要插入定时器 3，定时器启动函数 rt_timer_start() 会重新被调用，代码清单 8-12（1）～（5）的执行过程与插入定时器 1 和 2 时是一样的，有区别的是代码清单 8-12（6）部分。此时系统定时器列表中有定时器 1 和定时器 2，所以不为空，该 for 循环体会被执行。

代码清单 8-12（6）-①：获取定时器列表节点地址，此时 p 的值等于定时器 2 中 row[0] 的地址。

代码清单 8-12（6）-②：根据节点地址 p 获取父结构的指针，即根据 row[0] 的地址获取到 row[0] 所在定时器的地址，即定时器 2 的地址。

代码清单 8-12（6）-③：比较两个定时器的 timeout_tick 值，如果相等则继续与下一个节点的定时器比较。定时器 2 的 timeout_tick 等于 2，定时器 3 的 timeout_tick 等于 3，2 减 3 等于 −1，−1 的补码为 0xfffffffe，大于 RT_TICK_MAX / 2，表示定时器 3 应该插入定时器 2 之后，但是定时器 2 之后还有节点，需要继续比较，则继续执行 for 循环：执行 row_head[row_lvl] = row_head[row_lvl]->next 语句，得到 row_head[row_lvl=0] 等于定时器 2 中 row[0] 的地址，重新执行代码清单 8-12（6）-①～③：

代码清单 8-12（6）-①：获取定时器列表节点地址，此时 p 的值等于定时器 1 中 row[0] 的地址。

代码清单 8-12（6）-②：根据节点地址 p 获取父结构的指针，即根据 row[0] 的地址获取 row[0] 所在定时器的地址，即定时器 1 的地址。

代码清单 8-12（6）-③：比较两个定时器的 timeout_tick 值，如果相等则继续与下一个节点的定时器比较。定时器 1 的 timeout_tick 等于 4，定时器 3 的 timeout_tick 等于 3，4 减 3 等于 1，1 小于 RT_TICK_MAX / 2，则跳出当前的 for 循环，表示定时器 3 应该插入定时器 1 之前，要插入的位置找到。然后执行代码清单 8-12（7），将定时器 3 插入定时器 2 后面，实现了按照 timeout_tick 的大小做升序排列，示意图如图 8-5 所示。

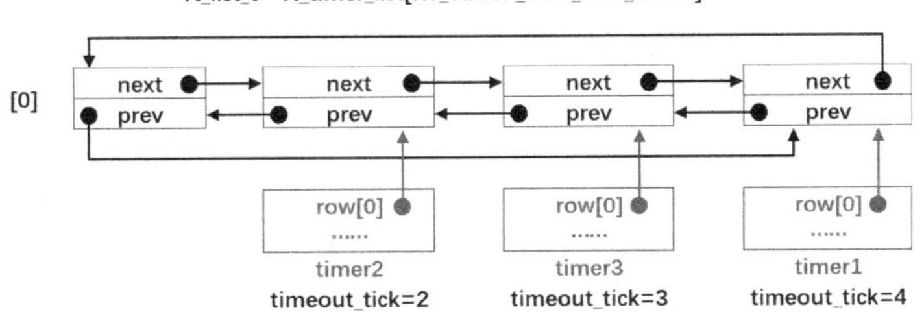

图 8-5　定时器 3 插入系统定时器列表（timeout_tick=3）

8.1.10　定时器扫描函数

定时器扫描函数 rt_timer_check() 在 timer.c 中定义，用于扫描系统定时器列表，查询定时器的延时是否到期，如果到期则让对应的线程就绪，具体实现参见代码清单 8-13。

代码清单8-13　rt_timer_check()函数定义

```
 1 /**
 2  * 该函数用于扫描系统定时器列表，当有超时事件发生时，
 3  * 调用对应的超时函数
 4  *
 5  * @note 该函数在操作系统定时器中断中被调用
 6  */
 7 void rt_timer_check(void)
 8 {
 9     struct rt_timer *t;
10     rt_tick_t current_tick;
11     register rt_base_t level;
12 
13     /* 获取系统时基计数器 rt_tick 的值 */
14     current_tick = rt_tick_get();                                   (1)
15 
16     /* 关中断 */
17     level = rt_hw_interrupt_disable();                              (2)
18 
19     /* 系统定时器列表不为空，则扫描定时器列表 */                      (3)
20     while (!rt_list_isempty(&rt_timer_list[RT_TIMER_SKIP_LIST_LEVEL- 1]))
21         {
22         /* 获取第一个节点定时器的地址 */                               (4)
```

```
23          t = rt_list_entry(rt_timer_list[RT_TIMER_SKIP_LIST_LEVEL- 1].next,
24                            struct rt_timer,
25                            row[RT_TIMER_SKIP_LIST_LEVEL- 1]);
26
27          if ((current_tick- t->timeout_tick) < RT_TICK_MAX / 2)      (5)
28          {
29              /* 先将定时器从系统定时器列表中移除 */
30              _rt_timer_remove(t);                                    (6)
31
32              /* 调用超时函数 */
33              t->timeout_func(t->parameter);                          (7)
34
35              /* 重新获取 rt_tick */
36              current_tick = rt_tick_get();                           (8)
37
38              /* 周期定时器 */                                         (9)
39              if ((t->parent.flag & RT_TIMER_FLAG_PERIODIC) &&
40                      (t->parent.flag & RT_TIMER_FLAG_ACTIVATED))
41              {
42                  /* 启动定时器 */
43                  t->parent.flag &= ~RT_TIMER_FLAG_ACTIVATED;
44                  rt_timer_start(t);
45              }
46              /* 单次定时器 */                                         (10)
47              else
48              {
49                  /* 停止定时器 */
50                  t->parent.flag &= ~RT_TIMER_FLAG_ACTIVATED;
51              }
52          }
53          else
54              break;                                                  (11)
55      }
56
57      /* 开中断 */
58      rt_hw_interrupt_enable(level);                                  (12)
59 }
```

代码清单8-13（1）：获取系统时基计数器rt_tick的值，rt_tick是一个在clock.c中定义的全局变量，用于记录系统启动至今经过了多少个tick。

代码清单8-13（2）：关中断，接下来扫描系统时基列表rt_timer_list的过程不能被中断。

代码清单8-13（3）：系统定时器列表不为空，则扫描整个定时器列表。如果列表的第一个节点的定时器延时不到期，则退出，因为列表中的定时器节点是按照延时时间做升序排列的，第一个延时不到期，则后面的肯定不到期。

代码清单8-13（4）：获取第一个节点定时器的地址。

代码清单8-13（5）：定时器超时时间到。

代码清单8-13（6）：将定时器从系统定时器列表rt_timer_list中移除，表示延时时间到。

代码清单 8-13（7）：调用超时函数 rt_thread_timeout()，将线程就绪。该函数在 thread.c 中定义，具体实现参见代码清单 8-14。

代码清单8-14 rt_thread_timeout()函数定义

```
 1 /**
 2  * 线程超时函数
 3  * 当线程延时到期或者等待的资源可用或者超时时，该函数会被调用
 4  *
 5  * @param parameter 超时函数的形参
 6  */
 7 void rt_thread_timeout(void *parameter)
 8 {
 9     struct rt_thread *thread;
10
11     thread = (struct rt_thread *)parameter;
12
13     /* 设置错误码为超时 */                          (1)
14     thread->error =-RT_ETIMEOUT;
15
16     /* 将线程从挂起列表中删除 */                    (2)
17     rt_list_remove(&(thread->tlist));
18
19     /* 将线程插入就绪列表 */                        (3)
20     rt_schedule_insert_thread(thread);
21
22     /* 系统调度 */                                  (4)
23     rt_schedule();
24 }
```

代码清单 8-14（1）：设置线程错误码为超时。

代码清单 8-14（2）：将线程从挂起列表中删除，前提是线程在等待某些资源而被挂起到挂起列表，如果只是延时到期，则这个只是空操作。

代码清单 8-14（3）：将线程就绪。

代码清单 8-14（4）：因为有新的线程就绪，需要执行系统调度。

回到代码清单 8-13：

代码清单 8-13（8）：重新获取系统时基计数器 rt_tick 的值。

代码清单 8-13（9）：如果定时器是周期定时器，则重新启动定时器。

代码清单 8-13（10）：如果定时器为单次定时器，则停止定时器。

代码清单 8-13（11）：第一个节点定时器延时没有到期，则跳出 while 循环，因为链表中的定时器节点是按照延时的时间做升序排列的，第一个定时器延时不到期，则后面的肯定不到期，不用再继续扫描。

代码清单 8-13（12）：系统定时器列表扫描完成，开中断。

8.2 修改代码以支持定时器

8.2.1 修改线程初始化函数

在线程初始化函数中，需要将自身内置的定时器初始化好，具体参见代码清单8-15中的加粗部分。

代码清单8-15 修改线程初始化函数

```
 1 rt_err_t rt_thread_init(struct rt_thread *thread,
 2                         const char *name,
 3                         void (*entry)(void *parameter),
 4                         void *parameter,
 5                         void *stack_start,
 6                         rt_uint32_t stack_size,
 7                         rt_uint8_t priority)
 8 {
 9     /* 线程对象初始化 */
10     /* 线程结构体开头部分的成员就是rt_object_t类型 */
11     rt_object_init((rt_object_t)thread, RT_Object_Class_Thread, name);
12     rt_list_init(&(thread->tlist));
13 
14     thread->entry = (void *)entry;
15     thread->parameter = parameter;
16 
17     thread->stack_addr = stack_start;
18     thread->stack_size = stack_size;
19 
20     /* 初始化线程栈，并返回线程栈指针 */
21     thread->sp = (void *)rt_hw_stack_init( thread->entry,
22                 thread->parameter,
23                 (void *)((char *)thread->stack_addr + thread->stack_size-
4) );
24 
25     thread->init_priority    = priority;
26     thread->current_priority = priority;
27     thread->number_mask = 0;
28 
29     /* 错误码和状态 */
30     thread->error = RT_EOK;
31     thread->stat  = RT_THREAD_INIT;
32 
33     /* 初始化线程定时器 */
34     rt_timer_init(&(thread->thread_timer),     /* 静态定时器对象 */
35                   thread->name,                /* 定时器的名字，直接使用的是线程
的名字 */
36                   rt_thread_timeout,           /* 超时函数 */
37                   thread,                      /* 超时函数形参 */
38                   0,                           /* 延时时间 */
39                   RT_TIMER_FLAG_ONE_SHOT);     /* 定时器的标志 */
```

```
40
41     return RT_EOK;
42 }
```

8.2.2 修改线程延时函数

线程延时函数 rt_thread_delay() 具体修改参见代码清单 8-16 中的加粗部分，整个函数的实体由 rt_thread_sleep() 代替。

代码清单8-16 修改线程延时函数

```
 1 #if 0
 2 void rt_thread_delay(rt_tick_t tick)
 3 {
 4     register rt_base_t temp;
 5     struct rt_thread *thread;
 6
 7     /* 禁用中断 */
 8     temp = rt_hw_interrupt_disable();
 9
10     thread = rt_current_thread;
11     thread->remaining_tick = tick;
12
13     /* 改变线程状态 */
14     thread->stat = RT_THREAD_SUSPEND;
15     rt_thread_ready_priority_group &= ~thread->number_mask;
16
17     /* 启用中断 */
18     rt_hw_interrupt_enable(temp);
19
20     /* 进行系统调度 */
21     rt_schedule();
22 }
23 #else
24 rt_err_t rt_thread_delay(rt_tick_t tick)
25 {
26     return rt_thread_sleep(tick);                                    (1)
27 }
28 #endif
```

代码清单 8-16（1）：rt_thread_sleep() 函数在 thread.c 中定义，具体实现参见代码清单 8-17。

代码清单8-17 rt_thread_sleep()函数定义

```
1 /**
2  * 该函数将让当前线程休眠一段时间，单位为 tick
3  *
4  * @param tick 休眠时间，单位为 tick
5  *
6  * @return RT_EOK
```

```
 7  */
 8 rt_err_t rt_thread_sleep(rt_tick_t tick)
 9 {
10     register rt_base_t temp;
11     struct rt_thread *thread;
12
13     /* 关中断 */
14     temp = rt_hw_interrupt_disable();                                    (1)
15
16     /* 获取当前线程的线程控制块 */
17     thread = rt_current_thread;                                          (2)
18
19     /* 挂起线程 */
20     rt_thread_suspend(thread);                                           (3)
21
22     /* 设置线程定时器的超时时间 */
23     rt_timer_control(&(thread->thread_timer), RT_TIMER_CTRL_SET_TIME, &tick);
                                                                            (4)
24
25     /* 启动定时器 */
26     rt_timer_start(&(thread->thread_timer));                             (5)
27
28     /* 开中断 */
29     rt_hw_interrupt_enable(temp);                                        (6)
30
31     /* 执行系统调度 */
32     rt_schedule();                                                       (7)
33
34     return RT_EOK;
35 }
```

代码清单 8-17（1）：关中断。

代码清单 8-17（2）：获取当前线程的线程控制块，rt_current_thread 是一个全局的线程控制块指针，用于指向当前正在运行的线程控制块。

代码清单 8-17（3）：在启动定时器之前，先把线程挂起，线程挂起函数 rt_thread_suspend() 在 thread.c 中实现，具体实现参见代码清单 8-18。

代码清单8-18 rt_thread_suspend()函数定义

```
 1 /**
 2  * 该函数用于挂起指定的线程
 3  * @param thread 要被挂起的线程
 4  *
 5  * @return 操作状态, RT_EOK on OK, -RT_ERROR on error
 6  *
 7  * @note 如果挂起的是线程自身，在调用该函数后，
 8  * 必须调用 rt_schedule() 进行系统调度
 9  *
10  */
11 rt_err_t rt_thread_suspend(rt_thread_t thread)
```

```
12 {
13     register rt_base_t temp;
14
15
16     /* 只有就绪的线程才能被挂起，否则退出并返回错误码 */   (1)
17     if ((thread->stat & RT_THREAD_STAT_MASK) != RT_THREAD_READY)
18     {
19         return -RT_ERROR;
20     }
21
22     /* 关中断 */
23     temp = rt_hw_interrupt_disable();                (2)
24
25     /* 改变线程状态 */
26     thread->stat = RT_THREAD_SUSPEND;                (3)
27     /* 将线程从就绪列表删除 */
28     rt_schedule_remove_thread(thread);               (4)
29
30     /* 停止线程定时器 */
31     rt_timer_stop(&(thread->thread_timer));          (5)
32
33     /* 开中断 */
34     rt_hw_interrupt_enable(temp);                    (6)
35
36     return RT_EOK;
37 }
```

代码清单 8-18（1）：只有就绪的线程才能被挂起，否则退出并返回错误码。

代码清单 8-18（2）：关中断。

代码清单 8-18（3）：将线程的状态改为挂起态。

代码清单 8-18（4）：将线程从就绪列表中删除，这里面包含了两个动作，一是将线程从线程优先级表中删除，二是将线程在线程就绪优先级组中对应的位清零。

代码清单 8-18（5）：停止定时器。

代码清单 8-18（6）：开中断。

回到代码清单 8-17：

代码清单 8-17（4）：设置定时器的超时时间。

代码清单 8-17（5）：启动定时器。

代码清单 8-17（6）：开中断。

代码清单 8-17（7）：执行系统调度，因为当前线程要进入延时，接下来需要寻找就绪线程中优先级最高的线程来执行。

8.2.3 修改系统时基更新函数

系统时基更新函数 rt_thread_delay() 的具体修改参见代码清单 8-19 中的加粗部分，整个函数的实体由 rt_timer_check() 代替。

代码清单8-19 修改系统时基更新函数

```
1 #if 0
2 void rt_tick_increase(void)
3 {
4     rt_ubase_t i;
5     struct rt_thread *thread;
6     rt_tick ++;
7
8     /* 扫描就绪列表中所有线程的remaining_tick，如果不为0，则减1 */
9     for (i=0; i<RT_THREAD_PRIORITY_MAX; i++)
10    {
11        thread = rt_list_entry( rt_thread_priority_table[i].next,
12                                struct rt_thread,
13                                tlist);
14        if (thread->remaining_tick > 0)
15        {
16            thread->remaining_tick--;
17            if (thread->remaining_tick == 0)
18            {
19                //rt_schedule_insert_thread(thread);
20                rt_thread_ready_priority_group |= thread->number_mask;
21            }
22        }
23    }
24
25    /* 线程调度 */
26    rt_schedule();
27 }
28
29 #else
30 void rt_tick_increase(void)
31 {
32     /* 系统时基计数器加1操作，rt_tick是一个全局变量 */
33     ++ rt_tick;                                          (1)
34
35     /* 扫描系统定时器列表 */
36     rt_timer_check();                                    (2)
37 }
38 #endif
```

代码清单 8-19（1）：系统时基计数器加 1 操作，rt_tick 是一个在 clock.c 中定义的全局变量，用于记录系统启动至今经过了多少个 tick。

代码清单 8-19（2）：扫描系统定时器列表 rt_timer_list，检查是否有定时器延时到期，如果有，则将定时器从系统定时器列表中删除，并将对应的线程就绪，然后执行系统调度。

8.2.4 修改 main.c 文件

为了演示定时器的插入，我们新增加了一个线程 3，在启动调度器初始化前，我们新增了定时器初始化函数 rt_system_timer_init()，这两个改动具体参见代码清单 8-20 中加粗部分。

代码清单8-20 main.c文件内容

```
 1 /*
 2 *************************************************************************
 3 *                              包含的头文件
 4 *************************************************************************
 5 */
 6 
 7 #include <rtthread.h>
 8 #include <rthw.h>
 9 #include "ARMCM3.h"
10 
11 
12 /*
13 *************************************************************************
14 *                              全局变量
15 *************************************************************************
16 */
17 rt_uint8_t flag1;
18 rt_uint8_t flag2;
19 rt_uint8_t flag3;
20 
21 extern rt_list_t rt_thread_priority_table[RT_THREAD_PRIORITY_MAX];
22 
23 /*
24 *************************************************************************
25 *                       线程控制块 & STACK & 线程声明
26 *************************************************************************
27 */
28 
29 
30 /* 定义线程控制块 */
31 struct rt_thread rt_flag1_thread;
32 struct rt_thread rt_flag2_thread;
33 struct rt_thread rt_flag3_thread;
34 
35 ALIGN(RT_ALIGN_SIZE)
36 /* 定义线程栈 */
37 rt_uint8_t rt_flag1_thread_stack[512];
38 rt_uint8_t rt_flag2_thread_stack[512];
39 rt_uint8_t rt_flag3_thread_stack[512];
40 
41 /* 线程声明 */
42 void flag1_thread_entry(void *p_arg);
43 void flag2_thread_entry(void *p_arg);
44 void flag3_thread_entry(void *p_arg);
45 
46 /*
47 *************************************************************************
48 *                              函数声明
49 *************************************************************************
```

```
50 */
51 void delay(uint32_t count);
52
53 /*************************************************************************
54   * @brief  main() 函数
55   * @param  无
56   * @retval 无
57   *
58   * @attention
59   ************************************************************************
60   */
61 int main(void)
62 {
63     /* 硬件初始化 */
64     /* 将硬件相关的初始化放在这里，如果是软件仿真，则没有相关初始化代码 */
65
66     /* 关中断 */
67     rt_hw_interrupt_disable();
68
69     /* SysTick 中断频率设置 */
70     SysTick_Config( SystemCoreClock / RT_TICK_PER_SECOND );
71
72     /* 系统定时器列表初始化 */
73     rt_system_timer_init();
74
75     /* 调度器初始化 */
76     rt_system_scheduler_init();
77
78     /* 初始化空闲线程 */
79     rt_thread_idle_init();
80
81     /* 初始化线程 */
82     rt_thread_init( &rt_flag1_thread,                /* 线程控制块 */
83                     "rt_flag1_thread",               /* 线程名字，字符串形式 */
84                     flag1_thread_entry,              /* 线程入口地址 */
85                     RT_NULL,                         /* 线程形参 */
86                     &rt_flag1_thread_stack[0],       /* 线程栈起始地址 */
87                     sizeof(rt_flag1_thread_stack),/* 线程栈大小，单位为字节 */
88                     2);                              /* 优先级 */
89     /* 将线程插入就绪列表 */
90     rt_thread_startup(&rt_flag1_thread);
91
92     /* 初始化线程 */
93     rt_thread_init( &rt_flag2_thread,                /* 线程控制块 */
94                     "rt_flag2_thread",               /* 线程名字，字符串形式 */
95                     flag2_thread_entry,              /* 线程入口地址 */
96                     RT_NULL,                         /* 线程形参 */
97                     &rt_flag2_thread_stack[0],       /* 线程栈起始地址 */
98                     sizeof(rt_flag2_thread_stack),/* 线程栈大小，单位为字节 */
99                     3);                              /* 优先级 */
100    /* 将线程插入就绪列表 */
```

```
101     rt_thread_startup(&rt_flag2_thread);
102
103
104     /* 初始化线程 */
105     rt_thread_init( &rt_flag3_thread,                /* 线程控制块 */
106                     "rt_flag3_thread",               /* 线程名字，字符串形式 */
107                     flag3_thread_entry,              /* 线程入口地址 */
108                     RT_NULL,                         /* 线程形参 */
109                     &rt_flag3_thread_stack[0],       /* 线程栈起始地址 */
110                     sizeof(rt_flag3_thread_stack),/* 线程栈大小，单位为字节 */
111                     4);                              /* 优先级 */
112     /* 将线程插入就绪列表 */
113     rt_thread_startup(&rt_flag3_thread);
114
115     /* 启动系统调度器 */
116     rt_system_scheduler_start();
117 }
118
119 /*
120 ***********************************************************************
121 *                              函数实现
122 ***********************************************************************
123 */
124 /* 软件延时 */
125 void delay (uint32_t count)
126 {
127     for (; count!=0; count--);
128 }
129
130 /* 线程 1 */
131 void flag1_thread_entry( void *p_arg )
132 {
133     for ( ;; )
134     {
135         flag1 = 1;
136         rt_thread_delay(4);
137         flag1 = 0;
138         rt_thread_delay(4);
139     }
140 }
141
142 /* 线程 2 */
143 void flag2_thread_entry( void *p_arg )
144 {
145     for ( ;; )
146     {
147         flag2 = 1;
148         rt_thread_delay(2);
149         flag2 = 0;
150         rt_thread_delay(2);
```

```
151     }
152 }
153
154 /* 线程 3 */
155 void flag3_thread_entry( void *p_arg )
156 {
157     for ( ;; )
158     {
159         flag3 = 1;
160         rt_thread_delay(3);
161         flag3 = 0;
162         rt_thread_delay(3);
163     }
164 }
165
166
167 void SysTick_Handler(void)
168 {
169     /* 进入中断 */
170     rt_interrupt_enter();
171
172     /* 更新时基 */
173     rt_tick_increase();
174
175     /* 离开中断 */
176     rt_interrupt_leave();
177 }
```

8.3 实验现象

进入软件进行调试，全速运行程序，逻辑分析仪中的仿真波形图如图 8-6 所示。

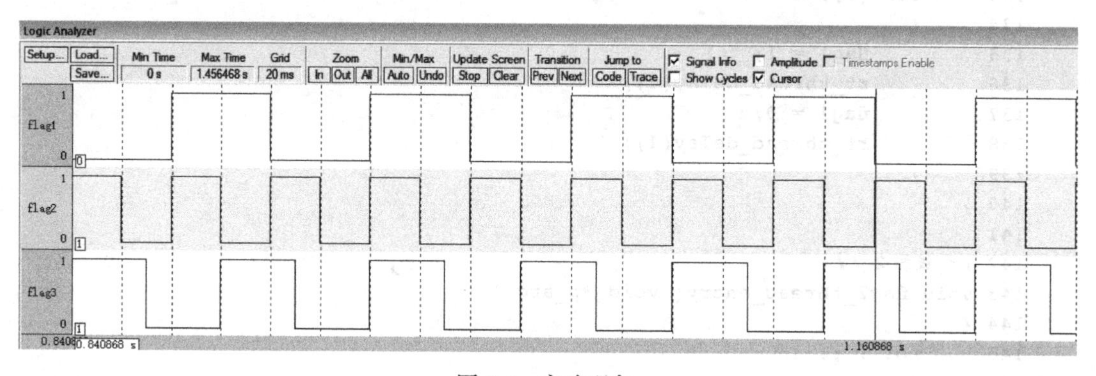

图 8-6 实验现象

从图 8-6 中可以看出线程 1、线程 2 和线程 3 的高低电平的延时时间分别为 4 个、2 个和 3 个 tick，与代码控制的完全一致，说明我们的定时器起作用了。

第 9 章 时间片

在 RT-Thread 中，当同一个优先级下有两个或两个以上线程时，线程支持时间片功能，即我们可以指定线程持续运行一次的时间，单位为 tick。假如有两个线程分别为线程 2 和线程 3，其优先级都为 3，线程 2 的时间片为 2，线程 3 的时间片为 3。当执行到优先级为 3 的线程时，会先执行线程 2，直到线程 2 的时间片耗完，然后再执行线程 3，具体的实验波形图可参考本章最后的实验现象。

9.1 实现时间片

9.1.1 在线程控制块中添加时间片相关成员

在线程控制块中添加时间片相关的成员，init_tick 表示初始时间片，remaining_tick 表示还剩下多少时间片，具体实现参见代码清单 9-1 中的加粗部分。

代码清单9-1 在线程控制块中添加时间片相关成员

```
 1 struct rt_thread
 2 {
 3     /* rt 对象 */
 4     char         name[RT_NAME_MAX];     /* 对象的名字 */
 5     rt_uint8_t   type;                  /* 对象类型 */
 6     rt_uint8_t   flags;                 /* 对象的状态 */
 7     rt_list_t    list;                  /* 对象的列表节点 */
 8
 9     rt_list_t    tlist;                 /* 线程链表节点 */
10
11     void *sp;                           /* 线程栈指针 */
12     void *entry;                        /* 线程入口地址 */
13     void *parameter;                    /* 线程形参 */
14     void *stack_addr;                   /* 线程起始地址 */
15     rt_uint32_t stack_size;             /* 线程栈大小，单位为字节 */
16
17     rt_ubase_t   init_tick;             /* 初始时间片 */
18     rt_ubase_t   remaining_tick;        /* 剩余时间片 */
19
20     rt_uint8_t   current_priority;      /* 当前优先级 */
```

```
21      rt_uint8_t  init_priority;              /* 初始优先级 */
22      rt_uint32_t number_mask;                /* 当前优先级掩码 */
23
24      rt_err_t    error;                      /* 错误码 */
25      rt_uint8_t  stat;                       /* 线程的状态 */
26
27      struct rt_timer thread_timer;           /* 内置的线程定时器 */
28 };
```

9.1.2 修改线程初始化函数

在线程初始化函数 rt_thread_init() 中添加时间片相关形参，并初始化线程控制块中与时间片相关的成员，具体实现参见代码清单 9-2 中的加粗部分。

代码清单9-2 修改线程初始化函数

```
1 rt_err_t rt_thread_init(struct rt_thread *thread,
2                         const char       *name,
3                         void (*entry)(void *parameter),
4                         void              *parameter,
5                         void              *stack_start,
6                         rt_uint32_t        stack_size,
7                         rt_uint8_t         priority,
8                         rt_uint32_t        tick)
9 {
10     /* 线程对象初始化 */
11     /* 线程结构体开头部分的成员就是rt_object_t类型 */
12     rt_object_init((rt_object_t)thread, RT_Object_Class_Thread, name);
13     rt_list_init(&(thread->tlist));
14
15     thread->entry = (void *)entry;
16     thread->parameter = parameter;
17
18     thread->stack_addr = stack_start;
19     thread->stack_size = stack_size;
20
21     /* 初始化线程栈，并返回线程栈指针 */
22     thread->sp = (void *)rt_hw_stack_init( thread->entry,
23                 thread->parameter,
24                 (void *)((char *)thread->stack_addr + thread->stack_size- 4) );
25
26     thread->init_priority    = priority;
27     thread->current_priority = priority;
28     thread->number_mask = 0;
29
30     /* 错误码和状态 */
31     thread->error = RT_EOK;
32     thread->stat  = RT_THREAD_INIT;
33
34     /* 时间片相关 */
```

```
35     thread->init_tick      = tick;
36     thread->remaining_tick = tick;
37
38     /* 初始化线程定时器 */
39     rt_timer_init(&(thread->thread_timer),      /* 静态定时器对象 */
40                   thread->name,          /* 定时器的名字，直接使用了线程的名字 */
41                   rt_thread_timeout,           /* 超时函数 */
42                   thread,                      /* 超时函数形参 */
43                   0,                           /* 延时时间 */
44                   RT_TIMER_FLAG_ONE_SHOT);     /* 定时器的标志 */
45
46     return RT_EOK;
47 }
```

9.1.3　修改空闲线程初始化函数

在空闲线程初始化函数中指定空闲线程的时间片，通常很少遇到线程的优先级与空闲线程的优先级一样的情况。时间片我们可以任意设置，这里示意性地设置为 2，具体实现参见代码清单 9-3 中的加粗部分。

代码清单9-3　修改空闲线程初始化函数

```
 1 void rt_thread_idle_init(void)
 2 {
 3
 4     /* 初始化线程 */
 5     rt_thread_init(&idle,
 6                    "idle",
 7                    rt_thread_idle_entry,
 8                    RT_NULL,
 9                    &rt_thread_stack[0],
10                    sizeof(rt_thread_stack),
11                    RT_THREAD_PRIORITY_MAX-1,
12                    2);/* 时间片 */
13
14     /* 启动空闲线程 */
15     rt_thread_startup(&idle);
16 }
```

9.1.4　修改系统时基更新函数

在系统时基更新函数中添加与时间片相关的代码，具体实现见代码清单 9-4 中的加粗部分。

代码清单9-4　修改系统时基更新函数

```
 1 void rt_tick_increase(void)
 2 {
 3     struct rt_thread *thread;
```

```
4
5
6      /* 系统时基计数器加 1 操作 ,rt_tick 是一个全局变量 */
7      ++ rt_tick;
8
9      /* 获取当前线程的线程控制块 */
10     thread = rt_thread_self();                              (1)
11
12     /* 时间片递减 */
13     -- thread->remaining_tick;                              (2)
14
15     /* 如果时间片用完，则重置时间片，然后让出处理器 */
16     if (thread->remaining_tick == 0)                        (3)
17     {
18         /* 重置时间片 */
19         thread->remaining_tick = thread->init_tick;         (4)
20
21         /* 让出处理器 */
22         rt_thread_yield();                                  (5)
23     }
24
25     /* 扫描系统定时器列表 */
26     rt_timer_check();
27 }
```

代码清单 9-4（1）：获取当前线程的线程控制块。

代码清单 9-4（2）：递减当前线程的时间片。

代码清单 9-4（3）：如果时间片用完，则重置时间片，然后让出处理器，具体是否真正要让出处理器，还要看当前线程下是否有两个以上的线程。

代码清单 9-4（4）：如果时间片耗完，则重置时间片。

代码清单 9-4（5）：调用 rt_thread_yield() 让出处理器，该函数在 thread.c 中定义，具体实现参见代码清单 9-5。

代码清单9-5 rt_thread_yield()函数定义

```
1 /**
2  *
3  该函数将使当前线程让出处理器，调度器选择最高优先级的线程运行。让出处理器之后，
4  *
5  * 当前线程还是处于就绪状态。
6  *
7  * @return RT_EOK
8  */
9 rt_err_t rt_thread_yield(void)
10 {
11     register rt_base_t level;
12     struct rt_thread *thread;
13
14     /* 关中断 */
```

```
15      level = rt_hw_interrupt_disable();
16
17      /* 获取当前线程的线程控制块 */                                         (1)
18      thread = rt_current_thread;
19
20      /* 如果线程处于就绪状态，且同一个优先级下不止一个线程 */                 (2)
21      if ((thread->stat & RT_THREAD_STAT_MASK) == RT_THREAD_READY &&
22              thread->tlist.next != thread->tlist.prev)
23      {
24          /* 将时间片耗完的线程从就绪列表中移除 */
25          rt_list_remove(&(thread->tlist));                                  (3)
26
27          /* 将线程插入该优先级下的链表的尾部 */                              (4)
28        rt_list_insert_before(&(rt_thread_priority_table[thread->current_
priority]),
29                                  &(thread->tlist));
30
31          /* 开中断 */
32          rt_hw_interrupt_enable(level);
33
34          /* 执行调度 */
35          rt_schedule();                                                     (5)
36
37          return RT_EOK;
38      }
39
40      /* 开中断 */
41      rt_hw_interrupt_enable(level);
42
43      return RT_EOK;
44  }
```

代码清单 9-5（1）：获取当前线程的线程控制块。

代码清单 9-5（2）：如果线程处于就绪状态，且同一个优先级下不止一个线程，则执行 if 中的代码，否则函数返回。

代码清单 9-5（3）：将时间片耗完的线程从就绪列表中移除。

代码清单 9-5（4）：将时间片耗完的线程插入该优先级下的链表的尾部，把机会让给下一个线程。

代码清单 9-5（5）：执行调度。

9.2　修改 main.c 文件

main.c 文件的修改内容具体参见代码清单 9-6 中的加粗部分。

代码清单9-6　main.c文件内容

```
1 /*
2 ************************************************************************
```

```
3 *                                   包含的头文件
4 ************************************************************************
5 */
6
7 #include <rtthread.h>
8 #include <rthw.h>
9 #include "ARMCM3.h"
10
11
12 /*
13 ************************************************************************
14 *                                   全局变量
15 ************************************************************************
16 */
17 rt_uint8_t flag1;
18 rt_uint8_t flag2;
19 rt_uint8_t flag3;
20
21 extern rt_list_t rt_thread_priority_table[RT_THREAD_PRIORITY_MAX];
22
23 /*
24 ************************************************************************
25 *                        线程控制块 & STACK & 线程声明
26 ************************************************************************
27 */
28
29
30 /* 定义线程控制块 */
31 struct rt_thread rt_flag1_thread;
32 struct rt_thread rt_flag2_thread;
33 struct rt_thread rt_flag3_thread;
34
35 ALIGN(RT_ALIGN_SIZE)
36 /* 定义线程栈 */
37 rt_uint8_t rt_flag1_thread_stack[512];
38 rt_uint8_t rt_flag2_thread_stack[512];
39 rt_uint8_t rt_flag3_thread_stack[512];
40
41 /* 线程声明 */
42 void flag1_thread_entry(void *p_arg);
43 void flag2_thread_entry(void *p_arg);
44 void flag3_thread_entry(void *p_arg);
45
46 /*
47 ************************************************************************
48 *                                   函数声明
49 ************************************************************************
50 */
51 void delay(uint32_t count);
52
53 /***********************************************************************
```

```
54   * @brief  main() 函数
55   * @param  无
56   * @retval 无
57   *
58   * @attention
59   ***********************************************************************
60   */
61 int main(void)
62 {
63     /* 硬件初始化 */
64     /* 将硬件相关的初始化放在这里，如果是软件仿真，则没有相关初始化代码 */
65
66     /* 关中断 */
67     rt_hw_interrupt_disable();
68
69     /* SysTick 中断频率设置 */
70     SysTick_Config( SystemCoreClock / RT_TICK_PER_SECOND );
71
72     /* 系统定时器列表初始化 */
73     rt_system_timer_init();
74
75     /* 调度器初始化 */
76     rt_system_scheduler_init();
77
78     /* 初始化空闲线程 */
79     rt_thread_idle_init();
80
81     /* 初始化线程 */
82     rt_thread_init( &rt_flag1_thread,              /* 线程控制块 */
83                     "rt_flag1_thread",             /* 线程名字，字符串形式 */
84                     flag1_thread_entry,            /* 线程入口地址 */
85                     RT_NULL,                       /* 线程形参 */
86                     &rt_flag1_thread_stack[0],     /* 线程栈起始地址 */
87                     sizeof(rt_flag1_thread_stack), /* 线程栈大小，单位为字节 */
88                     2,                             /* 优先级 */ (优先级)
89                     4);                            /* 时间片 */ (时间片)
90     /* 将线程插入就绪列表 */
91     rt_thread_startup(&rt_flag1_thread);
92
93     /* 初始化线程 */
94     rt_thread_init( &rt_flag2_thread,              /* 线程控制块 */
95                    "rt_flag2_thread",              /* 线程名字，字符串形式 */
96                     flag2_thread_entry,            /* 线程入口地址 */
97                     RT_NULL,                       /* 线程形参 */
98                     &rt_flag2_thread_stack[0],     /* 线程栈起始地址 */
99                     sizeof(rt_flag2_thread_stack),/* 线程栈大小，单位为字节 */
100                    3,                                 /* 优先级 */ (优先级)
101                    2);                                /* 时间片 */ (时间片)
102     /* 将线程插入就绪列表 */
103     rt_thread_startup(&rt_flag2_thread);
104
```

```
105
106     /* 初始化线程 */
107     rt_thread_init( &rt_flag3_thread,                /* 线程控制块 */
108                     "rt_flag3_thread",               /* 线程名字，字符串形式 */
109                     flag3_thread_entry,              /* 线程入口地址 */
110                     RT_NULL,                         /* 线程形参 */
111                     &rt_flag3_thread_stack[0],       /* 线程栈起始地址 */
112                     sizeof(rt_flag3_thread_stack),/* 线程栈大小，单位为字节 */
113                     3,                               /* 优先级 */（优先级）
114                     3);                              /* 时间片 */（时间片）
115     /* 将线程插入就绪列表 */
116     rt_thread_startup(&rt_flag3_thread);
117
118     /* 启动系统调度器 */
119     rt_system_scheduler_start();
120 }
121
122 /*
123 ************************************************************************
124 *                              函数实现
125 ************************************************************************
126 */
127 /* 软件延时 */
128 void delay (uint32_t count)
129 {
130     for (; count!=0; count--);
131 }
132
133 /* 线程 1 */
134 void flag1_thread_entry( void *p_arg )
135 {
136     for ( ;; )
137     {
138         flag1 = 1;
139         rt_thread_delay(3);                  （阻塞延时）
140         flag1 = 0;
141         rt_thread_delay(3);
142     }
143 }
144
145 /* 线程 2 */
146 void flag2_thread_entry( void *p_arg )
147 {
148     for ( ;; )
149     {
150         flag2 = 1;
151         //rt_thread_delay(2);
152         delay( 100 );                        （软件延时）
153         flag2 = 0;
154         //rt_thread_delay(2);
```

```
155             delay( 100 );
156         }
157 }
158
159 /* 线程 3 */
160 void flag3_thread_entry( void *p_arg )
161 {
162     for ( ;; )
163     {
164         flag3 = 1;
165 //rt_thread_delay(3);
166         delay( 100 );                    (软件延时)
167         flag3 = 0;
168         //rt_thread_delay(3);
169         delay( 100 );
170     }
171 }
172
173
174 void SysTick_Handler(void)
175 {
176     /* 进入中断 */
177     rt_interrupt_enter();
178
179     /* 更新时基 */
180     rt_tick_increase();
181
182     /* 离开中断 */
183     rt_interrupt_leave();
184 }
```

代码清单 9-6（优先级）：将线程 1 的优先级修改为 2，线程 2 和线程 3 的优先级修改为 3。

代码清单 9-6（时间片）：将线程 1 的时间片设置为 4（但是此处没有与线程 1 同优先级的线程，即使设置了时间片也不起作用，可以等下观察实验现象），线程 2 和线程 3 的时间片设置为 3。

代码清单 9-6（阻塞延时）：设置线程 1 高低电平的时间为 3 个 tick，且延时要使用阻塞延时。

代码清单 9-6（软件延时）：将线程 2 和线程 3 的延时改成软件延时，因为这两个线程的优先级是相同的，当其时间片耗完时将让出处理器进行系统调度，不会一直占用 CPU，所以可以使用软件延时，但是对于线程 1 却不可以，因为没有与线程 1 同优先级的线程，时间片功能不起作用，当时间片耗完时不会让出 CPU，而是会一直占用，所以不能使用软件延时。

9.3 实验现象

进入软件进行调试，全速运行程序，逻辑分析仪中的仿真波形图如图 9-1 所示。

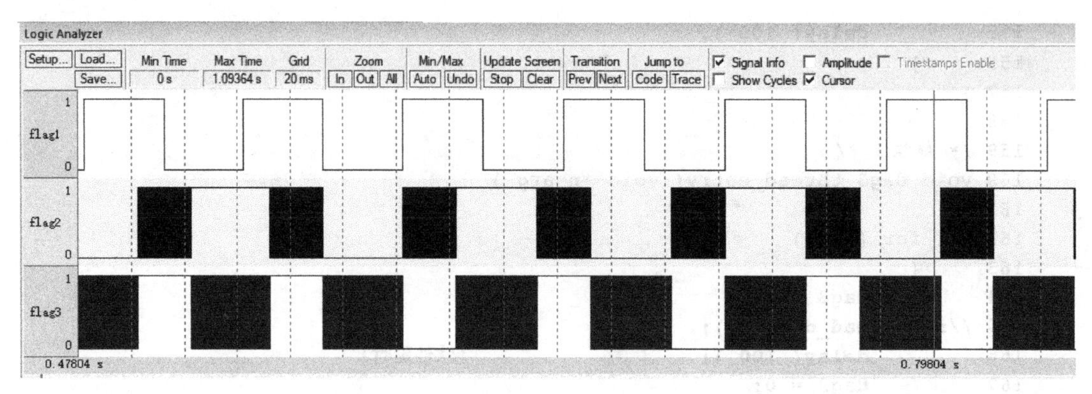

图 9-1 实验现象 1

从图 9-1 中可以看出线程 1 运行一个周期的时间为 6 个 tick，与线程 1 初始化时设置的 4 个时间片不符，说明同一个优先级下只有一个线程时，时间片不起作用。线程 2 和线程 3 运行一个周期的时间分别为 2 个 tick 和 3 个 tick，且线程 2 运行时线程 3 是不运行的，从而说明我们的时间片功能起作用了。图 9-1 中线程 2 和线程 3 运行的波形图太密集了，看不出代码的执行效果，我们将波形图放大之后，可以在线程要求的时间片内看到 flag2 和 flag3 进行了多次翻转，如图 9-2 所示。

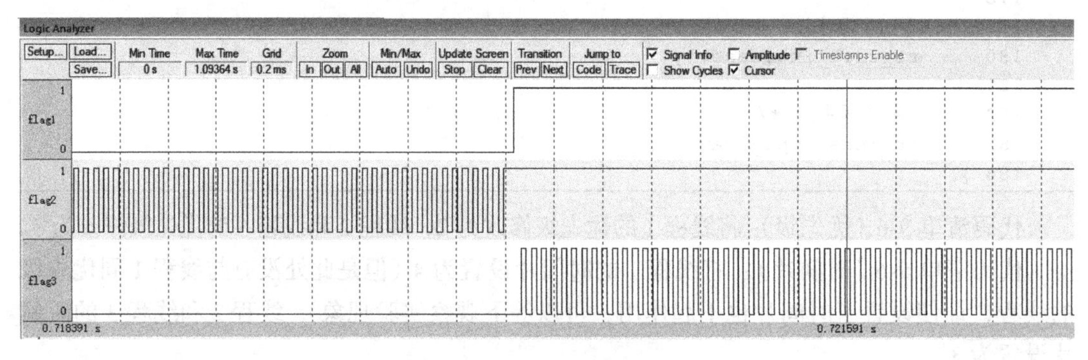

图 9-2 实验现象 2

第二部分

RT-Thread 内核应用开发

本部分以野火 STM32 全系列开发板（包括 M3、M4 和 M7）为硬件平台来讲解 RT-Thread 的内核应用。本部分不会再深究源码的实现，而是着重讲解 RT-Thread 各个内核对象的使用，例如线程如何创建、优先级如何分配、内部 IPC 通信机制如何使用等 RTOS 知识点。

第 10 章
移植 RT-Thread 到 STM32

从本章开始，先新建一个基于野火 STM32 全系列（包含 M3/4/7）开发板的 RT-Thread 的工程模板，让 RT-Thread 先运行起来。以后所有与 RT-Thread 相关的例程都在此模板上修改和添加代码，不用再重复创建。在本书配套的例程中，每一章中都有针对野火 STM32 每一个板子的例程，但是区别都很小，有区别之处会在教程中详细指出，如果没有特别备注，那么就表示这些例程都是一样的。

10.1 获取 STM32 的裸机工程模板

STM32 的裸机工程模板我们直接使用野火 STM32 开发板配套的固件库例程即可。这里我们选取比较简单的例程——“GPIO 输出—使用固件库点亮 LED”作为裸机工程模板。该裸机工程模板均可以在对应板子的 A 盘 \ 程序源码 \ 固件库例程的目录下获取，下面以野火“F103—霸道”板子的光盘目录为例，如图 10-1 所示。

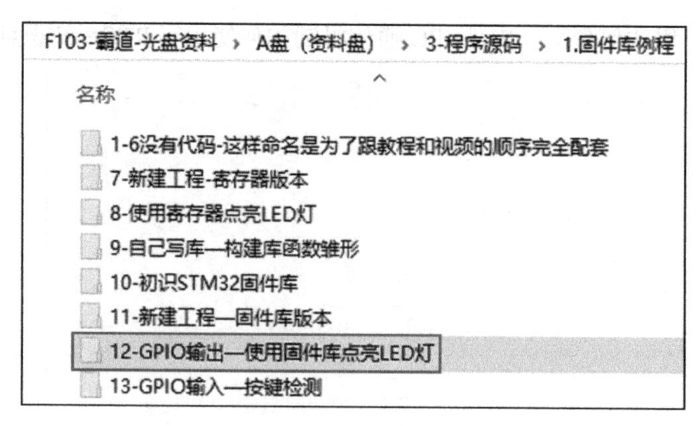

图 10-1　STM32 裸机工程模板在光盘资料中的位置

10.2 下载 RT-Thread Nano 源码

Nano 是 Master 的精简版，去掉了一些组件和各种开发板的 BSP，保留了 OS 的核心功能，但足够使用。其版本已经更新到了 3.0.3，与 Master 的版本号一致。

RT-Thread Master 的源码可以从 RT-Thread GitHub 仓库地址 https://github.com/RT-Thread/rt-thread 下载，Nano 就源于此。RT-Thread 官方并没有将 Nano 放到自己的官方网站，而是作为一个 Package 放在了 KEIL 网站 http://www.keil.com/dd2/pack/ 中，以供用户下载，如图 10-2 所示，本书中使用的版本号是 3.0.3，如果以后更新到更高的版本，则以最新的版本为准。

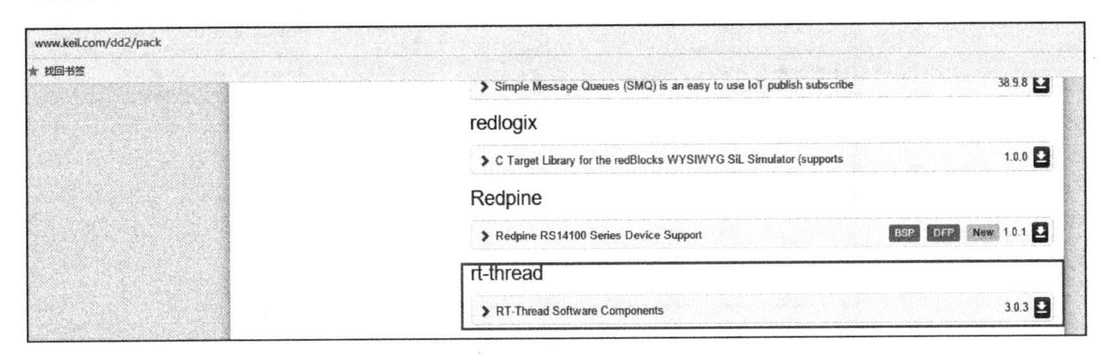

图 10-2　RT-Thread Nano Package

10.3　安装 RT-Thread Package

成功下载之后将得到一个以 .exe 为后缀的文件，开始安装即可，安装目录与 KEIL 的安装目录一样，安装成功之后，可以在 KEIL 的 PACK 目录下找到刚刚安装的 Package 的所有文件，如图 10-3 所示。

此电脑 › 系统 (C:) › Keil_v5 › ARM › PACK › rt-thread › rtthread › 3.0.3 ›

名称	修改日期	类型	大小
bsp	2018/4/11 星期...	文件夹	
components	2018/4/11 星期...	文件夹	
include	2018/4/11 星期...	文件夹	
libcpu	2018/4/11 星期...	文件夹	
src	2018/4/11 星期...	文件夹	
AUTHORS	2018/2/2 星期五 ...	文件	1 KB
COPYING	2018/2/2 星期五 ...	文件	18 KB
License.txt	2017/7/19 星期...	TXT 文件	2 KB
README.md	2017/5/4 星期四 ...	MD 文件	5 KB
rt-thread.rtthread.pdsc	2018/3/9 星期五 ...	PDSC 文件	9 KB

图 10-3　RT-Thread Nano Package 安装文件

安装成功之后，就可以在 KEIL 的软件包管理器中将 RT-Thread Nano 直接添加到工程中，如图 10-4 所示。

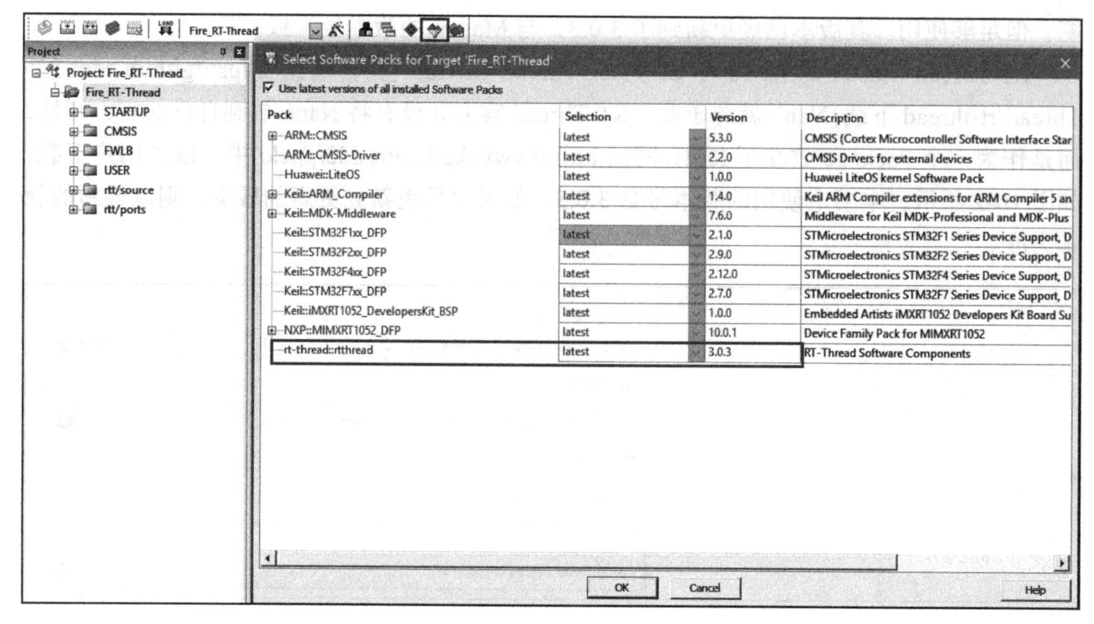

图 10-4 从 KEIL 的软件包管理器中选择 RT-Thread Nano Package

10.4 向裸机工程中添加 RT-Thread 源码

10.4.1 复制 RT-Thread Package 到裸机工程根目录

使用这种方法打包的 RT-Thread 工程，直接复制到一台没有安装 RT-Thread Package 的计算机中是使用不了的，会提示找不到 RT-Thread 的源文件。鉴于 RT-Thread Package 容量很小，我们直接将安装在 KEIL PACK 目录下的整个 RT-Thread 文件夹复制到我们的 STM32 裸机工程中，让整个 RT-Thread Package 跟随我们的工程一起发布，如图 10-5 所示。

Doc	2018/6/11 星期...	文件夹
Libraries	2018/6/11 星期...	文件夹
Listing	2018/7/6 星期五 ...	文件夹
Output	2018/7/6 星期五 ...	文件夹
Project	2018/6/11 星期...	文件夹
rt-thread	2018/6/11 星期...	文件夹
User	2018/7/6 星期五 ...	文件夹
keilkill.bat	2017/2/4 星期六 ...	Windows 批处理

图 10-5 复制 RT-Thread Package 到裸机工程

图 10-5 中 rt-thread 文件夹下就是 RT-Thread Nano 的所有内容，具体内容如表 10-1 所示。

表 10-1　rt-thread 文件夹内容组成

文件夹	子文件夹	描述
rtthread\3.0.3	bsp	板级支持包
	components\finsh	RT-Thread 组件
	include	头文件
	include\libc	
	libcpu\arm\cortex-m0	与处理器相关的接口文件
	libcpu\arm\cortex-m3	
	libcpu\arm\cortex-m4	
	libcpu\arm\cortex-m7	
	src	RT-Thread 内核源码

10.4.2　复制 rtconfig.h 文件到 User 文件夹

将 rtthread\3.0.3\bsp 文件夹下面的 rtconfig.h 配套文件复制到工程根目录下面的 User 文件夹中，稍后我们需要对这个文件进行修改。

用户可以通过修改这个 RT-Thread 内核的配置头文件来裁剪 RT-Thread 的功能，所以我们把它复制一份放在 User 文件夹中。User，由名称即可看出该文件夹中存放的文件都是用户自己编写的。

10.4.3　复制 board.c 文件到 User 文件夹

将 rtthread\3.0.3\bsp 文件夹下面的 board.c 配套文件复制到工程根目录下面的 User 文件夹中，稍后我们需要对这个文件进行修改。

10.4.4　rt-thread 文件夹内容简介

接下来我们对 rt-thread 文件夹下面的内容做一个简单的介绍，以便更好地使用 RT-Thread。

1. bsp 文件夹简介

bsp（board support package）文件夹中存放的是板级支持包。RT-Thread 为了推广自己，会给各种半导体厂商的评估板写好驱动程序，这些驱动程序就存放在 bsp 这个目录下，我们这里用的是 Nano 版本，只有少量几款开发板的驱动，如图 10-6 所示。如果是 Master 版本，则会存放非常多的开发板的驱动，以后可能会更多，如图 10-7 所示。bsp 文件夹下面的 board.c 文件中存放的是 RT-Thread 用来初始化开发板硬件的相关函数。rtconfig.h 是 RT-Thread 功能的配置头文件，里面定义了很多宏，通过这些宏定义，我们可以裁剪 RT-Thread 的功能。用户在使用 RT-Thread 时，只需要修改 board.c 和 rtconfig.h 这两个文件的内容即可，其他文件不需要改动。如果要缩小工程所占空间，bsp 文件夹下除了 board.c 和 rtconfig.h 这两个文件要保留外，其他文件均可删除。

lpc824_blink	2018/4/11 星期...	文件夹	
lpc824_msh	2018/4/11 星期...	文件夹	
stm32l0_blink	2018/4/11 星期...	文件夹	
stm32l0_msh	2018/4/11 星期...	文件夹	
v2m_mps2_msh	2018/4/11 星期...	文件夹	
board.c	2018/2/28 星期...	C 文件	3 KB
rtconfig.h	2018/3/3 星期六 ...	H 文件	5 KB

图 10-6　RT-Thread Nano bsp 文件夹的内容

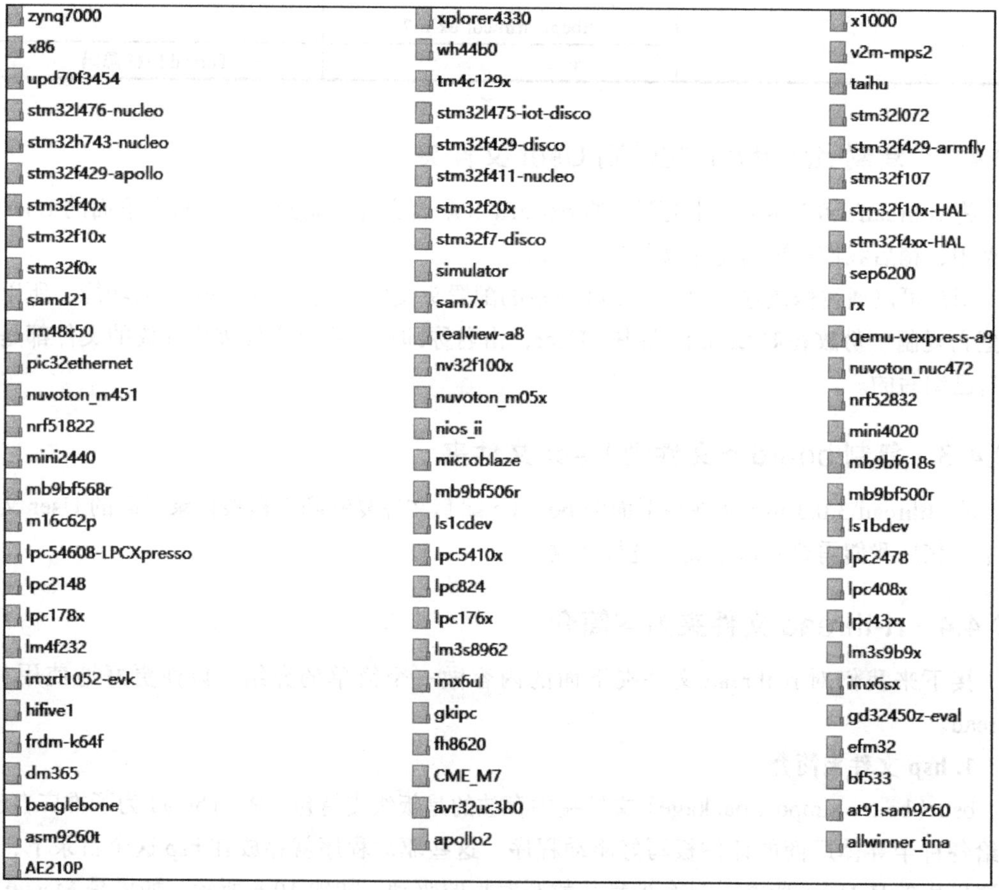

zynq7000	xplorer4330	x1000
x86	wh44b0	v2m-mps2
upd70f3454	tm4c129x	taihu
stm32l476-nucleo	stm32l475-iot-disco	stm32l072
stm32h743-nucleo	stm32f429-disco	stm32f429-armfly
stm32f429-apollo	stm32f411-nucleo	stm32f107
stm32f40x	stm32f20x	stm32f10x-HAL
stm32f10x	stm32f7-disco	stm32f4xx-HAL
stm32f0x	simulator	sep6200
samd21	sam7x	rx
rm48x50	realview-a8	qemu-vexpress-a9
pic32ethernet	nv32f100x	nuvoton_nuc472
nuvoton_m451	nuvoton_m05x	nrf52832
nrf51822	nios_ii	mini4020
mini2440	microblaze	mb9bf618s
mb9bf568r	mb9bf506r	mb9bf500r
m16c62p	ls1cdev	ls1bdev
lpc54608-LPCXpresso	lpc5410x	lpc2478
lpc2148	lpc824	lpc408x
lpc178x	lpc176x	lpc43xx
lm4f232	lm3s8962	lm3s9b9x
imxrt1052-evk	imx6ul	imx6sx
hifive1	gkipc	gd32450z-eval
frdm-k64f	fh8620	efm32
dm365	CME_M7	bf533
beaglebone	avr32uc3b0	at91sam9260
asm9260t	apollo2	allwinner_tina
AE210P		

图 10-7　RT-Thread Master bsp 文件夹的内容

2. components 文件夹简介

在 RT-Thread 看来，除了内核，其他由第三方添加的软件都是组件，比如 gui、fatfs、lwip 和 finsh 等。这些组件就放在 components 文件夹内，目前 Nano 版本只存放了 finsh，其他的都被删除了，Master 版本中则放了非常多的组件。finsh 是 RT-Thread 组件中最具特色的，它通过串口打印的方式来输出各种信息，方便我们调试程序。

3. include 文件夹简介

include 文件夹中存放的是 RT-Thread 内核的头文件，这些文件是内核不可分割的一部分。

4. libcpu 文件夹简介

RT-Thread 是一个软件，单片机是一个硬件，RT-Thread 要想运行在一个单片机上面，二者就必须关联在一起，那么怎么关联？还是要通过写代码来关联，这部分关联的文件叫作接口文件，通常用汇编语言和 C 语言联合编写。这些接口文件都是与硬件密切相关的，不同的硬件接口文件是不一样的，但都大同小异。编写这些接口文件的过程叫作移植，移植的过程通常由 RT-Thread 和 MCU 原厂的人员来负责，移植好的这些接口文件就放在 libcpu 文件夹中。RT-Thread Nano 目前在 libcpu 目录下只存放了 cortex-m0、cortex-m3、cortex-m4 和 cortex-m7 内核的单片机的接口文件，只要是使用了这些内核的 MCU 都可以使用该文件夹中的接口文件。通常网络上出现的类似“移植 ×××RTOS 到 ×××MCU”的操作，其实准确来说不能够叫移植，而应该叫“使用官方的移植”，因为这些与硬件相关的接口文件，RTOS 官方都已经写好了，我们只是使用而已。本章介绍的移植也是使用 RT-Thread 官方的移植，关于这些底层的移植文件已经在第一部分中有非常详细的讲解，这里直接使用即可。

5. src 文件夹简介

src 文件夹中存放的是 RT-Thread 内核的源文件，是内核的核心，我们在第一部分中讲解的就是这此文件的内容。

10.4.5　添加 RT-Thread 源码到工程组文件夹

之前我们只是将 RT-Thread 的源码放到了本地工程目录下，还没有添加到开发环境的组文件夹里面，下面将介绍如何将 RT-Thread 源码添加到工程组文件夹中。

1. 新建 rtt/source 和 rtt/ports 组

接下来我们在开发环境中新建 rtt/source 和 rtt/ports 两个组文件夹，其中，rtt/source 用于存放 src 文件夹的内容，rtt/ports 用于存放 libcpu\arm\cortex-m？文件夹的内容，此处“？”表示 3、4 或者 7，具体文件名称取决于采用的是野火哪个型号的 STM32 开发板，具体如表 10-2 所示。

表 10-2　野火 STM32 开发板型号对应 RT-Thread 的接口文件

野火 STM32 开发板型号	具体芯片型号	RT-Thread 不同内核的接口文件
MINI	STM32F103RCT6	libcpu\arm\cortex-m3
指南者	STM32F103VET6	
霸道	STM32F103ZET6	
霸天虎	STM32F407ZGT6	libcpu\arm\cortex-m4
F429—挑战者	STM32F429IGT6	
F767—挑战者	STM32F767IGT6	libcpu\arm\cortex-m7
H743—挑战者	STM32H743IIT6	

将 bsp 文件夹中的 rtconfig.h 和 board.c 文件添加到 USER 组文件夹下，其中 rtconfig.h 用于配置 RT-Thread 的功能，board.c 用于存放硬件相关的初始化函数。源码添加完毕之后，文件结构如图 10-8 所示。

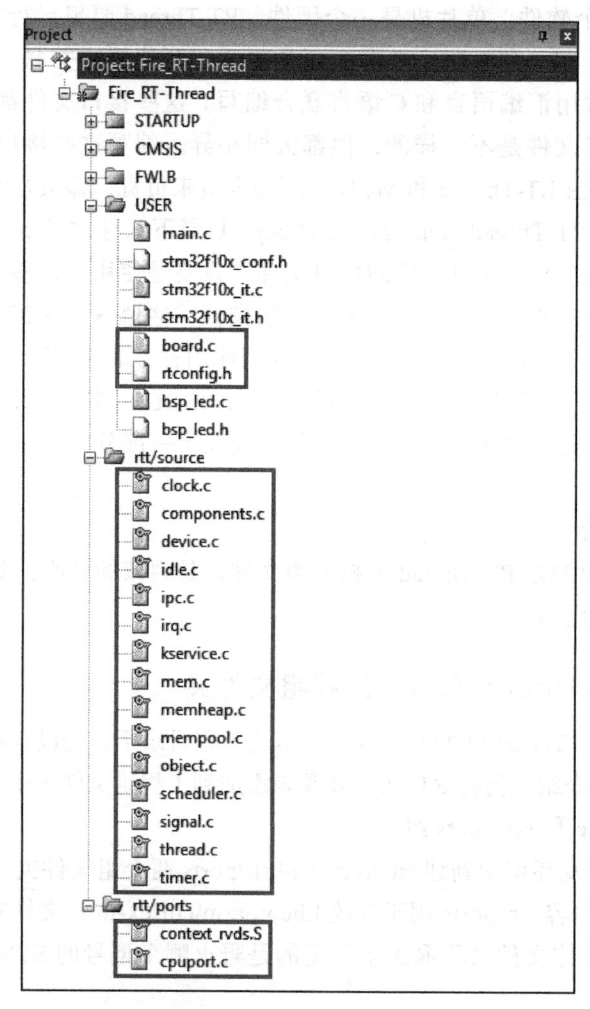

图 10-8 添加 RT-Thread 源码到工程组文件夹

2. 指定 RT-Thread 头文件的路径

RT-Thread 的源码已经添加到开发环境的组文件夹中，编译时需要为这些源文件指定头文件的路径，否则编译会报错。RT-Thread 的源码中只有 rt-thread\3.0.3\components\finsh、rt-thread\3.0.3\include 和 rt-thread\3.0.3\include\libc 这 3 个文件夹下面有头文件，只需要将这 3 个头文件的路径在开发环境中进行指定即可。同时我们还将 rt-thread\3.0.3\bsp 中 rtconfig.h 这个头文件复制到了工程根目录下的 User 文件夹下，所以 User 的路径也要添加到开发环境中。RT-Thread 头文件的路径添加完成后的效果如图 10-9 所示。

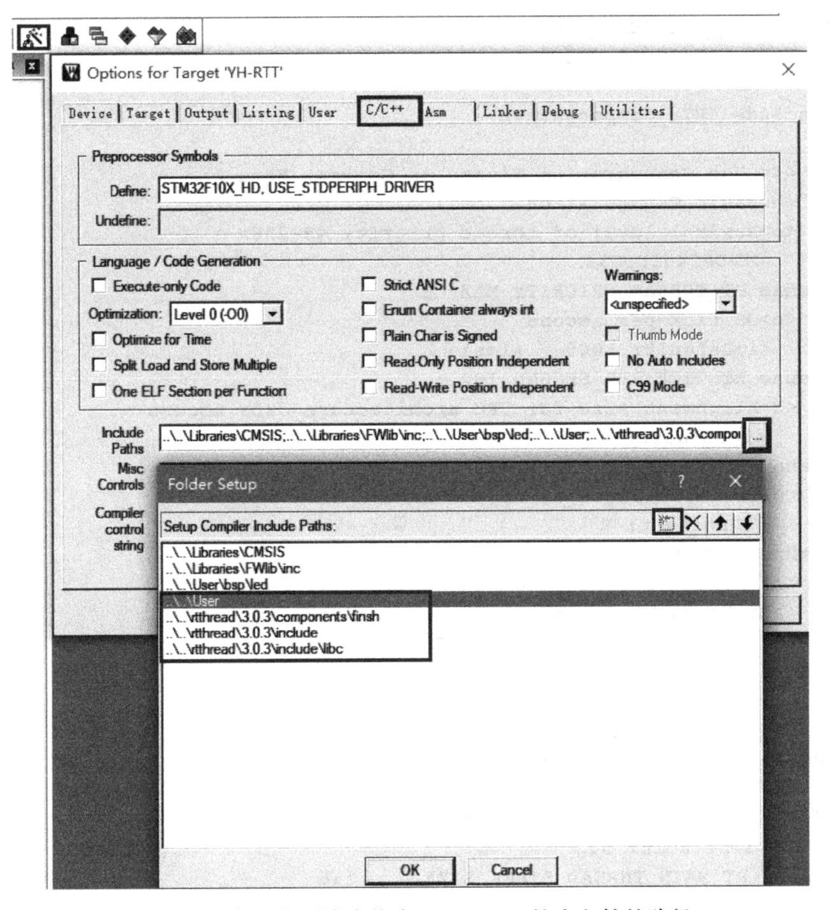

图 10-9　在开发环境中指定 RT-Thread 的头文件的路径

10.5　rtconfig.h 文件

rtconfig.h 是直接从 rt-thread\3.0.3\bsp 文件夹中复制过来的，该头文件对裁剪整个 RT-Thread 所需的功能的宏均做了定义，有些宏定义被启用，有些宏定义被禁用，一开始我们只需要配置最简单的功能即可。要想随心所欲地配置 RT-Thread 的功能，必须对这些宏定义的功能有所掌握，下面先简单介绍一下这些宏定义的含义，然后对这些宏定义进行修改。

10.5.1　rtconfig.h 文件内容讲解

rtconfig.h 文件的具体内容参见代码清单 10-1。

代码清单10-1　rtconfig.h文件内容

```
1 /* RT-Thread config file */
2
```

```
 3 #ifndef __RTTHREAD_CFG_H__
 4 #define __RTTHREAD_CFG_H__
 5
 6 #include "RTE_Components.h"                                  (1)
 7
 8 // <<< Use Configuration Wizard in Context Menu >>>          (2)
 9 // <h>Basic Configuration                                     (3)
10 // <o>Maximal level of thread priority <8-256>
11 //    <i>Default: 32
12 #define RT_THREAD_PRIORITY_MAX  8                             (3)-①
13 // <o>OS tick per second
14 //    <i>Default: 1000   (1ms)
15 #define RT_TICK_PER_SECOND 100                                (3)-②
16 // <o>Alignment size for CPU architecture data access
17 //    <i>Default: 4
18 #define RT_ALIGN_SIZE   4                                     (3)-③
19 // <o>the max length of object name<2-16>
20 //    <i>Default: 8
21 #define RT_NAME_MAX 8                                         (3)-④
22 // <c1>Using RT-Thread components initialization
23 //    <i>Using RT-Thread components initialization
24 #define RT_USING_COMPONENTS_INIT                              (3)-⑤
25 // </c>
26 // <c1>Using user main
27 //    <i>Using user main
28 #define RT_USING_USER_MAIN                                    (3)-⑥
29 // </c>
30 // <o>the size of main thread<1-4086>
31 //    <i>Default: 512
32 #define RT_MAIN_THREAD_STACK_SIZE     256                     (3)-⑦
33
34 // </h>
35
36
37
38
39 // <h>Debug Configuration                                     (4)
40 // <c1>enable kernel debug configuration
41 //    <i>Default: enable kernel debug configuration
42 //#define RT_DEBUG
43 // </c>
44 // <o>enable components initialization debug configuration<0-1>
45 //    <i>Default: 0
46 #define RT_DEBUG_INIT 0
47 // <c1>thread stack over flow detect
48 //    <i> Diable Thread stack over flow detect
49 //#define RT_USING_OVERFLOW_CHECK
50 // </c>
51 // </h>
52
53
```

```
54
55
56 // <h>Hook Configuration                                    (5)
57 // <c1>using hook
58 //   <i>using hook
59 //#define RT_USING_HOOK
60 // </c>
61 // <c1>using idle hook
62 //   <i>using idle hook
63 //#define RT_USING_IDLE_HOOK
64 // </c>
65 // </h>
66
67
68
69
70 // <e>Software timers Configuration                         (6)
71 // <i> Enables user timers
72 #define RT_USING_TIMER_SOFT         0
73 #if RT_USING_TIMER_SOFT == 0
74 #undef RT_USING_TIMER_SOFT
75 #endif
76 // <o>The priority level of timer thread <0-31>
77 //   <i>Default: 4
78 #define RT_TIMER_THREAD_PRIO        4
79 // <o>The stack size of timer thread <0-8192>
80 //   <i>Default: 512
81 #define RT_TIMER_THREAD_STACK_SIZE  512
82 // <o>The soft-timer tick per second <0-1000>
83 //   <i>Default: 100
84 #define RT_TIMER_TICK_PER_SECOND    100
85 // </e>
86
87
88
89
90 // <h>IPC(Inter-process communication) Configuration         (7)
91 // <c1>Using Semaphore
92 //   <i>Using Semaphore
93 #define RT_USING_SEMAPHORE                                  (7)-①
94 // </c>
95 // <c1>Using Mutex
96 //   <i>Using Mutex
97 //#define RT_USING_MUTEX                                    (7)-②
98 // </c>
99 // <c1>Using Event
100 //   <i>Using Event
101 //#define RT_USING_EVENT                                    (7)-③
102 // </c>
103 // <c1>Using MailBox
104 //   <i>Using MailBox
```

```
105 #define RT_USING_MAILBOX                                    (7)-④
106 // </c>
107 // <c1>Using Message Queue
108 //   <i>Using Message Queue
109 //#define RT_USING_MESSAGEQUEUE                             (7)-⑤
110 // </c>
111 // </h>
112
113
114
115
116
117 // <h>Memory Management Configuration                       (8)
118 // <c1>Using Memory Pool Management
119 //   <i>Using Memory Pool Management
120 //#define RT_USING_MEMPOOL                                  (8)-①
121 // </c>
122 // <c1>Dynamic Heap Management
123 //   <i>Dynamic Heap Management
124 //#define RT_USING_HEAP                                     (8)-②
125 // </c>
126 // <c1>using small memory
127 //   <i>using small memory
128 #define RT_USING_SMALL_MEM                                  (8)-③
129 // </c>
130 // <c1>using tiny size of memory
131 //   <i>using tiny size of memory
132 //#define RT_USING_TINY_SIZE                                (8)-④
133 // </c>
134 // </h>
135
136
137
138
139 // <h>Console Configuration                                 (9)
140 // <c1>Using console
141 //   <i>Using console
142 #define RT_USING_CONSOLE
143 // </c>
144 // <o>the buffer size of console <1-1024>
145 //   <i>the buffer size of console
146 //   <i>Default: 128  (128Byte)
147 #define RT_CONSOLEBUF_SIZE          128
148 // <s>The device name for console
149 //   <i>The device name for console
150 //   <i>Default: uart1
151 #define RT_CONSOLE_DEVICE_NAME"uart2"
152 // </h>
153
154
155
```

```
156
157 #if defined(RTE_FINSH_USING_MSH)                                     (10)
158 #define RT_USING_FINSH
159 #define FINSH_USING_MSH
160 #define FINSH_USING_MSH_ONLY
161 // <h>Finsh Configuration
162 // <o>the priority of finsh thread <1-7>
163 //   <i>the priority of finsh thread
164 //   <i>Default: 6
165 #define __FINSH_THREAD_PRIORITY     5
166 #define FINSH_THREAD_PRIORITY       (RT_THREAD_PRIORITY_MAX / 8 * __FINSH_
THREAD_PRIORITY + 1)
167 // <o>the stack of finsh thread <1-4096>
168 //   <i>the stack of finsh thread
169 //   <i>Default: 4096  (4096Byte)
170 #define FINSH_THREAD_STACK_SIZE     512
171 // <o>the history lines of finsh thread <1-32>
172 //   <i>the history lines of finsh thread
173 //   <i>Default: 5
174 #define FINSH_HISTORY_LINES   1
175 // <c1>Using symbol table in finsh shell
176 //   <i>Using symbol table in finsh shell
177 #define FINSH_USING_SYMTAB
178 // </c>
179 // </h>
180 #endif
181
182
183
184
185
186 #if defined(RTE_USING_DEVICE)                                        (11)
187 #define RT_USING_DEVICE
188 #endif
189
190 // <<< end of configuration section >>>                              (12)
191
192 #endif
193
```

代码清单 10-1（1）：头文件 RTE_Components.h 是在 MDK 中添加 RT-Thread Package 时由 MDK 自动生成的，目前我们没有使用 MDK 中自带的 RT-Thread 的 Package，所以这个头文件不存在，如果包含了该头文件，编译时会报错，稍后修改 rtconfig.h 时需要注释掉该头文件。

代码清单 10-1（2）：在上下文中使用配置向导来配置 rtconfig.h 中的宏定义。接下来代码中夹杂的“<h></h>”“<o>”“<i>”“<c1></c>”“<e></e>”这些符号是 MDK 自带的配置向导控制符号，使用这些符号控制的代码可以生成一个对应的图形界面的配置向导，rtconfig.h 对应的配置向导如图 10-10 所示。有关配置向导的语法可在 MDK 的帮助文档中查找，在搜索栏输入 Configuration Wizard 即可搜索到，如图 10-11 所示。具体每一个符号的语法这里不细讲，有兴趣的读者可以深入研究一下。笔者还是倾向于直接修改 rtconfig.h 中的源码，而不是通过配置向导来修改。

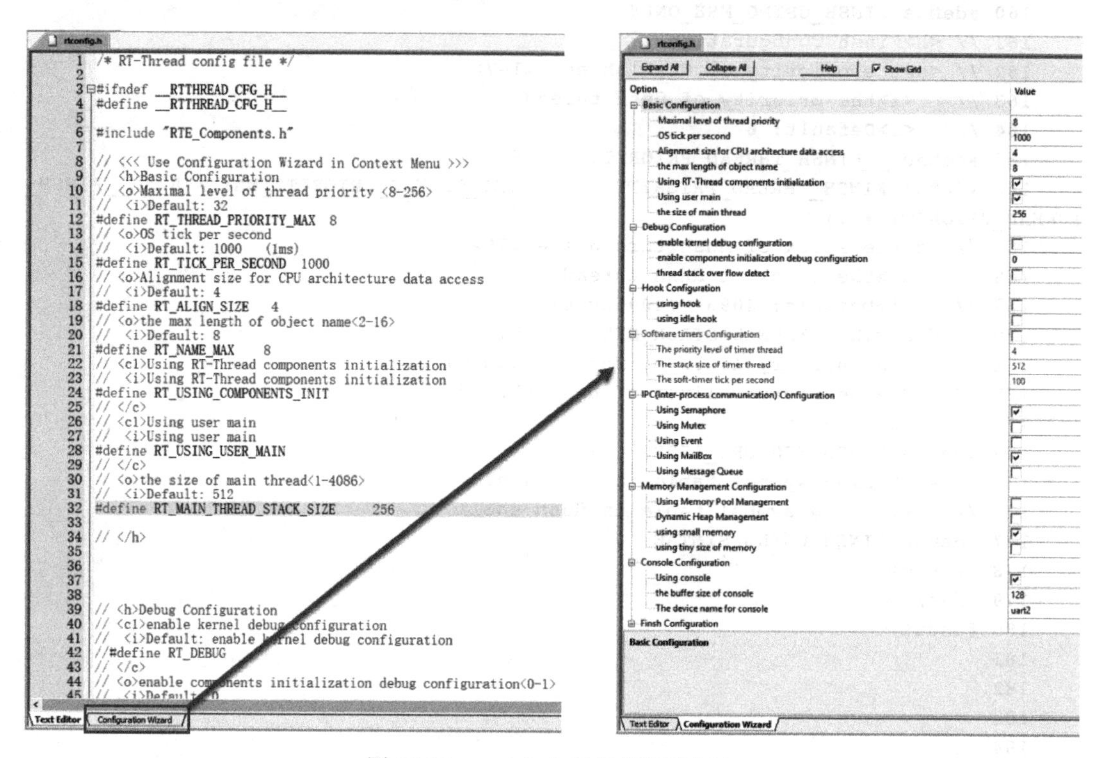

图 10-10 rtconfig.h 对应的配置向导

代码清单 10-1（3）：RT-Thread 的基本配置，要想使 RT-Thread 准确无误地运行，这些基本配置必须要有，而且要正确。

代码清单 10-1（3）-①：RT_THREAD_PRIORITY_MAX 这个宏表示 RT-Thread 支持多少个优先级，取值范围为 8 ～ 256，默认为 32。

代码清单 10-1（3）-②：RT_TICK_PER_SECOND 表示操作系统每秒钟有多少个 tick，tick 即操作系统的时钟周期，默认为 1000，即操作系统的时钟周期 tick 等于 1ms。

代码清单 10-1（3）-③：RT_ALIGN_SIZE 这个宏表示 CPU 处理的数据需要多少个字节对齐，默认为 4 个字节。

代码清单 10-1（3）-④：RT_NAME_MAX 这个宏表示内核对象名字的最大长度，取值范围为 2 ～ 16，默认值为 8。

代码清单 10-1（3）-⑤：使用 RT-Thread 组件初始化，默认启用。

代码清单 10-1（3）-⑥：使用用户 main() 函数，默认打开。

代码清单 10-1（3）-⑦：main 线程栈大小，取值范围为 1 ～ 4086，单位为字节，默认值为 512。

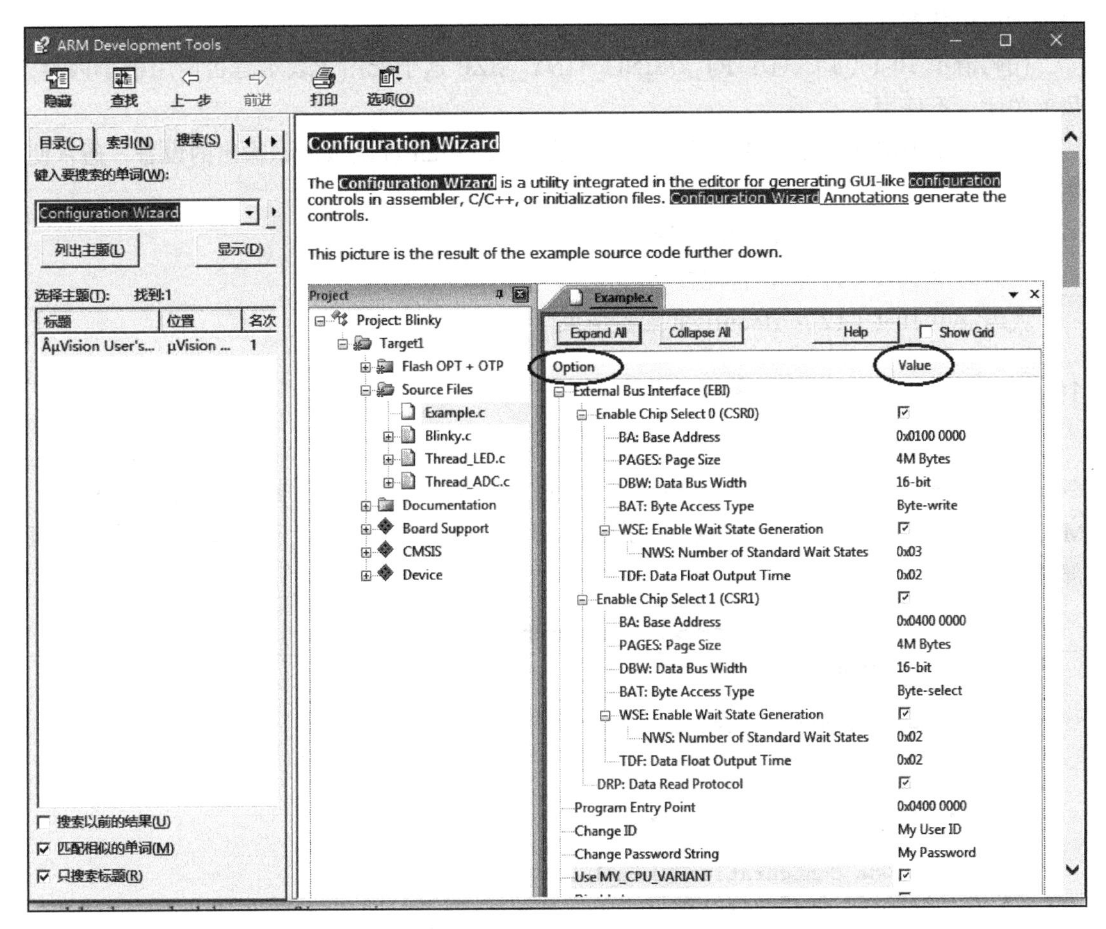

图 10-11　Configuration Wizard

代码清单 10-1（4）：调试配置，包括内核调试配置，组件调试配置和线程栈溢出检测，目前全部关闭。

代码清单 10-1（5）：钩子函数配置，目前全部关闭。

代码清单 10-1（6）：软件定时器配置，目前关闭，不使用软件定时器。

代码清单 10-1（7）：内部通信配置，包括信号量、互斥量、事件、邮箱和消息队列，根据需要配置。

代码清单 10-1（8）：内存管理配置。

代码清单 10-1（8）-①：RT_USING_MEMPOOL 这个宏用于表示是否使用内存池，目前关闭，不使用内存池。

代码清单 10-1（8）-②：RT_USING_HEAP 这个宏用于表示是否使用堆，目前关闭，不使用堆。

代码清单 10-1（8）-③：RT_USING_SMALL_MEM 这个宏用于表示是否使用小内存，目前为启用状态。

代码清单 10-1（8）-④：RT_USING_TINY_SIZE 这个宏用于表示是否使用极小内存，目前关闭，不使用。

代码清单 10-1（9）：控制台配置。控制台即 rt_kprintf() 函数调试输出的设备，通常使用串口。

代码清单 10-1（10）：FINSH 配置。

代码清单 10-1（11）：设备配置。

代码清单 10-1（12）：rtconfig.h 配置结束。

10.5.2 rtconfig.h 文件修改

此处对 rtconfig.h 头文件的内容修改得不多，具体修改包括注释掉头文件 RTE_Components.h，修改了 RT_THREAD_PRIORITY_MAX、RT_TICK_PER_SECOND 和 RT_MAIN_THREAD_STACK_SIZE 这 3 个宏的大小，具体修改参见代码清单 10-2 中的加粗部分。

代码清单10-2 rtconfig.h文件修改

```
1 /* RT-Thread config file */
2
3 #ifndef __RTTHREAD_CFG_H__
4 #define __RTTHREAD_CFG_H__
5
6 //#include "RTE_Components.h"
7
8 // <<< Use Configuration Wizard in Context Menu >>>
9 // <h>Basic Configuration
10 // <o>Maximal level of thread priority <8-256>
11 //    <i>Default: 32
12 #define RT_THREAD_PRIORITY_MAX  32
13 // <o>OS tick per second
14 //    <i>Default: 1000   (1ms)
15 #define RT_TICK_PER_SECOND    1000
16 // <o>Alignment size for CPU architecture data access
17 //    <i>Default: 4
18 #define RT_ALIGN_SIZE   4
19 // <o>the max length of object name<2-16>
20 //    <i>Default: 8
21 #define RT_NAME_MAX      8
22 // <c1>Using RT-Thread components initialization
23 //    <i>Using RT-Thread components initialization
24 #define RT_USING_COMPONENTS_INIT
25 // </c>
26 // <c1>Using user main
27 //    <i>Using user main
```

```
28 #define RT_USING_USER_MAIN
29 // </c>
30 // <o>the size of main thread<1-4086>
31 //    <i>Default: 512
32 #define RT_MAIN_THREAD_STACK_SIZE     512
33
34 // </h>
35
36
37
38
39 // <h>Debug Configuration
40 // <c1>enable kernel debug configuration
41 //    <i>Default: enable kernel debug configuration
42 //#define RT_DEBUG
43 // </c>
44 // <o>enable components initialization debug configuration<0-1>
45 //    <i>Default: 0
46 #define RT_DEBUG_INIT 0
47 // <c1>thread stack over flow detect
48 //    <i> Diable Thread stack over flow detect
49 //#define RT_USING_OVERFLOW_CHECK
50 // </c>
51 // </h>
52
53
54
55
56 // <h>Hook Configuration
57 // <c1>using hook
58 //    <i>using hook
59 //#define RT_USING_HOOK
60 // </c>
61 // <c1>using idle hook
62 //    <i>using idle hook
63 //#define RT_USING_IDLE_HOOK
64 // </c>
65 // </h>
66
67
68
69
70 // <e>Software timers Configuration
71 // <i> Enables user timers
72 #define RT_USING_TIMER_SOFT          0
73 #if RT_USING_TIMER_SOFT == 0
74 #undef RT_USING_TIMER_SOFT
75 #endif
76 // <o>The priority level of timer thread <0-31>
77 //    <i>Default: 4
78 #define RT_TIMER_THREAD_PRIO         4
```

```
79 // <o>The stack size of timer thread <0-8192>
80 //    <i>Default: 512
81 #define RT_TIMER_THREAD_STACK_SIZE  512
82 // <o>The soft-timer tick per second <0-1000>
83 //    <i>Default: 100
84 #define RT_TIMER_TICK_PER_SECOND     100
85 // </e>
86
87
88
89
90 // <h>IPC(Inter-process communication) Configuration
91 // <c1>Using Semaphore
92 //    <i>Using Semaphore
93 #define RT_USING_SEMAPHORE
94 // </c>
95 // <c1>Using Mutex
96 //    <i>Using Mutex
97 //#define RT_USING_MUTEX
98 // </c>
99 // <c1>Using Event
100 //    <i>Using Event
101 //#define RT_USING_EVENT
102 // </c>
103 // <c1>Using MailBox
104 //    <i>Using MailBox
105 #define RT_USING_MAILBOX
106 // </c>
107 // <c1>Using Message Queue
108 //    <i>Using Message Queue
109 //#define RT_USING_MESSAGEQUEUE
110 // </c>
111 // </h>
112
113
114
115
116
117 // <h>Memory Management Configuration
118 // <c1>Using Memory Pool Management
119 //    <i>Using Memory Pool Management
120 //#define RT_USING_MEMPOOL
121 // </c>
122 // <c1>Dynamic Heap Management
123 //    <i>Dynamic Heap Management
124 //#define RT_USING_HEAP
125 // </c>
126 // <c1>using small memory
127 //    <i>using small memory
128 #define RT_USING_SMALL_MEM
129 // </c>
```

```
130 // <c1>using tiny size of memory
131 //  <i>using tiny size of memory
132 //#define RT_USING_TINY_SIZE
133 // </c>
134 // </h>
135
136
137
138
139 // <h>Console Configuration
140 // <c1>Using console
141 //  <i>Using console
142 #define RT_USING_CONSOLE
143 // </c>
144 // <o>the buffer size of console <1-1024>
145 //   <i>the buffer size of console
146 //   <i>Default: 128  (128Byte)
147 #define RT_CONSOLEBUF_SIZE          128
148 // <s>The device name for console
149 //   <i>The device name for console
150 //   <i>Default: uart1
151 #define RT_CONSOLE_DEVICE_NAME"uart2"
152 // </h>
153
154
155
156
157 #if defined(RTE_FINSH_USING_MSH)
158 #define RT_USING_FINSH
159 #define FINSH_USING_MSH
160 #define FINSH_USING_MSH_ONLY
161 // <h>Finsh Configuration
162 // <o>the priority of finsh thread <1-7>
163 //   <i>the priority of finsh thread
164 //   <i>Default: 6
165 #define __FINSH_THREAD_PRIORITY     5
166 #define FINSH_THREAD_PRIORITY       (RT_THREAD_PRIORITY_MAX / 8 * __FINSH_
THREAD_PRIORITY + 1)
167 // <o>the stack of finsh thread <1-4096>
168 //   <i>the stack of finsh thread
169 //   <i>Default: 4096  (4096Byte)
170 #define FINSH_THREAD_STACK_SIZE     512
171 // <o>the history lines of finsh thread <1-32>
172 //   <i>the history lines of finsh thread
173 //   <i>Default: 5
174 #define FINSH_HISTORY_LINES          1
175 // <c1>Using symbol table in finsh shell
176 //  <i>Using symbol table in finsh shell
177 #define FINSH_USING_SYMTAB
178 // </c>
179 // </h>
```

```
180 #endif
181
182
183
184
185
186 #if defined(RTE_USING_DEVICE)
187 #define RT_USING_DEVICE
188 #endif
189
190 // <<< end of configuration section >>>
191
192 #endif
```

10.6 board.c 文件

10.6.1 board.c 文件内容讲解

board.c 是直接从 RT-Thread\3.0.3\bsp 文件夹中复制过来的，里面存放的是与硬件相关的初始化函数，整个 board.c 中的内容具体参见代码清单 10-3。

代码清单10-3 board.c文件内容

```
 1 /* RT-Thread 相关头文件 */              (1)
 2 #include <rthw.h>
 3 #include <rtthread.h>
 4 /*========================== (2) 开始 ================================*/
 5 /* 内核外设 NVIC 相关的寄存器定义 */
 6 #define _SCB_BASE         (0xE000E010UL)
 7 #define _SYSTICK_CTRL     (*(rt_uint32_t *)(_SCB_BASE + 0x0))
 8 #define _SYSTICK_LOAD     (*(rt_uint32_t *)(_SCB_BASE + 0x4))
 9 #define _SYSTICK_VAL      (*(rt_uint32_t *)(_SCB_BASE + 0x8))
10 #define _SYSTICK_CALIB    (*(rt_uint32_t *)(_SCB_BASE + 0xC))
11 #define _SYSTICK_PRI      (*(rt_uint8_t  *)(0xE000ED23UL))
12
13 /* 外部时钟和函数声明 */
14 externvoid SystemCoreClockUpdate(void);
15 externuint32_t SystemCoreClock;
16
17 /* 系统定时器 SysTick 初始化 */
18 static uint32_t _SysTick_Config(rt_uint32_t ticks)
19 {
20     if ((ticks- 1) > 0xFFFFFF)
21     {
22         return 1;
23     }
24
25     _SYSTICK_LOAD = ticks- 1;
26     _SYSTICK_PRI = 0xFF;
```

```
27      _SYSTICK_VAL   = 0;
28      _SYSTICK_CTRL = 0x07;
29
30      return 0;
31 }
32 /*========================== (2) 结束 ===========================*/
33
34
35 #if defined(RT_USING_USER_MAIN) && defined(RT_USING_HEAP)              (3)
36 #define RT_HEAP_SIZE 1024
37 /* 从内部SRAM中分配一部分静态内存来作为rtt的堆空间，这里配置为4KB */
38 static uint32_t rt_heap[RT_HEAP_SIZE];
39 RT_WEAK void *rt_heap_begin_get(void)
40 {
41      return rt_heap;
42 }
43
44 RT_WEAK void *rt_heap_end_get(void)
45 {
46      return rt_heap + RT_HEAP_SIZE;
47 }
48 #endif
49
50 /**
51   * @brief  开发板硬件初始化函数
52   * @param  无
53   * @retval 无
54   *
55   * @attention
56   * rtt把开发板相关的初始化函数统一放到board.c文件中实现，
57   * 当然，把这些函数统一放到main.c文件中也是可以的
58   */
59 void rt_hw_board_init()                                                (4)
60 {
61      /* 更新系统时钟 */
62      SystemCoreClockUpdate();                                          (4)-①
63
64      /* SysTick初始化 */
65      _SysTick_Config(SystemCoreClock / RT_TICK_PER_SECOND);            (4)-②
66
67      /* 硬件BSP初始化统统放在这里，比如LED、串口、LCD等 */              (4)-③
68
69      /* 调用组件初始化函数 (use INIT_BOARD_EXPORT()) */
70 #ifdef RT_USING_COMPONENTS_INIT
71      rt_components_board_init();                                       (4)-④
72 #endif
73
74 #if defined(RT_USING_CONSOLE) && defined(RT_USING_DEVICE)
75      rt_console_set_device(RT_CONSOLE_DEVICE_NAME);                    (4)-⑤
76 #endif
77
```

```
78 #if defined(RT_USING_USER_MAIN) && defined(RT_USING_HEAP)
79     rt_system_heap_init(rt_heap_begin_get(), rt_heap_end_get());  (4)-⑥
80 #endif
81 }
82
83 /**
84   * @brief  SysTick 中断服务函数
85   * @param  无
86   * @retval 无
87   *
88   * @attention
89   * SysTick 中断服务函数在固件库文件 stm32f10x_it.c 中也定义了，而现在
90   * 在 board.c 中又定义一次，那么编译的时候会出现重复定义的错误，解决
91   * 方法是把 stm32f10x_it.c 中的中断服务函数注释掉或者删除
92   */
93 void SysTick_Handler(void)                                          (5)
94 {
95     /* 进入中断 */
96     rt_interrupt_enter();
97
98     /* 更新时基 */
99     rt_tick_increase();
100
101    /* 离开中断 */
102    rt_interrupt_leave();
103 }
104
```

代码清单 10-3（1）：RT-Thread 相关头文件，rthw.h 是处理器相关，rtthread 与内核相关。

代码清单 10-3（2）：SysTick 相关的寄存器定义和初始化函数，这是与处理器相关的，稍后直接使用固件库函数，可以把这部分注释掉，也可以保留，看个人喜好。

代码清单 10-3（3）：RT-Thread 堆配置，如果同时定义了 RT_USING_USER_MAIN 和 RT_USING_HEAP 这两个宏，表示 RT-Thread 中创建内核对象时使用的是动态内存分配方案。堆可以是内部的 SRAM，也可以是外部的 SRAM 或 SDRAM，目前的方法是从内部 SRAM 中分配一部分静态内存作为堆空间，这里配置为 4KB。rt_heap_begin_get() 和 rt_heap_end_get() 这两个函数表示堆的起始地址和结束地址。这两个函数前面的宏 RT_WEAK 的原型是关键字 __weak，表示若定义，即其他地方定义了 rt_heap_begin_get() 和 rt_heap_end_get() 这两个函数实体，被 __weak 修饰的函数就会被覆盖。

RT_USING_USER_MAIN 和 RT_USING_HEAP 这两个宏在 rtconfig.h 中定义，RT_USING_USER_MAIN 默认启用，通过启用或者禁用 RT_USING_HEAP 这个宏来选择使用静态或者动态内存。无论是使用静态还是动态内存方案，使用的都是内部的 SRAM，区别是使用的内存是在程序编译时分配还是在运行时分配。

1. rt_hw_board_init() 函数

代码清单 10-3（4）：RT-Thread 启动时会调用一个名为 rt_hw_board_init() 的函数，从

函数名称我们可以知道它是用来初始化开发板硬件的，比如时钟、串口等，具体初始化哪类开发板硬件由用户选择。当这些硬件初始化好之后，RT-Thread 才继续往下启动。至于 RT-Thread 中哪个文件的哪个函数会调用 rt_hw_board_init()，在本章暂不详细介绍，留到第 13 章再深入探讨，这里我们只需要知道用户要自己编写一个 rt_hw_board_init() 函数供 RT-Thread 启动时调用即可。

代码清单 10-3（4）- ①：更新系统时钟，如果硬件已经能够运行，即都表示系统时钟是没有问题的，该函数一般由固件库提供。

代码清单 10-3（4）- ②：初始化系统定时器 SysTick，SysTick 给操作系统提供时基，一个时基我们称之为一个 tick，tick 是操作系统的最小时间单位。RT_TICK_PER_SECOND 是在 rtconfig.h 中定义的一个宏，用于配置 SysTick 每秒中断多少次，这里配置为 1000，即 1 秒钟内 SysTick 会中断 1000 次，即中断周期为 1ms。这部分功能后面我们会用固件库函数 SysTick_Config() 来代替。

代码清单 10-3（4）- ③：硬件 BSP 初始化统统放在这里，比如 LED、串口、LCD 等。目前我们暂时没有初始化任何开发板的硬件。

代码清单 10-3（4）- ④：这部分是 RT-Thread 为开发板组件提供的一个初始化函数，该函数在 components.c 中实现，由 rtconfig.h 中的宏 RT_USING_COMPONENTS_INIT 决定是否调用，默认是开启。

代码清单 10-3（4）- ⑤：rt_console_set_device() 是 RT-Thread 提供的一个控制台设置函数，它将指定 rt_kprintf() 函数的输出内容具体从什么设备打印出来。该函数在 kservice.c 中实现，由 rtconfig.h 中的 RT_USING_CONSOLE 和 RT_USING_DEVICE 这两个宏决定是否调用，目前我们暂时不用。

代码清单 10-3（4）- ⑥：rt_system_heap_init() 是 RT-Thread 提供的一个内存初始化函数，只有在使用 RT-Thread 提供的动态内存分配函数时才会用到。该函数在 mem.c 中实现，由 rtconfig.h 中的 RT_USING_HEAP 和 RT_USING_USER_MAIN 这两个宏决定是否调用，目前我们暂时不用。

2. SysTick_Handler() 函数

代码清单 10-3（5）：SysTick 中断服务函数是一个非常重要的函数，RT-Thread 所有与时间相关的内容都在该函数中处理，具体实现参见代码清单 10-4。

代码清单10-4　SysTick_Handler()函数

```
1 /**
2   * @brief  SysTick 中断服务函数
3   * @param  无
4   * @retval 无
5   *
6   * @attention
7   * SysTick 中断服务函数在固件库文件 stm32f10x_it.c 中也定义了，而现在
8   * 在 board.c 中又定义一次，那么编译的时候会出现重复定义的错误，解决
```

```
 9  * 方法是把 stm32f10x_it.c 中的中断服务函数注释掉或者删除
10  */
11 void SysTick_Handler(void)
12 {
13     /* 进入中断 */
14     rt_interrupt_enter();                          (1)
15
16     /* 更新时基 */
17     rt_tick_increase();                            (2)
18
19     /* 离开中断 */
20     rt_interrupt_leave();                          (3)
21 }
```

代码清单 10-4（1）：进入中断，对中断计数器 rt_interrupt_nest 执行加 1 操作。

代码清单 10-4（2）：rt_tick_increase() 用于更新时基，实现时间片，扫描系统定时器。

代码清单 10-4（3）：退出中断，对中断计数器 rt_interrupt_nest 执行减 1 操作。

10.6.2 board.c 文件修改

这里对 board.c 文件的内容修改得并不多，具体修改参见代码清单 10-5 中的加粗部分。

代码清单10-5 board.c文件修改

```
 1 /* 开发板硬件相关头文件 */
 2 #include "board.h"                                                    修改（1）
 3
 4 /* RT-Thread 相关头文件 */
 5 #include <rthw.h>
 6 #include <rtthread.h>
 7
 8 #if 0
 9 /*=============================================================*/ 修改（2）
10 /* 内核外设 NVIC 相关的寄存器定义 */
11 #define _SCB_BASE        (0xE000E010UL)
12 #define _SYSTICK_CTRL    (*(rt_uint32_t *)(_SCB_BASE + 0x0))
13 #define _SYSTICK_LOAD    (*(rt_uint32_t *)(_SCB_BASE + 0x4))
14 #define _SYSTICK_VAL     (*(rt_uint32_t *)(_SCB_BASE + 0x8))
15 #define _SYSTICK_CALIB   (*(rt_uint32_t *)(_SCB_BASE + 0xC))
16 #define _SYSTICK_PRI     (*(rt_uint8_t  *)(0xE000ED23UL))
17
18 /* 外部时钟和函数声明 */
19 extern void SystemCoreClockUpdate(void);
20 extern uint32_t SystemCoreClock;
21
22 /* 系统定时器 SysTick 初始化 */
23 static uint32_t _SysTick_Config(rt_uint32_t ticks)
24 {
25     if ((ticks- 1) > 0xFFFFFF)
26     {
```

```
27          return 1;
28      }
29
30      _SYSTICK_LOAD = ticks- 1;
31      _SYSTICK_PRI = 0xFF;
32      _SYSTICK_VAL  = 0;
33      _SYSTICK_CTRL = 0x07;
34
35      return 0;
36  }
37  /*==========================================================*/
38  #endif
39
40  #if defined(RT_USING_USER_MAIN) && defined(RT_USING_HEAP)
41  #define RT_HEAP_SIZE 1024
42  /* 从内部 SRAM 中分配一部分静态内存作为 rtt 的堆空间，这里配置为 4KB */
43  static uint32_t rt_heap[RT_HEAP_SIZE];
44  RT_WEAK void *rt_heap_begin_get(void)
45  {
46      return rt_heap;
47  }
48
49  RT_WEAK void *rt_heap_end_get(void)
50  {
51      return rt_heap + RT_HEAP_SIZE;
52  }
53  #endif
54
55  /**
56    * @brief  开发板硬件初始化函数
57    * @param  无
58    * @retval 无
59    *
60    * @attention
61    * RTT 把开发板相关的初始化函数统一放到 board.c 文件中实现,
62    * 当然，把这些函数统一放到 main.c 文件也是可以的
63    */
64  void rt_hw_board_init()
65  {
66  #if 0                                                   修改（3）
67      /* 更新系统时钟 */
68      SystemCoreClockUpdate();
69
70      /* SysTick 初始化 */
71      _SysTick_Config(SystemCoreClock / RT_TICK_PER_SECOND);
72  #endif
73      /* 初始化 SysTick */
74      SysTick_Config( SystemCoreClock / RT_TICK_PER_SECOND );
75
76      /* 硬件 BSP 初始化统统放在这里，比如 LED、串口、LCD 等 */
77
```

```
78      /* 调用组件初始化函数 (use INIT_BOARD_EXPORT()) */
79 #ifdef RT_USING_COMPONENTS_INIT
80      rt_components_board_init();
81 #endif
82
83 #if defined(RT_USING_CONSOLE) && defined(RT_USING_DEVICE)
84      rt_console_set_device(RT_CONSOLE_DEVICE_NAME);
85 #endif
86
87 #if defined(RT_USING_USER_MAIN) && defined(RT_USING_HEAP)
88      rt_system_heap_init(rt_heap_begin_get(), rt_heap_end_get());
89 #endif
90 }
91
92 /**
93    * @brief  SysTick中断服务函数
94    * @param  无
95    * @retval 无
96    *
97    * @attention
98    * SysTick中断服务函数在固件库文件stm32f10x_it.c中也定义了，而现在
99    * 在board.c中又定义一次，那么编译时会出现重复定义的错误，解决
100   * 方法是把stm32f10x_it.c中的中断服务函数注释掉或者删除
101   */
102 void SysTick_Handler(void)
103 {
104     /* 进入中断 */
105     rt_interrupt_enter();
106
107     /* 更新时基 */
108     rt_tick_increase();
109
110     /* 离开中断 */
111     rt_interrupt_leave();
112 }
113
```

代码清单 10-5 修改（1）：在 user 目录下新建一个 board.h 头文件，用来包含固件库和 BSP 相关的头文件并存放 board.c 中的函数声明，具体内容参见代码清单 10-6。

代码清单10-6 board.h文件内容

```
1 #ifndef __BOARD_H__
2 #define __BOARD_H__
3
4 /*
5 ******************************************************************************
6 *                                 包含的头文件
7 ******************************************************************************
8 */
9 /* STM32 固件库头文件 */
```

```
10 #include "stm32f10x.h"
11
12 /* 开发板硬件 bsp 头文件 */
13 #include "bsp_led.h"
14
15 /*
16 *************************************************************************
17 *                                 函数声明
18 *************************************************************************
19 */
20 void rt_hw_board_init(void);
21 void SysTick_Handler(void);
22
23
24 #endif/* __BOARD_H__ */
```

代码清单 10-5 修改（2）：SysTick 相关的寄存器和初始化函数统统屏蔽掉，将由固件库文件 core_cm3/core_cm4/core_cm7 中的替代。

代码清单 10-5 修改（3）：SysTick 初始化函数由固件库文件 core_cm3/core_cm4/core_cm7 中的 SysTick_Config() 函数替代。

如果使用的是 HAL 库（目前野火只在 STM32 M7 系列中使用 HAL 库），则必须添加系统时钟初始化函数，这个函数在我们利用 STM32CubeMX 代码生成工具配置工程时会自动生成，只需添加到 rt_hw_board_init() 函数进行初始化即可，具体实现参见代码清单 10-7 中的加粗部分。

代码清单10-7 修改使用HAL库的board.c文件

```
 1 /* 开发板硬件相关头文件 */
 2 #include "board.h"
 3
 4 /* RT-Thread 相关头文件 */
 5 #include <rthw.h>
 6 #include <rtthread.h>
 7
 8
 9 #if defined(RT_USING_USER_MAIN) && defined(RT_USING_HEAP)
10 #define RT_HEAP_SIZE 1024
11 /* 从内部 SRAM 中分配一部分静态内存来作为 rtt 的堆空间，这里配置为 4KB */
12 static uint32_t rt_heap[RT_HEAP_SIZE];
13 RT_WEAK void *rt_heap_begin_get(void)
14 {
15     return rt_heap;
16 }
17
18 RT_WEAK void *rt_heap_end_get(void)
19 {
20     return rt_heap + RT_HEAP_SIZE;
21 }
```

```
22 #endif
23
24 /**
25   * @brief  开发板硬件初始化函数
26   * @param  无
27   * @retval 无
28   *
29   * @attention
30   * RTT 把开发板相关的初始化函数统一放到 board.c 文件中实现，
31   * 当然，把这些函数统一放到 main.c 文件也是可以的。
32   */
33 void rt_hw_board_init()
34 {
35     /* 系统时钟初始化成 400MHz */
36     SystemClock_Config();                                              (1)
37
38     /* 初始化 SysTick */
39     HAL_SYSTICK_Config( HAL_RCC_GetSysClockFreq()/RT_TICK_PER_SECOND);  (2)
40
41     /* 硬件 BSP 初始化统统放在这里，比如 LED、串口、LCD 等 */
42
43
44     /* 调用组件初始化函数 (use INIT_BOARD_EXPORT()) */
45 #ifdef RT_USING_COMPONENTS_INIT
46     rt_components_board_init();
47 #endif
48
49 #if defined(RT_USING_CONSOLE) && defined(RT_USING_DEVICE)
50     rt_console_set_device(RT_CONSOLE_DEVICE_NAME);
51 #endif
52
53 #if defined(RT_USING_USER_MAIN) && defined(RT_USING_HEAP)
54     rt_system_heap_init(rt_heap_begin_get(), rt_heap_end_get());
55 #endif
56 }
57
58 /**
59   * @brief  SysTick 中断服务函数
60   * @param  无
61   * @retval 无
62   *
63   * @attention
64   * SysTick 中断服务函数在固件库文件 stm32f10x_it.c 中也定义了，而现在
65   * 在 board.c 中又定义一次，那么编译时会出现重复定义的错误，解决
66   * 方法是把 stm32f10x_it.c 中的中断服务函数注释掉或者删除
67   */
68 void SysTick_Handler(void)
69 {
70     /* 进入中断 */
71     rt_interrupt_enter();
72
```

```
73     /* 更新时基 */
74     rt_tick_increase();
75
76     /* 离开中断 */
77     rt_interrupt_leave();
78 }
79
80
81
82
83 /**
84   * @brief  System Clock 配置
85   *         system Clock 配置如下：
86      *            System Clock source  = PLL (HSE)
87      *            SYSCLK(Hz)           = 400000000 (CPU Clock)
88      *            HCLK(Hz)             = 200000000 (AXI and AHBs Clock)
89      *            AHB Prescaler        = 2
90      *            D1 APB3 Prescaler    = 2 (APB3 Clock  100MHz)
91      *            D2 APB1 Prescaler    = 2 (APB1 Clock  100MHz)
92      *            D2 APB2 Prescaler    = 2 (APB2 Clock  100MHz)
93      *            D3 APB4 Prescaler    = 2 (APB4 Clock  100MHz)
94      *            HSE Frequency(Hz)    = 25000000
95      *            PLL_M                = 5
96      *            PLL_N                = 160
97      *            PLL_P                = 2
98      *            PLL_Q                = 4
99      *            PLL_R                = 2
100     *            VDD(V)               = 3.3
101     *            Flash Latency(WS)    = 4
102   * @param  None
103   * @retval None
104   */
105 static void SystemClock_Config(void)                      (3)
106 {
107     RCC_ClkInitTypeDef RCC_ClkInitStruct;
108     RCC_OscInitTypeDef RCC_OscInitStruct;
109     HAL_StatusTypeDef ret = HAL_OK;
110
111     /*启用供电配置更新 */
112     MODIFY_REG(PWR->CR3, PWR_CR3_SCUEN, 0);
113
114     /* 当器件的时钟频率低于最大系统频率时，电压调节可以优化功耗，
115       关于系统频率的电压调节值的更新可以参考产品数据手册  */
116     __HAL_PWR_VOLTAGESCALING_CONFIG(PWR_REGULATOR_VOLTAGE_SCALE1);
117
118     while (!__HAL_PWR_GET_FLAG(PWR_FLAG_VOSRDY)) {}
119
120     /* 启用 HSE 振荡器并使用 HSE 作为源激活 PLL */
121     RCC_OscInitStruct.OscillatorType = RCC_OSCILLATORTYPE_HSE;
122     RCC_OscInitStruct.HSEState = RCC_HSE_ON;
123     RCC_OscInitStruct.HSIState = RCC_HSI_OFF;
```

```
124        RCC_OscInitStruct.CSIState = RCC_CSI_OFF;
125        RCC_OscInitStruct.PLL.PLLState = RCC_PLL_ON;
126        RCC_OscInitStruct.PLL.PLLSource = RCC_PLLSOURCE_HSE;
127
128        RCC_OscInitStruct.PLL.PLLM = 5;
129        RCC_OscInitStruct.PLL.PLLN = 160;
130        RCC_OscInitStruct.PLL.PLLP = 2;
131        RCC_OscInitStruct.PLL.PLLR = 2;
132        RCC_OscInitStruct.PLL.PLLQ = 4;
133
134        RCC_OscInitStruct.PLL.PLLVCOSEL = RCC_PLL1VCOWIDE;
135        RCC_OscInitStruct.PLL.PLLRGE = RCC_PLL1VCIRANGE_2;
136        ret = HAL_RCC_OscConfig(&RCC_OscInitStruct);
137        if (ret != HAL_OK) {
138
139            while (1) {
140                ;
141            }
142        }
143
144        /* 选择PLL作为系统时钟源并配置总线时钟分频器 */
145        RCC_ClkInitStruct.ClockType = (RCC_CLOCKTYPE_SYSCLK   | \
146                                       RCC_CLOCKTYPE_HCLK     | \
147                                       RCC_CLOCKTYPE_D1PCLKEY1 | \
148                                       RCC_CLOCKTYPE_PCLKEY1   | \
149                                       RCC_CLOCKTYPE_PCLKEY2   | \
150                                       RCC_CLOCKTYPE_D3PCLKEY1);
151        RCC_ClkInitStruct.SYSCLKSource = RCC_SYSCLKSOURCE_PLLCLK;
152        RCC_ClkInitStruct.SYSCLKDivider = RCC_SYSCLK_DIV1;
153        RCC_ClkInitStruct.AHBCLKDivider = RCC_HCLK_DIV2;
154        RCC_ClkInitStruct.APB3CLKDivider = RCC_APB3_DIV2;
155        RCC_ClkInitStruct.APB1CLKDivider = RCC_APB1_DIV2;
156        RCC_ClkInitStruct.APB2CLKDivider = RCC_APB2_DIV2;
157        RCC_ClkInitStruct.APB4CLKDivider = RCC_APB4_DIV2;
158        ret = HAL_RCC_ClockConfig(&RCC_ClkInitStruct, FLASH_LATENCY_4);
159        if (ret != HAL_OK) {
160            while (1) {
161                ;
162            }
163        }
164 }
165
166 /*****************************END OF FILE****************************/
167
```

代码清单 10-7（1）：添加系统时钟初始化函数在（3）中实现，为内部调用函数。

代码清单 10-7（2）：初始化系统时钟之后，需要对 SysTick 进行初始化，因为系统时钟初始化函数会在最后将 SysTick 的时钟也初始化为 HAL 库中默认的时钟，不满足我们系统的要求，所以只能使用 HAL_SYSTICK_Config 将 SysTick 重新初始化，根据我们的 RT_

TICK_PER_SECOND 宏定义进行配置，保证系统正常运行。

10.7 添加 core_delay.c 和 core_delay.h 文件

只有在使用 HAL（Hardware Abstraction Layer，硬件抽象层）库时才需要添加 core_delay.c 和 core_delay.h 文件。野火只在其 M7 系列的开发板使用了 HAL，M4 和 M3 系列使用的是标准库，不需要添加。

在 ST 的 Cortex-M7 内核系列的单片机中，就不再支持标准库，而是推出了 HAL 库，目前，野火只在 STM32 M7 系列中使用 HAL 库。

用一句话概括，HAL 库与标准库相比，与底层硬件的相关性大大降低，程序可移植性大大提高，电工写程序更容易，可以像计算机程序员那样写代码。对于新手来说，编码的门槛虽然降低了，但是 HAL 带来的占用内存大、编译慢等问题是很多老手不喜欢的，比如编译一次需要用 7 分钟，这是比较难以忍受的。鉴于 HAL 的优缺点，个人的观点是 HAL 库比较适合 ST Cortex-M7 内核系列这种大内存、高性能的 MCU，虽然 Cortex-M3/M4 也有 HAL 库，但是还是使用标准库比较好。

HAL 库驱动中，由于某些外设的驱动需要使用超时判断（比如 I2C、SPI、SDIO 等），需要精确延时（精度为 1ms），使用的是 SysTick，但是在操作系统中，我们需要使用 SysTick 来提供系统时基，那么就冲突了，怎么办？我们采取的做法是重写 HAL 库中延时相关的函数，只有 3 个：HAL_InitTick()、HAL_GetTick() 和 HAL_Delay()，这 3 个函数在 HAL 库中都是弱定义函数（函数开头带 __weak 关键字）。弱定义的意思是只要用户重写这 3 个函数，原来 HAL 库中的就会无效。

在 Cortex-M 内核中有一个外设为 DWT（Data Watchpoint and Trace），该外设有一个 32 位的寄存器 CYCCNT，它是一个向上的计数器，记录的是内核时钟运行的个数，最长能记录的时间为 10.74s，即 2^{32}/400 000 000（CYCNNT 从 0 开始计数到溢出，最长的延时时间与内核的频率有关，假设内核频率为 400MHz，内核时钟跳一次的时间大概为 1/400M Hz=2.5ns），当 CYCCNT 溢出之后，会清零重新开始向上计数。这种延时方案不仅精确，而且不占用单片机的外设资源，非常方便。所以 HAL 库中需要重写的 3 个函数我们都基于 CYCCNT 的方案来实现，具体实现参见代码清单 10-8 和代码清单 10-9 中的加粗部分，其中 core_delay.c 和 core_delay.h 这两个文件我们已经写好，放在 user 文件夹下即可，具体的使用方法参见注释。

代码清单10-8 core_delay.c文件内容

```
1 /**
2   ******************************************************************
3   * @file    core_delay.c
4   * @author  fire
5   * @version V1.0
```

```
6   * @date    2018-xx-xx
7   * @brief   使用内核寄存器精确延时
8   ***********************************************************************
9   * @attention
10  *
11  * 实验平台:野火 STM32H743 开发板
12  * 论坛:http://www.firebbs.cn
13  * 淘宝:https://fire-stm32.taobao.com
14  *
15  ***********************************************************************
16  */
17
18 #include "./delay/core_delay.h"
19
20
21 /*
22 ************************************************************************
23 *          时间戳相关寄存器定义
24 ************************************************************************
25 */
26 /*
27  在 Cortex-M 中有一个外设叫作 DWT(Data Watchpoint and Trace),
28  该外设有一个 32 位的寄存器叫作 CYCCNT,它是一个向上的计数器,
29  记录的是内核时钟运行的个数,最长能记录的时间为
30  10.74s,即 2^32/400 000 000
31  (假设内核频率为 400MHz,内核跳一次的时间大概为 1/400MHz=2.5ns)
32 当 CYCCNT 溢出之后,会清零重新开始向上计数。
33 启用 CYCCNT 计数的操作步骤:
34  1)先启用 DWT 外设,这由另外的内核调试寄存器 DEMCR 的位 24 控制,写 1 启用
35  2)启用 CYCCNT 寄存器之前,先清零
36  3)启用 CYCCNT 寄存器,这由 DWT_CTRL(代码上宏定义为 DWT_CR)的位 0 控制,写 1 启用
37  */
38
39
40 #define  DWT_CR       *(__IO uint32_t *)0xE0001000
41 #define  DWT_CYCCNT   *(__IO uint32_t *)0xE0001004
42 #define  DEM_CR       *(__IO uint32_t *)0xE000EDFC
43
44
45 #define  DEM_CR_TRCENA                   (1 << 24)
46 #define  DWT_CR_CYCCNTENA                (1 <<  0)
47
48
49 /**
50   * @brief  初始化时间戳
51   * @param  无
52   * @retval 无
53   * @note   使用延时函数前,必须调用本函数
54   */
55 HAL_StatusTypeDef HAL_InitTick(uint32_t TickPriority)    (1)
56 {
```

```
57      /* 启用 DWT 外设 */
58      DEM_CR |= (uint32_t)DEM_CR_TRCENA;
59
60      /* DWT CYCCNT 寄存器计数清零 */
61      DWT_CYCCNT = (uint32_t)0u;
62
63      /* 启用 Cortex-M DWT CYCCNT 寄存器 */
64      DWT_CR |= (uint32_t)DWT_CR_CYCCNTENA;
65
66      return HAL_OK;
67  }
68
69  /**
70    * @brief  读取当前时间戳
71    * @param  无
72    * @retval 当前时间戳，即 DWT_CYCCNT 寄存器的值
73    */
74  uint32_t CPU_TS_TmrRd(void)
75  {
76      return ((uint32_t)DWT_CYCCNT);
77  }
78
79  /**
80    * @brief  读取当前时间戳
81    * @param  无
82    * @retval 当前时间戳，即 DWT_CYCCNT 寄存器的值
83    */
84  uint32_t HAL_GetTick(void)                                    (2)
85  {
86      return ((uint32_t)DWT_CYCCNT*1000/SysClockFreq);
87  }
88
89
90  /**
91    * @brief  采用 CPU 的内部计数实现精确延时，32 位计数器
92    * @param  us : 延迟长度，单位 1 μs
93    * @retval 无
94    * @note   使用本函数前必须先调用 CPU_TS_TmrInit() 函数启用计数器，
95              或启用宏 CPU_TS_INIT_IN_DELAY_FUNCTION
96              最大延时值为 8s，即 8*1000*1000
97    */
98  void CPU_TS_Tmr_Delay_US(uint32_t us)
99  {
100     uint32_t ticks;
101     uint32_t told,tnow,tcnt=0;
102
103     /* 在函数内部初始化时间戳寄存器 */
104 #if (CPU_TS_INIT_IN_DELAY_FUNCTION)
105     /* 初始化时间戳并清零 */
106     HAL_InitTick(5);
107 #endif
```

```
108
109     ticks = us * (GET_CPU_ClkFreq() / 1000000);  /* 需要的节拍数 */
110     tcnt = 0;
111     told = (uint32_t)CPU_TS_TmrRd();          /* 刚进入时的计数器值 */
112
113     while (1) {
114         tnow = (uint32_t)CPU_TS_TmrRd();
115         if (tnow != told) {
116             /* 32 位计数器是递增计数器 */
117             if (tnow > told) {
118                 tcnt += tnow- told;
119             }
120             /* 重新装载 */
121             else {
122                 tcnt += UINT32_MAX- told + tnow;
123             }
124
125             told = tnow;
126
127             /* 时间超过 / 等于要延迟的时间，则退出 */
128             if (tcnt >= ticks)break;
129         }
130     }
131 }
132
133 /*******************************END OF FILE**********************/
134
```

代码清单 10-8（1）：重写 HAL_InitTick() 函数。

代码清单 10-8（2）：重写 HAL_GetTick () 函数。

代码清单10-9 core_delay.h文件内容

```
 1 #ifndef __CORE_DELAY_H
 2 #define __CORE_DELAY_H
 3
 4 #include "stm32h7xx.h"
 5
 6 /* 获取内核时钟频率 */
 7 #define GET_CPU_ClkFreq()          HAL_RCC_GetSysClockFreq()
 8 #define SysClockFreq               (400000000)
 9 /* 为方便使用，在延时函数内部调用 CPU_TS_TmrInit() 函数初始化时间戳寄存器，
10    这样每次调用函数都会初始化一遍。
11  把本宏值设置为 0，然后在 main() 函数刚运行时调用 CPU_TS_TmrInit() 可避免每次都初始化 */
12
13 #define CPU_TS_INIT_IN_DELAY_FUNCTION   0
14
15
16 /*******************************************************************
17  *                          函数声明
```

```
18  ****************************************************************/
19 uint32_t CPU_TS_TmrRd(void);
20 HAL_StatusTypeDef HAL_InitTick(uint32_t TickPriority);
21 // 使用以下函数前必须先调用 CPU_TS_TmrInit() 函数启用计数器，或启用宏
22 CPU_TS_INIT_IN_DELAY_FUNCTION
23 // 最大延时值为 8s
24 void CPU_TS_Tmr_Delay_US(uint32_t us);
25 #define HAL_Delay(ms)                CPU_TS_Tmr_Delay_US(ms*1000) (1)
26 #define CPU_TS_Tmr_Delay_S(s)        CPU_TS_Tmr_Delay_MS(s*1000)
27
28
29 #endif/* __CORE_DELAY_H */
30
```

代码清单 10-9（1）：重写 HAL_Delay () 函数。

10.8 修改 main.c

我们将原来裸机工程中 main.c 的文件内容全部删除，新增如下内容，具体参见代码清单 10-10。

代码清单10-10　main.c文件内容

```
 1 /**
 2   ***********************************************************************
 3   * @file    main.c
 4   * @author  fire
 5   * @version V1.0
 6   * @date    2018-xx-xx
 7   * @brief   RT-Thread 3.0 + STM32 工程模板
 8   ***********************************************************************
 9   * @attention
10   *
11   * 实验平台 :基于野火 STM32 全系列（M3/4/7）开发板
12   * 论坛 :http://www.firebbs.cn
13   * 淘宝 :https://fire-stm32.taobao.com
14   *
15   ***********************************************************************
16   */
17
18 /*
19 *************************************************************************
20 *                              包含的头文件
21 *************************************************************************
22 */
23 #include "board.h"
24 #include "rtthread.h"
25
26
```

```
27 /*
28 **************************************************************************
29 *                                变量
30 **************************************************************************
31 */
32
33
34 /*
35 **************************************************************************
36 *                              函数声明
37 **************************************************************************
38 */
39
40
41
42 /*
43 **************************************************************************
44 *                             main() 函数
45 **************************************************************************
46 */
47 /**
48   * @brief  主函数
49   * @param  无
50   * @retval 无
51   */
52 int main(void)
53 {
54     /* 暂时没有在main 线程中创建线程应用线程 */
55 }
56
57
58 /*********************************END OF FILE****************************/
```

10.9 下载验证

将程序编译好，用DAP仿真器把程序下载到野火STM32开发板（具体型号根据购买的板子而定，每个型号的板子都有对应的程序），但没有出现任何现象，这是因为目前我们还没有在main线程中创建应用线程，但是系统是已经运行起来了，只有默认的空闲线程和main线程。要想看到现象，需要在main中创建应用线程。如何创建线程，请参见第11章。

第 11 章 线程

在第 10 章中，我们已经基于野火 STM32 开发板创建好了 RT-Thread 的工程模板，本章开始我们将真正踏上使用 RT-Thread 的征程，先从最简单的创建线程开始，点亮一个 LED。

11.1 硬件初始化

本章创建的线程需要用到开发板上的 LED，所以先要将 LED 相关的函数初始化好，具体是在 board.c 的 rt_hw_board_init() 函数中初始化，具体实现参见代码清单 11-1 中的加粗部分。

代码清单11-1 rt_hw_board_init()中添加硬件初始化函数

```
1 /**
2   * @brief  开发板硬件初始化函数
3   * @param  无
4   * @retval 无
5   *
6   * @attention
7   * RTT 把开发板相关的初始化函数统一放到 board.c 文件中实现，
8   * 当然，把这些函数统一放到 main.c 文件中也是可以的
9   */
10 void rt_hw_board_init()
11 {
12     /* 初始化 SysTick */
13     SysTick_Config( SystemCoreClock / RT_TICK_PER_SECOND );
14 
15     /* 硬件 BSP 初始化统统放在这里，比如 LED、串口、LCD 等 */
16 
17     /* 初始化开发板的 LED */
18     LED_GPIO_Config();
19 
20     /* 调用组件初始化函数 (use INIT_BOARD_EXPORT()) */
21 #ifdef RT_USING_COMPONENTS_INIT
22     rt_components_board_init();
23 #endif
```

```
24
25 #if defined(RT_USING_CONSOLE) && defined(RT_USING_DEVICE)
26     rt_console_set_device(RT_CONSOLE_DEVICE_NAME);
27 #endif
28
29 #if defined(RT_USING_USER_MAIN) && defined(RT_USING_HEAP)
30     rt_system_heap_init(rt_heap_begin_get(), rt_heap_end_get());
31 #endif
32 }
```

执行到 rt_hw_board_init() 函数时，还没有涉及操作系统，即 rt_hw_board_init() 函数所做的工作与我们以前编写的裸机工程中的硬件初始化工作是一样的。运行完 rt_hw_board_init() 函数，接下来才慢慢启动操作系统，最后运行创建好的线程。有时候线程创建好，整个系统运行起来了，可想要的实验现象就是出不来，比如 LED 不会亮，串口没有输出，LCD 没有显示等。如果是初学者，这个时候就会心急如焚，那怎么办？这个时候如何判断是硬件的问题还是系统的问题？有个小技巧，即在硬件初始化好之后，顺便测试一下硬件，测试方法与裸机编程一样，具体实现参见代码清单 11-2 中的加粗部分。

代码清单11-2 rt_hw_board_init()中添加硬件测试函数

```
1 void rt_hw_board_init()
2 {
3     /* 初始化 SysTick */
4     SysTick_Config( SystemCoreClock / RT_TICK_PER_SECOND );
5
6     /* 硬件 BSP 初始化统统放在这里，比如 LED、串口、LCD 等 */
7
8     /* 初始化开发板的 LED */
9     LED_GPIO_Config();                              (1)
10
11    /* 测试硬件是否正常工作 */
12    LED1_ON;
13
14    /* 其他硬件初始化和测试 */                        (2)
15
16    /* 让程序停在这里，不再继续往下执行 */            (3)
17    while (1);
18
19    /* 调用组件初始化函数 use INIT_BOARD_EXPORT() */
20 #ifdef RT_USING_COMPONENTS_INIT
21    rt_components_board_init();
22 #endif
23
24 #if defined(RT_USING_CONSOLE) && defined(RT_USING_DEVICE)
25    rt_console_set_device(RT_CONSOLE_DEVICE_NAME);
26 #endif
27
28 #if defined(RT_USING_USER_MAIN) && defined(RT_USING_HEAP)
29    rt_system_heap_init(rt_heap_begin_get(), rt_heap_end_get());
```

```
30 #endif
31 }
```

代码清单 11-2（1）：初始化硬件后，顺便测试硬件，看硬件是否正常工作。

代码清单 11-2（2）：可以继续添加其他的硬件初始化和测试。确认硬件没有问题之后，可删除硬件测试代码，也可不删，因为 rt_hw_board_init() 函数只执行一遍。

代码清单 11-2（3）：方便测试硬件好坏，让程序停在这里，不再继续往下执行，当测试完毕后，必须删除“while(1);”。

11.2　创建单线程——SRAM 静态内存

这里，我们创建一个单线程，线程使用的栈和线程控制块都使用静态内存，即预先定义好的全局变量，这些预先定义好的全局变量都存在内部的 SRAM 中。

11.2.1　定义线程函数

线程实际上就是一个无限循环且不带返回值的 C 函数。目前，我们创建一个这样的线程，让开发板上的 LED 灯以 500ms 的时间间隔闪烁，具体实现参见代码清单 11-3。

代码清单11-3　定义线程函数

```
 1 static void led1_thread_entry(void *parameter)
 2 {
 3     while (1)
 4     {
 5         LED1_ON;
 6         rt_thread_delay(500);    /* 延时 500 个 tick */             (1)
 7
 8         LED1_OFF;
 9         rt_thread_delay(500);    /* 延时 500 个 tick */
10
11     }
12 }
```

代码清单 11-3（1）：线程中的延时函数必须使用 RT-Thread 中提供的延时函数，不能使用我们裸机编程中的那种延时。这两种延时的区别是 RT-Thread 中的延时是阻塞延时，即调用 rt_thread_delay() 函数时，当前线程会被挂起，调度器会切换到其他就绪的线程，从而实现多线程。如果还是使用裸机编程中的那种延时，那么整个线程就成了一个死循环，如果恰好该线程的优先级是最高的，那么系统永远都是在这个线程中运行，根本无法实现多线程。

目前我们只创建了一个线程，当线程进入延时时，因为没有另外就绪的用户线程，那么系统就会进入空闲线程，空闲线程是 RT-Thread 系统自己启动的一个线程，优先级最低。当整个系统都没有就绪线程时，系统必须保证有一个线程在运行，空闲线程就是为此设计的。当用户线程延时到期，又会从空闲线程切换回用户线程。

11.2.2 定义线程栈

在 RT-Thread 系统中，每一个线程都是独立的，其运行环境都单独保存在各自的栈空间当中。那么在定义好线程函数之后，我们还要为线程定义一个栈，目前我们使用的是静态内存，所以线程栈是一个独立的全局变量，具体实现参见代码清单 11-4。线程的栈占用的是 MCU 内部的 RAM，当线程越多时，需要使用的栈空间就越大，即需要使用的 RAM 空间就越多。一个 MCU 能够支持多少线程，取决于 RAM 空间的大小。

代码清单11-4 定义线程栈

```
1 /* 定义线程栈时要求 RT_ALIGN_SIZE 个字节对齐 */
2 ALIGN(RT_ALIGN_SIZE)
3 /* 定义线程栈 */
4 static rt_uint8_t rt_led1_thread_stack[1024];
```

在大多数系统中需要做栈空间地址对齐，例如在 ARM 体系结构中需要向 4 字节地址对齐。实现栈对齐的方法为，在定义栈之前，放置一条 ALIGN(RT_ALIGN_SIZE) 语句，指定接下来定义的变量的地址对齐方式。其中，ALIGN 是在 rtdef.h 中定义的一个宏，根据编译器的不同，该宏的具体定义是不一样的，在 ARM 编译器中，该宏的定义具体参见代码清单 11-5。ALIGN 宏的形参 RT_ALIGB_SIZE 是在 rtconfig.h 中的一个宏，目前定义为 4。

代码清单11-5 ALIGN宏定义

```
/* 只针对 ARM 编译器，在其他编译器中，该宏的实现会不一样 */
1 #define ALIGN(n)                    __attribute__((aligned(n)))
```

11.2.3 定义线程控制块

定义好线程函数和线程栈之后，我们还需要为线程定义一个线程控制块，通常我们称这个线程控制块为线程的身份证。在 C 代码上，线程控制块就是一个结构体，里面有非常多的成员，这些成员共同描述了线程的全部信息，具体参见代码清单 11-6。

代码清单11-6 定义线程控制块

```
1 /* 定义线程控制块 */
2 static struct rt_thread led1_thread;
```

11.2.4 初始化线程

一个线程的三要素是线程主体函数、线程栈、线程控制块，那么怎样把这 3 个要素联合在一起？RT-Thread 中有一个线程初始化函数 rt_thread_init()，用于将线程主体函数、线程栈（静态的）和线程控制块（静态的）这三者联系在一起，让线程可以随时被系统启动，具体参见代码清单 11-7。

代码清单11-7 初始化线程

```
1 rt_thread_init(&led1_thread,                 /* 线程控制块 */       (1)
2                "led1",                       /* 线程名字 */         (2)
3                led1_thread_entry,            /* 线程入口函数 */     (3)
4                RT_NULL,                      /* 线程入口函数参数 */ (4)
5                &rt_led1_thread_stack[0],     /* 线程栈起始地址 */   (5)
6                sizeof(rt_led1_thread_stack), /* 线程栈大小 */       (6)
7                3,                            /* 线程的优先级 */     (7)
8                20);                          /* 线程时间片 */       (8)
```

代码清单 11-7（1）：线程控制块指针，在使用静态内存时，需要给线程初始化函数 rt_thread_init() 传递预先定义好的线程控制块的指针。在使用动态内存时，线程创建函数 rt_thread_create() 会返回一个指针指向线程控制块，该线程控制块是 rt_thread_create() 函数中动态分配的一块内存。

代码清单 11-7（2）：线程名字、字符串形式、最大长度由 rtconfig.h 中定义的 RT_NAME_MAX 宏指定，多余部分会被自动截掉。

代码清单 11-7（3）：线程入口函数，即线程函数的名称。

代码清单 11-7（4）：线程入口函数形参，不用时配置为 0 即可。

代码清单 11-7（5）：线程栈起始地址，只有在使用静态内存时才需要提供，在使用动态内存时会根据提供的线程栈大小自动创建。

代码清单 11-7（6）：线程栈大小，单位为字节。

代码清单 11-7（7）：线程的优先级。优先级范围根据 rtconfig.h 中的宏 RT_THREAD_PRIORITY_MAX 决定，最多支持 256 个优先级，目前配置为 32。在 RT-Thread 中，数值越小优先级越高，0 代表最高优先级。

代码清单 11-7（8）：线程的时间片大小。时间片的单位是操作系统的时钟节拍。当系统中存在相同优先级线程时，这个参数指定线程一次调度能够运行的最大时间长度。这个时间片运行结束时，调度器自动选择下一个就绪态的同优先级线程运行。如果同一个优先级下只有一个线程，那么时间片这个形参就不起作用。

11.2.5 启动线程

当线程初始化好后，是处于线程初始态（RT_THREAD_INIT），并不能够参与操作系统的调度，只有当线程进入就绪态（RT_THREAD_READY）之后才能参与操作系统的调度。线程由初始态进入就绪态可由函数 rt_thread_startup() 来实现，具体实现参见代码清单 11-8。

代码清单11-8 启动线程

```
/* 启动线程，开启调度 */
1 rt_thread_startup(&led1_thread);
```

11.2.6 main.c 文件内容

现在我们把线程主体、线程栈、线程控制块这 3 部分代码统一放到 main.c 中，具体内容参见代码清单 11-9。

代码清单11-9 main.c文件内容

```
1 /*
2 *************************************************************************
3 *                             包含的头文件
4 *************************************************************************
5 */
6 #include "board.h"
7 #include "rtthread.h"
8
9
10 /*
11 *************************************************************************
12 *                               变量
13 *************************************************************************
14 */
15 /* 定义线程控制块 */
16 static struct rt_thread led1_thread;
17
18 /* 定义线程控栈时要求 RT_ALIGN_SIZE 个字节对齐 */
19 ALIGN(RT_ALIGN_SIZE)
20 /* 定义线程栈 */
21 static rt_uint8_t rt_led1_thread_stack[1024];
22 /*
23 *************************************************************************
24 *                             函数声明
25 *************************************************************************
26 */
27 static void led1_thread_entry(void *parameter);
28
29
30 /*
31 *************************************************************************
32 *                             main() 函数
33 *************************************************************************
34 */
35 /**
36   * @brief  主函数
37   * @param  无
38   * @retval 无
39   */
40 int main(void)
41 {
42     /*
43      * 开发板硬件初始化，RTT 系统初始化已经在 main() 函数之前完成，
44      * 即在 component.c 文件中的 rtthread_startup() 函数中完成了。
45      * 所以在 main() 函数中，只需要创建线程和启动线程即可
46      */
47
```

```
48     rt_thread_init(&led1_thread,                     /* 线程控制块 */
49                    "led1",                           /* 线程名字 */
50                    led1_thread_entry,                /* 线程入口函数 */
51                    RT_NULL,                          /* 线程入口函数参数 */
52                    &rt_led1_thread_stack[0],         /* 线程栈起始地址 */
53                    sizeof(rt_led1_thread_stack),     /* 线程栈大小 */
54                    3,                                /* 线程的优先级 */
55                    20);                              /* 线程时间片 */
56     rt_thread_startup(&led1_thread);                 /* 启动线程，开启调度 */
57 }
58
59 /*
60 *************************************************************************
61 *                              线程定义
62 *************************************************************************
63 */
64
65 static void led1_thread_entry(void *parameter)
66 {
67     while (1)
68     {
69         LED1_ON;
70         rt_thread_delay(500);    /* 延时 500 个 tick */
71
72         LED1_OFF;
73         rt_thread_delay(500);    /* 延时 500 个 tick */
74
75     }
76 }
77
78 /*********************************END OF FILE****************************/
```

11.3　下载验证 SRAM 静态内存单线程

将程序编译好，用 DAP 仿真器把程序下载到野火 STM32 开发板（具体型号根据购买的板子而定，每个型号的板子都配套有对应的程序），可以看到板子上的 LED 灯已经在闪烁，说明我们创建的单线程（使用静态内存）已经运行起来了。

在当前这个例程中，线程的栈、线程的控制块用的都是静态内存，必须由用户预先定义，这种方法我们在使用 RT-Thread 时用得比较少，通常的方法是在线程创建时动态地分配线程栈和线程控制块的内存空间，接下来我们讲解创建单线程——SRAM 动态内存的方法。

11.4　创建单线程——SRAM 动态内存

这里，我们创建一个单线程，线程使用的栈和线程控制块是在创建线程时 RT-Thread 动态分配的，并不是预先定义好的全局变量。那么这些动态的内存堆是从哪里来的？继续往下看。

11.4.1 动态内存空间堆的来源

在创建单线程——SRAM 静态内存的例程中，线程控制块和线程栈的内存空间都是从内部的 SRAM 中分配的，具体分配到哪个地址由编译器决定。现在我们开始使用动态内存，即堆，其实堆也是内存，也属于 SRAM。现在我们的做法是在 SRAM 中定义一个大数组供 RT-Thread 的动态内存分配函数使用，这些代码在 board.c 开头实现，具体实现参见代码清单 11-10。

代码清单11-10 定义RT-Thread的堆到内部SRAM

```
1 #if defined(RT_USING_USER_MAIN) && defined(RT_USING_HEAP)                 (1)
2
3 /* 从内部 SRAM（即 DTCM）中分配一部分静态内存来作为 RT-Thread 的堆空间，这里配置为 4KB */
4 #define RT_HEAP_SIZE 1024
5 static uint32_t rt_heap[RT_HEAP_SIZE];                                    (2)
6 RT_WEAK void *rt_heap_begin_get(void)                                     (3)
7 {
8     return rt_heap;
9 }
10
11 RT_WEAK void *rt_heap_end_get(void)                                      (4)
12 {
13     return rt_heap + RT_HEAP_SIZE;
14 }
15 #endif
16
17
18 /* 该部分代码截取自函数 rt_hw_board_init() */
19 #if defined(RT_USING_USER_MAIN) && defined(RT_USING_HEAP)
20 rt_system_heap_init(rt_heap_begin_get(), rt_heap_end_get());             (5)
21 #endif
```

代码清单 11-10（1）：RT_USING_USER_MAIN 和 RT_USING_HEAP 这两个宏，在 rtconfig.h 中定义，RT_USING_USER_MAIN 默认开启，RT_USING_HEAP 在使用动态内存时需要开启。

代码清单 11-10（2）：从内部 SRAM 中定义一个静态数组 rt_heap，大小由 RT_HEAP_SIZE 这个宏决定，目前定义为 4KB。定义的堆大小不能超过内部 SRAM 的总大小。

代码清单 11-10（3）：rt_heap_begin_get() 用于获取堆的起始地址。

代码清单 11-10（4）：rt_heap_end_get() 用于获取堆的结束地址。

代码清单 11-10（5）：rt_system_heap_init() 根据堆的起始地址和结束地址进行堆的初始化。rt_system_heap_init() 需要两个形参，一个是堆的起始地址，另外一个是堆的结束地址，如果我们使用外部 SDRAM 作为堆，这两个形参直接传入外部 SDRAM 地址范围内的地址即可。

11.4.2 定义线程函数

使用动态内存时，线程的主体函数与使用静态内存时是一样的，具体参见代码清单 11-11。

代码清单11-11 定义线程函数

```
 1 static void led1_thread_entry(void *parameter)
 2 {
 3     while (1)
 4     {
 5         LED1_ON;
 6         rt_thread_delay(500);    /* 延时 500 个 tick */
 7
 8         LED1_OFF;
 9         rt_thread_delay(500);    /* 延时 500 个 tick */
10
11     }
12 }
```

11.4.3 定义线程栈

使用动态内存时，线程栈在线程创建时创建，不用像使用静态内存那样要预先定义好一个全局的静态的栈空间。

11.4.4 定义线程控制块指针

线程控制块是在线程创建时创建，线程创建函数会返回一个指针，用于指向线程控制块，所以要预先为线程栈定义一个线程控制块指针，具体实现参见代码清单 11-12。

代码清单11-12 定义线程控制块指针

```
1 /* 定义线程控制块指针 */
2 static  rt_thread_t led1_thread = RT_NULL;
```

11.4.5 创建线程

使用静态内存时，使用 rt_thread_init() 来初始化一个线程，使用动态内存时，使用 rt_thread_create() 函数来创建一个线程，两者的函数名不一样，具体的形参也有区别，具体参见代码清单 11-13。

代码清单11-13 创建线程

```
1 led1_thread =                             /* 线程控制块指针 */         (1)
2 rt_thread_create( "led1",                 /* 线程名字 */               (2)
3                   led1_thread_entry,      /* 线程入口函数 */           (3)
4                   RT_NULL,                /* 线程入口函数参数 */       (4)
5                   512,                    /* 线程栈大小 */             (5)
6                   3,                      /* 线程的优先级 */           (6)
7                   20);                    /* 线程时间片 */             (7)
```

代码清单 11-13（1）：线程控制块指针，在使用静态内存时，需要给线程初始化函数 rt_thread_init() 传递预先定义好的线程控制块的指针。在使用动态内存时，线程创建函数 rt_thread_create() 会返回一个指针指向线程控制块，该线程控制块是 rt_thread_create() 函数中动态分配的一块内存。

代码清单 11-13（2）：线程名字，字符串形式，最大长度由 rtconfig.h 中定义的 RT_NAME_MAX 宏指定，多余部分会被自动截掉。

代码清单 11-13（3）：线程入口函数，即线程函数的名称。

代码清单 11-13（4）：线程入口函数形参，不用时配置为 0 即可。

代码清单 11-13（5）：线程栈大小，单位为字节。使用动态内存创建线程时，与使用静态内存线程初始化函数不一样，不再需要提供线程栈的起始地址，只需要知道线程栈的大小即可，因为它是在线程创建时动态分配的。

代码清单 11-13（6）：线程的优先级。优先级范围根据 rtconfig.h 中的宏 RT_THREAD_PRIORITY_MAX 决定，最多支持 256 个优先级，目前配置为 32。在 RT-Thread 中，数值越小优先级越高，0 代表最高优先级。

代码清单 11-13（7）：线程的时间片大小。时间片的单位是操作系统的时钟节拍。当系统中存在相同优先级线程时，这个参数指定线程一次调度能够运行的最大时间长度。这个时间片运行结束时，调度器自动选择下一个就绪态的同优先级线程进行运行。如果同一个优先级下只有一个线程，那么时间片这个形参就不起作用。

11.4.6 启动线程

当线程创建好后，是处于线程初始态（RT_THREAD_INIT），并不能参与操作系统的调度，只有当线程进入就绪态（RT_THREAD_READY）之后才能参与操作系统的调度。线程由初始态进入就绪态可由函数 rt_thread_startup() 来实现，具体实现参见代码清单 11-14。

代码清单11-14 启动线程

```
1 if (led1_thread != RT_NULL)
2     rt_thread_startup(led1_thread);/* 启动线程，开启调度 */
3 else
4     return -1;
```

11.4.7 main.c 文件内容

现在我们把线程主体、线程栈指针、线程控制块这 3 部分代码统一放到 main.c 中，具体参见代码清单 11-15。

代码清单11-15 main.c文件内容

```
1 #if defined(RT_USING_USER_MAIN) && defined(RT_USING_HEAP)
2 #define RT_HEAP_SIZE 1024
3 /* 从内部 SRAM 中分配一部分静态内存作为 RTT 的堆空间，这里配置为 4KB */
```

```
 4 static uint32_t rt_heap[RT_HEAP_SIZE];
 5 RT_WEAK void *rt_heap_begin_get(void)
 6 {
 7     return rt_heap;
 8 }
 9
10 RT_WEAK void *rt_heap_end_get(void)
11 {
12     return rt_heap + RT_HEAP_SIZE;
13 }
14 #endif
15
16 /* 该部分代码截取自函数 rt_hw_board_init() */
17 #if defined(RT_USING_USER_MAIN) && defined(RT_USING_HEAP)
18 //rt_system_heap_init((void *)HEAP_BEGIN, (void *)SRAM_END);
19 rt_system_heap_init(rt_heap_begin_get(), rt_heap_end_get());
20 #endif
21
22
23 /*
24 *************************************************************************
25 *                              包含的头文件
26 *************************************************************************
27 */
28 #include "board.h"
29 #include "rtthread.h"
30
31
32 /*
33 *************************************************************************
34 *                                变量
35 *************************************************************************
36 */
37 /* 定义线程控制块指针 */
38 static rt_thread_t led1_thread = RT_NULL;
39
40 /*
41 *************************************************************************
42 *                              函数声明
43 *************************************************************************
44 */
45 static void led1_thread_entry(void *parameter);
46
47
48 /*
49 *************************************************************************
50 *                              main() 函数
51 *************************************************************************
52 */
53 /**
54   * @brief  主函数
55   * @param  无
```

```
56   * @retval 无
57   */
58 int main(void)
59 {
60     /*
61      * 开发板硬件初始化，RTT 系统初始化已经在 main() 函数之前完成，
62      * 即在 component.c 文件中的 rtthread_startup() 函数中完成了。
63      * 所以在 main() 函数中，只需要创建线程和启动线程即可
64      */
65
66     led1_thread =                               /* 线程控制块指针 */
67     rt_thread_create( "led1",                   /* 线程名字 */
68                       led1_thread_entry,        /* 线程入口函数 */
69                       RT_NULL,                  /* 线程入口函数参数 */
70                       512,                      /* 线程栈大小 */
71                       3,                        /* 线程的优先级 */
72                       20);                      /* 线程时间片 */
73
74     /* 启动线程，开启调度 */
75     if (led1_thread != RT_NULL)
76         rt_thread_startup(led1_thread);
77     else
78         return -1;
79 }
80
81 /*
82 *************************************************************************
83 *                               线程定义
84 *************************************************************************
85 */
86
87 static void led1_thread_entry(void *parameter)
88 {
89     while (1)
90     {
91         LED1_ON;
92         rt_thread_delay(500);   /* 延时 500 个 tick */
93
94         LED1_OFF;
95         rt_thread_delay(500);   /* 延时 500 个 tick */
96
97     }
98 }
99
100 /********************************END OF FILE****************************/
```

11.5 下载验证 SRAM 动态内存单线程

将程序编译好，用 DAP 仿真器把程序下载到野火 STM32 开发板（具体型号根据购买

的板子而定，每个型号的板子都配套有对应的程序)，可以看到板子上面的 LED 灯已经在闪烁，说明我们创建的单线程（使用动态内存）已经运行起来了。在后面的实验中，我们创建内核对象均采用动态内存分配方案。

11.6　创建多线程——SRAM 动态内存

创建多线程只需要按照创建单线程的方法操作即可，接下来我们创建两个线程，线程 1 让一个 LED 灯闪烁，线程 2 让另外一个 LED 灯闪烁，两个 LED 灯闪烁的频率不一样，具体实现参见代码清单 11-16 中的加粗部分，两个线程的优先级不一样。

代码清单11-16　创建多线程——SRAM动态内存

```
 1 /*
 2 *************************************************************************
 3 *                              包含的头文件
 4 *************************************************************************
 5 */
 6 #include "board.h"
 7 #include "rtthread.h"
 8 
 9 
10 /*
11 *************************************************************************
12 *                                 变量
13 *************************************************************************
14 */
15 /* 定义线程控制块指针 */
16 static rt_thread_t led1_thread = RT_NULL;
17 static rt_thread_t led2_thread = RT_NULL;
18 
19 /*
20 *************************************************************************
21 *                               函数声明
22 *************************************************************************
23 */
24 static void led1_thread_entry(void *parameter);
25 static void led2_thread_entry(void *parameter);
26 
27 
28 /*
29 *************************************************************************
30 *                             main() 函数
31 *************************************************************************
32 */
33 /**
34   * @brief  主函数
35   * @param  无
36   * @retval 无
```

```
37 */
38 int main(void)
39 {
40     /*
41      * 开发板硬件初始化，RTT 系统初始化已经在 main() 函数之前完成，
42      * 即在 component.c 文件中的 rtthread_startup() 函数中完成了
43      * 所以在 main() 函数中，只需要创建线程和启动线程即可
44      */
45 
46     led1_thread =                                    /* 线程控制块指针 */
47     rt_thread_create( "led1",                         /* 线程名字 */
48                       led1_thread_entry,              /* 线程入口函数 */
49                       RT_NULL,                        /* 线程入口函数参数 */
50                       512,                            /* 线程栈大小 */
51                       3,                              /* 线程的优先级 */
52                       20);                            /* 线程时间片 */
53 
54     /* 启动线程，开启调度 */
55     if (led1_thread != RT_NULL)
56         rt_thread_startup(led1_thread);
57     else
58         return -1;
59 
60     led2_thread =                                    /* 线程控制块指针 */
61     rt_thread_create( "led2",                         /* 线程名字 */
62                       led2_thread_entry,              /* 线程入口函数 */
63                       RT_NULL,                        /* 线程入口函数参数 */
64                       512,                            /* 线程栈大小 */
65                       4,                              /* 线程的优先级 */
66                       20);                            /* 线程时间片 */
67 
68     /* 启动线程，开启调度 */
69     if (led2_thread != RT_NULL)
70         rt_thread_startup(led2_thread);
71     else
72         return -1;
73 }
74 
75 /*
76 ******************************************************************************
77 *                              线程定义
78 ******************************************************************************
79 */
80 
81 static void led1_thread_entry(void *parameter)
82 {
83     while (1)
84     {
85         LED1_ON;
86         rt_thread_delay(500);    /* 延时 500 个 tick */
```

```
 87
 88             LED1_OFF;
 89             rt_thread_delay(500);    /* 延时 500 个 tick */
 90
 91         }
 92 }
 93
 94 static void led2_thread_entry(void *parameter)
 95 {
 96     while (1)
 97     {
 98         LED2_ON;
 99         rt_thread_delay(300);    /* 延时 300 个 tick */
100
101         LED2_OFF;
102         rt_thread_delay(300);    /* 延时 300 个 tick */
103
104     }
105 }
106 /*****************************END OF FILE*****************************/
```

目前多线程我们只创建了 2 个，如果要创建 3 个、4 个甚至更多，都用同样的方法，容易忽略的地方是线程栈的大小以及每个线程的优先级。大的线程，栈空间要设置得大一点，重要的线程优先级要设置得高一点。

11.7　下载验证 SRAM 动态内存多线程

将程序编译好，用 DAP 仿真器把程序下载到野火 STM32 开发板（具体型号根据购买的板子而定，每个型号的板子都有对应的程序），可以看到板子上面的 2 个 LED 灯以不同的频率在闪烁，说明我们创建的多线程（使用动态内存）已经运行起来了。

第 12 章

重映射串口到 rt_kprintf() 函数

在 RT-Thread 中，有一个打印函数 rt_kprintf() 供用户使用，方便在调试时输出各种信息。如果要想使用 rt_kprintf()，则必须将控制台重映射到 rt_kprintf()，这个控制台可以是串口、CAN、USB、以太网等输出设备，用得最多的就是串口，接下来我们讲解如何将串口重定向到 rt_kprintf()。

12.1 rt_kprintf() 函数定义

rt_kprintf() 函数在 kservice.c 中实现，属于内核服务类的函数，具体实现参见代码清单 12-1。

代码清单12-1 rt_kprintf()函数定义

```
 1 /**
 2  * @brief 这个函数用于向控制台打印特定格式的字符串
 3  *
 4  * @param fmt 指定的格式
 5  */
 6 void rt_kprintf(const char *fmt, ...)
 7 {
 8     va_list args;
 9     rt_size_t length;
10     static char rt_log_buf[RT_CONSOLEBUF_SIZE];                        (1)
11
12     va_start(args, fmt);
13     /* rt_vsnprintf 的返回值 length 表示按照 fmt
14     指定的格式写入 rt_log_buf 的字符长度 */
15  length = rt_vsnprintf(rt_log_buf, sizeof(rt_log_buf)- 1, fmt, args); (2)
16     /* 如果 length 超过 RT_CONSOLEBUF_SIZE，则进行截短，
17     即最多只能输出 RT_CONSOLEBUF_SIZE 个字符 */
18     if (length > RT_CONSOLEBUF_SIZE- 1)
19         length = RT_CONSOLEBUF_SIZE- 1;
20
21     /* 使用设备驱动 */
22 #ifdef RT_USING_DEVICE                                                  (3)
23     if (_console_device == RT_NULL)
```

```
24      {
25          rt_hw_console_output(rt_log_buf);
26      }
27      else
28      {
29          rt_uint16_t old_flag = _console_device->open_flag;
30
31          _console_device->open_flag |= RT_DEVICE_FLAG_STREAM;
32          rt_device_write(_console_device, 0, rt_log_buf, length);
33          _console_device->open_flag = old_flag;
34      }
35 #else
36      /* 没有使用设备驱动，则由 rt_hw_console_output() 函数处理，
37      该函数需要用户自己实现 */
38      rt_hw_console_output(rt_log_buf);                                  (4)
39 #endif
40      va_end(args);
41 }
```

代码清单 12-1（1）：先定义一个字符缓冲区，大小由 rt_config.h 中的宏 RT_CONSOLEBUF_SIZE 定义，默认为 128。

代码清单 12-1（2）：调用 rt_vsnprintf() 函数，将要输出的字符按照 fmt 指定的格式打印到预先定义好的 rt_log_buf 缓冲区，然后将缓冲区的内容输出到控制台即可，接下来就是选择使用什么控制台。

代码清单 12-1（3）：如果使用设备驱动，则通过设备驱动函数将 rt_log_buf 缓冲区的内容输出到控制台。如果设备控制台打开失败，则由 rt_hw_console_output() 函数处理，这个函数需要用户单独实现。

代码清单 12-1（4）：不使用设备驱动，rt_log_buf 缓冲区的内容则由 rt_hw_console_output() 函数处理，这个函数需要用户单独实现。

12.2　自定义 rt_hw_console_output() 函数

目前，我们不使用 RT-Thread 的设备驱动，那通过 rt_kprintf() 输出的内容则由 rt_hw_console_output() 函数处理，这个函数需要用户单独实现。其实，实现这个函数也很简单，只需要通过一个控制台将 rt_log_buf 缓冲区的内容发送出去即可，这个控制台可以是 USB、串口、CAN 等，使用得最多的控制台则是串口。这里我们只讲解如何将串口控制台重映射到 rt_kprintf() 函数，rt_hw_console_output() 函数在 board.c 中实现，具体实现参见代码清单 12-2。

代码清单12-2　重映射串口控制台到rt_kprintf()函数

```
1 /**
2   * @brief  重映射串口 DEBUG_USARTx 到 rt_kprintf() 函数
```

```
3    *   Note: DEBUG_USARTx 是在 bsp_usart.h 中定义的宏，默认使用串口 1
4    * @param  str: 要输出到串口的字符串
5    * @retval 无
6    *
7    * @attention
8    *
9    */
10 void rt_hw_console_output(const char *str)
11 {
12     /* 进入临界段 */
13     rt_enter_critical();
14
15     /* 直到字符串结束 */
16     while (*str!='\0')
17     {
18         /* 换行 */
19         if (*str=='\n')
20         {
21             USART_SendData(DEBUG_USARTx, '\r');
22             while (USART_GetFlagStatus(DEBUG_USARTx, USART_FLAG_TXE) == RESET);
23         }
24
25         USART_SendData(DEBUG_USARTx, *str++);
26         while (USART_GetFlagStatus(DEBUG_USARTx, USART_FLAG_TXE) == RESET);
27     }
28
29     /* 退出临界段 */
30     rt_exit_critical();
31 }
```

如果我们使用的是 HAL 库，rt_hw_console_output() 函数就需要做不一样的修改，使用 HAL 库的串口发送函数接口，具体实现参见代码清单 12-3 中的加粗部分。

代码清单12-3 重映射串口控制台到rt_kprintf()函数

```
1 /**
2   * @brief  重映射串口 DEBUG_USARTx 到 rt_kprintf() 函数
3   *   Note: DEBUG_USARTx 是在 bsp_usart.h 中定义的宏，默认使用串口 1
4   * @param  str: 要输出到串口的字符串
5   * @retval 无
6   *
7   * @attention
8   *
9   */
10 void rt_hw_console_output(const char *str)
11 {
12     /* 进入临界段 */
13     rt_enter_critical();
14
15     /* 直到字符串结束 */
```

```
16      while (*str!='\0') {
17          /* 换行 */
18          if (*str=='\n') {
19              HAL_UART_Transmit( &UartHandle,(uint8_t *)'\r',1,1000);
20          }
21          HAL_UART_Transmit( &UartHandle,(uint8_t *)(str++),1,1000);
22      }
23
24      /* 退出临界段 */
25      rt_exit_critical();
26 }
```

12.3　测试 rt_kprintf() 函数

12.3.1　硬件初始化

rt_kprintf() 函数输出的控制台使用的是开发板上的串口（野火 STM32 全系列的开发板都板载了 USB 转串口，然后通过跳帽默认接到了 STM32 的串口 1），所以需要先将裸机的串口驱动添加到工程并在开发环境中指定串口驱动头文件的编译路径，然后在 board.c 的 rt_hw_board_init() 函数中对串口初始化，具体实现参见代码清单 12-4 中的加粗部分。

代码清单12-4　在rt_hw_board_init()中添加串口初始化代码

```
 1 void rt_hw_board_init()
 2 {
 3     /* 初始化 SysTick */
 4     SysTick_Config( SystemCoreClock / RT_TICK_PER_SECOND );
 5
 6     /* 硬件 BSP 初始化统统放在这里，比如 LED、串口、LCD 等 */
 7
 8     /* 初始化开发板的 LED */
 9     LED_GPIO_Config();
10
11     /* 初始化开发板的串口 */
12     USART_Config();
13
14
15     /* 调用组件初始化函数 (use INIT_BOARD_EXPORT()) */
16 #ifdef RT_USING_COMPONENTS_INIT
17     rt_components_board_init();
18 #endif
19
20 #if defined(RT_USING_CONSOLE) && defined(RT_USING_DEVICE)
21     rt_console_set_device(RT_CONSOLE_DEVICE_NAME);
22 #endif
23
24 #if defined(RT_USING_USER_MAIN) && defined(RT_USING_HEAP)
```

```
25     rt_system_heap_init(rt_heap_begin_get(), rt_heap_end_get());
26 #endif
27 }
```

12.3.2 编写 rt_kprintf() 测试代码

当 rt_kprintf() 函数对应的输出控制台初始化好之后（在 rt_hw_board_init() 中完成），系统接下来会调用函数 rt_show_version() 来打印 RT-Thread 的版本号，该函数在 kservice.c 中实现，具体实现参见代码清单 12-5。

代码清单12-5 rt_show_version()函数实现

```
1 void rt_show_version(void)
2 {
3     rt_kprintf("\n \\| /\n");
4     rt_kprintf("- RT-     Thread Operating System\n");
5     rt_kprintf(" / |\\%d.%d.%d build %s\n",
6                RT_VERSION, RT_SUBVERSION, RT_REVISION, __DATE__);
7     rt_kprintf(" 2006- 2018 Copyright by rt-thread team\n");
8 }
```

我们也可以在线程中用 rt_kprintf() 打印一些辅助信息，具体实现参见代码清单 12-6 中的加粗部分。

代码清单12-6 使用rt_kprintf()在线程中打印调试信息

```
1 static void led1_thread_entry(void *parameter)
2 {
3     while (1)
4     {
5         LED1_ON;
6         rt_thread_delay(500);   /* 延时 500 个 tick */
7         rt_kprintf("led1_thread running,LED1_ON\r\n");
8 
9         LED1_OFF;
10        rt_thread_delay(500);   /* 延时 500 个 tick */
11        rt_kprintf("led1_thread running,LED1_OFF\r\n");
12    }
13 }
```

12.3.3 下载验证

将程序编译好，用 USB 线连接计算机和开发板的 USB 接口（对应丝印为 USB 转串口），用 DAP 仿真器把程序下载到野火 STM32 开发板（具体型号根据购买的板子而定，每个型号的板子都有对应的程序），在计算机上打开串口调试助手，然后复位开发板就可以在调试助手中看到 rt_kprintf() 的打印信息，具体如图 14-1 所示。

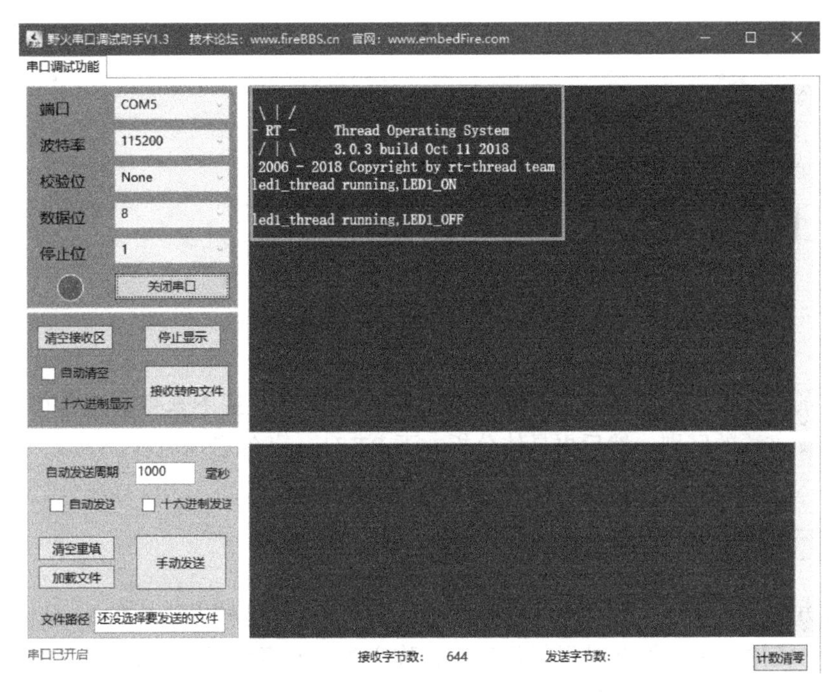

图 12-1　rt_kprintf() 打印信息实验现象

第 13 章 RT-Thread 的启动流程

在目前的 RTOS 中，主要有两种比较流行的启动方法，接下来将通过伪代码的方式讲解这两种启动方法的区别，然后再具体分析一下 RT-Thread 的启动流程。

13.1 “万事俱备，只欠东风”法

第一种方法，笔者称之为“万事俱备，只欠东风”法。这种方法是在 main() 函数中将硬件、RTOS 系统初始化，所有线程创建完毕，称之为“万事俱备”，最后只欠一道“东风”，即启动 RTOS 的调度器，开始多线程的调度，具体的伪代码实现参见代码清单 13-1。

代码清单13-1 “万事俱备，只欠东风”法伪代码实现

```
 1 int main (void)
 2 {
 3     /* 硬件初始化 */
 4     HardWare_Init();                                            (1)
 5
 6     /* RTOS 系统初始化 */
 7     RTOS_Init();                                                (2)
 8
 9     /* 创建线程 1，但线程 1 不会执行，因为调度器还没有开启 */   (3)
10     RTOS_ThreadCreate(Task1);
11     /* 创建线程 2，但线程 2 不会执行，因为调度器还没有开启 */
12     RTOS_ThreadCreate(Task2);
13
14     /* ……继续创建各种线程 */
15
16     /* 启动 RTOS，开始调度 */
17     RTOS_Start();                                               (4)
18 }
19
20 void Thread1( void *arg )                                       (5)
21 {
22     while (1)
23     {
24         /* 线程实体，必须有阻塞的情况出现 */
25     }
```

```
26 }
27
28 void Thread2( void *arg )                                   (6)
29 {
30     while (1)
31     {
32         /* 线程实体，必须有阻塞的情况出现 */
33     }
34 }
```

代码清单 13-1（1）：硬件初始化。硬件初始化这一步还属于裸机的范畴，我们可以把需要使用到的硬件都初始化并测试好，确保无误。

代码清单 13-1（2）：RTOS 系统初始化。比如 RTOS 中全局变量的初始化、空闲线程的创建等。不同的 RTOS，它们的初始化有细微的差别。

代码清单 13-1（3）：创建各种线程。这里把所有要用到的线程都创建好，但还不会进入调度，因为这个时候 RTOS 的调度器还没有开启。

代码清单 13-1（4）：启动 RTOS 调度器，开始线程调度。这个时候调度器就从刚刚创建好的线程中选择一个优先级最高的线程开始运行。

代码清单 13-1（5）（6）：线程实体通常是一个不带返回值的无限循环的 C 函数，函数体必须有阻塞的情况出现，否则线程（如果优先权恰好是最高）会一直在 while 循环中执行，导致其他线程没有执行的机会。

13.2 “小心翼翼，十分谨慎”法

第二种方法，笔者称之为“小心翼翼，十分谨慎”法。这种方法是在 main() 函数中将硬件和 RTOS 系统先初始化好，然后在创建一个启动线程后就启动调度器，在启动线程中创建各种应用线程，当所有线程都创建成功后，启动线程把自己删除，具体的伪代码实现参见代码清单 13-2。

代码清单13-2　“小心翼翼，十分谨慎”法伪代码实现

```
 1 int main (void)
 2 {
 3     /* 硬件初始化 */
 4     HardWare_Init();                                        (1)
 5
 6     /* RTOS 系统初始化 */
 7     RTOS_Init();                                            (2)
 8
 9     /* 创建一个线程 */
10     RTOS_ThreadCreate(AppThreadStart);                      (3)
11
12     /* 启动 RTOS，开始调度 */
13     RTOS_Start();                                           (4)
```

```
14 }
15
16 /* 起始线程，在里面创建线程 */
17 void AppThreadStart(void *arg)                          (5)
18 {
19     /* 创建线程 1，然后执行 */
20     RTOS_ThreadCreate(Thread1);                          (6)
21
22     /* 当线程 1 阻塞时，继续创建线程 2，然后执行 */
23     RTOS_ThreadCreate(Thread2);
24
25     /*……继续创建各种线程 */
26
27     /* 当线程创建完成，关闭起始线程 */
28     RTOS_ThreadClose(AppThreadStart);                    (7)
29 }
30
31 void Thread1( void *arg )                               (8)
32 {
33     while (1)
34     {
35         /* 线程实体，必须有阻塞的情况出现 */
36     }
37 }
38
39 void Thread2( void *arg )                               (9)
40 {
41     while (1)
42     {
43         /* 线程实体，必须有阻塞的情况出现 */
44     }
45 }
```

代码清单 13-2（1）：硬件初始化。来到硬件初始化这一步还属于裸机的范畴，我们可以把需要使用到的硬件都初始化并测试好，确保无误。

代码清单 13-2（2）：RTOS 系统初始化。比如 RTOS 中的全局变量的初始化，空闲线程的创建等。不同的 RTOS，其初始化有细微的差别。

代码清单 13-2（3）：创建一个初始线程，然后在这个初始线程中创建各种应用线程。

代码清单 13-2（4）：启动 RTOS 调度器，开始线程调度。这时调度器就去执行刚刚创建好的初始线程。

代码清单 13-2（5）：我们通常说线程是一个不带返回值的无限循环的 C 函数，但是因为初始线程的特殊性，它不能是无限循环的，只执行一次就应关闭。在初始线程中创建我们需要的各种线程。

代码清单 13-2（6）：创建线程。每创建一个线程后它都将进入就绪态，系统会进行一次调度，如果新创建的线程的优先级比初始线程的优先级高，那么将执行新创建的线程，当新的线程阻塞时再回到初始线程被打断的地方继续执行。反之，则继续往下创建新的线程，直到所有线程创建完成。

代码清单 13-2（7）：各种应用线程创建完成后，初始线程自己关闭自己，使命完成。

代码清单 13-2（8）（9）：线程实体通常是一个不带返回值的无限循环的 C 函数，函数体必须有阻塞的情况出现，否则线程（如果优先权恰好是最高的）会一直在 while 循环中执行，其他线程没有执行的机会。

13.3　两种方法的适用情况

上述两种方法孰优孰劣？笔者比较喜欢使用第一种。对于 ucos，两种方法都可以使用，由用户选择，FreeRTOS 和 RT-Thread 中则默认使用第二种。接下来将详细讲解 RT-Thread 的启动流程，虽然 RT-Thread 用的是第二种，但是 RT-Thread 又拓展了 main() 函数，又高级了一些。

13.4　RT-Thread 的启动流程

当拿到一个移植好的 RT-Thread 工程时，看 main() 函数，只能在 main() 函数中看到创建线程和启动线程的代码，硬件初始化、系统初始化、启动调度器等信息都看不到。那是因为 RT-Thread 拓展了 main() 函数，在 main() 函数之前把这些工作都做好了。

我们知道，在系统上电时第一个执行的是启动文件中用汇编语言编写的复位函数 Reset_Handler，具体实现参见代码清单 13-3。在复位函数的最后会调用 C 库函数 __main，具体实现参见代码清单 13-3 中的加粗部分。__main 函数的主要作用是初始化系统的堆和栈，最后调用 C 中的 main() 函数，从而进入 C 的世界。

代码清单13-3　Reset_Handler函数

```
 1 Reset_Handler    PROC
 2                  EXPORT  Reset_Handler             [WEAK]
 3                  IMPORT  SystemInit
 4                  IMPORT  __main
 5
 6                  CPSID   I                ; 关中断
 7                  LDR     R0, =0xE000ED08
 8                  LDR     R1, =__Vectors
 9                  STR     R1, [R0]
10                  LDR     R2, [R1]
11                  MSR     MSP, R2
12                  LDR     R0, =SystemInit
13                  BLX     R0
14                  CPSIE   i                ; 开中断
15                  LDR     R0, =__main
16                  BX      R0
17                  ENDP
```

但当我们创建硬件仿真 RT-Thread 工程时，单步执行完 __main 之后，并不是跳转到 C 中的 main() 函数，而是跳转到 component.c 中的 $Sub$$main() 函数，这是为什么？因为 RT-Thread 使用编译器（这里仅讲解 KEIL，IAR 或者 GCC 稍有区别，但是原理是一样的）自带的 $Sub$$ 和 $Super$$ 这两个符号来扩展了 main() 函数，使用 $Sub$$main() 函数可以在执行 main() 之前先执行 $Sub$$main()，在 $Sub$$main() 函数中可以先执行一些预操作，当执行完这些预操作之后最终还是要执行 main() 函数，这就通过调用 $Super$$main() 来实现。当需要扩展的函数不是 main() 时，只需要将 main() 换成要扩展的函数名即可，即 $Sub$$function() 和 $Super$$function()，具体如何使用这两个扩展符号，其伪代码参见代码清单 13-4。

代码清单13-4 $Sub$$和$Super$$的使用方法

```
 1 extern void ExtraFunc(void);          /* 用户自己实现的外部函数 */
 2
 3
 4 void $Sub$$function(void)
 5 {
 6     ExtraFunc();                      /* 做一些其他的设置工作 */
 7     $Super$$function();               /* 回到原始的 function() 函数 */
 8 }
 9
10 /* 在执行 function() 函数前会先执行 function() 的扩展函数
11 $Sub$$function，在扩展函数中执行一些扩展的操作，
12 当扩展操作完成后，最后必须调用 $Super$$function() 函数
13 通过它回到原始的 function() 函数 */
14 void function(void)
15 {
16     /* 函数实体 */
17 }
```

13.4.1 $Sub$$main() 函数

了解了 $Sub$$ 和 $Super$$ 的用法之后，我们回到 RT-Thread component.c 文件中的 $Sub$$main()，具体实现参见代码清单 13-5。

代码清单13-5 main()的扩展函数$Sub$$main()

```
1 int $Sub$$main(void)
2 {
3     rt_hw_interrupt_disable();                          (1)
4     rtthread_startup();                                 (2)
5     return 0;
6 }
```

代码清单 13-5(1)：关闭中断，除了硬 FAULT 和 NMI 可以响应外，其他中断统统关闭。该函数是在接口文件 contex_rvds.s 中由汇编语言实现的，具体实现参见代码清单 13-6。

代码清单13-6　硬件中断禁用和启用函数定义

```
 1 ;/*
 2 ; * rt_base_t rt_hw_interrupt_disable();
 3 ; */
 4 rt_hw_interrupt_disable    PROC
 5     EXPORT  rt_hw_interrupt_disable
 6     MRS     r0, PRIMASK
 7     CPSID   I
 8     BX      LR
 9     ENDP
10
11 ;/*
12 ; * void rt_hw_interrupt_enable(rt_base_t level);
13 ; */
14 rt_hw_interrupt_enable    PROC
15     EXPORT  rt_hw_interrupt_enable
16     MSR     PRIMASK, r0
17     BX      LR
18     ENDP
```

在 Cortex-M 内核中，为了快速地开关中断，专门设置了一条 CPS 指令，有 4 种用法，具体参见代码清单 13-7。很显然，RT-Thread 中快速关中断的方法就是用了 Cortex-M 中的 CPS 指令。

代码清单13-7　Cortex-M 内核中快速关中断指令CPS的用法

```
1 CPSID I ;PRIMASK=1， ; 关中断，只有 FAULT 和 NMI 可以响应
2 CPSIE I ;PRIMASK=0， ; 开中断，只有 FAULT 和 NMI 可以响应
3 CPSID F ;FAULTMASK=1， ; 关异常，只有 NMI 可以响应
4 CPSIE F ;FAULTMASK=0， ; 开异常，只有 NMI 可以响应
```

13.4.2　rtthread_startup() 函数

代码清单 13-5（2）：rtthread_startup() 函数也在 componet.c 中实现，具体实现参见代码清单 13-8。

代码清单13-8　rtthread_startup()函数定义

```
 1 int rtthread_startup(void)
 2 {
 3     /* 关闭中断 */
 4     rt_hw_interrupt_disable();                                  (1)
 5
 6     /* 板级硬件初始化
 7      * 注意 : 在板级硬件初始化函数中把要堆初始化好（前提是使用动态内存）
 8      */
 9     rt_hw_board_init();                                         (2)
10
11     /* 打印 RT-Thread 版本号 */
12     rt_show_version();                                          (3)
```

```
13
14      /* 定时器初始化 */
15      rt_system_timer_init();                                    (4)
16
17      /* 调度器初始化 */
18      rt_system_scheduler_init();                                (5)
19
20 #ifdef RT_USING_SIGNALS
21      /* 信号量初始化 */
22      rt_system_signal_init();                                   (6)
23 #endif
24
25      /* 创建初始线程 */
26      rt_application_init();                                     (7)
27
28      /* 定时器线程初始化 */
29      rt_system_timer_thread_init();                             (8)
30
31      /* 空闲线程初始化 */
32      rt_thread_idle_init();                                     (9)
33
34      /* 启动调度器 */
35      rt_system_scheduler_start();                               (10)
36
37      /* 绝对不会回到这里 */
38      return 0;                                                  (11)
39 }
```

代码清单 13-8（1）：关中断。在硬件初始化之前把中断关闭是一个很好的选择，如果没有关闭中断，在接下来的硬件初始化中如果某些外设开启了中断，那么它就有可能会响应，可是后面的 RTOS 系统初始化、调度器初始化这些都还没有完成，显然这些中断我们是不希望响应的。

代码清单 13-8（2）：板级硬件初始化。RT-Thread 把板级硬件相关的初始化都放在 rt_hw_board_int() 函数中完成，该函数需要用户在 board.c 中实现。我们通常在还没有进入系统相关的操作前把硬件都初始化好且测试好，然后继续往下执行系统相关的操作。

代码清单 13-8（3）：打印 RT-Thread 的版本号，该函数在 kservice.c 中实现，具体实现参见代码清单 13-9。rt_show_version() 函数是通过调用 rt_kprintf() 函数向控制台打印 RT-Thread 版本相关的信息，要想成功打印，必须重映射一个控制台到 rt_kprintf() 函数，具体实现参见第 12 章。如果没有重映射控制台到 rt_kprintf() 函数，该函数也不会阻塞，而是打印输出为空。

代码清单13-9 rt_show_version()函数

```
1 void rt_show_version(void)
2 {
3     rt_kprintf("\n \\| /\n");
4     rt_kprintf("- RT-     Thread Operating System\n");
```

```
5     rt_kprintf(" / |\\%d.%d.%d build %s\n",
6                RT_VERSION, RT_SUBVERSION, RT_REVISION, __DATE__);
7     rt_kprintf(" 2006- 2018 Copyright by rt-thread team\n");
8 }
```

代码清单 13-8（4）：定时器初始化，实际上就是初始化一个全局的定时器列表，列表中存放的是处于延时状态的线程。

代码清单 13-8（5）：调度器初始化。

代码清单 13-8（6）：信号初始化，RT_USING_SIGNALS 这个宏默认不定义。

代码清单 13-8（7）：创建初始线程。前面我们说过，RT-Thread 的启动流程是这样的，即先创建一个初始线程，等调度器启动之后，在这个初始线程中创建各种应用线程，当所有应用线程都成功创建后，初始线程就把自己关闭。那么这个初始线程就在 rt_application_init() 中创建，该函数也在 component.c 中定义，具体实现参见 13.4.3 节。

13.4.3　rt_application_init() 函数

在 rt_application_init() 函数中可创建初始线程，具体实现参见代码清单 13-10。

代码清单13-10　创建初始线程

```
1 /* 使用动态内存时需要用到的宏：在 rt_config.h 中定义 */                    (2)
2 #define RT_USING_USER_MAIN
3 #define RT_MAIN_THREAD_STACK_SIZE     256
4 #define RT_THREAD_PRIORITY_MAX   32
5
6 /* 使用静态内存时需要用到的宏和变量：在 component.c 中定义 */              (4)
7 #ifdef RT_USING_USER_MAIN
8 #ifndef RT_MAIN_THREAD_STACK_SIZE
9 #define RT_MAIN_THREAD_STACK_SIZE     2048
10 #endif
11 #endif
12
13 #ifndef RT_USING_HEAP
14 ALIGN(8)
15 static rt_uint8_t main_stack[RT_MAIN_THREAD_STACK_SIZE];
16 struct rt_thread main_thread;
17 #endif
18
19 void rt_application_init(void)
20 {
21     rt_thread_t tid;
22
23 #ifdef RT_USING_HEAP
24     /* 使用动态内存 */                                                   (1)
25     tid =
26         rt_thread_create("main",
27                          main_thread_entry,
28                          RT_NULL,
29                          RT_MAIN_THREAD_STACK_SIZE,
30                          RT_THREAD_PRIORITY_MAX / 3,     (初始线程优先级)
```

```
31                          20);
32      RT_ASSERT(tid != RT_NULL);
33  #else
34  /* 使用静态内存 */                                              (3)
35      rt_err_t result;
36
37      tid = &main_thread;
38      result =
39          rt_thread_init(tid,
40                         "main",
41                         main_thread_entry,
42                         RT_NULL,
43                         main_stack,
44                         sizeof(main_stack),
45                         RT_THREAD_PRIORITY_MAX / 3,       (初始线程优先级)
46                         20);
47      RT_ASSERT(result == RT_EOK);
48      (void)result;
49  #endif
50
51      /* 启动线程 */
52      rt_thread_startup(tid);                                      (6)
53  }
54
55
56  /* main 线程 */
57  void main_thread_entry(void *parameter)                          (5)
58  {
59      externint main(void);
60      externint $Super$$main(void);
61
62      /* RT-Thread 组件初始化 */
63      rt_components_init();
64
65      /* 调用 $Super$$main() 函数，回到 main() */
66      $Super$$main();
67  }
```

代码清单 13-10（1）：创建初始线程时，分使用动态内存和静态内存两种情况，通常我们使用动态内存，有关动态内存需要用到的宏定义具体参见代码清单 13-10（2）。

代码清单 13-10（3）：创建初始线程时，分使用动态内存和静态内存两种情况，这里是使用静态内存，有关静态内存需要用到的宏定义具体见代码清单 13-10（4）。

13.4.4 $Super$$main() 函数

代码清单 13-10（5）：初始线程入口。该函数除了调用 rt_components_init() 函数进行 RT-Thread 的组件初始化外，最终是调用 main() 的扩展函数 $Super$$main() 回到 main() 函数。这个是必需的，因为我们一开始在进入 main() 函数之前，通过 $Sub$$main() 函数扩展了 main() 函数，做了一些硬件初始化、RTOS 系统初始化的工作，当这些工作做完之后，最终还是要回到 main() 函数，那只能通过调用 $Super$$main() 函数来实现。$Sub$$ 和

$Super$$ 是 MDK 自带的用来扩展函数的符号，通常是成对使用。

代码清单 13-10（6）：启动初始线程，这时初始线程还不会立即被执行，因为调度器还没有启动。

代码清单 13-10（初始线程优先级）：初始线程的优先级默认配置为最大优先级 /3。控制最大优先级的宏 RT_THREAD_PRIORITY_MAX 在 rt_config.h 中定义，目前配置为 32，那么初始线程的优先级是 10。那么在初始线程中创建的各种应用线程的优先级又该如何配置？分 3 种情况：1）应用线程的优先级比初始线程的优先级高，那么创建完后立刻执行刚刚创建的应用线程，当应用线程被阻塞时，继续回到初始线程被打断的地方继续往下执行，直到所有应用线程创建完成，最后初始线程把自己关闭，完成自己的使命；2）应用线程的优先级与初始线程的优先级一样，那么创建完后根据线程的时间片来执行，直到所有应用线程创建完成，最后初始线程把自己关闭，完成自己的使命；3）应用线程的优先级比初始线程的优先级低，那么创建完后线程不会被执行，如果还有应用线程，紧接着创建应用线程，如果应用线程的优先级出现了比初始线程高或者相等的情况，请参考前 2 种的处理方式，直到所有应用线程创建完成，最后初始线程把自己关闭，完成自己的使命。

13.4.5　main() 函数

当我们拿到一个移植好 RT-Thread 的例程时，不出意外，首先看到的将是 main() 函数，但会发现此时 main() 函数中只是创建并启动一些线程，那硬件初始化，系统初始化在哪里实现？这些 RT-Thread 通过扩展 main() 函数的方式都在 component.c 中实现了，具体过程可回看本章其他小节的详细讲解。

代码清单13-11　main()函数

```
 1 /**
 2   * @brief  主函数
 3   * @param  无
 4   * @retval 无
 5   */
 6 int main(void)
 7 {
 8     /*
 9        * 开发板硬件初始化，RT-Thread 系统初始化已经在 main() 函数之前完成，
10        * 即在 component.c 文件中的 rtthread_startup() 函数中完成了。(1)
11        * 所以在 main() 函数中，只需要创建线程和启动线程即可
12        */
13     (2)
14     thread1 =                                 /* 线程控制块指针 */
15     rt_thread_create("thread1",               /* 线程名字，字符串形式 */
16                      thread1_entry,           /* 线程入口函数 */
17                      RT_NULL,                 /* 线程入口函数参数 */
18                      HREAD1_STACK_SIZE,       /* 线程栈大小，单位为字节 */
19                      THREAD1_PRIORITY,        /* 线程优先级，数值越大，优先级越小 */
20                      THREAD1_TIMESLICE);      /* 线程时间片 */
```

```
21
22      if (thread1 != RT_NULL)
23          rt_thread_startup(thread1);
24      else
25          return -1;
26      (3)
27      thread2 =                                   /* 线程控制块指针 */
28      rt_thread_create("thread2",                 /* 线程名字，字符串形式 */
29                       thread2_entry,             /* 线程入口函数 */
30                       RT_NULL,                   /* 线程入口函数参数 */
31                       THREAD2_STACK_SIZE,        /* 线程栈大小，单位为字节 */
32                       THREAD2_PRIORITY,          /* 线程优先级，数值越大，优先级越小 */
33                       THREAD2_TIMESLICE);        /* 线程时间片 */
34
35      if (thread2 != RT_NULL)
36          rt_thread_startup(thread2);
37      else
38          return -1;
39      (4)
40      thread3 =                                   /* 线程控制块指针 */
41      rt_thread_create("thread3",                 /* 线程名字，字符串形式 */
42                       thread3_entry,             /* 线程入口函数 */
43                       RT_NULL,                   /* 线程入口函数参数 */
44                       THREAD3_STACK_SIZE,        /* 线程栈大小，单位为字节 */
45                       THREAD3_PRIORITY,          /* 线程优先级，数值越大，优先级越小 */
46                       THREAD3_TIMESLICE);        /* 线程时间片 */
47
48      if (thread3 != RT_NULL)
49          rt_thread_startup(thread3);
50      else
51          return -1;
52
53      /* 执行到最后，通过 LR 寄存器执行的地址返回 */          (5)
54 }
```

代码清单 13-11（1）：开发板硬件初始化，RT-Thread 系统初始化已经在 main() 函数之前完成，即在 component.c 文件中的 rtthread_startup() 函数中完成了，所以在 main() 函数中，只需要创建线程和启动线程即可。

代码清单 13-11（2）（3）（4）：创建各种应用线程。关于当创建的应用线程的优先级比 main 线程的优先级高、低或者相等时，程序是如何执行的，具体参见代码清单 13-10（初始线程优先级）中的分析。

代码清单 13-11（5）：main 线程执行到最后，通过 LR 寄存器指定的链接地址退出，在创建 main 线程时，线程栈对应 LR 寄存器的内容是 rt_thread_exit() 函数，在 rt_thread_exit() 中会把 main 线程占用的内存空间都释放掉。

至此，RT-Thread 的整个启动流程就介绍完了。

第 14 章
线程管理

14.1 线程的基本概念

从系统的角度看，线程是竞争系统资源的最小运行单元。RT-Thread 是一个支持多线程的操作系统。在 RT-Thread 中，线程可以使用或等待 CPU、使用内存空间等系统资源，并独立于其他线程运行。

简而言之，RT-Thread 的线程可认为是一系列独立线程的集合。每个线程在自己的环境中运行。在任何时刻，只有一个线程得到运行，RT-Thread 调度器决定运行哪个线程。调度器会不断启动、停止每一个线程，宏观看上去所有的线程都在同时执行。作为线程，不需要对调度器的活动有所了解，在线程切入、切出时保存上下文环境（寄存器值、堆栈内容）是调度器主要的职责。为了实现这点，每个 RT-Thread 线程都需要有自己的堆栈。当线程切出时，其执行环境会被保存在该线程的堆栈中，这样当线程再次运行时，就能从堆栈中正确恢复上次的运行环境。

RT-Thread 的线程模块可以为用户提供多个线程，实现了线程之间的切换和通信，帮助用户管理业务程序流程。这样用户可以将更多的精力投入业务功能的实现中。

RT-Thread 中的线程是抢占式调度机制，同时支持时间片轮转调度方式。

高优先级的线程可打断低优先级线程，低优先级线程必须在高优先级线程阻塞或结束后才能得到调度。

14.2 线程调度器的基本概念

RT-Thread 中提供的线程调度器是基于优先级的全抢占式调度：在系统中，除了中断处理函数、调度器上锁部分的代码和禁止中断的代码是不可抢占的之外，系统的其他部分都是可以抢占的，包括线程调度器自身。系统总共支持 256 个优先级（0 ～ 255，数值越小的优先级越高，0 为最高优先级，255 分配给空闲线程使用，一般用户不使用。在一些资源比较紧张的系统中，可以根据实际情况选择只支持 8 个或 32 个优先级的系统配置）。在系统中，当有比当前线程优先级更高的线程就绪时，当前线程将立刻被换出，高优先级线程抢占处理器运行。

一个操作系统如果只是具备了高优先级线程能够“立即”获得处理器并得到执行的特点，那么它仍然不算是实时操作系统。因为这个查找最高优先级线程的过程决定了调度时间是否具有确定性，例如一个包含 n 个就绪线程的系统中，如果仅仅从头找到尾，那么这个时间将直接和 n 相关，而下一个就绪线程抉择时间的长短将会极大地影响系统的实时性。当所有就绪线程都链接在它们对应的优先级队列中时，抉择过程将演变为在优先级数组中寻找具有最高优先级线程的非空链表。RT-Thread 内核中采用了基于位图的优先级算法（时间复杂度 O(1)，即与就绪线程的多少无关），通过位图的定位快速获得优先级最高的线程。

RT-Thread 内核中也允许创建相同优先级的线程。相同优先级的线程采用时间片轮转方式进行调度（也就是通常说的分时调度器），时间片轮转调度仅在当前系统中无更高优先级就绪线程存在的情况下才有效。因为 RT-Thread 调度器的实现是采用优先级链表的方式，所以系统中的总线程数不受限制，只和系统所能提供的内存资源相关。为了保证系统的实时性，系统尽最大可能地保证高优先级的线程得以运行。线程调度的原则是一旦线程状态发生了改变，并且当前运行的线程优先级小于优先级队列组中线程最高优先级时，立刻进行线程切换（除非当前系统处于中断处理程序中或禁止线程切换的状态）。

14.3　线程状态的概念

RT-Thread 系统中的每一个线程都有多种运行状态。系统初始化完成后，创建的线程就可以在系统中竞争一定的资源，由内核进行调度。

线程状态通常分为以下 5 种：

- 初始态（RT_THREAD_INIT）：创建线程时会将线程的状态设置为初始态。
- 就绪态（RT_THREAD_READY）：该线程在就绪列表中，就绪的线程已经具备执行的能力，只等待 CPU。
- 运行态（RT_THREAD_RUNNING）：该线程正在执行，此时它占用处理器。
- 挂起态（RT_THREAD_SUSPEND）：如果线程当前正在等待某个时序或外部中断，我们就说这个线程处于挂起状态，该线程不在就绪列表中，包含线程被挂起、线程被延时、线程正在等待信号量、读写队列或者等待读写事件等。
- 关闭态（RT_THREAD_CLOSE）：该线程运行结束，等待系统回收资源。

14.4　线程状态迁移

RT-Thread 系统中每一个线程的多种运行状态之间的转换关系是怎样的呢？从运行态线程变成阻塞态，或者从阻塞态变成就绪态，这些线程状态是怎么迁移的呢？下面就一起了解一下线程的状态迁移，如图 14-1 所示。

初始态→就绪态：线程创建后进入初始态，在线程启动时（调用 rt_thread_startup() 函数）会将初始态转变为就绪态，表明线程已启动，线程可以进行调度。

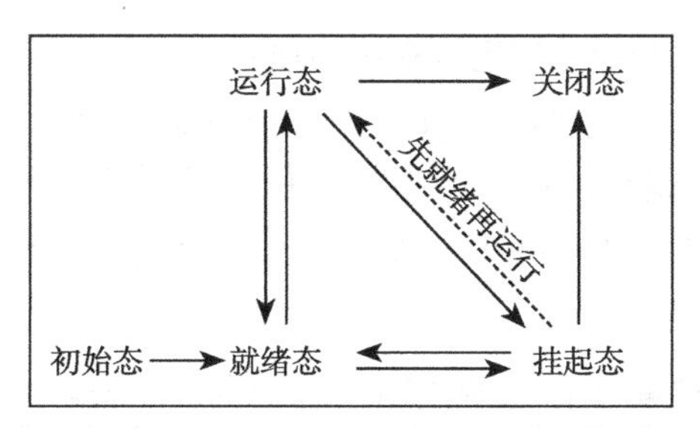

图 14-1　线程状态迁移图

就绪态→运行态：发生线程切换时，就绪列表中最高优先级的线程被执行，从而进入运行态。

运行态→挂起态：正在运行的线程发生阻塞（挂起、延时、读信号量等待）时，该线程会从就绪列表中删除，线程状态由运行态变成挂起态，然后发生线程切换，运行就绪列表中最高优先级的线程。

挂起态→就绪态（阻塞态→运行态）：阻塞的线程被恢复后（线程恢复、延时时间超时、读信号量超时或读到信号量等），此时被恢复的线程会被加入就绪列表，从而由挂起态变成就绪态；此时如果被恢复线程的优先级高于正在运行线程的优先级，则会发生线程切换，将该线程由就绪态变成运行态。

就绪态→挂起态：线程也有可能在就绪态时被挂起，此时线程状态会由就绪态转变为挂起态，该线程从就绪列表中删除，不会参与线程调度，直到该线程被恢复。

运行态→就绪态：有更高优先级线程创建或者恢复后，会发生线程调度，此时就绪列表中最高优先级线程变为运行态，那么原先运行的线程由运行态变为就绪态，依然在就绪列表中。

挂起态→关闭态：处于挂起态的线程被调用删除接口，线程状态由挂起态变为关闭态。

运行态→关闭态：运行状态的线程，如果运行结束，会在线程最后部分执行 rt_thread_exit() 函数而更改为关闭状态。

14.5　常用的线程函数

相信大家通过对第一部分各章节的学习，对线程创建以及线程调度的实现已经掌握了，下面就补充一些 RT-Thread 提供的线程操作中的一些常用函数。

14.5.1　线程挂起函数 rt_thread_suspend()

线程挂起函数用于挂起指定线程。被挂起的线程绝不会得到处理器的使用权，不管该线程具有什么优先级。

线程挂起可以由多种方法实现：线程调用 rt_thread_delay()、rt_thread_suspend() 等函数接口可以使得线程主动挂起，放弃 CPU 使用权，当线程调用 rt_sem_take()，rt_mb_recv()

等函数时，资源不可使用也会导致调用线程被动挂起。

当线程已经是挂起态时无法调用 rt_thread_suspend() 函数，已经是挂起态的线程调用 rt_thread_suspend() 将返回错误代码，要想恢复挂起的线程，可以调用 rt_thread_resume() 函数。线程挂起是我们经常使用的一个函数，下面一起看看线程挂起的源码，了解其工作过程，具体参见代码清单 14-1。

代码清单14-1 线程挂起函数rt_thread_suspend()源码

```
 1 rt_err_t rt_thread_suspend(rt_thread_t thread)
 2 {
 3     register rt_base_t temp;
 4 
 5     /* 线程检查 */
 6     RT_ASSERT(thread != RT_NULL);                                    (1)
 7 
 8     RT_DEBUG_LOG(RT_DEBUG_THREAD, ("thread suspend:  %s\n", thread->name));
 9 
10     if ((thread->stat & RT_THREAD_STAT_MASK) != RT_THREAD_READY) { (2)
11        RT_DEBUG_LOG(RT_DEBUG_THREAD, ("thread suspend: thread disorder, 0x%2x\n",
12                                       thread->stat));
13 
14        return -RT_ERROR;
15     }
16 
17     /* 关中断 */
18     temp = rt_hw_interrupt_disable();
19 
20     /* 改变状态 */
21     thread->stat = RT_THREAD_SUSPEND | (thread->stat &
22                                   ~RT_THREAD_STAT_MASK);             (3)
23     rt_schedule_remove_thread(thread);
24     /* 停止线程定时器 */
25     rt_timer_stop(&(thread->thread_timer));                         (4)
26 
27     /* 开中断 */
28     rt_hw_interrupt_enable(temp);
29 
30     RT_OBJECT_HOOK_CALL(rt_thread_suspend_hook, (thread));
31     return RT_EOK;
32 }
```

代码清单 14-1（1）：判断线程是否有效，如果是没被创建的线程，那么无法挂起。

代码清单 14-1（2）：判断要挂起线程的状态，如果是已经挂起了，刚会返回错误码，用户可以在恢复线程后再挂起。

代码清单 14-1（3）：将线程的状态变为挂起态。

代码清单 14-1（4）：停止线程定时器。

注意： 通常不应该使用这个函数来挂起线程本身，如果确实需要采用 rt_thread_suspend() 函数挂起当前线程，需要在调用 rt_thread_suspend() 函数后立刻调用 rt_schedule() 函数手动切换线程上下文。

线程的挂起与恢复函数在很多时候都是很有用的，比如我们想让某个线程暂停运行一段时间，但是我们又需要其在恢复时继续工作，那么删除线程是不可能的，因为如果删除了线程，线程的所有信息都是不可能恢复的，删除是完全删除了，里面的资源都被系统释放掉，但是挂起线程就不会这样，调用挂起线程函数，仅仅是使线程进入阻塞态，其内部的资源都会保留下来，同时也不会参与线程的调度，当调用恢复函数时，整个线程立即从阻塞态进入就绪态，参与线程的调度。如果该线程的优先级是当前就绪态优先级最高的线程，那么立即会按照挂起前的线程状态继续执行该线程，从而达到我们需要的效果，注意，是继续执行，也就是说，暂停线程之前是什么状态，都会被系统保留下来，在恢复的瞬间，继续执行。这个线程函数的使用方法是很简单的，只需把线程控制块传递进来即可，rt_thread_suspend() 会根据线程控制块的信息将对应的线程挂起，具体参见代码清单 14-2 中的加粗部分。

代码清单14-2　线程挂起函数rt_thread_suspend()实例

```
1 rt_kprintf("挂起 LED1 线程! \n");
2 uwRet = rt_thread_suspend(led1_thread);/* 挂起 LED1 线程 */
3 if (RT_EOK == uwRet)
4 {
5     rt_kprintf("挂起 LED1 线程成功! \n");
6 } else
7 {
8     rt_kprintf("挂起 LED1 线程失败! 失败代码: 0x%lx\n",uwRet);
9 }
```

14.5.2　线程恢复函数 rt_thread_resume()

既然有线程的挂起，那么当然一样有线程的恢复。线程恢复就是让挂起的线程重新进入就绪状态，恢复的线程会保留挂起前的状态信息，在恢复时根据挂起时的状态继续运行。如果被恢复线程在所有就绪态线程中，位于最高优先级链表的第一位，那么系统将进行线程上下文的切换。下面一起看看线程恢复函数 rt_thread_resume() 的源码，具体参见代码清单 14-3。

代码清单14-3　线程恢复函数rt_thread_resume()源码

```
1 rt_err_t rt_thread_resume(rt_thread_t thread)
2 {
3     register rt_base_t temp;
4
5     /* 线程检查 */
6     RT_ASSERT(thread != RT_NULL);
7
8     RT_DEBUG_LOG(RT_DEBUG_THREAD, ("thread resume:  %s\n", thread->name));
9
10    if ((thread->stat & RT_THREAD_STAT_MASK) != RT_THREAD_SUSPEND) { (1)
11     RT_DEBUG_LOG(RT_DEBUG_THREAD, ("thread resume: thread disorder, %d\n",
12                                     thread->stat));
```

```
13
14            return -RT_ERROR;
15        }
16
17        /* 关中断 */
18        temp = rt_hw_interrupt_disable();
19
20        /* 从列表删除 */
21        rt_list_remove(&(thread->tlist));                              (2)
22
23        rt_timer_stop(&thread->thread_timer);
24
25        /* 开中断 */
26        rt_hw_interrupt_enable(temp);
27
28        /* 加入就绪列表 */
29        rt_schedule_insert_thread(thread);                             (3)
30
31        RT_OBJECT_HOOK_CALL(rt_thread_resume_hook, (thread));
32        return RT_EOK;
33 }
```

代码清单 14-3（1）：判断线程是否有效，如果是没被创建的线程，那么无法恢复。并且检查当前线程是否已经挂起，要恢复的线程当然必须是挂起态的，如果不是挂起态的根本不需要进行恢复。

代码清单 14-3（2）：将线程从挂起列表中删除。

代码清单 14-3（3）：将恢复的线程加入就绪列表，但是此时线程能不能立即运行是根据其优先级决定的，如果该线程的优先级在就绪列表中最高，那么是可以立即运行的。

线程的恢复是十分简单的，简单来说就是将线程状态从挂起列表移到就绪列表中，当线程的优先级为最高时，就发起线程切换。下面来看看线程恢复函数 rt_thread_resume() 的使用实例，具体参见代码清单 14-4 中的加粗部分。

代码清单14-4 线程恢复函数rt_thread_resume()实例

```
1 rt_kprintf("恢复LED1线程！\n");
2 uwRet = rt_thread_resume(led1_thread);/* 恢复LED1线程 */
3 if (RT_EOK == uwRet)
4 {
5     rt_kprintf("恢复LED1线程成功！\n");
6 } else
7 {
8     rt_kprintf("恢复LED1线程失败！失败代码：0x%lx\n",uwRet);
9 }
```

14.6 线程的设计要点

嵌入式开发人员要对自己设计的嵌入式系统了如指掌，线程的优先级信息，线程与中断的处理，线程的运行时间、逻辑、状态等都要明确，才能设计出好的系统，所以，在设计时需要根据需求制定框架。在设计之初就应该考虑下面几点因素：线程运行的上下文环境、线程的执行时间应合理设计。

RT-Thread 中程序运行的上下文包括以下 3 种：

- 中断服务函数。
- 普通线程。
- 空闲线程。

1. 中断服务函数

中断服务函数是一种需要特别注意的上下文环境，它运行在非线程的执行环境下（一般为芯片的一种特殊运行模式（也被称作特权模式）），在这个执行环境中不能使用挂起当前线程的操作，不允许调用任何会阻塞运行的 API 函数接口。另外需要注意的是，中断服务程序最好保持精简短小、快进快出，一般在中断服务函数中只标记事件的发生，让对应线程去执行相关处理，因为中断服务函数的优先级高于任何优先级的线程，如果中断处理时间过长，将会导致整个系统的线程无法正常运行。所以在设计时必须考虑中断的频率、中断的处理时间等重要因素，以便配合对应中断处理线程的工作。

2. 普通线程

普通线程中看似没有什么限制程序执行的因素，似乎所有的操作都可以执行。但是作为一个优先级明确的实时系统，如果一个线程中的程序出现了死循环操作（此处的死循环是指没有不带阻塞机制的线程循环体），那么比这个线程优先级低的线程都将无法执行，当然也包括空闲线程，因为产生死循环时，线程不会主动让出 CPU，低优先级的线程是不可能得到 CPU 的使用权的，而高优先级的线程就可以抢占 CPU。这个情况在实时操作系统中是必须注意的一点，所以在线程中不允许出现死循环。如果一个线程只有就绪态而无阻塞态，势必会影响到其他低优先级线程的执行，所以在进行线程设计时，就应该保证线程在不活跃时，可以进入阻塞态以交出 CPU 使用权，这就需要我们明确在什么情况下让线程进入阻塞态，保证低优先级线程可以正常运行。在实际设计中，一般会将紧急的处理事件的线程优先级设置得高一些。

3. 空闲线程

空闲线程（idle 线程）是 RT-Thread 系统中没有其他工作进行时自动进入的系统线程。用户可以通过空闲线程钩子方式，在空闲线程上钩入自己的功能函数。通常这个空闲线程钩子能够完成一些额外的特殊功能，例如，系统运行状态的指示、系统省电模式等。除了空闲线程钩子，RT-Thread 系统还把空闲线程用于一些其他的功能，比如当系统删除一个线程或一个动态线程运行结束时，会先行更改线程状态为非调度状态，然后挂入一个待回收队列中，真正的系统资源回收工作在空闲线程中完成，空闲线程是唯一不允许出现阻塞情况的线程，因为 RT-Thread 需要保证系统都有一个可运行的线程。

对于空闲线程钩子上挂接的空闲钩子函数，应该满足以下条件：

- 不会挂起空闲线程。
- 不应该陷入死循环，需要留出部分时间用于系统处理系统资源回收。

4. 线程的执行时间

线程的执行时间一般是指两个方面，一是线程从开始到结束的时间，二是线程的周期。

在设计系统时对这两个时间候我们都需要考虑，例如，对于事件 A 对应的服务线程 Ta，系统要求的实时响应指标是 10ms，而 Ta 的最大运行时间是 1ms，那么 10ms 就是线程 Ta 的周期了，1ms 则是线程的运行时间。简单来说，线程 Ta 在 10ms 内完成对事件 A 的响应即可。此时，系统中还存在以 50ms 为周期的另一线程 Tb，它每次运行的最长时间是 100μs。在这种情况下，即使把线程 Tb 的优先级设置得比 Ta 更高，对系统的实时性指标也没什么影响，因为即使在 Ta 的运行过程中，Tb 抢占了 Ta 的资源，等到 Tb 执行完毕，消耗的时间也只不过是 100μs，还是在事件 A 规定的响应时间内（10ms），Ta 能够安全完成对事件 A 的响应。但是假如系统中还存在线程 Tc，其运行时间为 20ms，假如将 Tc 的优先级设置得比 Ta 更高，那么在 Ta 运行时，突然间被 Tc 打断，等到 Tc 执行完毕，那么 Ta 已经错过对事件 A（10ms）的响应了，这是不允许的。所以在设计时，必须考虑线程的时间，一般来说，处理时间更短的线程优先级应设置得更高一些。

14.7 线程管理实验

线程管理实验是将线程常用的函数进行一次实验，在野火 STM32 开发板上进行该实验，创建两个线程，一个是 LED 线程，另一个是按键线程，LED 线程是显示线程运行的状态，而按键线程是通过检测按键的按下与否来进行对 LED 线程的挂起与恢复，具体实现参见代码清单 14-5 中加粗部分。

代码清单14-5 线程管理实验源码

```
 1 /**
 2   *************************************************************************
 3   * @file    main.c
 4   * @author  fire
 5   * @version V1.0
 6   * @date    2018-xx-xx
 7   * @brief   RT-Thread 3.0 + STM32 线程管理
 8   *************************************************************************
 9   * @attention
10   *
11   * 实验平台：基于野火 STM32 全系列（M3/4/7）开发板
12   * 论坛：http://www.firebbs.cn
13   * 淘宝：https://fire-stm32.taobao.com
14   *
15   *************************************************************************
16   */
17
18 /*
19 *************************************************************************
```

```
20 *                                    包含的头文件
21 ***************************************************************************
22 */
23 #include "board.h"
24 #include "rtthread.h"
25
26
27 /*
28 ***************************************************************************
29 *                                      变量
30 ***************************************************************************
31 */
32 /* 定义线程控制块 */
33 static rt_thread_t led1_thread = RT_NULL;
34 static rt_thread_t key_thread = RT_NULL;
35 /*
36 ***************************************************************************
37 *                                    函数声明
38 ***************************************************************************
39 */
40 static void led1_thread_entry(void *parameter);
41 static void key_thread_entry(void *parameter);
42
43 /*
44 ***************************************************************************
45 *                                   main()函数
46 ***************************************************************************
47 */
48 /**
49   * @brief  主函数
50   * @param  无
51   * @retval 无
52   */
53 int main(void)
54 {
55     /*
56      * 开发板硬件初始化，RTT 系统初始化已经在 main() 函数之前完成，
57      * 即在 component.c 文件中的 rtthread_startup() 函数中完成了。
58      * 所以在 main() 函数中，只需要创建线程和启动线程即可
59      */
60     rt_kprintf("这是一个[野火]-STM32 全系列开发板-RTT 线程管理实验! \n\n");
61     rt_kprintf("按下 KEY1 挂起线程，按下 KEY2 恢复线程\n");
62     led1_thread =                          /* 线程控制块指针 */
63         rt_thread_create( "led1",          /* 线程名字 */
64                           led1_thread_entry,  /* 线程入口函数 */
65                           RT_NULL,         /* 线程入口函数参数 */
66                           512,             /* 线程栈大小 */
67                           3,               /* 线程的优先级 */
68                           20);             /* 线程时间片 */
69
70     /* 启动线程，开启调度 */
71     if (led1_thread != RT_NULL)
72         rt_thread_startup(led1_thread);
73     else
74         return -1;
75
```

```
76      key_thread =                                         /* 线程控制块指针 */
77          rt_thread_create( "key",                         /* 线程名字 */
78                            key_thread_entry,              /* 线程入口函数 */
79                            RT_NULL,                       /* 线程入口函数参数 */
80                            512,                           /* 线程栈大小 */
81                            2,                             /* 线程的优先级 */
82                            20);                           /* 线程时间片 */
83
84      /* 启动线程，开启调度 */
85      if (key_thread != RT_NULL)
86          rt_thread_startup(key_thread);
87      else
88          return -1;
89  }
90
91  /*
92  *************************************************************************
93  *                               线程定义
94  *************************************************************************
95  */
96
97  static void led1_thread_entry(void *parameter)
98  {
99
100     while (1) {
101         LED1_ON;
102         rt_thread_delay(500);   /* 延时500个tick */
103         rt_kprintf("led1_thread running,LED1_ON\r\n");
104
105         LED1_OFF;
106         rt_thread_delay(500);   /* 延时500个tick */
107         rt_kprintf("led1_thread running,LED1_OFF\r\n");
108     }
109 }
110
111 static void key_thread_entry(void *parameter)
112 {
113     rt_err_t uwRet = RT_EOK;
114     while (1) {/* KEY1 被按下 */
115         if ( Key_Scan(KEY1_GPIO_PORT,KEY1_GPIO_PIN) == KEY_ON ) {
116             rt_kprintf("挂起LED1线程! \n");
117             uwRet = rt_thread_suspend(led1_thread);/* 挂起LED1线程 */
118             if (RT_EOK == uwRet) {
119                 rt_kprintf("挂起LED1线程成功! \n");
120             } else {
121                 rt_kprintf("挂起LED1线程失败! 失败代码: 0x%lx\n",uwRet);
122             }
123         }/* KEY2 被按下 */
124         if ( Key_Scan(KEY2_GPIO_PORT,KEY2_GPIO_PIN) == KEY_ON ) {
125             rt_kprintf("恢复LED1线程! \n");
126             uwRet = rt_thread_resume(led1_thread);/* 恢复LED1线程!  */
127             if (RT_EOK == uwRet) {
128                 rt_kprintf("恢复LED1线程成功! \n");
129             } else {
130                 rt_kprintf("恢复LED1线程失败! 失败代码: 0x%lx\n",uwRet);
131             }
```

```
132             }
133             rt_thread_delay(20);
134         }
135 }
136 /************************END OF FILE****************************/
```

14.8 实验现象

将程序编译好，用 USB 线连接计算机和开发板的 USB 接口（对应丝印为 USB 转串口），用 DAP 仿真器把配套程序下载到野火 STM32 开发板（具体型号根据购买的板子而定，每个型号的板子都有对应的程序），在计算机上打开串口调试助手，然后复位开发板就可以在调试助手中看到 rt_kprintf() 的打印信息，在开发板上可以看到 LED 在闪烁，按下开发板的 KEY1 按键挂起线程，按下 KEY2 按键恢复线程；我们按下 KEY1 按键试一下，可以看到开发板上的灯也不闪烁了，同时在串口调试助手中也输出了相应的信息，说明线程已经被挂起，再按下 KEY2 按键，可以看到开发板上的灯恢复闪烁了，同时在串口调试助手中也输出了相应的信息，说明线程已经被恢复，具体如图 14-2 所示。

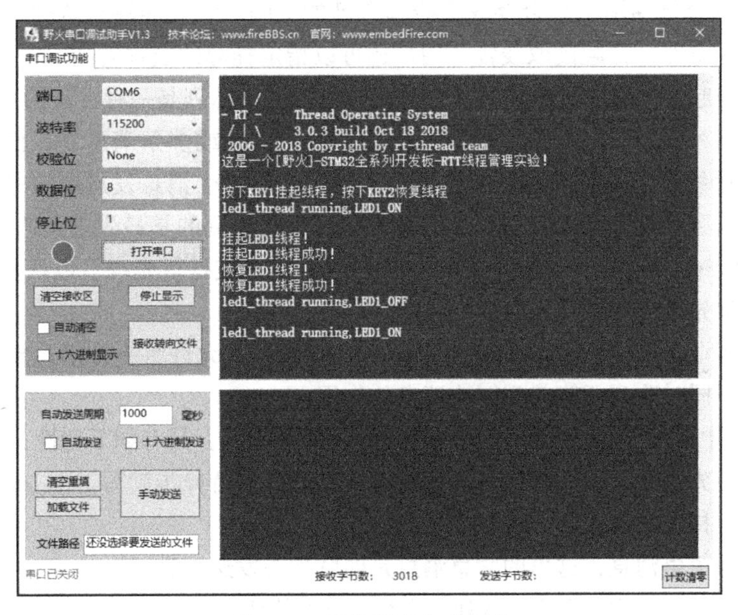

图 14-2 线程管理实验现象

注意： 由于 RT-Thread 中挂起线程函数不允许对已经在阻塞态的线程进行操作，而我们的实验中 LED 线程的延时函数会将线程挂起进入阻塞态，所以，在挂起时可能会挂起失败，多尝试几次即可。我们一般调用挂起函数是在线程就绪或者运行时将其挂起，而不是在挂起态再将线程挂起，本实验仅为演示与介绍如何使用 RT-Thread 的挂起与恢复函数。

第 15 章 消息队列

回想一下，在裸机的编程中，我们是怎样使用全局数组的呢？

15.1 消息队列的基本概念

队列又称消息队列，是一种常用于线程间通信的数据结构。队列可以在线程与线程间、中断和线程间传送消息，实现了线程接收来自其他线程或中断的不固定长度的消息，并根据不同的接口选择传递消息是否存放在线程自己的空间。线程能够从队列中读取消息，当队列中的消息为空时，挂起读取线程，用户还可以指定挂起的线程时间 timeout；当队列中有新消息时，挂起的读取线程被唤醒并处理新消息，消息队列是一种异步的通信方式。

通过消息队列服务，线程或中断服务例程可以将一条或多条消息放入消息队列中。同样，一个或多个线程可以从消息队列中获得消息。当有多个消息发送到消息队列时，通常将先进入消息队列的消息传给线程，也就是说，线程先得到的是最先进入消息队列的消息，即先进先出（FIFO）原则。同时 RT-Thread 中的消息队列支持优先级，也就是说在所有等待消息的线程中优先级最高的会先获得消息。

用户在处理业务时，消息队列提供了异步处理机制，允许将一个消息放入队列，但并不立即处理它，同时队列还能起到缓冲消息的作用。

RT-Thread 中使用队列数据结构实现线程异步通信工作，具有如下特性：

- 消息支持先进先出方式排队与优先级方式排队，支持异步读写工作方式。
- 读队列支持超时机制。
- 支持发送紧急消息，这里的紧急消息是向队列头发送消息。
- 可以允许不同长度（不超过队列节点最大值）的任意类型消息。
- 一个线程能够从任意一个消息队列接收和发送消息。
- 多个线程能够从同一个消息队列接收和发送消息。
- 当队列使用结束后，需要通过删除队列操作释放内存函数。

15.2　消息队列的运作机制

创建消息队列时先创建一个消息队列对象控制块，然后给消息队列分配一块内存空间，组织成空闲消息链表，这块内存的大小等于 [消息大小 + 消息头（用于链表连接）] × 消息队列容量，接着再初始化消息队列，此时消息队列为空。

RT-Thread 操作系统的消息队列对象由多个元素组成，当消息队列被创建时，它就被分配了消息队列控制块：消息队列名称、内存缓冲区、消息大小以及队列长度等。同时每个消息队列对象中包含着多个消息框，每个消息框可以存放一条消息；消息队列中的第一个和最后一个消息框被分别称为消息链表头和消息链表尾，对应于消息队列控制块中的 msg_queue_head 和 msg_queue_tail ；有些消息框可能是空的，它们通过 msg_queue_free 形成一个空闲消息框链表。所有消息队列中的消息框总数就是消息队列的长度，这个长度可在消息队列创建时指定。

线程或者中断服务程序都可以给消息队列发送消息。当发送消息时，消息队列对象先从空闲消息链表上取下一个空闲消息块，把线程或者中断服务程序发送的消息内容复制到消息块上，然后把该消息块挂到消息队列的尾部。当且仅当空闲消息链表上有可用的空闲消息块，发送者才能成功发送消息；当空闲消息链表上无可用消息块时，说明消息队列已满，此时，发送消息的线程或者中断程序会收到一个错误码（-RT_EFULL）。

发送紧急消息的过程与发送消息几乎一样，唯一的不同是，当发送紧急消息时，从空闲消息链表上取下来的消息块不是挂到消息队列的队尾，而是挂到队首，这样，接收者就能够优先接收到紧急消息，从而及时进行消息处理。

读取消息时，根据 msg_queue_head 找到最先进入队列的消息节点进行读取。根据消息队列控制块中的 entry 判断队列是否有消息读取，对全部空闲（ entry 为 0 ）队列进行读消息操作会引起线程挂起。

当消息队列不再被使用时，应该删除它以释放系统资源，一旦操作完成，消息队列将被永久性地删除。

队列的运作过程如图 15-1 所示。

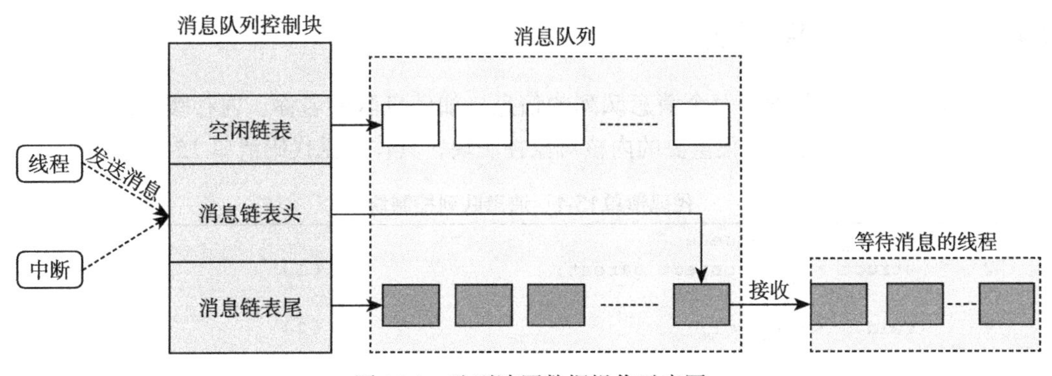

图 15-1　队列读写数据操作示意图

15.3 消息队列的阻塞机制

我们使用的消息队列一般不是属于某个线程的队列，在很多时候，我们创建的队列是每个线程都可以对其进行读写操作的，但是为了保护每个线程对其进行读写操作的过程，必须有阻塞机制，在某个线程对其进行读写操作时，必须保证该线程能正常完成读写操作，而不受后来的线程干扰。

那么，如何实现这个机制呢？很简单，因为 RT-Thread 中已经提供了这种机制，我们直接使用即可，每个对消息队列读写的函数都有这种机制，称之为阻塞机制。假设有一个线程 A 对某个队列进行读操作时（也就是我们所说的出队）发现它没有消息，那么此时线程 A 有 3 个选择：第 1 个选择，既然队列没有消息，那么不再等待，去处理其他操作，这样线程 A 不会进入阻塞态；第 2 个选择，线程 A 继续等待，此时线程 A 会进入阻塞状态，等待消息到来，而线程 A 的等待时间就由我们自己定义，比如设置 1000 个 tick 的等待，在这 1000 个 tick 到来之前线程 A 都是处于阻塞态，若阻塞的这段时间内线程 A 收到了队列的消息，那么线程 A 就会从阻塞态变成就绪态，如果此时线程 A 比当前运行的线程优先级还高，那么线程 A 就会得到消息并且运行，假如 1000 个 tick 过去了队列还没消息，那么线程 A 就不等了，从阻塞态中唤醒，返回一个没等到消息的错误代码，然后继续执行线程 A 的其他代码；第 3 个选择，线程 A 一直等待，直到收到消息，这样子线程 A 就会进入阻塞态，直到完成读取队列的消息。

而发送消息操作并不带有阻塞机制，因为发送消息的环境可能是在中断中，不允许有阻塞的情况，在消息队列已满的情况下将返回一个错误码（-RT_EFULL）。

15.4 消息队列的应用场景

消息队列可以应用于发送不定长消息的场合，包括线程与线程间的消息交换，以及在中断服务函数中给线程发送消息（中断服务例程不可能接收消息）。

15.5 消息队列控制块

消息队列控制块包含了每个消息队列的信息，如消息队列名称、内存缓冲区、消息大小以及队列长度等，是一个很重要的内核对象控制块，具体参见代码清单 15-1。

代码清单15-1 消息队列控制块

```
1 struct rt_messagequeue {
2     struct rt_ipc_object parent;                          (1)
3
4     void    *msg_pool;                                    (2)
5
6     rt_uint16_t            msg_size;                      (3)
```

```
 7      rt_uint16_t max_msgs;                     (4)
 8
 9      rt_uint16_t entry;                        (5)
10
11      void *msg_queue_head;                     (6)
12      void *msg_queue_tail;                     (7)
13      void *msg_queue_free;                     (8)
14 };
15 typedef struct rt_messagequeue *rt_mq_t;
```

代码清单 15-1（1）：消息队列属于内核对象，会在自身结构体里中含一个内核对象类型的成员，通过这个成员可以将消息队列挂到系统对象容器中。

代码清单 15-1（2）：存放消息的消息池开始地址。

代码清单 15-1（3）：每条消息大小，消息队列中也就是节点的大小，单位为字节。

代码清单 15-1（4）：能够容纳的最大消息数量。

代码清单 15-1（5）：队列中的消息索引，记录消息队列的消息个数。

代码清单 15-1（6）：链表头指针，指向即将读取数据的节点。

代码清单 15-1（7）：链表尾指针，指向允许写入数据的节点。

代码清单 15-1（8）：指向队列的空闲节点的指针。

15.6　消息队列函数

使用队列模块的典型流程如下：

- 消息队列函数创建 rt_mq_create()。
- 消息队列发送消息函数 rt_mq_send()。
- 消息队列接收消息函数 rt_mq_recv()。
- 消息队列删除函数 rt_mq_delete()。

15.6.1　消息队列创建函数 rt_mq_create()

顾名思义，消息队列创建函数就是用于创建一个队列，与线程一样，都是需要先创建才能使用，RT-Thread 肯定不知道我们需要什么样的队列，所以，我们需要什么样的队列，自己创建即可，比如队列的长度、队列句柄、节点的大小这些信息都是我们自己定义的，RT-Thread 只是提供了创建函数。创建队列的函数源码具体参见代码清单 15-2。

代码清单15-2　消息队列创建函数rt_mq_create()源码

```
1 rt_mq_t rt_mq_create(const char *name,
2                      rt_size_t   msg_size,
3                      rt_size_t   max_msgs,
4                      rt_uint8_t  flag)
5 {
6     struct rt_messagequeue *mq;
```

```
 7     struct rt_mq_message *head;
 8     register rt_base_t temp;
 9
10     RT_DEBUG_NOT_IN_INTERRUPT;
11
12     /* 分配消息队列对象 */                                        (1)
13     mq = (rt_mq_t)rt_object_allocate(RT_Object_Class_MessageQueue, name);
14     if (mq == RT_NULL)
15         return mq;
16
17     /* 设置 parent */
18     mq->parent.parent.flag = flag;                                (2)
19
20     /* 初始化消息队列内核对象 */
21     rt_ipc_object_init(&(mq->parent));                            (3)
22
23     /* 初始化消息队列 */
24
25     /* 获得正确的消息队列大小 */
26     mq->msg_size = RT_ALIGN(msg_size, RT_ALIGN_SIZE);             (4)
27     mq->max_msgs = max_msgs;
28
29     /* 分配消息内存池 */
30     mq->msg_pool = RT_KERNEL_MALLOC((mq->msg_size +
31                                     sizeof(struct rt_mq_message)) * mq->max_msgs);
32     if (mq->msg_pool == RT_NULL) {                                (5)
33         rt_mq_delete(mq);
34
35         return RT_NULL;
36     }
37
38     /* 初始化消息队列头尾链表 */
39     mq->msg_queue_head = RT_NULL;                                 (6)
40     mq->msg_queue_tail = RT_NULL;
41
42     /* 初始化消息队列空闲链表 */
43     mq->msg_queue_free = RT_NULL;
44     for (temp = 0; temp < mq->max_msgs; temp ++) {                (7)
45         head = (struct rt_mq_message *)((rt_uint8_t *)mq->msg_pool +
46             temp * (mq->msg_size + sizeof(struct rt_mq_message)));
47         head->next = mq->msg_queue_free;
48         mq->msg_queue_free = head;
49     }
50
51     /* 消息队列的个数为 0（清零）*/
52     mq->entry = 0;                                                (8)
53
54     return mq;
55 }
56 RTM_EXPORT(rt_mq_create);
```

代码清单 15-2（1）：分配消息队列对象，调用 rt_object_allocate() 函数将从对象系统为创建的消息队列分配一个对象，并且设置对象名称。在系统中，对象的名称必须是唯一的。

代码清单 15-2（2）：设置消息队列的阻塞唤醒模式，创建的消息队列由于指定的 flag 不同而有不同的意义。使用 RT_IPC_FLAG_PRIO 优先级 flag 创建的 IPC 对象，在多个线程等待消息队列资源时，优先级高的线程将优先获得资源。而使用 RT_IPC_FLAG_FIFO 先进先出 flag 创建的 IPC 对象，在多个线程等待消息队列资源时，将按照先来先得的顺序获得资源。RT_IPC_FLAG_PRIO 与 RT_IPC_FLAG_FIFO 均在 rtdef.h 中有定义。

代码清单 15-2（3）：初始化消息队列内核对象。此处会初始化一个链表，用于记录访问此队列而阻塞的线程，通过这个链表，可以找到对应的阻塞线程的控制块，从而能恢复线程。

代码清单 15-2（4）：设置消息队列的节点大小与消息队列的最大容量，节点大小要按 RT_ALIGN_SIZE 字节对齐，消息队列的容量由用户自己定义。

代码清单 15-2（5）：给此消息队列分配内存。这块内存的大小为 [消息大小 + 消息头大小]× 消息队列容量，每个消息节点中都有一个消息头，用于链表链接，指向下一个消息节点，作为消息的排序。

代码清单 15-2（6）：初始化消息队列头尾链表。

代码清单 15-2（7）：将所有消息队列的节点连接起来，形成空闲链表。

代码清单 15-2（8）：消息队列的个数为 0（清零）。

在创建消息队列时，是需要用户自己定义消息队列的句柄的，但是要注意，定义了队列的句柄并不等于创建了队列，创建队列必须是调用 rt_mq_create() 函数进行，否则，以后根据队列句柄使用队列的其他函数时会发生错误。在创建队列时是会返回创建的情况的，如果创建成功，则返回消息队列句柄，如果返回 RT_NULL，则表示创建失败，消息队列创建函数 rt_mq_create() 使用实例具体参见代码清单 15-3 中加粗部分。

代码清单15-3　消息队列创建函数rt_mq_create()实例

```
1 /* 创建一个消息队列 */
2 test_mq = rt_mq_create("test_mq",             /* 消息队列名字 */
3                        40,                    /* 消息的最大长度 */
4                        20,                    /* 消息队列的最大容量 */
5                        RT_IPC_FLAG_FIFO);     /* 队列模式 FIFO(0x00)*/
6 if (test_mq != RT_NULL)
7     rt_kprintf("消息队列创建成功! \n\n");
```

15.6.2　消息队列删除函数 rt_mq_delete()

消息队列删除函数是根据消息队列句柄直接进行删除的，删除之后这个消息队列的所有信息都会被清空，而且不能再次使用这个消息队列。需要注意的是，如果某个消息队列没有被创建，那当然也是无法被删除的。删除消息队列时会把所有由于访问此消息队列而进入阻塞态的线程从阻塞链表中删除，mq 是 rt_mq_delete() 传入的参数，是消息队列句柄，表示的是想要删除哪个队列，其函数源码具体参见代码清单 15-4。

代码清单15-4 消息队列删除函数rt_mq_delete()源码

```
1 rt_err_t rt_mq_delete(rt_mq_t mq)
2 {
3     RT_DEBUG_NOT_IN_INTERRUPT;
4
5     /* 检查消息队列 */
6     RT_ASSERT(mq != RT_NULL);                                         (1)
7
8     /* 恢复所有由于访问此队列而阻塞的线程 */
9     rt_ipc_list_resume_all(&(mq->parent.suspend_thread));             (2)
10
11 #if defined(RT_USING_MODULE) && defined(RT_USING_SLAB)
12     /* 消息队列对象属于应用程序模块，此处不使用 */
13     if (mq->parent.parent.flag & RT_OBJECT_FLAG_MODULE)
14         rt_module_free(mq->parent.parent.module_id, mq->msg_pool);
15     else
16 #endif
17
18         /* 释放消息队列内存 */
19         RT_KERNEL_FREE(mq->msg_pool);                                 (2)
20
21     /* 删除消息队列对象 */
22     rt_object_delete(&(mq->parent.parent));                           (3)
23
24     return RT_EOK;
25 }
```

代码清单 15-4（1）：检测消息队列是否被创建了，如果是，则可以进行删除操作。

代码清单 15-4（2）：调用 rt_ipc_list_resume_all() 函数将所有由于访问此队列而阻塞的线程从阻塞态中恢复过来，线程得到队列返回的错误代码。在实际情况中一般不这样使用，在删除时，应先确认所有的线程都无须再次访问此队列，并且此时没有线程被此队列阻塞，才进行删除操作。

代码清单 15-4（3）：删除了消息队列，那肯定要把消息队列的内存释放出来。

代码清单 15-4（4）：删除消息队列对象并且释放消息队列内核对象的内存，释放内核对象内存在 rt_object_delete() 函数中实现。

消息队列删除函数 rt_mq_delete() 的使用也是很简单的，只需传入要删除的消息队列的句柄即可，调用这个函数时，系统将删除这个消息队列。如果删除该消息队列时有线程正在等待消息，那么删除操作会先唤醒等待在消息队列上的线程（等待线程的返回值是 -RT_ERROR)，具体参见代码清单 15-5 中加粗部分。

代码清单15-5 消息队列删除函数rt_mq_delete()实例

```
1 /* 定义消息队列控制块 */
```

```
2 static rt_mq_t test_mq = RT_NULL;
3
4 rt_err_t uwRet = RT_EOK;
5
6 uwRet = rt_mq_delete(test_mq);
7 if (RT_EOK == uwRet)
8     rt_kprintf("消息队列删除成功！ \n\n");
```

15.6.3　消息队列发送消息函数 rt_mq_send()

消息队列发送消息函数 rt_mq_send() 的源码具体参见代码清单 15-6。

代码清单15-6　消息队列发送消息函数rt_mq_send()源码

```
 1 rt_err_t rt_mq_send(rt_mq_t mq, void *buffer, rt_size_t size)     (1)
 2 {
 3     register rt_ubase_t temp;
 4     struct rt_mq_message *msg;
 5
 6     RT_ASSERT(mq != RT_NULL);                                        (2)
 7     RT_ASSERT(buffer != RT_NULL);
 8     RT_ASSERT(size != 0);
 9
10     /* 判断消息的大小 */
11     if (size > mq->msg_size)                                         (3)
12         return -RT_ERROR;
13
14     RT_OBJECT_HOOK_CALL(rt_object_put_hook, (&(mq->parent.parent)));
15
16     /* 关中断 */
17     temp = rt_hw_interrupt_disable();
18
19     /* 获取一个空闲链表，必须有一个空闲链表项 */
20     msg = (struct rt_mq_message *)mq->msg_queue_free;                (4)
21     /* 消息队列满 */
22     if (msg == RT_NULL) {
23         /* 开中断 */
24         rt_hw_interrupt_enable(temp);
25
26         return -RT_EFULL;
27     }
28     /* 移动空闲链表指针 */
29     mq->msg_queue_free = msg->next;                                  (5)
30
31     /* 开中断 */
32     rt_hw_interrupt_enable(temp);
33
34     /* 这个消息是新的链表尾部，其下一个指针为 RT_NULL /
35     msg->next = RT_NULL;
36     /* 复制数据 */
37     rt_memcpy(msg + 1, buffer, size);                                (6)
```

```
38
39     /* 关中断 */
40     temp = rt_hw_interrupt_disable();
41     /* 将消息挂载到消息队列尾部 */
42     if (mq->msg_queue_tail != RT_NULL) {                    (7)
43         /* 如果已经存在消息队列尾部链表 */
44         ((struct rt_mq_message *)mq->msg_queue_tail)->next = msg;
45     }
46
47     /* 设置新的消息队列尾部链表指针 */
48     mq->msg_queue_tail = msg;                               (8)
49     /* 如果头部链表是空的，设置头部链表指针 */
50     if (mq->msg_queue_head == RT_NULL)                      (9)
51         mq->msg_queue_head = msg;
52
53     /* 增加消息数量记录 */
54     mq->entry ++;                                           (10)
55
56     /* 恢复挂起线程 */
57     if (!rt_list_isempty(&mq->parent.suspend_thread)) {     (11)
58         rt_ipc_list_resume(&(mq->parent.suspend_thread));
59
60         /* 开中断 */
61         rt_hw_interrupt_enable(temp);
62
63         rt_schedule();                                      (12)
64
65         return RT_EOK;
66     }
67
68     /* 开中断 */
69     rt_hw_interrupt_enable(temp);
70
71     return RT_EOK;
72 }
73 RTM_EXPORT(rt_mq_send);
```

代码清单 15-6（1）：在发送消息时需要传递一些参数：rt_mq_t mq 是已经创建的消息队列句柄；void *buffer 是即将发送消息的存储地址；rt_size_t size 是即将发送消息的大小。

代码清单 15-6（2）：检测传递进来的参数，即使这些参数之中有一个是无效的，也无法发送消息。

代码清单 15-6（3）：判断消息的大小，其大小不能超过创建时设置的消息队列的大小 mq->msg_size。用户可以自定义大小，如果 mq->msg_size 不够，可以在创建时设置得大一些。

代码清单 15-6（4）：获取一个空闲链表指针，必须有一个空闲链表节点用于存放要发送的消息。如果消息队列已经满了，则无法发送消息。

代码清单 15-6（5）：移动空闲链表指针。

代码清单 15-6（6）：复制数据，将即将发送的数据复制到空闲链表的节点中；因为空闲节点有消息头，所以其真正存放消息的地址是 msg + 1。

代码清单 15-6（7）：将空闲队列的消息挂载到消息队列尾部，如果此时消息队列已经有消息，也就是尾部链表不为空，那么就直接将发送的消息挂载到尾部链表后面。

代码清单 15-6（8）：重置消息队列尾链表指针，指向当前发送的消息。无论当前消息队列中尾链表是否有消息，都需要重置尾链表指针的指向。

代码清单 15-6（9）：如果头部链表是空的，就需要设置头部链表指针指向当前要发送的消息，也就是指向消息自身。

代码清单 15-6（10）：记录当前消息队列的消息个数，自加 1。

代码清单 15-6（11）：恢复挂起线程。如果有线程因为访问队列而进入阻塞，现在有消息了则可以将该线程从阻塞状态恢复。

代码清单 15-6（12）：发起一次线程调度。

发送消息时，发送者需指定发送到的消息队列的对象句柄（即指向消息队列控制块的指针），并且指定发送的消息内容以及消息大小。在发送一个普通消息之后，空闲消息链表上的消息被转移到了消息队列尾链表上，消息队列发送消息函数 rt_mq_send() 的实例具体参见代码清单 15-7 中加粗部分。

代码清单15-7　消息队列发送消息函数rt_mq_send()实例

```
 1 static void send_thread_entry(void *parameter)
 2 {
 3     rt_err_t uwRet = RT_EOK;
 4     uint32_t send_data1 = 1;
 5     uint32_t send_data2 = 2;
 6     while (1) {/* KEY1 被按下 */
 7         if ( Key_Scan(KEY1_GPIO_PORT,KEY1_GPIO_PIN) == KEY_ON ) {
 8             /* 将数据写入(发送到)队列中，等待时间为 0   */
 9             uwRet = rt_mq_send(test_mq,     /* 写入(发送到)队列的 ID(句柄) */
10                                &send_data1, /* 写入(发送)的数据 */
11                                sizeof(send_data1)); /* 数据的长度 */
12             if (RT_EOK != uwRet) {
13                 rt_kprintf("数据不能发送到消息队列! 错误代码: %lx\n",uwRet);
14             }
15         }/* KEY1 被按下 */
16         if ( Key_Scan(KEY2_GPIO_PORT,KEY2_GPIO_PIN) == KEY_ON ) {
17             /* 将数据写入(发送到)队列中，等待时间为 0   */
18             uwRet = rt_mq_send(test_mq,     /* 写入(发送到)队列的 ID(句柄) */
19                                 &send_data2, /* 写入(发送)的数据 */
20                                 sizeof(send_data2)); /* 数据的长度 */
21             if (RT_EOK != uwRet) {
22                 rt_kprintf("数据不能发送到消息队列! 错误代码: %lx\n",uwRet);
23             }
24         }
25         rt_thread_delay(20);
```

```
26      }
27 }
```

15.6.4 消息队列接收消息函数 rt_mq_recv()

当消息队列中有消息时，接收线程才能接收到消息。接收消息是有阻塞机制的，用户可以自定义等待时间。RT-Thread 的接收消息过程是，接收一个消息后，消息队列的头链表消息被转移到了空闲消息链表中，其源码实现具体参见代码清单 15-8。

代码清单15-8 消息队列接收消息函数rt_mq_recv()源码

```
1 rt_err_t rt_mq_recv(rt_mq_t mq,                                 (1)
2                     void *buffer,                               (2)
3                     rt_size_t  size,                            (3)
4                     rt_int32_t timeout)                         (4)
5 {
6     struct rt_thread *thread;
7     register rt_ubase_t temp;
8     struct rt_mq_message *msg;
9     rt_uint32_t tick_delta;
10
11    RT_ASSERT(mq != RT_NULL);
12    RT_ASSERT(buffer != RT_NULL);
13    RT_ASSERT(size != 0);                                       (5)
14
15
16    tick_delta = 0;
17    /* 获取当前的线程 */
18    thread = rt_thread_self();                                  (6)
19    RT_OBJECT_HOOK_CALL(rt_object_trytake_hook, (&(mq->parent.parent)));
20
21    /* 关中断 */
22    temp = rt_hw_interrupt_disable();
23
24    /* 非阻塞情况 */
25    if (mq->entry == 0 && timeout == 0) {                       (7)
26        rt_hw_interrupt_enable(temp);
27
28        return -RT_ETIMEOUT;
29    }
30
31    /* 消息队列为空 */
32    while (mq->entry == 0) {                                    (8)
33        RT_DEBUG_IN_THREAD_CONTEXT;
34
35        /* 重置线程中的错误码 */
36        thread->error = RT_EOK;                                 (9)
37
38        /* 不等待 */
39        if (timeout == 0) {
40            /* 开中断 */
41            rt_hw_interrupt_enable(temp);
```

```
42
43              thread->error =-RT_ETIMEOUT;
44
45              return -RT_ETIMEOUT;
46          }
47
48          /* 挂起当前线程 */
49          rt_ipc_list_suspend(&(mq->parent.suspend_thread),          (10)
50                              thread,
51                              mq->parent.parent.flag);
52
53          /* 有等待时间，启动线程定时器 */
54          if (timeout > 0) {                                         (11)
55              /* 获取 systick 定时器时间 */
56              tick_delta = rt_tick_get();
57
58              RT_DEBUG_LOG(RT_DEBUG_IPC, ("set thread:%s to timer list\n",
59                                          thread->name));
60
61              /* 重置线程定时器的超时并启动它 */
62              rt_timer_control(&(thread->thread_timer),              (12)
63                               RT_TIMER_CTRL_SET_TIME,
64                               &timeout);
65              rt_timer_start(&(thread->thread_timer));
66          }
67
68          /* 开中断 */
69          rt_hw_interrupt_enable(temp);
70
71          /* 发起线程调度 */
72          rt_schedule();                                             (13)
73
74
75          if (thread->error != RT_EOK) {
76              /* 返回错误 */
77              return thread->error;
78          }
79
80          /* 关中断 */
81          temp = rt_hw_interrupt_disable();
82
83          /* 如果它不是永远等待，则重新计算超时滴答 */
84          if (timeout > 0) {
85              tick_delta = rt_tick_get()- tick_delta;
86              timeout-= tick_delta;
87              if (timeout < 0)
88                  timeout = 0;
89          }
90      }
91
92      /* 获取消息 */
93      msg = (struct rt_mq_message *)mq->msg_queue_head;              (14)
94
```

```
 95     /* 移动消息队列头链表指针 */
 96     mq->msg_queue_head = msg->next;                                    (15)
 97     /* 到达队列尾部，设置为 NULL*/
 98     if (mq->msg_queue_tail == msg)                                     (16)
 99         mq->msg_queue_tail = RT_NULL;
100
101     /* 记录消息个数，自减 1*/
102     mq->entry--;                                                       (17)
103
104     /* 开中断 */
105     rt_hw_interrupt_enable(temp);
106
107     /* 复制消息到指定存储地址 */
108     rt_memcpy(buffer, msg + 1, size > mq->msg_size ? mq->msg_size : size);(18)
109
110     /* 关中断 */
111     temp = rt_hw_interrupt_disable();
112     /* 移到空闲链表 */
113     msg->next = (struct rt_mq_message *)mq->msg_queue_free;            (19)
114     mq->msg_queue_free = msg;
115     /* 开中断 */
116     rt_hw_interrupt_enable(temp);
117
118     RT_OBJECT_HOOK_CALL(rt_object_take_hook, (&(mq->parent.parent)));
119
120     return RT_EOK;
121 }
122 RTM_EXPORT(rt_mq_recv);
```

代码清单 15-8（1）：消息队列对象的句柄。

代码清单 15-8（2）：buffer 是用于接收消息的数据存储地址，必须在接收之前定义，以确保地址有效。

代码清单 15-8（3）：消息大小。

代码清单 15-8（4）：指定超时时间。

代码清单 15-8（5）：检测传递进来的参数是否有效，有效才进行消息队列的数据读取。

代码清单 15-8（6）：获取当前运行的线程。

代码清单 15-8（7）：如果当前消息队列中没有消息并且设置了不等待，则立即返回错误码。

代码清单 15-8（8）：如果消息队列为空，但是用户设置了等待时间，则进入循环。

代码清单 15-8（9）：重置线程中的错误码。

代码清单 15-8（10）：挂起当前线程，因为当前线程的消息队列为空，并且用户设置了超时时间，所以直接将当前线程挂起，进入阻塞状态。

代码清单 15-8（11）：用户设置了等待时间，需要启动线程定时器，并且调用 rt_tick_get() 函数获取当前系统 systick 时间。

代码清单 15-8（12）：重置线程定时器的超时并启动它，调用 rt_timer_control() 函数改变当前线程阻塞时间，阻塞的时间根据用户自定义的 timeout 设置，并且调用 rt_timer_start() 函数开始定时。

代码清单 15-8（13）：发起一次线程调度。当前线程已经挂起了，需要进行线程切换。

代码清单 15-8（14）：如果当前消息队列中有消息，那么获取消息队列的线程可以直接从消息队列的 msg_queue_head 链表获取到消息，并不会进入阻塞态中。

代码清单 15-8（15）：移动消息队列头链表指针。重置消息队列的 msg_queue_head 指向当前消息的下一个消息。因为当前的消息被取走了，下一个消息才是可获取的有效消息。

代码清单 15-8（16）：如果到达队列尾部，则将消息队列的 msg_queue_tail 设置为 NULL。

代码清单 15-8（17）：记录当前消息队列中消息的个数，entry 减 1。获取了一个消息就会少一个。

代码清单 15-8（18）：复制消息到指定存储地址 buffer，复制消息的大小为 size，其大小最大不能超过创建消息队列时定义的消息大小 msg_size。

代码清单 15-8（19）：获取一个消息后，消息队列上的头链表消息被转移到空闲消息链表中，相当于消息的删除操作，这样可以保证消息队列的循环利用，而不会导致头链表指针移动到队列尾部时没有可用的消息节点。

根据这些函数源码，我们能很轻松地对它进行操作，下面我们来进行队列接收操作。这个函数用于读取指定队列中的数据，并将获取的数据存储到 buffer 指定的地址。要读取的数据的地址和大小为 size，由用户定义，具体使用实例参见代码清单 15-9 中加粗部分。

代码清单15-9　消息队列接收消息函数rt_mq_recv()实例

```
1 /* 队列读取（接收），等待时间为一直等待 */
2 uwRet = rt_mq_recv(test_mq,  /* 读取（接收）队列的 ID（句柄）*/
3                    &r_queue, /* 读取（接收）的数据的保存位置 */
4                    sizeof(r_queue), /* 读取（接收）的数据的长度 */
5                    RT_WAITING_FOREVER); /* 等待时间：一直等 */
6 if (RT_EOK == uwRet)
7 {
8     rt_kprintf("本次接收到的数据是 %d\n",r_queue);
9 } else
10 {
11     rt_kprintf("数据接收出错，错误代码 : 0x%lx\n",uwRet);
12 }
```

15.7　消息队列使用注意事项

在使用 RT-Thread 提供的消息队列函数时，需要注意以下几点：

1）使用 rt_mq_recv()、rt_mq_send()、rt_mq_delete() 等函数之前，应先创建消息队列，并根据队列句柄进行操作。

2）队列读取采用的是先进先出（FIFO）模式，会首先读取先存储在队列中的数据。当然也有例外，RT-Thread 提供了另一个函数，可以发送紧急消息，那么读取时就会读取到紧急消息的数据。

3）必须定义一个存储读取出来的数据的地方，并且把存储数据的起始地址传递给 rt_mq_recv() 函数，否则，将发生地址非法的错误。

4）接收消息队列中的消息时采用的是复制的方式，读取消息时定义的地址必须保证能足够存放即将读取消息的大小。

15.8 消息队列实验

消息队列实验是在 RT-Thread 中创建了两个线程，一个是发送消息线程，一个是获取消息线程，两个线程独立运行。发送消息线程是通过检测按键的按下情况来发送消息，假如发送消息不成功，就把返回的错误情况代码在串口打印出来；获取消息线程在消息队列没有消息之前一直等待消息，一旦获取到消息就把消息打印在串口调试助手里，具体参见代码清单 15-10 中加粗部分。

注意： 在使用消息队列时请确保在 rtconfig.h 中打开 RT_USING_MESSAGEQUEUE 宏定义。

代码清单15-10 消息队列实验

```
1 /**
2   *********************************************************************
3   * @file    main.c
4   * @author  fire
5   * @version V1.0
6   * @date    2018-xx-xx
7   * @brief   RT-Thread 3.0 + STM32 消息队列
8   *********************************************************************
9   * @attention
10  *
11  * 实验平台：基于野火 STM32 全系列（M3/4/7）开发板
12  * 论坛 : http://www.firebbs.cn
13  * 淘宝 : https://fire-stm32.taobao.com
14  *
15  **********************************************************************
16  */
17
18 /*
19 *************************************************************************
20 *                              包含的头文件
21 *************************************************************************
22 */
23 #include "board.h"
24 #include "rtthread.h"
25
26
```

```
27 /*
28 *************************************************************************
29 *                                   变量
30 *************************************************************************
31 */
32 /* 定义线程控制块 */
33 static rt_thread_t receive_thread = RT_NULL;
34 static rt_thread_t send_thread = RT_NULL;
35 /* 定义消息队列控制块 */
36 static rt_mq_t test_mq = RT_NULL;
37 /*
38 *************************************************************************
39 *                                 函数声明
40 *************************************************************************
41 */
42 static void receive_thread_entry(void *parameter);
43 static void send_thread_entry(void *parameter);
44
45 /*
46 *************************************************************************
47 *                                main() 函数
48 *************************************************************************
49 */
50 /**
51   * @brief  主函数
52   * @param  无
53   * @retval 无
54   */
55 int main(void)
56 {
57     /*
58      * 开发板硬件初始化，RTT 系统初始化已经在 main() 函数之前完成，
59      * 即在 component.c 文件的 rtthread_startup() 函数中完成了。
60      * 所以在 main() 函数中，只需要创建线程和启动线程即可
61      */
62     rt_kprintf("这是一个[野火]-STM32 全系列开发板-RTT 消息队列实验！\n");
63     rt_kprintf("按下 KEY1 或者 KEY2 发送队列消息\n");
64     rt_kprintf("receive 线程接收到消息在串口回显\n");
65     /* 创建一个消息队列 */
66     test_mq = rt_mq_create("test_mq",/* 消息队列名字 */
67                            40,       /* 消息的最大长度 */
68                            20,       /* 消息队列的最大容量 */
69                            RT_IPC_FLAG_FIFO);/* 队列模式 FIFO(0x00)*/
70     if (test_mq != RT_NULL)
71         rt_kprintf("消息队列创建成功！\n\n");
72
73     receive_thread =                              /* 线程控制块指针 */
74         rt_thread_create( "receive",              /* 线程名字 */
75                           receive_thread_entry,   /* 线程入口函数 */
76                           RT_NULL,                /* 线程入口函数参数 */
77                           512,                    /* 线程栈大小 */
78                           3,                      /* 线程的优先级 */
79                           20);                    /* 线程时间片 */
80
81     /* 启动线程，开启调度 */
82     if (receive_thread != RT_NULL)
```

```
83          rt_thread_startup(receive_thread);
84      else
85          return -1;
86
87      send_thread =                                   /* 线程控制块指针 */
88          rt_thread_create( "send",                   /* 线程名字 */
89                            send_thread_entry,        /* 线程入口函数 */
90                            RT_NULL,                  /* 线程入口函数参数 */
91                            512,                      /* 线程栈大小 */
92                            2,                        /* 线程的优先级 */
93                            20);                      /* 线程时间片 */
94
95      /* 启动线程，开启调度 */
96      if (send_thread != RT_NULL)
97          rt_thread_startup(send_thread);
98      else
99          return -1;
100 }
101
102 /*
103 ******************************************************************
104 *                              线程定义
105 ******************************************************************
106 */
107
108 static void receive_thread_entry(void *parameter)
109 {
110     rt_err_t uwRet = RT_EOK;
111     uint32_t r_queue;
112     /* 线程是一个无限循环，不能返回 */
113     while (1) {
114         /* 队列读取（接收），等待时间为一直等待 */
115         uwRet = rt_mq_recv(test_mq,         /* 读取（接收）队列的 ID（句柄）*/
116                            &r_queue,        /* 读取（接收）的数据的保存位置 */
117                            sizeof(r_queue),      /* 读取（接收）的数据的长度 */
118                            RT_WAITING_FOREVER); /* 等待时间：一直等 */
119         if (RT_EOK == uwRet) {
120             rt_kprintf("本次接收到的数据是 %d\n",r_queue);
121         } else {
122             rt_kprintf("数据接收出错，错误代码：0x%lx\n",uwRet);
123         }
124         rt_thread_delay(200);
125     }
126 }
127
128 static void send_thread_entry(void *parameter)
129 {
130     rt_err_t uwRet = RT_EOK;
131     uint32_t send_data1 = 1;
132     uint32_t send_data2 = 2;
133     while (1) { /* KEY1 被按下 *
134         if ( Key_Scan(KEY1_GPIO_PORT,KEY1_GPIO_PIN) == KEY_ON ) {/
135             /* 将数据写入（发送到）队列中，等待时间为 0   */
136             uwRet = rt_mq_send(test_mq,    /* 写入（发送到）队列的 ID（句柄）*/
137                                &send_data1, /* 写入（发送）的数据 */
138                                sizeof(send_data1)); /* 数据的长度 */
```

```
139                 if (RT_EOK != uwRet) {
140                     rt_kprintf("数据不能发送到消息队列！错误代码：%lx\n",uwRet);
141                 }
142             }/* KEY2 被按下 */
143             if ( Key_Scan(KEY2_GPIO_PORT,KEY2_GPIO_PIN) == KEY_ON ) {
144                 /* 将数据写入（发送到）队列中，等待时间为 0   */
145                 uwRet = rt_mq_send(test_mq,    /* 写入（发送到）队列的 ID（句柄）*/
146                                    &send_data2,           /* 写入（发送）的数据 */
147                                    sizeof(send_data2)); /* 数据的长度 */
148                 if (RT_EOK != uwRet) {
149                     rt_kprintf("数据不能发送到消息队列！错误代码：%lx\n",uwRet);
150                 }
151             }
152             rt_thread_delay(20);
153         }
154 }
155 /****************************END OF FILE**************************/
```

15.9　实验现象

将程序编译好，用 USB 线连接计算机和开发板的 USB 接口（对应丝印为 USB 转串口），用 DAP 仿真器把配套程序下载到野火 STM32 开发板（具体型号根据购买的板子而定，每个型号的板子都有对应的程序），在计算机上打开串口调试助手，然后复位开发板就可以在调试助手中看到 rt_kprintf() 的打印信息，按下开发板的 KEY1 按键发送消息 1，按下 KEY2 按键发送消息 2；我们按下 KEY1 按键，将在串口调试助手中看到接收到消息 1，按下 KEY2 按键，将在串口调试助手中看到接收到消息 2，如图 15-2 所示。

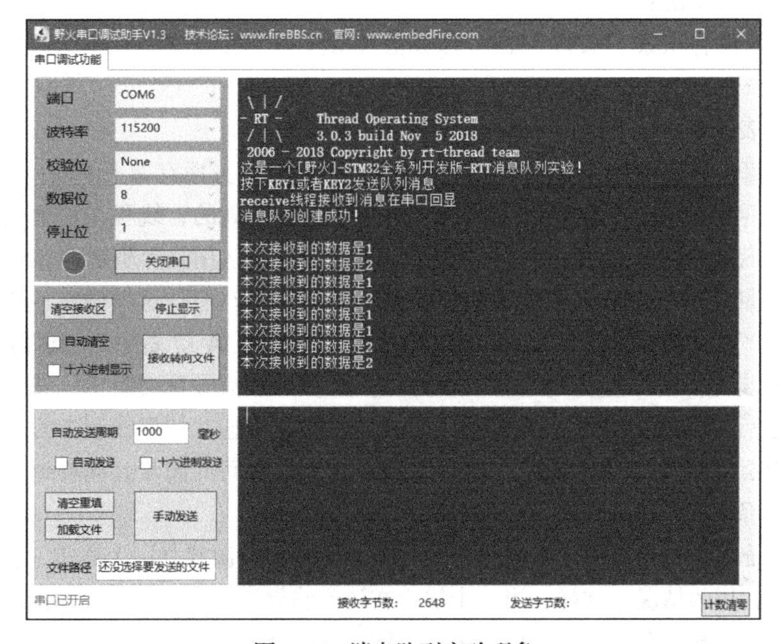

图 15-2　消息队列实验现象

第 16 章 信号量

回想一下，你是否在裸机编程中这样使用过一个变量：用于标记某个事件是否发生，或者标志一下某个硬件是否正在被使用，如果是被占用了的或者没发生，我们就不对它进行操作。

16.1 信号量的基本概念

信号量（semaphore）是一种实现线程间通信的机制，实现线程之间同步或临界资源的互斥访问，常用于协助一组相互竞争的线程来访问临界资源。在多线程系统中，各线程之间需要同步或互斥实现临界资源的保护，信号量功能可以为用户提供这方面的支持。

通常一个信号量的计数值用于对应有效的资源数，表示剩下的可被占用的互斥资源数。其值的含义分两种情况：

- 0：表示没有积累下来的 release 释放信号量操作，且有可能有在此信号量上阻塞的线程。
- 正值：表示有一个或多个 release 释放信号量操作。

以同步为目的的信号量和以互斥为目的的信号量在使用方面有如下不同：

- 用作互斥时，信号量创建后可用信号量个数应该是满的，线程在需要使用临界资源时，先获取信号量，使其变空，这样其他线程需要使用临界资源时就会因为无法获取信号量而进入阻塞，从而保证了临界资源的安全。但是这样做有一个缺点，就是有可能产生优先级翻转。优先级翻转的危害具体会在第 17 章中详细讲解。
- 用作同步时，信号量在创建后被置为空，线程 1 取信号量而阻塞，线程 2 在某种条件发生后，释放信号量，于是线程 1 得以进入就绪态，如果线程 1 的优先级是最高的，那么就会立即切换线程，从而达到了两个线程间的同步。同样地，在中断服务函数中释放信号量，也能达到线程与中断间的同步。

在操作系统中，我们使用信号量的目的是为了给临界资源建立一个标志，信号量表示了该临界资源被占用的情况。这样，当一个线程在访问临界资源时，就会先对这个资源信息进行查询，从而在了解资源被占用的情况之后再做处理，从而使得临界资源得到有效保护。

还记得我们经常说的中断要快进快出吗？在裸机开发中，我们经常是在中断中做一个标记，然后在退出中断时进行轮询处理，这就类似我们使用信号量进行同步，当标记发生了，我们再做其他事情。在 RT-Thread 中，信号量用于同步，如线程与线程的同步、中断与线程的同步，可以大大提高效率。

信号量还有计数型信号量，计数型信号量允许多个线程对其进行操作，但限制了线程的数量。比如有一个停车场，里面只有 100 个车位，那么能停的车只有 100 辆，也相当于我们的信号量有 100 个，假如一开始停车场的车位还有 100 个，那么每进去一辆车就要消耗一个停车位，车位的数量就要减 1，相应地，我们的信号量在使用之后也需要减 1；当停车场停满了 100 辆车时，此时的停车位为 0，再来的车就不能停进去了，否则将造成事故，也相当于我们的信号量为 0，后面的线程对这个停车场资源的访问也无法进行；当有车从停车场离开时，车位又空余出来了，那么后面的车就能停进去了。对信号量的操作也是一样的，当我们释放了这个资源，后面的线程才能对这个资源进行访问。

16.2 二值信号量的应用场景

在嵌入式操作系统中，二值信号量是线程间、线程与中断间同步的重要手段。为什么叫二值信号量呢？因为信号量资源被获取了，信号量值就是 0；信号量资源被释放，信号量值就是 1。这种只有 0 和 1 两种情况的信号量称为二值信号量。

在线程系统中，我们经常会使用这个二值信号量，比如某个线程需要等待一个标记，那么线程可以在轮询中查询这个标记有没有被置位，这样做十分消耗 CPU 资源。其实根本不需要在轮询中查询这个标记，只需要使用二值信号量即可，当二值信号量消失时，线程进入阻塞态等待二值信号量到来即可。当得到了这个信号量（标记）之后，再进行线程的处理即可，这样就不会消耗太多资源了，而且实时响应也是最快的。

再比如，某个线程使用信号量在等待中断的标记出现，在这之前线程已经进入了阻塞态，在等待中断的发生，当中断发生之后，释放一个信号量，也就是我们常说的标记，当它退出中断之后，会将等待信号量的线程恢复到就绪态，如果这个线程处于最高优先级的就绪态，那么系统将进行线程切换，运行该线程，这样就大大提高了效率。

二值信号量在线程与线程中同步的应用场景举例如下：假设我们有一个温湿度传感器，假设每 1s 采集一次数据，那么我们让其在液晶屏中显示数据，这个周期也是 1s。如果液晶屏刷新的周期是 100ms 更新一次，那么此时的温湿度的数据还没更新，液晶屏根本无须刷新，只需要在 1s 后温湿度数据更新时刷新即可，否则 CPU 就是白白做了多次的无效数据更新，CPU 的资源就被刷新数据这个线程占用了大半，造成 CPU 资源浪费。如果液晶屏刷新的周期是 10s 更新一次，那么温湿度的数据都变化了 10 次，液晶屏才来更新数据，那这个产品可以说是没有用的，因为其提供的数据根本就是不准确的，所以，还是需要同步协调工作，在温湿度采集完毕之后，进行液晶屏数据的刷新，这样所显示的结果才是最准确的，并且不会浪费 CPU 的资源。

同理，二值信号量在线程与中断同步的应用场景举例如下：在串口接收中，不明确什么时候会有数据发送过来，有一个线程用于接收这些数据，总不能在线程中每时每刻都在查询有没有数据到来，那样会浪费 CPU 资源，所以在这种情况下使用二值信号量是很好的办法。当没有数据到来时，线程就进入阻塞态，不参与线程的调度，等到数据到来时，释放一个二值信号量，线程就立即从阻塞态中解除，进入就绪态，然后在运行时处理数据，这样系统的资源就会被很好地利用起来。

16.3　二值信号量的运作机制

创建二值信号量，为创建的信号量对象分配内存，并把可用信号量初始化为用户自定义的个数。二值信号量的最大可用信号量个数为 1。

信号量获取，从创建的信号量资源中获取一个信号量，获取成功则返回正确提示。否则线程会等待其他线程释放该信号量，超时时间由用户设定。当线程获取信号量失败时，线程将进入阻塞态，系统将线程挂到该信号量的阻塞列表中。

在二值信号量无效时，假如此时有线程获取该信号量，那么线程将进入阻塞状态，如图 16-1 所示。

假如某个时间中断 / 线程释放了信号量（其过程如图 16-2 所示），那么，由于获取无效信号量而进入阻塞态的线程将获得信号量并且恢复为就绪态，其过程如图 16-3 所示。

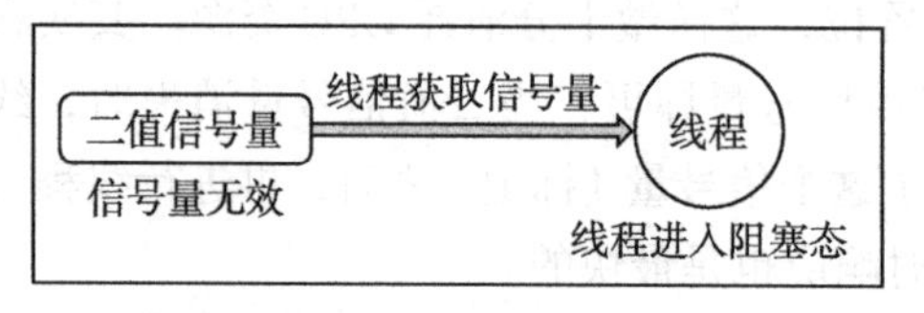

图 16-1　信号量无效时获取

图 16-2　中断、线程释放信号量

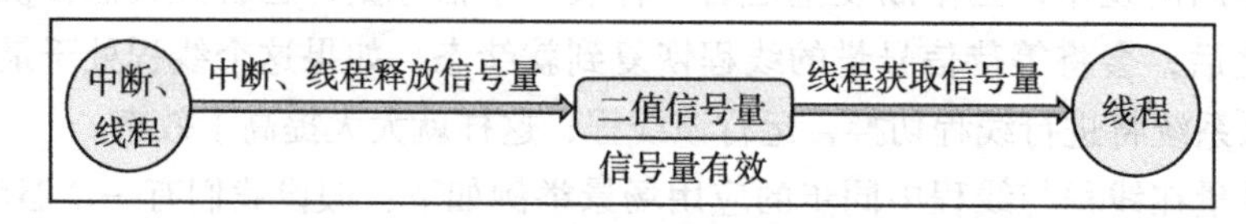

图 16-3　二值信号量运作机制

16.4　计数型信号量的运作机制

计数型信号量与二值信号量其实都是差不多的，一样用于资源保护，不过计数型信号量允许多个线程获取信号量访问共享资源，但会限制线程的最大数目。访问的线程数达到信号量可支持的最大数目时，会阻塞其他试图获取该信号量的线程，直到有线程释放了信号量。这就是计数型信号量的运作机制，虽然计数信号量允许多个线程访问同一个资源，但是也有限定，比如某个资源限定只能有 3 个线程访问，那么第 4 个线程访问时，会因为获取不到信号量而进入阻塞，等到有线程（比如线程 1）释放掉该资源时，第 4 个线程才能获取信号量从而进行资源的访问，其运作机制如图 16-4 所示。

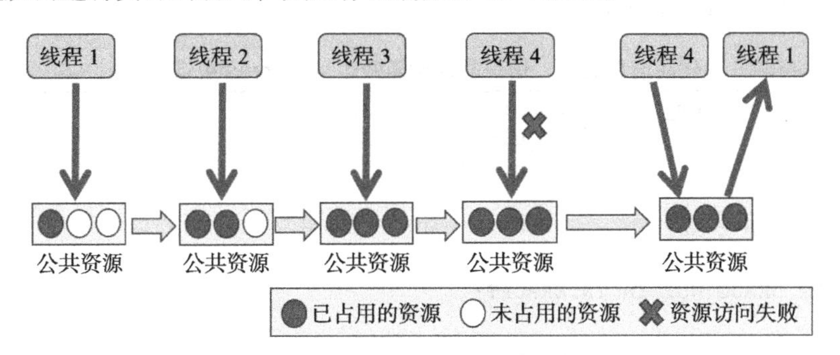

图 16-4　计数型信号量运作示意图

16.5　信号量控制块

说到信号量的使用，就不得不介绍一下信号量的控制块。信号量控制块与线程控制类似，每一个信号量都有自己的信号量控制块，信号量控制块中包含了信号量的所有信息，比如信号量的一些状态信息、使用情况等，具体参见代码清单 16-1。

代码清单16-1　信号量控制块

```
1 struct rt_semaphore {
2     struct rt_ipc_object parent; /**< 继承自 ipc_object 类 */
3
4     rt_uint16_t value;   /**< 信号量的值，最大为 65535*/
5 };
6 typedef struct rt_semaphore *rt_sem_t;
```

信号量属于内核对象，也会在自身结构体中包含一个内核对象类型的成员，通过这个成员可以将信号量挂到系统对象容器中。rt_semaphore 对象从 rt_ipc_object 中派生，由 IPC 容器管理。

16.6　信号量函数

在 RT-Thread 中，无论是二值信号量还是计数型信号量，都是由用户自己创建的。二值信号量的最大计数值为 1，并且都是使用 RT-Thread 的同一个释放与获取函数，所以在将信号量作为二值信号量使用时要注意，用完信号量及时释放，并且不要多次调用信号量释放函数。

16.6.1 信号量创建函数 rt_sem_create()

二值信号量的创建很简单。因为创建的是二值的信号量，所以该信号量的容量只有一个，其可用信号量个数要么是 0，要么是 1，而计数型信号量则可以由用户决定在创建时初始化多少个可用信号量，其源码具体参见代码清单 16-2。

代码清单16-2 信号量创建函数rt_sem_create()源码

```
 1 rt_sem_t rt_sem_create(const char *name,                              (1)
 2                        rt_uint32_t value,                             (2)
 3                        rt_uint8_t flag)                               (3)
 4 {
 5     rt_sem_t sem;
 6
 7     RT_DEBUG_NOT_IN_INTERRUPT;
 8
 9     /* 分配内核对象 */
10     sem = (rt_sem_t)rt_object_allocate(RT_Object_Class_Semaphore, name);
11     if (sem == RT_NULL)                                               (4)
12         return sem;
13
14     /* 初始化信号量对象 */
15     rt_ipc_object_init(&(sem->parent));                               (5)
16
17     /* 设置可用信号量的值 */
18     sem->value = value;                                               (6)
19
20     /* 设置信号量模式 */
21     sem->parent.parent.flag = flag;                                   (7)
22
23     return sem;                                                       (8)
24 }
```

代码清单 16-2（1）：信号量名称。

代码清单 16-2（2）：可用信号量初始值。

代码清单 16-2（3）：信号量标志。

代码清单 16-2（4）：分配消息队列对象，调用 rt_object_allocate() 函数将从对象系统分配对象，为创建的消息队列分配一个消息队列的对象，并且设置对象名称。在系统中，对象的名称必须是唯一的。

代码清单 16-2（5）：初始化信号量对象。此处会初始化一个链表用于记录访问此信号量而阻塞的线程。

代码清单 16-2（6）：设置可用信号量的初始值，表示在创建成功时有多少个信号量可用。如果创建的是二值信号量，其取值范围为 [0,1]；如果是计数型信号量，其取值范围为 [0,65535]。

代码清单 16-2（7）：设置信号量的阻塞唤醒模式，创建的信号量由于指定的 flag 不同，而有不同的意义：使用 RT_IPC_FLAG_PRIO 优先级 flag 创建的 IPC 对象，在多个线程等待信号量资源时，将由优先级高的线程优先获得资源。而使用 RT_IPC_FLAG_FIFO 先进先出 flag 创建的 IPC 对象，在多个线程等待信号量资源时，将按照先来先得的顺序获得资源。RT_IPC_FLAG_PRIO 与 RT_IPC_FLAG_FIFO 均在 rtdef.h 中有定义。

代码清单 16-2（8）：创建成功返回信号量句柄。

通过对上面的信号量创建知识的学习，在创建信号量时，我们只需要传入信号量名称、初始化的值和阻塞唤醒发生即可。在创建信号量时，是需要用户自己定义信号量的句柄的，但是要注意，定义了信号量的句柄并不等于创建了信号量，创建信号量必须通过调用 rt_sem_create() 函数进行创建。需要注意的是，二值信号量可用个数的取值范围是 0 ～ 1，计数信号量可用个数的取值范围是 0 ～ 65 535，用户可以根据需求选择。信号量创建的实例具体参见代码清单 16-3 中加粗部分。

代码清单16-3　信号量创建函数rt_sem_create()实例

```
1 /* 定义信号量控制块 */
2 static rt_sem_t test_sem = RT_NULL;
3 /* 创建一个信号量 */
4 test_sem = rt_sem_create("test_sem",  /* 信号量名称 */
5                          1,           /* 信号量初始值，默认有一个信号量 */
6                          RT_IPC_FLAG_FIFO); /* 信号量模式 FIFO(0x00)*/
7 if (test_sem != RT_NULL)
8     rt_kprintf("信号量创建成功！\n\n");
```

16.6.2　信号量删除函数 rt_sem_delete()

信号量删除函数是根据信号量句柄直接删除的，删除之后这个信号量的所有信息都会被系统回收，并且用户无法再次使用这个信号量。但是需要注意的是，如果某个信号量没有被创建，那是无法被删除的。删除信号量时会把所有由于访问此信号量而阻塞的线程从阻塞链表中删除，并且返回一个错误代码。sem 是 rt_sem_delete() 传入的参数，是信号量句柄，表示要删除哪个信号量，其函数源码参见代码清单 16-4。

代码清单16-4　信号量删除函数rt_sem_delete()源码

```
 1 rt_err_t rt_sem_delete(rt_sem_t sem)
 2 {
 3     RT_DEBUG_NOT_IN_INTERRUPT;
 4 
 5     RT_ASSERT(sem != RT_NULL);                                  (1)
 6 
 7     /* 恢复所有阻塞在此信号量的线程 */
 8     rt_ipc_list_resume_all(&(sem->parent.suspend_thread));      (2)
 9 
10     /* 删除信号量对象 */
11     rt_object_delete(&(sem->parent.parent));                    (3)
12 
```

```
13     return RT_EOK;
14 }
15 RTM_EXPORT(rt_sem_delete);
```

代码清单 16-4（1）：检查信号量是否被创建了，如果是，则可以进行删除操作。

代码清单 16-4（2）：调用 rt_ipc_list_resume_all() 函数，将所有因为访问此信号量而阻塞的线程从阻塞态中恢复过来，线程得到信号量返回的错误代码。在实际情况中一般不这样使用，在删除时，应先确认所有的线程都无须再次访问此信号量，并且此时没有线程被此信号量阻塞，才进行删除操作。

代码清单 16-4（3）：删除信号量对象并且释放信号量内核对象的内存，释放内核对象内存在 rt_object_delete() 函数中实现。

调用这个函数时，系统将删除这个信号量。如果删除该信号量时，有线程正在等待该信号量，那么删除操作会先唤醒等待在该信号量上的线程（等待线程的返回值是 -RT_ERROR）。信号量删除的实例代码具体参见代码清单 16-5 中加粗部分。

代码清单16-5　信号量删除函数rt_sem_delete()实例

```
1 /* 定义信号量控制块 */
2 static rt_sem_t test_sem = RT_NULL;
3
4 rt_err_t uwRet = RT_EOK;
5
6 uwRet = rt_sem_delete(test_sem);
7 if (RT_EOK == uwRet)
8     rt_kprintf("信号量删除成功！\n\n");
```

16.6.3　信号量释放函数 rt_sem_release()

在前面的讲解中，我们知道，当信号量有效时，线程才能获取信号量，那么，是什么函数使得信号量变得有效？其实有两种方式，其中一种是在创建时进行初始化，将其可用的信号量个数设置一个初始值。在二进制信号量中，该初始值的范围是 0 ～ 1，假如初始值为一个可用的信号量，被申请一次就变得无效了，那就需要我们释放信号量，RT-Thread 提供了信号量释放函数 rt_sem_release()，每调用一次该函数就释放一个信号量。但是有个问题，能不能一直释放呢？很显然，这是不能的。无论信号量用作二值信号量还是计数型信号量，都要注意可用信号量的范围，当用作二值信号量时，必须确保其可用值在 0 ～ 1 范围内，所以使用二值信号量时，使用完毕，应及时释放信号量；而用作计数型信号量，其范围是 0 ～ 65 535，不允许释放超过 65 535 个信号量，这代表我们不能一直调用 rt_sem_release() 函数来释放信号量。下面我们一起来看看信号量释放函数 rt_sem_release() 的源码，具体参见代码清单 16-6。

代码清单16-6　信号量释放函数rt_sem_release()源码

```
1 rt_err_t rt_sem_release(rt_sem_t sem)                              (1)
```

```
 2 {
 3     register rt_base_t temp;
 4     register rt_bool_t need_schedule;
 5
 6     RT_OBJECT_HOOK_CALL(rt_object_put_hook, (&(sem->parent.parent)));
 7
 8     need_schedule = RT_FALSE;                                        (2)
 9
10     /* 关中断 */
11     temp = rt_hw_interrupt_disable();
12
13     RT_DEBUG_LOG(RT_DEBUG_IPC,("thread %s releases sem:%s, which value is: %d\n",
14                                rt_thread_self()->name,
15                                ((struct rt_object *)sem)->name,
16                                sem->value));
17
18     if (!rt_list_isempty(&sem->parent.suspend_thread)) {
19         /* 恢复阻塞线程 */
20         rt_ipc_list_resume(&(sem->parent.suspend_thread));           (3)
21         need_schedule = RT_TRUE;                                     (4)
22     } else
23         sem->value ++; /* 记录可用信号量个数 */                        (5)
24
25     /* 开中断 */
26     rt_hw_interrupt_enable(temp);
27
28     /* 如果需要调度，则发起一次线程调度 */
29     if (need_schedule == RT_TRUE)                                    (6)
30         rt_schedule();
31
32     return RT_EOK;
33 }
34 RTM_EXPORT(rt_sem_release);
```

代码清单 16-6（1）：根据信号量句柄（sem）释放信号量。

代码清单 16-6（2）：定义一个记录是否需要进行系统调度的变量 need_schedule，默认为不需要调度。

代码清单 16-6（3）：恢复阻塞线程。如果当前有线程等待这个信号量时，那么现在进行信号量释放时，将唤醒等待在该信号量线程队列中的第一个线程，由它获取信号量，并且将其从阻塞中恢复。恢复的过程是将线程从阻塞列表中删除，添加到就绪列表中。

代码清单 16-6（4）：恢复线程需要进行线程调度，所以此变量应该为真（RT_TRUE）。

代码清单 16-6（5）：如果当前没有线程因为访问此信号量而进入阻塞，则不需要恢复线程，将该信号量的可用个数加 1 即可。此处应注意信号量的范围。

代码清单 16-6（6）：如果需要进行调度，则调用 rt_schedule() 函数进行一次线程切换。

当线程完成资源的访问后，应尽快释放它持有的信号量，使得其他线程能获得该信号量。我们学习了信号量释放过程，下面再一起来看看怎么使用信号量释放函数 rt_sem_ release()，具体参见代码清单 16-7 中加粗部分。

注意：在中断中同样可以这样调用信号量释放函数 rt_sem_release()，因为这个函数是非阻塞的。

代码清单16-7 信号量释放函数rt_sem_release()实例

```
 1 static void send_thread_entry(void *parameter)
 2 {
 3     rt_err_t uwRet = RT_EOK;
 4     /* 线程是一个无限循环，不能返回 */
 5     while (1) { //如果 KEY2 被按下
 6         if ( Key_Scan(KEY2_GPIO_PORT,KEY2_GPIO_PIN) == KEY_ON ) {
 7             /* 释放一个计数信号量 */
 8             uwRet = rt_sem_release(test_sem);
 9             if ( RT_EOK == uwRet )
10                 rt_kprintf ( "KEY2 被按下：释放 1 个停车位。\r\n" );
11             else
12                 rt_kprintf ( "KEY2 被按下：但已无车位可以释放！ \r\n" );
13         }
14         rt_thread_delay(20);      //每 20ms 扫描一次
15     }
16 }
```

16.6.4 信号量获取函数 rt_sem_take()

与释放信号量对应的是获取信号量，我们知道，当信号量有效时，线程才能获取信号量。当线程获取了某个信号量时，该信号量的有效值就会减 1，也就是说该信号量的可用个数就减 1，当它减到 0 时，线程就无法再获取了，并且获取的线程会进入阻塞态（假如使用了等待时间）。在二进制信号量中，该初始值的范围是 0 ～ 1，假如初始值为一个可用的信号量，被获取一次就变得无效了，那么此时另外一个线程获取该信号量时就会无法成功获取，该线程便会进入阻塞态。每调用一次 rt_sem_take() 函数获取信号量时，信号量的可用个数便减少一个，直至为 0 时，线程就无法成功获取信号量了，具体参见代码清单 16-8。

代码清单16-8 信号量获取函数rt_sem_take()源码

```
 1 rt_err_t rt_sem_take(rt_sem_t sem, rt_int32_t time)                (1)
 2 {
 3     register rt_base_t temp;
 4     struct rt_thread *thread;
 5
 6     RT_ASSERT(sem != RT_NULL);                                      (2)
 7
 8     RT_OBJECT_HOOK_CALL(rt_object_trytake_hook, (&(sem->parent.parent)));
 9
10     /* 关中断 */
11     temp = rt_hw_interrupt_disable();
```

```
12
13      RT_DEBUG_LOG(RT_DEBUG_IPC, ("thread %s take sem:%s, which value is: %d\n",
14                                  rt_thread_self()->name,
15                                  ((struct rt_object *)sem)->name,
16                                  sem->value));
17
18      if (sem->value > 0) {                                          (3)
19          /* 有可用信号量 */
20          sem->value--;
21
22          /* 关中断 */
23          rt_hw_interrupt_enable(temp);
24      } else {
25          /* 不等待，返回超时错误 */
26          if (time == 0) {                                           (4)
27              rt_hw_interrupt_enable(temp);
28
29              return -RT_ETIMEOUT;
30          } else {
31              /* 当前上下文检查 */
32              RT_DEBUG_IN_THREAD_CONTEXT;
33
34              /* 信号不可用，挂起当前线程 */
35              /* 获取当前线程 */
36              thread = rt_thread_self();                             (5)
37
38              /* 设置线程错误代码 */
39              thread->error = RT_EOK;
40
41              RT_DEBUG_LOG(RT_DEBUG_IPC, ("sem take: suspend thread- %s\n",
42                                          thread->name));
43
44              /* 挂起线程 */
45              rt_ipc_list_suspend(&(sem->parent.suspend_thread),     (6)
46                                  thread,
47                                  sem->parent.parent.flag);
48
49              /* 有等待时间，开始计时 */
50              if (time > 0) {                                        (7)
51                RT_DEBUG_LOG(RT_DEBUG_IPC, ("set thread:%s to timer list\n",
52                                            thread->name));
53
54                  /* 设置线程超时时间，并且启动定时器 */
55                  rt_timer_control(&(thread->thread_timer),          (8)
56                                   RT_TIMER_CTRL_SET_TIME,
57                                   &time);
58                  rt_timer_start(&(thread->thread_timer));           (9)
59              }
60
61              /* 开中断 */
62              rt_hw_interrupt_enable(temp);
```

```
63
64              /* 发起线程调度 */
65              rt_schedule();                                          (10)
66
67              if (thread->error != RT_EOK) {
68                  return thread->error;
69              }
70          }
71      }
72
73      RT_OBJECT_HOOK_CALL(rt_object_take_hook, (&(sem->parent.parent)));
74
75      return RT_EOK;                                                  (11)
76 }
77 RTM_EXPORT(rt_sem_take);
```

代码清单 16-8（1）：sem 信号量对象的句柄；time 为指定的等待时间，单位是操作系统时钟节拍（tick）。

代码清单 16-8（2）：检查信号量是否有效，如果有效则进行获取操作。

代码清单 16-8（3）：如果当前有可用的信号量，那么线程获取信号量成功，信号量可用个数减 1，然后直接跳到（11），返回成功。

代码清单 16-8（4）：（4）～（10）都是表示当前没有可用信号量，此时无法获取信号量，如果用户设定的等待时间为 0，那么线程获取信号量不成功，直接返回错误码 -RT_ETIMEOUT。

代码清单 16-8（5）：如果用户设置了等待时间，那么在获取不到信号量的情况下，可以将获取信号量的线程挂起，进行等待，这首先获取当前线程，调用 rt_thread_self() 函数就是为了得到当前线程控制块。

代码清单 16-8（6）：将线程挂起，rt_ipc_list_suspend() 函数将线程挂起到指定列表。IPC 对象（rt_ipc_object）结构体中包含一个挂起列表，此处将当前线程挂起到信号量的挂起列表中。

代码清单 16-8（7）：如果有等待时间，那么需要计时，在时间到时恢复线程。

代码清单 16-8（8）：调用 rt_timer_control() 函数设置当前线程的挂起的时间，时间 time 由用户设定。

代码清单 16-8（9）：启动定时器开始计时。

代码清单 16-8（10）：发起一次线程调度，因为当前线程已经被挂起了，所以需要进行线程的切换。

线程通过获取信号量来获得信号量资源，当信号量值大于 0 时，线程将获得信号量，并且相应的信号量值都会减 1；如果信号量的值等于 0，那么说明当前信号量资源不可用，获取该信号量的线程将根据 time 参数的情况选择直接返回，或挂起等待一段时间，或永久等待，直到其他线程或中断释放该信号量；如果在参数 time 指定的时间内依然得不到信号量，线程将超时返回，返回值是 -RT_ETIMEOUT，其使用实例具体参见代码清单 16-9 中加粗部分。

代码清单16-9　信号量获取函数rt_sem_take()实例

```
1 rt_sem_take(test_sem,                    /* 获取信号量 */
2             RT_WAITING_FOREVER);         /* 等待时间：一直等 */
3
4 uwRet = rt_sem_take(test_sem,            /* 获取一个计数信号量 */
5                     0);                  /* 等待时间：0 */
6 if ( RT_EOK == uwRet )
7     rt_kprintf( "获取信号量成功\r\n" );
```

16.7　信号量实验

16.7.1　二值信号量同步实验

信号量同步实验是在 RT-Thread 中创建了两个线程，一个是获取信号量线程，一个是释放互斥量线程，两个线程独立运行，获取信号量线程是一直在等待信号量，其等待时间是 RT_WAITING_FOREVER，等到获取到信号量之后，线程处理完毕时它又马上释放信号量。

释放互斥量线程利用延时模拟占用信号量，延时的这段时间内，获取线程无法获得信号量，等到释放线程使用完信号量，然后释放信号量，此时释放信号量会唤醒获取线程，获取线程开始运行，然后形成两个线程间的同步。若是线程正常同步，则在串口打印出信息，具体参见代码清单 16-10 中加粗部分。

代码清单16-10　二值信号量同步实验

```
1 /**
2   *********************************************************************
3   * @file    main.c
4   * @author  fire
5   * @version V1.0
6   * @date    2018-xx-xx
7   * @brief   RT-Thread 3.0 + STM32 信号量同步
8   *********************************************************************
9   * @attention
10  *
11  * 实验平台：基于野火 STM32 全系列（M3/4/7）开发板
12  * 论坛 : http://www.firebbs.cn
13  * 淘宝 : https://fire-stm32.taobao.com
14  *
15  **********************************************************************
16  */
17
18 /*
19 *************************************************************************
```

```
20 *                                  包含的头文件
21 ******************************************************************************
22 */
23 #include "board.h"
24 #include "rtthread.h"
25
26
27 /*
28 ***********************************************************************
29 *                                   变量
30 ***********************************************************************
31 */
32 /* 定义线程控制块 */
33 static rt_thread_t receive_thread = RT_NULL;
34 static rt_thread_t send_thread = RT_NULL;
35 /* 定义信号量控制块 */
36 static rt_sem_t test_sem = RT_NULL;
37
38 /************************* 全局变量声明 ****************************/
39 /*
40  * 当我们写应用程序时，可能需要用到一些全局变量
41  */
42 uint8_t ucValue [ 2 ] = { 0x00, 0x00 };
43 /*
44 ******************************************************************************
45 *                                  函数声明
46 ******************************************************************************
47 */
48 static void receive_thread_entry(void *parameter);
49 static void send_thread_entry(void *parameter);
50
51 /*
52 ******************************************************************************
53 *                                  main() 函数
54 ******************************************************************************
55 */
56 /**
57   * @brief  主函数
58   * @param  无
59   * @retval 无
60   */
61 int main(void)
62 {
63     /*
64      * 开发板硬件初始化，RTT 系统初始化已经在 main() 函数之前完成，
65      * 即在 component.c 文件中的 rtthread_startup() 函数中完成了。
66      * 所以在 main() 函数中，只需要创建线程和启动线程即可
67      */
68     rt_kprintf("这是一个[野火]-STM32 全系列开发板 -RTT 二值信号量同步实验！\n");
69     rt_kprintf("同步成功则输出 Successful，反之输出 Fail\n");
```

```
70     /* 创建一个信号量 */
71     test_sem = rt_sem_create("test_sem",/* 信号量名字 */
72                             1,      /* 信号量初始值，默认有一个信号量 */
73                             RT_IPC_FLAG_FIFO); /* 信号量模式 FIFO(0x00)*/
74     if (test_sem != RT_NULL)
75         rt_kprintf("信号量创建成功! \n\n");
76
77     receive_thread =                                  /* 线程控制块指针 */
78         rt_thread_create( "receive",                  /* 线程名字 */
79                           receive_thread_entry,       /* 线程入口函数 */
80                           RT_NULL,                    /* 线程入口函数参数 */
81                           512,                        /* 线程栈大小 */
82                           3,                          /* 线程的优先级 */
83                           20);                        /* 线程时间片 */
84
85     /* 启动线程，开启调度 */
86     if (receive_thread != RT_NULL)
87         rt_thread_startup(receive_thread);
88     else
89         return -1;
90
91     send_thread =                                    /* 线程控制块指针 */
92         rt_thread_create( "send",                    /* 线程名字 */
93                           send_thread_entry,         /* 线程入口函数 */
94                           RT_NULL,                   /* 线程入口函数参数 */
95                           512,                       /* 线程栈大小 */
96                           2,                         /* 线程的优先级 */
97                           20);                       /* 线程时间片 */
98
99     /* 启动线程，开启调度 */
100    if (send_thread != RT_NULL)
101        rt_thread_startup(send_thread);
102    else
103        return -1;
104 }
105
106 /*
107 *******************************************************
108 *                         线程定义
109 *******************************************************
110 */
111
112 static void receive_thread_entry(void *parameter)
113 {
114     /* 线程是一个无限循环，不能返回 */
115     while (1) {
116         rt_sem_take(test_sem,              /* 获取信号量 */
117                     RT_WAITING_FOREVER);   /* 等待时间：一直等 */
118         if ( ucValue [ 0 ] == ucValue [ 1 ] ) {
119             rt_kprintf ( "Successful\n" );
120         } else {
```

```
121                 rt_kprintf ( "Fail\n" );
122             }
123             rt_sem_release(test_sem);   //释放二值信号量
124 
125             rt_thread_delay ( 1000 );   //每1s读一次
126         }
127 }
128 
129 
130 
131 static void send_thread_entry(void *parameter)
132 {
133     /* 线程都是一个无限循环，不能返回 */
134     while (1) {
135         rt_sem_take(test_sem,             /* 获取信号量 */
136                     RT_WAITING_FOREVER);  /* 等待时间：一直等 */
137         ucValue [ 0 ] ++;
138         rt_thread_delay ( 100 );          /* 延时100ms */
139         ucValue [ 1 ] ++;
140         rt_sem_release(test_sem);         /* 释放二值信号量 */
141         rt_thread_yield();                /* 放弃剩余时间片，进行一次线程切换 */
142     }
143 }
144 /***********************END OF FILE****************************/
```

16.7.2 计数型信号量实验

计数型信号量实验是模拟停车场工作运行。在创建信号量时初始化5个可用的信号量，并且创建了两个线程：一个是获取信号量线程，一个是释放信号量线程，两个线程独立运行，获取信号量线程是通过按下KEY1按键进行信号量的获取，模拟停车场停车操作，其等待时间是0，在串口调试助手中输出相应信息。

释放信号量线程则是信号量的释放。释放信号量线程是通过按下KEY2按键进行信号量的释放，模拟停车场取车操作，在串口调试助手中输出相应信息，实验源码具体参见代码清单16-11中加粗部分。

代码清单16-11 计数型信号量实验

```
 1 /**
 2   ******************************************************************
 3   * @file    main.c
 4   * @author  fire
 5   * @version V1.0
 6   * @date    2018-xx-xx
 7   * @brief   RT-Thread 3.0 + STM32 计数信号量
 8   ******************************************************************
 9   * @attention
10   *
11   * 实验平台：基于野火 STM32 全系列（M3/4/7）开发板
```

```
12   * 论坛 : http://www.firebbs.cn
13   * 淘宝 : https://fire-stm32.taobao.com
14   *
15   ************************************************************************
16   */
17
18 /*
19 *************************************************************************
20 *                             包含的头文件
21 *************************************************************************
22 */
23 #include "board.h"
24 #include "rtthread.h"
25
26
27 /*
28 ******************************************************************
29 *                               变量
30 ******************************************************************
31 */
32 /* 定义线程控制块 */
33 static rt_thread_t receive_thread = RT_NULL;
34 static rt_thread_t send_thread = RT_NULL;
35 /* 定义消息队列控制块 */
36 static rt_sem_t test_sem = RT_NULL;
37
38 /************************* 全局变量声明 ****************************/
39 /*
40  * 当我们写应用程序时，可能需要用到一些全局变量
41  */
42 /*
43 *************************************************************************
44 *                             函数声明
45 *************************************************************************
46 */
47 static void receive_thread_entry(void *parameter);
48 static void send_thread_entry(void *parameter);
49
50 /*
51 *************************************************************************
52 *                             main()函数
53 *************************************************************************
54 */
55 /**
56   * @brief  主函数
57   * @param  无
58   * @retval 无
59   */
60 int main(void)
61 {
62     /*
```

```
63       * 开发板硬件初始化，RTT 系统初始化已经在 main() 函数之前完成，
64       * 即在 component.c 文件中的 rtthread_startup() 函数中完成了。
65       * 所以在 main() 函数中，只需要创建线程和启动线程即可
66       */
67      rt_kprintf("这是一个[野火]-STM32 全系列开发板 -RTT 计数信号量实验! \n");
68      rt_kprintf("车位默认值为 5 个，按下 KEY1 申请车位，按下 KEY2 释放车位! \n\n");
69      /* 创建一个信号量 */
70      test_sem = rt_sem_create("test_sem",/* 计数信号量名字 */
71                               5,      /* 信号量初始值，默认有 5 个信号量 */
72                               RT_IPC_FLAG_FIFO); /* 信号量模式 FIFO(0x00)*/
73      if (test_sem != RT_NULL)
74          rt_kprintf("计数信号量创建成功! \n\n");
75
76      receive_thread =                                /* 线程控制块指针 */
77          rt_thread_create( "receive",                /* 线程名字 */
78                            receive_thread_entry,     /* 线程入口函数 */
79                            RT_NULL,                  /* 线程入口函数参数 */
80                            512,                      /* 线程栈大小 */
81                            3,                        /* 线程的优先级 */
82                            20);                      /* 线程时间片 */
83
84      /* 启动线程，开启调度 */
85      if (receive_thread != RT_NULL)
86          rt_thread_startup(receive_thread);
87      else
88          return -1;
89
90      send_thread =                                 /* 线程控制块指针 */
91          rt_thread_create( "send",                 /* 线程名字 */
92                            send_thread_entry,      /* 线程入口函数 */
93                            RT_NULL,                /* 线程入口函数参数 */
94                            512,                    /* 线程栈大小 */
95                            2,                      /* 线程的优先级 */
96                            20);                    /* 线程时间片 */
97
98      /* 启动线程，开启调度 */
99      if (send_thread != RT_NULL)
100         rt_thread_startup(send_thread);
101     else
102         return -1;
103 }
104
105 /*
106 *****************************************************************
107 *                           线程定义
108 *****************************************************************
109 */
110
111 static void receive_thread_entry(void *parameter)
```

```
112 {
113     rt_err_t uwRet = RT_EOK;
114     /* 线程是一个无限循环，不能返回 */
115     while (1) {// 如果 KEY1 被按下
116         if ( Key_Scan(KEY1_GPIO_PORT,KEY1_GPIO_PIN) == KEY_ON ) {
117             /* 获取一个计数信号量 */
118             uwRet = rt_sem_take(test_sem,
119                                 0);         /* 等待时间：0 */
120             if ( RT_EOK == uwRet )
121                 rt_kprintf( "KEY1 被按下：成功申请到停车位。\r\n" );
122             else
123                 rt_kprintf( "KEY1 被按下：不好意思，现在停车场已满！ \r\n" );
124         }
125         rt_thread_delay(20);      // 每 20ms 扫描一次
126     }
127 }
128
129 static void send_thread_entry(void *parameter)
130 {
131     rt_err_t uwRet = RT_EOK;
132     /* 线程都是一个无限循环，不能返回 */
133     while (1) { // 如果 KEY2 被按下
134         if ( Key_Scan(KEY2_GPIO_PORT,KEY2_GPIO_PIN) == KEY_ON ) {
135             /* 释放一个计数型信号量 */
136             uwRet = rt_sem_release(test_sem);
137             if ( RT_EOK == uwRet )
138                 rt_kprintf ( "KEY2 被按下：释放 1 个停车位。\r\n" );
139             else
140                 rt_kprintf ( "KEY2 被按下：但已无车位可以释放！ \r\n" );
141         }
142         rt_thread_delay(20);      // 每 20ms 扫描一次
143     }
144 }
145 /*****************************END OF FILE****************************/
```

16.8 实验现象

16.8.1 二值信号量同步实验现象

将程序编译好，用 USB 线连接计算机和开发板的 USB 接口（对应丝印为 USB 转串口），用 DAP 仿真器把配套程序下载到野火 STM32 开发板（具体型号根据购买的板子而定，每个型号的板子都有对应的程序），在计算机上打开串口调试助手，然后复位开发板就可以在调试助手中看到 rt_kprintf() 的打印信息，其中输出了信息表明线程正在运行中，当输出信息为 Successful 时，则表示两个线程同步成功，如图 16-5 所示。

图 16-5　二值信号量同步实验现象

16.8.2　计数型信号量实验现象

将程序编译好，用 USB 线连接计算机和开发板的 USB 接口（对应丝印为 USB 转串口），用 DAP 仿真器把配套程序下载到野火 STM32 开发板（具体型号根据购买的板子而定，每个型号的板子都有对应的程序），在计算机上打开串口调试助手，然后复位开发板就可以在调试助手中看到 rt_kprintf() 的打印信息，按下开发板的 KEY1 按键获取信号量，按下 KEY2 按键释放信号量；尝试按下 KEY1 与 KEY2 按键，在串口调试助手中可以看到运行结果，如图 18-6 所示。

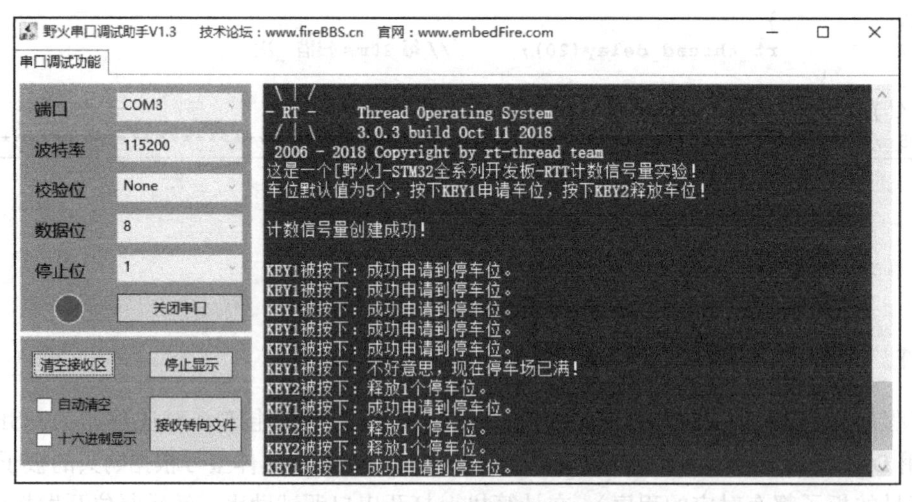

图 16-6　计数型信号量实验现象

第 17 章 互斥量

17.1 互斥量的基本概念

互斥量又称互斥型信号量，是一种特殊的二值信号量，互斥量和信号量不同之处在于，它支持互斥量所有权、递归访问以及防止优先级翻转的特性，用于实现对临界资源的独占式处理。互斥量的状态只有两种——开锁或闭锁。当互斥量被线程持有时，该互斥量处于闭锁状态，这个线程获得互斥量的所有权。当该线程释放这个互斥量时，该互斥量处于开锁状态，线程失去该互斥量的所有权。当一个线程持有互斥量时，其他线程将不能再对该互斥量进行开锁或持有。持有该互斥量的线程也能够再次获得这个锁而不被挂起，这就是递归访问。这个特性与一般的二值信号量有很大的不同，在信号量中，由于已经不存在可用的信号量，线程递归获取信号量时会发生主动挂起（最终形成死锁）。

如果想要用于实现同步（线程之间或者线程与中断之间），二值信号量或许是更好的选择，虽然互斥量也可以用于线程与线程、线程与中断的同步，但是互斥量更多的是用于保护资源的互锁。

用于互锁的互斥量可以充当保护资源的令牌。当一个线程希望访问某个资源时，它必须先获取令牌。当线程使用完资源后，必须还回令牌，以便其他线程可以访问该资源。是不是很熟悉，在我们的二值信号量中也是一样的，用于保护临界资源，保证多线程的访问井然有序。当线程获取信号量时才能开始使用被保护的资源，使用完就释放信号量，下一个线程才能获取信号量从而可使用被保护的资源。但是信号量会导致另一个潜在问题，那就是线程优先级翻转（具体会在下文讲解）。而 RT-Thread 提供的互斥量通过优先级继承算法，可以降低优先级翻转问题产生的影响，所以，用于临界资源的保护时一般建议使用互斥量。

17.2 互斥量的优先级继承机制

在 RT-Thread 操作系统中，为了降低优先级翻转问题利用了优先级继承算法。优先级继承算法是指暂时提高某个占有某种资源的低优先级线程的优先级，使之与在所有等待该资源的线程中优先级最高的那个线程的优先级相等，而当这个低优先级线程执行完毕释放该资源时，优先级重新回到初始设定值。因此，继承优先级的线程避免了系统资源被任何中间优先级的线程抢占。

互斥量与二值信号量最大的不同在于，互斥量具有优先级继承机制，而信号量没有。也就是说，某个临界资源受到一个互斥量保护，如果这个资源正在被一个低优先级线程使用，那么此时的互斥量是闭锁状态，也代表了没有线程能申请到这个互斥量，如果此时一个高优先级线程想要对这个资源进行访问，去申请这个互斥量，那么高优先级线程会因为申请不到互斥量而进入阻塞态，那么系统会将现在持有该互斥量的线程的优先级临时提升到与高优先级线程的优先级相同，这个优先级提升的过程叫作优先级继承。这个优先级继承机制可确保高优先级线程进入阻塞状态的时间尽可能短，以及将已经出现的“优先级翻转”危害降到最低。

没有理解？没问题，下面结合过程示意图再介绍一遍。我们知道线程的优先级在创建时是已经设置好的，高优先级的线程可以打断低优先级的线程，抢占 CPU 的使用权。但是在很多场合中，某些资源只有一个，当低优先级线程正在占用该资源时，即便高优先级线程也只能等待低优先级线程使用完该资源后释放资源。这里高优先级线程无法运行而低优先级线程可以运行的现象称为“优先级翻转”。

为什么说优先级翻转在操作系统中是危害很大？因为在我们一开始创造这个系统时，就已经设置好了线程的优先级了，越重要的线程优先级越高。但是发生优先级翻转，对我们的操作系统来说是致命的危害，会导致系统的高优先级线程阻塞时间过长。

举个例子，现在有 3 个线程，分别为 H（High）线程、M（Middle）线程、L（Low）线程，3 个线程的优先级顺序为 H 线程 >M 线程 >L 线程。正常运行时，H 线程可以打断 M 线程与 L 线程，M 线程可以打断 L 线程，假设系统中有一个资源被保护了，此时该资源被 L 线程使用，某一时刻，H 线程需要使用该资源，但是 L 线程还没使用完，H 线程则因为申请不到资源而进入阻塞态，L 线程继续使用该资源，此时已经出现了“优先级翻转”现象——高优先级线程在等待低优先级的线程执行，如果在 L 线程执行时刚好 M 线程被唤醒了，由于 M 线程优先级比 L 线程优先级高，那么会打断 L 线程，抢占了 CPU 的使用权，直到 M 线程执行完，再把 CPU 使用权归还给 L 线程，L 线程继续执行，等到执行完毕之后释放该资源，H 线程此时才从阻塞态解除，使用该资源。这个过程，本来是最高优先级的 H 线程，在等待了更低优先级的 L 线程与 M 线程，其阻塞的时间是 M 线程运行时间 +L 线程运行时间，这只是只有 3 个线程的系统，假如很多个这样的线程打断最低优先级的线程，那么这个系统最高优先级线程岂不是崩溃了？这个现象是绝对不允许出现的，高优先级的线程必须能及时响应。所以，在没有优先级继承的情况下，使用资源保护的危害极大，具体如图 17-1 所示。

图 17-1（1）：L 线程正在使用某临界资源，H 线程被唤醒，执行 H 线程。但 L 线程并未执行完毕，此时临界资源还未释放。

图 17-1（2）：这个时刻 H 线程也要对该临界资源进行访问，但 L 线程还未释放资源，

由于保护机制，H 线程进入阻塞态，L 线程得以继续运行，此时已经发生了优先级翻转现象。

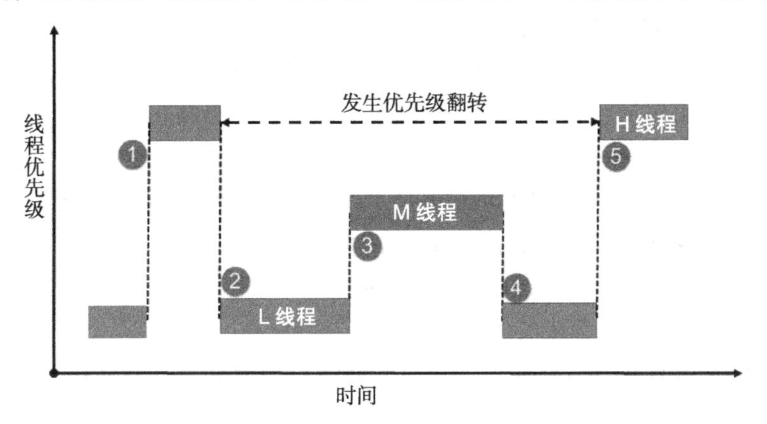

图 17-1　优先级翻转图解

图 17-1（3）：某个时刻 M 线程被唤醒，由于 M 线程的优先级高于 L 线程，M 线程抢占了 CPU 的使用权，M 线程开始运行，此时 L 线程尚未执行完，临界资源还没被释放。

图 17-1（4）：M 线程运行结束，归还 CPU 使用权，L 线程继续运行。

图 17-1（5）：L 线程运行结束，释放临界资源，H 线程得以对资源进行访问，H 线程开始运行。

在这过程中，H 线程的等待时间过长，这对系统来说是致命的，所以这种情况不能出现，而互斥量就是用来降低优先级翻转产生的危害的。

假如有优先级继承呢？那么，在 H 线程申请该资源时，由于申请不到资源而会进入阻塞态，那么系统就会把当前正在使用资源的 L 线程的优先级临时提高到与 H 线程优先级相同，此时 M 线程被唤醒了，因为它的优先级比 H 线程低，所以无法打断 L 线程，因为此时 L 线程的优先级被临时提升，所以当 L 线程使用完该资源，进行释放，那么此时 H 线程优先级最高，将接着抢占 CPU 的使用权，H 线程的阻塞时间仅仅是 L 线程的执行时间，此时的优先级的危害降到了最低。这就是优先级继承的优势，具体如图 17-2 所示。

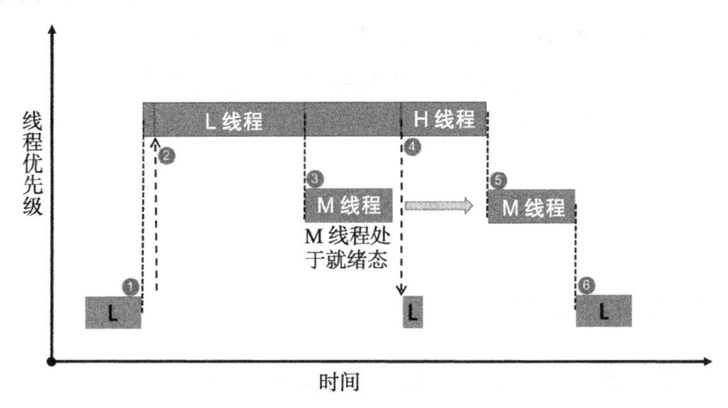

图 17-2　优先级继承

图 17-2（1）：L 线程正在使用某临界资源，H 线程被唤醒，执行 H 线程，但 L 线程并未执行完毕，此时临界资源还未释放。

图 17-2（2）：某一时刻 H 线程也要对该资源进行访问，由于保护机制，H 线程进入阻塞态。此时发生优先级继承，系统将 L 线程的优先级暂时提升到与 H 线程优先级相同，L 线程继续执行。

图 17-2（3）：在某一时刻 M 线程被唤醒，由于此时 M 线程的优先级暂时低于 L 线程，所以 M 线程仅在就绪态，而无法获得 CPU 使用权。

图 17-2(4)：L 线程运行完毕，H 线程获得对资源的访问权，H 线程从阻塞态变成运行态，此时 L 线程的优先级会变回原来的优先级。

图 17-2（5）：当 H 线程运行完毕，M 线程得到 CPU 使用权，开始执行。

图 17-2（6）：系统正常运行，按照设定好的优先级运行。

但是使用互斥量时一定需要注意，在获得互斥量后，请尽快释放互斥量，同时需要注意的是在线程持有互斥量的这段时间内，不得更改线程的优先级。

17.3 互斥量的应用场景

互斥量的适用情况比较单一，因为它是信号量的一种，并且是以锁的形式存在。在初始化时，互斥量处于开锁的状态，而被线程持有时则立刻转为闭锁的状态。互斥量更适合于：

- 线程可能会多次获取互斥量的情况下。这样可以避免同一线程多次递归持有而造成死锁的问题。
- 可能会引起优先级翻转的情况。

多线程环境下往往存在多个线程竞争同一临界资源的应用场景，互斥量可被用于对临界资源的保护从而实现独占式访问。另外，互斥量可以降低信号量存在的优先级翻转问题带来的影响。

比如有两个线程需要对串口发送数据，其硬件资源只有一个，那么两个线程肯定不能同时发送，否则将导致数据错误。此时，就可以用互斥量对串口资源进行保护，当一个线程正在使用串口时，另一个线程则无法使用串口，等到线程使用串口完毕之后，另外一个线程才能获得串口的使用权。

另外需要注意的是互斥量不能在中断服务函数中使用。

17.4 互斥量的运作机制

多线程环境下会存在多个线程访问同一临界资源的场景，该资源会被线程独占处理。其他线程在资源被占用的情况下不允许对该临界资源进行访问，这时就需要用到 RT-Thread

的互斥量来进行资源保护，那么互斥量是怎样来避免这种冲突的？

用互斥量处理不同线程对临界资源的同步访问时，线程想要获得互斥量才能进行资源访问。一旦有线程成功获得了互斥量，则互斥量立即变为闭锁状态，此时其他线程会因为获取不到互斥量而不能访问这个资源。线程会根据用户自定义的等待时间进行等待，直到互斥量被持有的线程释放后，其他线程才能获取互斥量从而得以访问该临界资源，此时互斥量再次上锁，如此一来就可以确保每个时刻只有一个线程正在访问这个临界资源，保证了临界资源操作的安全性，具体如图 17-3 所示。

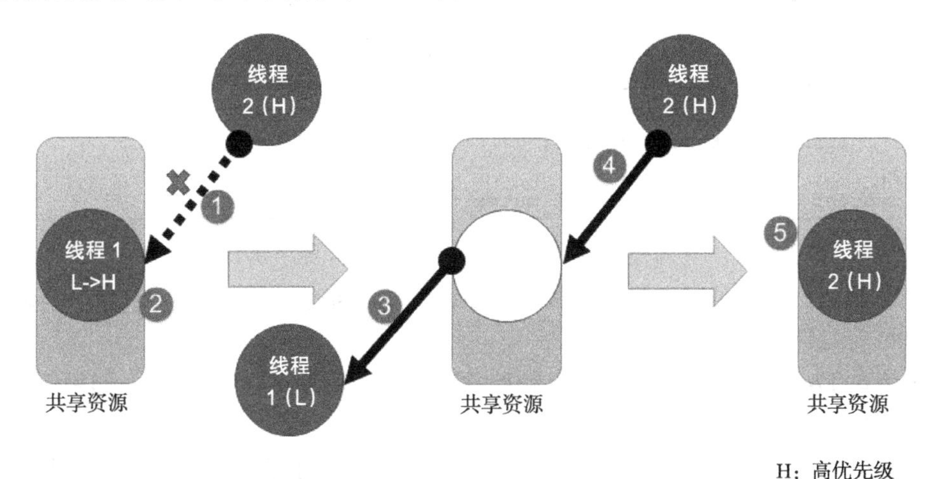

图 17-3　互斥量运作机制

图 17-3（1）：因为互斥量具有优先级继承机制，一般选择使用互斥量对资源进行保护。如果资源被占用时，无论是什么优先级的线程，想要使用该资源都会被阻塞。

图 17-3（2）：假如正在使用该资源的线程 1 比阻塞中的线程 2 的优先级还低，那么线程 1 将被系统临时提升到与高优先级线程 2 相等的优先级（线程 1 的优先级从 L 变成 H)。

图 17-3（3）：当线程 1 使用完资源之后，释放互斥量，此时线程 1 的优先级会从 H 变回原来的 L。

图 17-3（4）~（5）：线程 2 此时可以获得互斥量，然后进行资源的访问，当线程 2 访问了资源时，该互斥量的状态又为闭锁状态，其他线程无法获取互斥量。

17.5　互斥量控制块

互斥量是不是很有用？在操作系统中，如果不会使用互斥量，将会遇到很多麻烦，如果使用得好，这种操作系统的开发将变得简单。但是还是要小心谨慎，特别是使用操作系统时。

说到互斥量的使用，就不得不介绍一下互斥量的控制块。互斥量控制块与线程控制类似，每一个互斥量都有自己的互斥量控制块。互斥量控制块中包含了互斥量的所有信息，比如互斥量的状态信息、使用情况等，具体参见代码清单 17-1。

代码清单17-1 互斥量控制块

```
1  struct rt_mutex {
2      struct rt_ipc_object parent;                      (1)
3
4      rt_uint16_t     value;                            (2)
5
6      rt_uint8_t      original_priority;                (3)
7      rt_uint8_t      hold;                             (4)
8
9      struct rt_thread *owner;                          (5)
10 };
11 typedef struct rt_mutex *rt_mutex_t;
```

代码清单 17-1（1）：互斥量属于内核对象，也会在自身结构体中包含一个内核对象类型的成员，通过这个成员可以将互斥量挂到系统对象容器中。互斥量从 rt_ipc_object 中派生，由 IPC 容器管理。

代码清单 17-1（2）：互斥量的值。初始状态下互斥量的值为 1，因此，如果值大于 0，表示可以使用互斥量。

代码清单 17-1（3）：持有互斥量线程的原始优先级，用来进行优先级继承的保存。

代码清单 17-1（4）：持有互斥量的线程的持有次数，用于记录线程递归调用了多少次获取互斥量。

代码清单 17-1（5）：当前持有互斥量的线程。

17.6 互斥量函数

17.6.1 互斥量创建函数 rt_mutex_create()

互斥量的创建很简单，因为互斥量是用于保护临界资源的，只有两种状态，要么是闭锁，要么是开锁，创建时需要我们自己定义互斥量句柄，以后对互斥量的操作也是通过这互斥量句柄进行的。RT-Thread 官方提供了一个创建互斥量的函数 rt_mutex_create()，可以调用 rt_mutex_create() 函数创建一个互斥量，其名称由 name 指定。创建成功则返回指向互斥量的互斥量句柄，否则返回 RT_NULL，具体参见代码清单 17-2。

代码清单17-2 互斥量创建函数rt_mutex_create()源码

```
1  rt_mutex_t rt_mutex_create(const char *name, rt_uint8_t flag)
2  {
3      struct rt_mutex *mutex;
```

```
4
5        RT_DEBUG_NOT_IN_INTERRUPT;
6
7        /* 分配对象 */
8        mutex = (rt_mutex_t)rt_object_allocate(RT_Object_Class_Mutex, name);
9        if (mutex == RT_NULL)                                    (1)
10           return mutex;
11
12       /* 初始化 IPC 对象 */
13       rt_ipc_object_init(&(mutex->parent));                    (2)
14
15       mutex->value              = 1;                           (3)
16       mutex->owner              = RT_NULL;                     (4)
17       mutex->original_priority  = 0xFF;                        (5)
18       mutex->hold               = 0;                           (6)
19
20       /* 设置互斥量的等待模式 */
21       mutex->parent.parent.flag  = flag;                       (7)
22
23       return mutex;                                            (8)
24   }
25   RTM_EXPORT(rt_mutex_create);
```

代码清单 17-2（1）：分配互斥量对象，调用 rt_object_allocate() 函数将从对象系统分配对象，为创建的互斥量分配一个互斥量的对象，并且设置对象名称。在系统中，对象的名称必须是唯一的。

代码清单 17-2（2）：初始化互斥量内核对象。调用 rt_ipc_object_init() 会初始化一个链表用于记录访问此互斥量而阻塞的线程。

代码清单 17-2（3）：将互斥量的值初始化为 1。

代码清单 17-2（4）：初始化持有互斥量线程为 RT_NULL，因为现在是创建互斥量，所以没有线程持有该互斥量。

代码清单 17-2（5）：持有互斥量线程的原始优先级默认为 0xFF，在获取时这个值就会被重置为获取线程的优先级。

代码清单 17-2（6）：持有互斥量的线程的持有次数为 0。

代码清单 17-2（7）：设置互斥量的阻塞唤醒模式，创建的互斥量由于指定的 flag 不同，而有不同的意义：使用 RT_IPC_FLAG_PRIO 优先级 flag 创建的 IPC 对象，在多个线程等待资源时，将由优先级高的线程优先获得资源。而使用 RT_IPC_FLAG_FIFO 先进先出 flag 创建的 IPC 对象，在多个线程等待资源时，将按照先来先得的顺序获得资源。RT_IPC_FLAG_PRIO 与 RT_IPC_FLAG_FIFO 均在 rtdef.h 中定义。

代码清单 17-2（8）：返回互斥量句柄。

理解了创建互斥量的源码，用起来就会很简单了，在创建互斥量时需要用户自己定义互斥量的句柄，也就是互斥量控制块指针，具体实现参见代码清单 17-3 中加粗部分。

代码清单17-3 互斥量创建函数rt_mutex_create()实例

```
1  /* 定义互斥量控制块 */
2  static rt_mutex_t test_mux = RT_NULL;
3  /* 创建一个互斥量 */
4  test_mux = rt_mutex_create("test_mux",RT_IPC_FLAG_PRIO);
5
6  if (test_mux != RT_NULL)
7      rt_kprintf("互斥量创建成功! \n\n");
```

17.6.2 互斥量删除函数 rt_mutex_delete()

互斥量删除函数是根据互斥量句柄（mutex）直接删除的，删除之后这个互斥量的所有信息都会被系统回收清空，而且不能再次使用这个互斥量。但是需要注意的是，如果互斥量没有被创建，那是无法被删除的。删除互斥量时会把所有阻塞在互斥量中的线程唤醒，被唤醒的线程则会得到一个错误码 -RT_ERROR；mutex 是 rt_mutex_delete() 传入的参数，是互斥量句柄，表示的是要删除哪个互斥量，其函数源码参见代码清单 17-4。

代码清单17-4 互斥量删除函数rt_mutex_delete()源码

```
1 rt_err_t rt_mutex_delete(rt_mutex_t mutex)
2 {
3     RT_DEBUG_NOT_IN_INTERRUPT;
4
5     RT_ASSERT(mutex != RT_NULL);                                    (1)
6
7     /* 解除所有挂起线程 */
8     rt_ipc_list_resume_all(&(mutex->parent.suspend_thread));       (2)
9
10    /* 删除互斥量对象 */
11    rt_object_delete(&(mutex->parent.parent));                      (3)
12
13    return RT_EOK;
14 }
15 RTM_EXPORT(rt_mutex_delete);
```

代码清单 17-4（1）：检查互斥量是否被创建了，如果是，则可以进行删除操作。

代码清单 17-4（2）：调用 rt_ipc_list_resume_all() 函数将所有因为访问此互斥量而阻塞的线程从阻塞态中恢复过来，线程将得到互斥量返回的错误代码。在实际情况中一般不这样使用，在删除时，应先确认所有的线程都无须再次访问此互斥量，并且此时没有线程被此互斥量阻塞，才进行删除操作。

代码清单 17-4（3）：删除互斥量对象并且释放互斥量内核对象的内存，释放内核对象内存在 rt_object_delete() 函数中实现。

当删除一个互斥量时，所有等待此互斥量的线程都将被唤醒，等待线程获得的返回值是 -RT_ERROR，然后系统将该互斥量从内核对象管理器链表中删除并释放互斥量占用的内存空间，互斥量删除函数 rt_mutex_delete() 使用实例具体见代码清单 17-5 中加粗部分。

代码清单17-5 互斥量删除函数rt_mutex_delete()实例

```
1 /* 定义消息队列控制块 */
2 static rt_mutex_t test_mutex = RT_NULL;
3
4 rt_err_t uwRet = RT_EOK;
5
6 uwRet = rt_mutex_delete(test_mutex);
7 if (RT_EOK == uwRet)
8     rt_kprintf("互斥量删除成功! \n\n");
```

17.6.3 互斥量释放函数 rt_mutex_release()

线程想要访问某个资源时，需要先获取互斥量，然后进行资源访问。在线程使用完该资源时，必须及时归还互斥量，这样别的线程才能对资源进行访问。在前面的讲解中，我们知道，当互斥量有效时，线程才能获取互斥量，那么，是什么函数使得信号量变得有效呢？RT-Thread 提供了互斥量释放函数 rt_mutex_release()，线程可以调用 rt_mutex_release() 函数释放互斥量，表示已经用完了，其他线程可以申请使用。

使用该函数接口时，只有已持有互斥量所有权的线程才能释放它，每释放一次该互斥量，它的持有计数就减 1。当该互斥量的持有计数为 0 时（即持有线程已经释放所有的持有操作），互斥量则变为开锁状态，等待在该互斥量上的线程将被唤醒。如果线程的优先级被互斥量的优先级翻转机制临时提升，那么当互斥量被释放后，线程的优先级将恢复为原本设定的优先级，具体参见代码清单 17-6。

代码清单17-6 互斥量释放函数rt_mutex_release()源码

```
1 rt_err_t rt_mutex_release(rt_mutex_t mutex)                        (1)
2 {
3     register rt_base_t temp;
4     struct rt_thread *thread;
5     rt_bool_t need_schedule;
6
7     need_schedule = RT_FALSE;
8
9     /* 只有持有的线程可以释放互斥量，因为需要测试互斥量的所有权 */
10    RT_DEBUG_IN_THREAD_CONTEXT;
11
12    /* 获取当前线程 */
13    thread = rt_thread_self();                                      (2)
14
15    /* 关中断 */
16    temp = rt_hw_interrupt_disable();
17
18    RT_DEBUG_LOG(RT_DEBUG_IPC,
19        ("mutex_release:current thread %s, mutex value: %d, hold: %d\n",
20                 thread->name, mutex->value, mutex->hold));
21
```

```
22      RT_OBJECT_HOOK_CALL(rt_object_put_hook, (&(mutex->parent.parent)));
23
24      /* 互斥量只能被持有者释放 */
25      if (thread != mutex->owner) {                                   (3)
26          thread->error =-RT_ERROR;
27
28          /* 开中断 */
29          rt_hw_interrupt_enable(temp);
30
31          return -RT_ERROR;
32      }
33
34      /* 减少持有量 */
35      mutex->hold--;                                                  (4)
36      /* 如果没有持有量了 */
37      if (mutex->hold == 0) {                                         (5)
38          /* 将持有者线程更改为原始优先级 */
39          if (mutex->original_priority != mutex->owner->current_priority) {
40              rt_thread_control(mutex->owner,
41                                RT_THREAD_CTRL_CHANGE_PRIORITY,
42                                &(mutex->original_priority));          (6)
43          }
44
45          /* 唤醒阻塞线程 */
46          if (!rt_list_isempty(&mutex->parent.suspend_thread)) {     (7)
47              /* 获取阻塞线程 */
48              thread = rt_list_entry(mutex->parent.suspend_thread.next,
49                                     struct rt_thread,
50                                     tlist);                           (8)
51
52           RT_DEBUG_LOG(RT_DEBUG_IPC, ("mutex_release: resume thread: %s\n",
53                                       thread->name));
54
55              /* 设置新的持有者线程与其优先级 */
56              mutex->owner             = thread;                       (9)
57              mutex->original_priority = thread->current_priority;    (10)
58              mutex->hold ++;                                          (11)
59
60              /* 恢复线程 */
61              rt_ipc_list_resume(&(mutex->parent.suspend_thread));    (12)
62
63              need_schedule = RT_TRUE;
64          } else {
65              /* 记录增加 value 的值 */
66              mutex->value ++;                                         (13)
67
68              /* 清除互斥量信息 */
69              mutex->owner             = RT_NULL;                      (14)
70              mutex->original_priority = 0xff;                         (15)
71          }
72      }
```

```
73
74     /* 开中断 */
75     rt_hw_interrupt_enable(temp);
76
77     /* 执行一次线程调度 */
78     if (need_schedule == RT_TRUE)
79         rt_schedule();                                    (16)
80
81     return RT_EOK;
82 }
83 RTM_EXPORT(rt_mutex_release);
```

代码清单 17-6（1）：根据传递进来的互斥量句柄释放互斥量。

代码清单 17-6（2）：获取当前线程。只有已持有互斥量所有权的线程才能释放它，否则会出现问题，就像被盗版一样，这样互斥量就无法保证资源访问是绝对安全的。

代码清单 17-6（3）：判断当前线程与互斥量持有者是不是同一个线程，只有互斥量持有者才能释放互斥量，如果不是，则返回错误代码 -RT_ERROR。

代码清单 17-6（4）：如果当前线程是该互斥量的持有者，那么互斥量可以被释放，将持有量减 1。

代码清单 17-6（5）：如果线程释放了互斥量，则会进行（5）~（15）中操作。

代码清单 17-6（6）：如果当前线程初始设置的优先级与互斥量保存的优先级不一样，则要恢复线程初始化设定的优先级，调用 rt_thread_control() 函数重置线程的优先级。

代码清单 17-6（7）：如果有由于获取不到互斥量而进入阻塞的线程，那么此时互斥量为开锁状态就需要将这些线程唤醒，执行（8）~（12）中操作。

代码清单 17-6（8）：获取当前被阻塞的线程。

代码清单 17-6（9）：设置互斥量持有者为从阻塞中恢复的新线程，将 mutex->owner 执行新线程的线程控制块。

代码清单 17-6（10）：保存新持有互斥量线程的优先级。

代码清单 17-6（11）：持有互斥量次数加 1。

代码清单 17-6（12）：恢复被阻塞的线程，并且需要进行一次线程调度，然后执行（16），进行线程调度。

代码清单 17-6（13）：如果释放了信号量，但此时没有线程被阻塞，则将互斥量的值加 1，表示此时互斥量处于开锁状态，其他线程可以获取互斥量。

代码清单 17-6（14）：清除互斥量信息，恢复互斥量的初始状态，因为没有线程持有互斥量。

代码清单 17-6（15）：持有互斥量的线程优先级恢复默认的 0xff。

代码清单 17-6（16）：进行一次线程调度。

使用该函数接口时，只有已经拥有互斥量控制权的线程才能释放它，每释放一次该互斥量，其持有计数就减 1。当该互斥量的持有计数为 0 时（即持有线程已经释放所有的持有操作)，它变为可用，等待在该信号量上的线程将被唤醒。如果线程的运行优先级被互斥量提升，那么当互斥量被释放后，线程恢复为持有互斥量前的优先级。

学习是一个循序渐进的过程，我们学习了互斥量释放过程的源码，那么，接下来就是要学会怎么去使用这个互斥量释放函数 rt_mutex_release()，具体参见代码清单 17-7 中加粗部分。

代码清单17-7 互斥量释放函数rt_mutex_release()实例

```
1 /* 定义消息队列控制块 */
2 static rt_mutex_t test_mutex = RT_NULL;
3
4 rt_err_t uwRet = RT_EOK;
5
6 uwRet = rt_mutex_release(test_mutex);
7 if (RT_EOK == uwRet)
8     rt_kprintf("互斥量释放成功！\n\n");
```

17.6.4 互斥量获取函数 rt_mutex_take()

释放互斥量对应的是获取互斥量，我们知道，当互斥量处于开锁的状态时，线程才能成功获取互斥量。当线程持有某个互斥量时，其他线程就无法获取这个互斥量，需要等到持有互斥量的线程进行释放后，其他线程才能获取成功。线程通过 rt_mutex_take() 函数获取互斥量的所有权，并且对互斥量的所有权是独占的，任意时刻互斥量只能被一个线程持有，如果互斥量处于开锁状态，那么获取该互斥量的线程将成功获得该互斥量，并拥有互斥量的使用权；如果互斥量处于闭锁状态，获取该互斥量的线程将无法获得互斥量，线程将被挂起，直到持有互斥量的线程释放它；如果线程本身就持有互斥量，再去获取这个互斥量却不会被挂起，只是将该互斥量的持有值加 1。下面一起来看看互斥量获取函数 rt_mutex_take() 源码，具体参见代码清单 17-8。

代码清单17-8 互斥量获取函数rt_mutex_take()源码

```
1 rt_err_t rt_mutex_take(rt_mutex_t mutex,                          (1)
2                        rt_int32_t time)                           (2)
3 {
4     register rt_base_t temp;
5     struct rt_thread *thread;
6
7     /* 即使 time = 0，也不得在中断中使用此功能 */
8     RT_DEBUG_IN_THREAD_CONTEXT;
9
10    RT_ASSERT(mutex != RT_NULL);                                  (3)
11
12    /* 获取当前线程 */
13    thread = rt_thread_self();                                    (4)
14
15    /* 关中断 */
```

```
16      temp = rt_hw_interrupt_disable();                                    (5)
17
18      RT_OBJECT_HOOK_CALL(rt_object_trytake_hook, (&(mutex->parent.parent)));
19
20      RT_DEBUG_LOG(RT_DEBUG_IPC,
21            ("mutex_take: current thread %s, mutex value: %d, hold: %d\n",
22                    thread->name, mutex->value, mutex->hold));
23
24      /* 设置线程错误码 */
25      thread->error = RT_EOK;
26
27      if (mutex->owner == thread) {
28          /* 如果是同一个线程 */
29          mutex->hold ++;                                                  (6)
30      } else {
31  __again:
32          /*
33           * 初始状态下互斥量的值为 1。因此，如果该值大于 0，则表示可以使用互斥量。
34           */
35          if (mutex->value > 0) {                                          (7)
36              /* 互斥量可用 */
37              mutex->value--;
38
39              /* 记录申请互斥量的线程与它的初始化优先级 */
40              mutex->owner             = thread;                           (8)
41              mutex->original_priority = thread->current_priority;         (9)
42              mutex->hold ++;                                        (10)
43          } else {
44              /* 如果不等待，返回超时错误代码 */
45              if (time == 0) {                                             (11)
46                  /* 设置线程错误码 */
47                  thread->error =-RT_ETIMEOUT;
48
49                  /* 开中断 */
50                  rt_hw_interrupt_enable(temp);
51
52                  return -RT_ETIMEOUT;
53              } else {                                                     (12)
54                  /* 互斥量不可用，挂起线程 */
55          RT_DEBUG_LOG(RT_DEBUG_IPC, ("mutex_take: suspend thread: %s\n",
56                                       thread->name));
57
58                 /* 判断申请互斥量线程与持有互斥量线程的优先级关系 */
59          if (thread->current_priority < mutex->owner->current_priority) {
60                    /* 改变持有互斥量的线程优先级 */                          (13)
61                    rt_thread_control(mutex->owner,
62                                      RT_THREAD_CTRL_CHANGE_PRIORITY,
63                                      &thread->current_priority); (14)
64                  }
```

```
65
66                  /* 挂起当前线程 */
67                  rt_ipc_list_suspend(&(mutex->parent.suspend_thread),
68                                      thread,
69                                      mutex->parent.parent.flag);  (15)
70
71                  /* 有等待时间，开始计时 */
72                  if (time > 0) {                                   (16)
73                      RT_DEBUG_LOG(RT_DEBUG_IPC,
74                          ("mutex_take: start the timer of thread:%s\n",
75                              thread->name));
76
77                      /* 重置线程定时器的超时时间并启动它 */
78                      rt_timer_control(&(thread->thread_timer),
79                                       RT_TIMER_CTRL_SET_TIME,
80                                       &time);                      (17)
81                      rt_timer_start(&(thread->thread_timer));      (18)
82                  }
83
84                  /* 开中断 */
85                  rt_hw_interrupt_enable(temp);
86
87                  /* 发起线程调度 */
88                  rt_schedule();                                    (19)
89
90                  if (thread->error != RT_EOK) {
91                      /* 再试一次 */
92                      if (thread->error ==-RT_EINTR) goto __again; (20)
93
94                  /* 返回错误代码 */
95                  return thread->error;
96                  } else {
97                      /* 获取信号量成功 */
98                      /* 关中断 */
99                      temp = rt_hw_interrupt_disable();             (21)
100                 }
101             }
102         }
103     }
104
105     /* 开中断 */
106     rt_hw_interrupt_enable(temp);
107
108     RT_OBJECT_HOOK_CALL(rt_object_take_hook, (&(mutex->parent.parent)));
109
110     return RT_EOK;
111 }
112 RTM_EXPORT(rt_mutex_take);
```

代码清单 17-8（1）：mutex 是互斥量对象句柄，在使用获取信号量之前必须先创建互斥量。

代码清单 17-8（2）：time 是指定等待的时间。

代码清单 17-8（3）：判断互斥量是否有效。必须是已经创建的互斥量才能进行获取操作。

代码清单 17-8（4）：获取当前线程。系统要知道是哪个线程获取互斥量。

代码清单 17-8（5）：关中断，防止下面的操作被打断。

代码清单 17-8（6）：如果持有互斥量的线程与当前获取互斥量的线程是同一个线程，则不会发生阻塞，将互斥量的持有次数加 1，此处是互斥量的递归调用，不会造成死锁。如果不是同一个线程，则执行（7）～（21）的操作。

代码清单 17-8（7）：如果线程能获取到互斥量，则执行（7）～（10）中操作。初始状态下互斥量 value 的值为 1。因此，如果该值大于 0，则表示此互斥量处于开锁状态，线程可以获取互斥量。当获取到互斥量时，value 的值会减 1，表示超时互斥量处于闭锁状态，其他线程无法获取互斥量。

代码清单 17-8（8）：记录当前获取到互斥量的线程信息，重置 owner 指向当前线程。

代码清单 17-8（9）：记录当前获取到互斥量的线程的优先级信息，original_priority 设置为当前线程的优先级。

代码清单 17-8（10）：互斥量的持有次数加 1。

代码清单 17-8（11）：如果没有申请到互斥量，执行（11）～（21）的操作。如果不设置等待时间，则直接返回错误码。

代码清单 17-8（12）：如果没有申请到互斥量，但是设置了等待时间，那么可以根据等待时间将线程挂起。

代码清单 17-8（13）：判断当前线程与持有互斥量线程的优先级关系，如果当前线程优先级比持有互斥量线程的优先级高，这时已经发生了优先级翻转，因为互斥量的原因，高优先级的线程（当前线程）被阻塞，所以，需要进行优先级继承操作。

代码清单 17-8（14）：发生优先级翻转，需要暂时改变持有互斥量的线程优先级，将其优先级暂时提高到当前线程的优先级。

代码清单 17-8（15）：挂起当前线程，进行等待。

代码清单 17-8（16）：有等待时间，开始计时。

代码清单 17-8（17）：重置线程定时器的超时时间。

代码清单 17-8（18）：启动定时器。

代码清单 17-8（19）：发起线程调度。

代码清单 17-8（20）：回到 __again。

代码清单 17-8（21）：获取信号量成功。

下面来学习一下如何使用互斥量获取函数 rt_mutex_take()，具体实例参见代码清单 17-9 中加粗部分。

代码清单17-9 互斥量获取函数rt_mutex_take()实例

```
1 /* 定义消息队列控制块 */
2 static rt_mutex_t test_mutex = RT_NULL;
3
4 rt_err_t uwRet = RT_EOK;
5
6 rt_mutex_take(test_mux,                    /* 获取互斥量 */
7               RT_WAITING_FOREVER);         /* 等待时间：一直等 */
8 if (RT_EOK == uwRet)
9     rt_kprintf(" 互斥量获取成功！ \n\n");
```

17.7 互斥量使用注意事项

使用互斥量时需要注意以下几点：

1）两个线程不能对同时持有同一个互斥量。如果某线程对已被持有的互斥量进行获取，则该线程会被挂起，直到持有该互斥量的线程将互斥量释放成功，其他线程才能申请这个互斥量。

2）互斥量不能在中断服务程序中使用。

3）RT-Thread 作为实时操作系统需要保证线程调度的实时性，尽量避免线程的长时间阻塞，因此在获得互斥量之后，应该尽快释放互斥量。

4）持有互斥量的过程中，不得再调用 rt_thread_control() 等函数接口更改持有互斥量线程的优先级。

17.8 互斥量实验

互斥量同步实验是在 RT-Thread 中创建了两个线程，一个是申请互斥量线程，一个是释放互斥量线程，两个线程独立运行，申请互斥量线程是一直在等待互斥量线程的释放互斥量，其等待时间是 RT_WAITING_FOREVER，一直在等待，等到获取互斥量之后，处理完它又马上释放互斥量。

释放互斥量线程模拟占用互斥量，延时的时间接收线程无法获得互斥量，等到线程使用互斥量完毕，再进行互斥量的释放，接收线程获得互斥量，然后形成两个线程间的同步。若是线程正常同步，则在串口打印出信息，具体实现参见代码清单 17-10 中加粗部分。

代码清单17-10 互斥量实验

```
1 /**
2   ************************************************************************************
3   * @file    main.c
4   * @author  fire
5   * @version V1.0
6   * @date    2018-xx-xx
```

```
7      * @brief   RT-Thread 3.0 + STM32 互斥量同步
8      ******************************************************************************
9     * @attention
10    *
11    * 实验平台：基于野火 STM32 全系列 (M3/4/7) 开发板
12    * 论坛 :http://www.firebbs.cn
13    * 淘宝 :https://fire-stm32.taobao.com
14    *
15    ******************************************************************************
16    */
17
18 /*
19 ******************************************************************************
20 *                               包含的头文件
21 ******************************************************************************
22 */
23 #include "board.h"
24 #include "rtthread.h"
25
26
27 /*
28 *****************************************************************
29 *                               变量
30 *****************************************************************
31 */
32 /* 定义线程控制块 */
33 static rt_thread_t receive_thread = RT_NULL;
34 static rt_thread_t send_thread = RT_NULL;
35 /* 定义互斥量控制块 */
36 static rt_mutex_t test_mux = RT_NULL;
37
38 /************************** 全局变量声明 ****************************/
39 /*
40  * 当我们写应用程序时，可能需要用到一些全局变量
41  */
42 uint8_t ucValue [ 2 ] = { 0x00, 0x00 };
43 /*
44 ******************************************************************************
45 *                               函数声明
46 ******************************************************************************
47 */
48 static void receive_thread_entry(void *parameter);
49 static void send_thread_entry(void *parameter);
50
51 /*
52 ******************************************************************************
53 *                               main() 函数
54 ******************************************************************************
55 */
56 /**
57   * @brief  主函数
58   * @param  无
59   * @retval 无
60   */
61 int main(void)
62 {
```

```
63      /*
64       * 开发板硬件初始化，RTT 系统初始化已经在 main() 函数之前完成，
65       * 即在 component.c 文件中的 rtthread_startup() 函数中完成了。
66       * 所以在 main() 函数中，只需要创建线程和启动线程即可
67       */
68      rt_kprintf("这是一个[野火]-STM32 全系列开发板-RTT 互斥量同步实验！\n");
69      rt_kprintf("同步成功则输出 Successful，反之输出 Fail\n");
70      /* 创建一个互斥量 */
71      test_mux = rt_mutex_create("test_mux",RT_IPC_FLAG_PRIO);
72
73      if (test_mux != RT_NULL)
74          rt_kprintf("互斥量创建成功！\n\n");
75
76      receive_thread =                              /* 线程控制块指针 */
77          rt_thread_create( "receive",                /* 线程名字 */
78                            receive_thread_entry,   /* 线程入口函数 */
79                            RT_NULL,                /* 线程入口函数参数 */
80                            512,                    /* 线程栈大小 */
81                            3,                      /* 线程的优先级 */
82                            20);                    /* 线程时间片 */
83
84       /* 启动线程，开启调度 */
85       if (receive_thread != RT_NULL)
86           rt_thread_startup(receive_thread);
87       else
88           return -1;
89
90       send_thread =                                /* 线程控制块指针 */
91           rt_thread_create( "send",                /* 线程名字 */
92                             send_thread_entry,     /* 线程入口函数 */
93                             RT_NULL,               /* 线程入口函数参数 */
94                             512,                   /* 线程栈大小 */
95                             2,                     /* 线程的优先级 */
96                             20);                   /* 线程时间片 */
97
98       /* 启动线程，开启调度 */
99       if (send_thread != RT_NULL)
100          rt_thread_startup(send_thread);
101      else
102          return -1;
103 }
104
105 /*
106 ******************************************************************
107 *                          线程定义
108 ******************************************************************
109 */
110
111 static void receive_thread_entry(void *parameter)
112 {
113      /* 线程是一个无限循环，不能返回 */
114      while (1) {
115          rt_mutex_take(test_mux,                      /* 获取互斥量 */
116                        RT_WAITING_FOREVER);           /* 等待时间：一直等 */
117          if ( ucValue [ 0 ] == ucValue [ 1 ] ) {
118             rt_kprintf ( "Successful\n" );
```

```
119         } else {
120             rt_kprintf ( "Fail\n" );
121         }
122         rt_mutex_release(test_mux  );                     /* 释放互斥量 */
123
124         rt_thread_delay ( 1000 );                         /* 每 1s 读一次 */
125     }
126 }
127
128
129
130 static void send_thread_entry(void *parameter)
131 {
132     /* 线程都是一个无限循环，不能返回 */
133     while (1) {
134         rt_mutex_take(test_mux,                           /* 获取互斥量 */
135                       RT_WAITING_FOREVER);                /* 等待时间：一直等 */
136         ucValue [ 0 ] ++;
137         rt_thread_delay ( 100 );                          /* 延时 100ms */
138         ucValue [ 1 ] ++;
139         rt_mutex_release(test_mux);                       /* 释放互斥号量 */
140         rt_thread_yield();            /* 放弃剩余时间片，进行一次线程切换 */
141     }
142 }
143 /***********************END OF FILE****************************/
```

17.9 实验现象

将程序编译好，用 USB 线连接计算机和开发板的 USB 接口（对应丝印为 USB 转串口），用 DAP 仿真器把配套程序下载到野火 STM32 开发板（具体型号根据购买的板子而定，每个型号的板子都有对应的程序），在计算机上打开串口调试助手，然后复位开发板就可以在调试助手中看到 rt_kprintf() 的打印信息。输出了信息，表明线程正在运行中，当输出信息为 Successful 时，则表面两个线程同步成功，如图 17-4 所示。

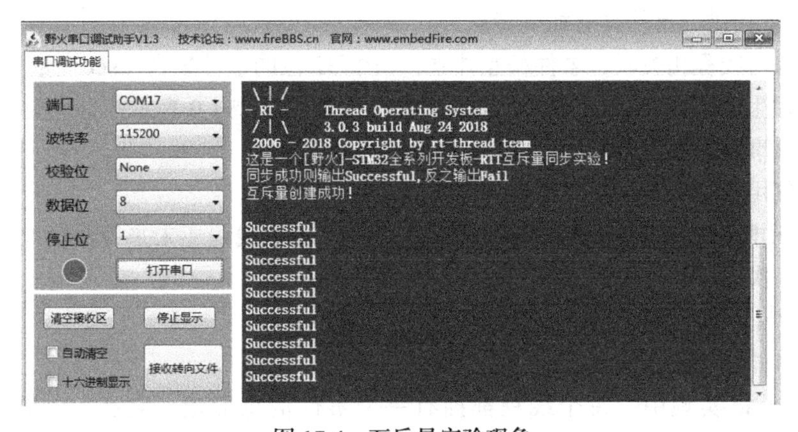

图 17-4　互斥量实验现象

第18章 事件

18.1 事件的基本概念

事件是一种实现线程间通信的机制，主要用于实现线程间的同步，但事件通信只能是事件类型的通信，无数据传输。与信号量不同的是，事件可以实现一对多、多对多的同步，即一个线程可以等待多个事件的发生：可以是任意一个事件发生时唤醒线程进行事件处理；也可以是几个事件都发生后才唤醒线程进行事件处理。同样，事件也可以是多个线程同步多个事件。

事件集合用32位无符号整型变量来表示，每一位代表一个事件，线程通过“逻辑与”或“逻辑或”与一个或多个事件建立关联，形成一个事件集。事件的“逻辑或”也称作独立型同步，指的是线程感兴趣的所有事件任一件发生即可被唤醒；事件“逻辑与”也称为关联型同步，指的是线程感兴趣的若干事件都发生时才被唤醒。

多线程环境下，线程之间往往需要进行同步操作，一个事件发生即一个同步。事件可以提供一对多、多对多的同步操作。一对多同步模型，即一个线程等待多个事件的触发；多对多同步模型，即多个线程等待多个事件的触发。

线程可以通过创建事件来实现事件的触发和等待操作。RT-Thread的事件仅用于同步，不提供数据传输功能。

RT-Thread提供的事件具有如下特点：

- 事件只与线程相关联，事件相互独立，一个32位的事件集合（set变量）用于标识该线程发生的事件类型，其中每一位表示一种事件类型（0表示该事件类型未发生、1表示该事件类型已经发生），共有32种事件类型。
- 事件仅用于同步，不提供数据传输功能。
- 事件无排队性，即多次向线程发送同一事件（如果线程还未来得及读取），等效于只发送一次。
- 允许多个线程对同一事件进行读写操作。
- 支持事件等待超时机制。

在RT-Thread实现中，每个线程都拥有一个事件信息标记，它有3个属性，分别是RT_EVENT_FLAG_AND（逻辑与），RT_EVENT_FLAG_OR（逻辑或）以及RT_EVENT_

FLAG_CLEAR（清除标记）。当线程等待事件同步时，可以通过 32 个事件标志和这个事件信息标记来判断当前接收的事件是否满足同步的条件。

18.2 事件的应用场景

RT-Thread 的事件用于事件类型的通信，无数据传输，也就是说，我们可以用事件来做标志位，判断某些事件是否发生了，然后根据结果进行处理。那很多人又会问了，为什么不直接用变量做标志呢？那样岂不是更好、更有效率？其实并不是这样，若是在裸机编程中，用全局变量是最为有效的方法，但是在操作系统中，使用全局变量就要考虑以下问题了：

- 如何对全局变量进行保护，以防止多线程同时对它进行访问？
- 如何让内核对事件进行有效管理？若使用全局变量，就需要在线程中轮询查看事件是否发送，这会造成 CPU 资源浪费，还有等待超时机制，若使用全局变量，需要用户自己去实现。

所以，在操作系统中，最好还是使用操作系统提供的通信机制，简单、方便又实用。

在某些场合，可能需要多个事件发生后才能进行下一步操作，比如一些危险机器的启动，需要检查各项指标，当指标不达标时就无法启动。但是检查各个指标时，不会立刻检测完毕，所以需要事件来做统一的等待。当所有的事件都完成了，那么机器才允许启动，这只是事件的应用之一。

事件可用于多种场合，能够在一定程度上替代信号量，用于线程间同步。一个线程或中断服务例程发送一个事件给事件对象，而后等待的线程被唤醒并对相应的事件进行处理。但是事件与信号量不同的是，事件的发送操作是不可累计的，而信号量的释放动作是可累计的。事件的另外一个特性是，接收线程可等待多种事件，即多个事件对应一个线程或多个线程。同时按照线程等待的参数，可选择是“逻辑或”触发还是“逻辑与”触发。这个特性也是信号量等所不具备的，信号量只能识别单一同步动作，而不能同时等待多个事件的同步。

各个事件可分别发送或一起发送给事件对象，而线程可以等待多个事件，线程仅对其感兴趣的事件进行关注。当有它们感兴趣的事件发生时并且符合相应的条件，线程将被唤醒并进行后续的处理动作。

18.3 事件的运作机制

接收事件时，可以根据感兴趣的事件类型接收事件的单个或者多个事件类型。事件接收成功后，必须使用 RT_EVENT_FLAG_CLEA 选项来清除已接收的事件类型，否则不会清除已接收的事件。用户可以自定义通过传入参数选择读取模式 option，用于确定是等待所有感兴趣的事件还是等待感兴趣的任意一个事件。

发送事件时，对指定事件写入指定的事件类型，设置事件集合 set 的对应事件位为 1，可以一次同时写多个事件类型，发送事件会触发线程调度。

清除事件时，根据写入的参数事件句柄和待清除的事件类型，对事件对应位进行清零操作。事件不与线程相关联，事件相互独立，一个 32 位的变量（事件集合 set）用于标识该线程发生的事件类型，其中每一位表示一种事件类型（0 表示该事件类型未发生，1 表示该事件类型已经发生），共有 32 种事件类型，如图 18-1 所示。

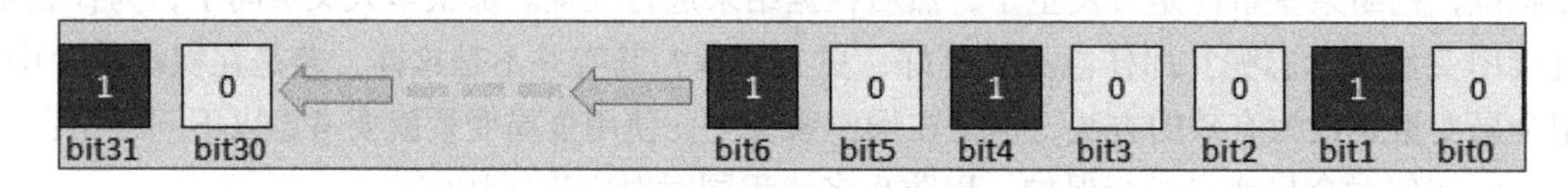

图 18-1 事件集合 set（一个 32 位的变量）

事件唤醒机制，即当线程因为等待某个或者多个事件发生而进入阻塞态，当事件发生时会被唤醒，其过程如图 18-2 所示。

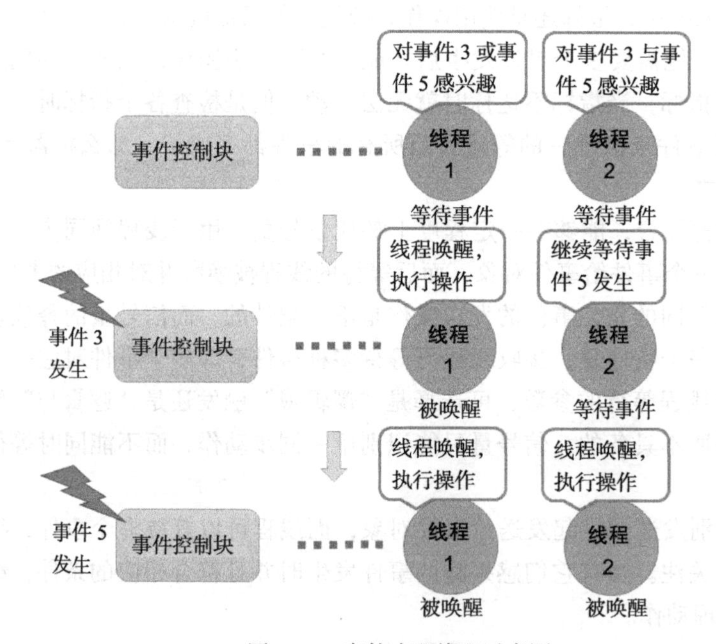

图 18-2 事件唤醒线程示意图

线程 1 对事件 3 或事件 5 感兴趣（逻辑或 RT_EVENT_FLAG_OR），当发生其中的某一个事件都会被唤醒，并且执行相应操作。而线程 2 对事件 3 与事件 5 感兴趣（逻辑与 RT_EVENT_FLAG_AND），当且仅当事件 3 与事件 5 都发生时，线程 2 才会被唤醒，如果只有其中一个事件发生，那么线程还是会继续等待另一个事件发生。如果在接收事件函数中为 option 设置了清除事件位，那么当线程唤醒后要把事件 3 和事件 5 的事件标志清零，否则事件标志将依然存在。

18.4 事件控制块

事件的使用很简单，每个对事件的操作的函数都是根据事件控制块来进行操作的，事件控制块包含了一个32位的set变量，其变量的各个位表示一个事件，每一位代表一个事件的发生，利用逻辑或、逻辑与等实现不同事件的不同唤醒处理，具体实现参见代码清单18-1。

代码清单18-1 事件控制块

```
1 struct rt_event {
2     struct rt_ipc_object parent;
3
4     rt_uint32_t  set;                           /* 事件标志位 */
5 };
6 typedef struct rt_event *rt_event_t;/* rt_event_t 是指向事件结构体的指针 */
```

事件属于内核对象，也会在自身结构体中包含一个内核对象类型的成员，通过这个成员可以将事件挂到系统对象容器中。rt_event 对象从 rt_ipc_object 中派生，由 IPC 容器管理。

18.5 事件函数

18.5.1 事件创建函数 rt_event_create()

事件创建函数，顾名思义，就是创建一个事件，与其他内核对象一样，都是需要先创建才能使用的资源。RT-Thread 提供了一个创建事件的函数 rt_event_create()，当创建一个事件时，内核首先创建一个事件控制块，然后对该事件控制块进行基本的初始化，创建成功则返回事件句柄；创建失败则返回 RT_NULL。所以，在使用创建函数之前，我们需要先定义一个事件的句柄，事件创建的源码具体参见代码清单18-2。

代码清单18-2 事件创建函数rt_event_create()源码

```
 1 rt_event_t rt_event_create(const char *name, rt_uint8_t flag)     (1)
 2 {
 3     rt_event_t event;                                             (2)
 4
 5     RT_DEBUG_NOT_IN_INTERRUPT;
 6
 7     /* 分配对象 */
 8     event = (rt_event_t)rt_object_allocate(RT_Object_Class_Event, name);
 9     if (event == RT_NULL)                                         (3)
10         return event;
11
12     /* 设置阻塞唤醒的模式 */
13     event->parent.parent.flag = flag;                             (4)
14
15     /* 初始化事件内核对象 */
16     rt_ipc_object_init(&(event->parent));                         (5)
17
18     /* 事件集合清零 */
```

```
19     event->set = 0;                                          (6)
20
21     return event;                                            (7)
22 }
23 RTM_EXPORT(rt_event_create);
```

代码清单 18-2（1）：name 表示事件的名称，由用户自己定义。flag 表示事件阻塞唤醒模式。

代码清单 18-2（2）：创建一个事件控制块。

代码清单 18-2（3）：分配事件对象，调用 rt_object_allocate() 函数将从对象系统分配对象，为创建的事件分配一个事件的对象，并且设置对象名称。在系统中，对象的名称必须是唯一的。

代码清单 18-2（4）：设置事件的阻塞唤醒模式，创建的事件由于指定的 flag 不同而有不同的意义——使用 RT_IPC_FLAG_PRIO 优先级 flag 创建的 IPC 对象，在多个线程等待资源时，将由优先级高的线程优先获得资源。而使用 RT_IPC_FLAG_FIFO 先进先出 flag 创建的 IPC 对象，在多个线程等待资源时，将按照先来先得的顺序获得资源。RT_IPC_FLAG_PRIO 与 RT_IPC_FLAG_FIFO 均在 rtdef.h 中定义。

代码清单 18-2（5）：初始化事件内核对象。调用 rt_ipc_object_init() 函数会初始化一个链表，用于记录因访问此事件而阻塞的线程。

代码清单 18-2（6）：事件集合清零，因为现在是创建事件，还没有事件发生，所以事件集合中所有位都为 0。

代码清单 18-2（7）：创建成功则返回事件对象的句柄，创建失败则返回 RT_NULL。

事件创建函数的源码都很简单，其使用更为简单，不过在使用前需要定义一个指向事件控制块的指针，也就是常说的事件句柄。当事件创建成功，就可以根据定义的事件句柄来调用 RT-Thread 的事件函数进行操作，具体参见代码清单 18-3 中加粗部分。

代码清单18-3 事件创建函数rt_event_create()实例

```
1 /* 定义事件控制块（句柄） */
2 static rt_event_t test_event = RT_NULL;
3 /* 创建一个事件 */
4 test_event = rt_event_create("test_event",/* 事件标志组名称 */
5                              RT_IPC_FLAG_PRIO); /* 事件模式 FIFO(0x00)*/
6 if (test_event != RT_NULL)
7     rt_kprintf("事件创建成功! \n\n");
```

18.5.2 事件删除函数 rt_event_delete()

在很多场合，某些事件是只用一次的，比如在事件应用场景中介绍的危险机器的启动，假如各项指标都达到了，并且机器启动成功了，那么这个事件之后可能就没用了，那就可以销毁了。怎样删除事件呢？ RT-Thread 提供了一个删除事件的函数——rt_event_delete()，使用它就能将事件删除。当系统不再使用事件对象时，可以通过删除事件对象控制块来释放系统资源，具体实现参见代码清单 18-4。

代码清单18-4　事件删除函数rt_event_delete()源码

```
 1 rt_err_t rt_event_delete(rt_event_t event)                        (1)
 2 {
 3     /* 事件句柄检查 */
 4     RT_ASSERT(event != RT_NULL);                                    (2)
 5
 6     RT_DEBUG_NOT_IN_INTERRUPT;
 7
 8     /* 恢复所有阻塞在此事件的线程 */
 9     rt_ipc_list_resume_all(&(event->parent.suspend_thread));       (3)
10
11     /* 删除事件对象 */
12     rt_object_delete(&(event->parent.parent));                     (4)
13
14     return RT_EOK;                                                  (5)
15 }
16 RTM_EXPORT(rt_event_delete);
```

代码清单 18-4（1）：event 是用户自己定义的事件句柄，根据事件句柄进行删除操作。

代码清单 18-4（2）：检查事件句柄 event 是否有效，如果 event 是未定义或者未创建的事件句柄，那么是无法进行删除操作的。

代码清单 18-4（3）：调用 rt_ipc_list_resume_all() 函数将所有因为访问此事件而阻塞的线程从阻塞态中唤醒，所有被唤醒的线程的返回值是 -RT_ERROR。实际操作中一般不这样使用，所以在删除时，应先确认所有的线程都无须再次使用这个事件，并且所有线程都没被此事件阻塞时才删除，否则删除之后如果线程需要再次使用此事件，那也会发生错误。

代码清单 18-4（4）：删除事件对象，释放事件对象占用的内存资源。

代码清单 18-4（5）：删除成功则返回 RT_EOK。

事件的删除函数的使用是很简单的，只需要为其传递我们创建的事件对象句柄，其使用方法具体参见代码清单 18-5 中加粗部分。

代码清单18-5　事件删除函数rt_event_delete()使用实例

```
1 /* 定义事件控制块（句柄）*/
2 static rt_event_t test_event = RT_NULL;
3 rt_err_t uwRet = RT_EOK;
4 /* 删除一个事件 */
5 uwRet = rt_event_delete(test_event);
6 if (RT_EOK == uwRet)
7     rt_kprintf("事件删除成功！ \n\n");
```

18.5.3　事件发送函数 rt_event_send()

使用该函数接口时，通过参数 set 指定的事件标志来设定事件的标志位，然后遍历等待在 event 事件对象上的等待线程链表，判断是否有线程的事件激活要求与当前事件对象标志值匹配，如果有，则唤醒该线程。简单来说，就是设置我们自己定义的事件标志位为 1，并且查看有没有线程在等待这个事件，如果有就唤醒它，其源码具体参见代码清单 18-6。

代码清单18-6 事件发送函数rt_event_send()源码

```
1 rt_err_t rt_event_send(rt_event_t event,                          (1)
2                         rt_uint32_t set)                          (2)
3 {
4     struct rt_list_node *n;
5     struct rt_thread *thread;
6     register rt_ubase_t level;
7     register rt_base_t status;
8     rt_bool_t need_schedule;
9
10    /* 事件对象检查 */
11    RT_ASSERT(event != RT_NULL);                                  (3)
12    if (set == 0)
13        return -RT_ERROR;
14
15    need_schedule = RT_FALSE;                                     (4)
16    RT_OBJECT_HOOK_CALL(rt_object_put_hook, (&(event->parent.parent)));
17
18    /* 关中断 */
19    level = rt_hw_interrupt_disable();
20
21    /* 设置事件 */
22    event->set |= set;                                            (5)
23
24    if (!rt_list_isempty(&event->parent.suspend_thread)) {        (6)
25        /*搜索线程列表以恢复线程*/
26        n = event->parent.suspend_thread.next;
27        while (n != &(event->parent.suspend_thread)) {
28            /* 找到要恢复的线程 */
29            thread = rt_list_entry(n, struct rt_thread, tlist); (7)
30
31            status =-RT_ERROR;
32            if (thread->event_info & RT_EVENT_FLAG_AND) {        (8)
33                if ((thread->event_set & event->set)
34                    == thread->event_set) {                      (9)
35                    /*收到了一个AND*/
36                    status = RT_EOK;                             (10)
37                }
38            } else if (thread->event_info & RT_EVENT_FLAG_OR) { (11)
39                if (thread->event_set & event->set) {
40                    /*保存收到的事件集*/
41                thread->event_set = thread->event_set & event->set; (12)
42
43                    /* 收到一个OR */
44                    status = RT_EOK;                             (13)
45                }
46            }
```

```
47
48                /* 将节点移动到下一个节点 */
49                n = n->next;                                         (14)
50
51                /* 条件满足，恢复线程 */
52                if (status == RT_EOK) {                              (15)
53                    /* 清除事件标志位 */
54                    if (thread->event_info & RT_EVENT_FLAG_CLEAR)    (16)
55                        event->set &= ~thread->event_set;
56
57                    /* 恢复线程 */
58                    rt_thread_resume(thread);                        (17)
59
60                    /* 需要进行线程调度 */
61                    need_schedule = RT_TRUE;                         (18)
62                }
63            }
64        }
65
66        /* 开中断 */
67        rt_hw_interrupt_enable(level);
68
69        /* 发起一次线程调度 */
70        if (need_schedule == RT_TRUE)
71            rt_schedule();                                           (19)
72
73        return RT_EOK;
74    }
75    RTM_EXPORT(rt_event_send);
```

代码清单 18-6（1）：event，表示事件发送操作的事件句柄，由用户自己定义，并且需要在创建后使用。

代码清单 18-6（2）：set，表示设置事件集合中的具体事件，也就是设置 set 中的某些位。

代码清单 18-6（3）：检查事件句柄 event 是否有效，如果它是未定义或者未创建的事件句柄，那么是无法进行发送事件操作的。

代码清单 18-6（4）：need_schedule 用于记录是否进行线程调度，默认不进行线程调度。

代码清单 18-6（5）：设置事件发生的标志位，利用“|”操作既可保证不干扰其他事件位，又能同时对多个事件位一次性进行标记，即使是多次向线程发送同一事件（如果线程还未来得及读取），也等效于只发送一次。

代码清单 18-6（6）：如果当前有线程因为等待某个事件进入阻塞态，则在阻塞列表中搜索线程，并且执行（7）~（18）。

代码清单 18-6（7）：从等待的线程中获取对应的线程控制块。

代码清单 18-6（8）：如果线程等待事件的模式是 RT_EVENT_FLAG_AND（逻辑与），那么需要在等待的事件都发生时才动作。

代码清单 18-6（9）：判断线程等待的事件是否都发生了，如果事件激活要求与事件标志值匹配，则唤醒事件。

代码清单 18-6（10）：当等待的事件都发生时，标记 status，表示已经等待到事件了。

代码清单 18-6（11）：如果线程等待事件的模式是 RT_EVENT_FLAG_OR（逻辑或），那么线程等待的所有事件标记中只要有一个或多个事件发生，就表示事件已发生，可以唤醒线程。

代码清单 18-6（12）：保存收到的事件，这很重要，因为在接收事件函数时，这个值是要用来进行判断的。假设有一个线程等待接收 3 个事件，采用 RT_EVENT_FLAG_OR（逻辑或）的方式等待接收，那么有其中一个事件发生，该线程就会解除阻塞。但是假如没保存收到的事件，我们怎么知道是哪个事件发生呢？

代码清单 18-6（13）：当等待的事件发生时，标记 status，表示事件已经等待到了。

代码清单 18-6（14）：将节点移动到下一个节点，因为这是搜索所有等待的线程。

代码清单 18-6（15）：当等待的事件发生时，条件满足，需要恢复线程。

代码清单 18-6（16）：如果在接收中设置了 RT_EVENT_FLAG_CLEAR，那么在线程被唤醒时，系统会进行事件标志位的清除操作，防止一直响应事件。采用 event->set &= ~thread->event_set 操作仅仅是清除对应事件标志位，不影响其他事件标志位。

代码清单 18-6（17）：恢复阻塞的线程。

代码清单 18-6（18）：标记一下 need_schedule 表示需要进行线程调度。

代码清单 18-6（19）：发起一次线程调度。

举个例子，比如我们要记录一个事件的发生，这个事件在事件集合中的位置是 bit0，当它还未发生时，事件集合 bit0 的值也是 0；当它发生时，我们向事件集合 bit0 中写入这个事件，也就是 0x01，那这就表示事件已经发生了。为了便于理解，一般操作中我们都是用宏定义来实现 #define EVENT (0x01 << x)，“ << x” 表示写入事件集合的 bit x ，具体参见代码清单 18-7 中加粗部分。

代码清单18-7　事件发送函数rt_event_send()实例

```
1 #define KEY1_EVENT   (0x01 << 0)//设置事件掩码的位0
2 #define KEY2_EVENT   (0x01 << 1)//设置事件掩码的位1
3 static void send_thread_entry(void *parameter)
4 {
5     /* 线程是一个无限循环，不能返回 */
6     while (1) {// 如果 KEY，被按下
7         if ( Key_Scan(KEY1_GPIO_PORT,KEY1_GPIO_PIN) == KEY_ON ) {
8             rt_kprintf ( "KEY1 被按下 \n" );
9             /* 发送一个事件 1 */
10            rt_event_send(test_event,KEY1_EVENT);
11        }
12            // 如果 KEY2 被按下
13        if ( Key_Scan(KEY2_GPIO_PORT,KEY2_GPIO_PIN) == KEY_ON ) {
14            rt_kprintf ( "KEY2 被按下 \n" );
```

```
15              /* 发送一个事件 2 */
16              rt_event_send(test_event,KEY2_EVENT);
17          }
18          rt_thread_delay(20);      //每 20ms 扫描一次
19      }
20 }
```

18.5.4 事件接收函数 rt_event_recv()

既然标记了事件的发生，那么如何知道事件究竟有没有发生？这也需要用一个函数来获取事件发生的标记。RT-Thread 提供了一个接收指定事件的函数——rt_event_recv()。通过这个函数，我们可以知道事件集合中的哪一位上、哪一个事件发生了，可以通过“逻辑与”“逻辑或”等操作对感兴趣的事件进行接收，并且这个函数实现了等待超时机制——如果此刻该事件没有发生，那么线程可以进入阻塞态进行等待，等到事件发生了就会被唤醒，体现了操作系统的实时性。如果事件被正确接收，则返回 RT_EOK，事件接收超时，则返回 -RT_ETIMEOUT；其他情况返回 -RT_ERROR。事件接收函数 rt_event_recv() 的源码具体参见代码清单 18-8。

代码清单18-8　事件接收函数rt_event_recv()源码

```
 1 rt_err_t rt_event_recv(rt_event_t    event,                          (1)
 2                        rt_uint32_t   set,                            (2)
 3                        rt_uint8_t    option,                         (3)
 4                        rt_int32_t    timeout,                        (4)
 5                        rt_uint32_t *recved)                          (5)
 6 {
 7     struct rt_thread *thread;
 8     register rt_ubase_t level;
 9     register rt_base_t status;
10
11     RT_DEBUG_IN_THREAD_CONTEXT;
12
13     /* 检查事件句柄 */
14     RT_ASSERT(event != RT_NULL);                                     (6)
15     if (set == 0)
16         return -RT_ERROR;
17
18     /* 初始化状态 */
19     status =-RT_ERROR;
20     /* 获取当前线程 */
21     thread = rt_thread_self();                                       (7)
22     /* 重置线程错误码 */
23     thread->error = RT_EOK;
24
25     RT_OBJECT_HOOK_CALL(rt_object_trytake_hook,(&(event->parent.parent)));
26
27     /* 关中断 */
28     level = rt_hw_interrupt_disable();
```

```
29
30      /* 检查事件接收选项 & 检查事件集合 */
31      if (option & RT_EVENT_FLAG_AND) {                              (8)
32          if ((event->set & set) == set
33              status = RT_EOK;
34      } else if (option & RT_EVENT_FLAG_OR) {                        (9)
35          if (event->set & set)
36              status = RT_EOK;
37      } else {
38          /* 应设置 RT_EVENT_FLAG_AND 或 RT_EVENT_FLAG_OR*/
39          RT_ASSERT(0);                                               (10)
40      }
41
42      if (status == RT_EOK) {
43          /* 返回接收的事件 */
44          if (recved)
45              *recved = (event->set & set);                          (11)
46
47          /* 接收事件清除 */
48          if (option & RT_EVENT_FLAG_CLEAR)                           (12)
49              event->set &= ~set;
50      } else if (timeout == 0) {                                     (13)
51          /* 不等待 */
52          thread->error =-RT_ETIMEOUT;
53      } else {
54           /* 设置线程事件信息 */
55           thread->event_set  = set;                                  (14)
56           thread->event_info = option;
57
58          /* 将线程添加到阻塞列表中 */
59          rt_ipc_list_suspend(&(event->parent.suspend_thread),       (15)
60                              thread,
61                              event->parent.parent.flag);
62
63          /* 如果有等待超时，则启动线程定时器 */
64          if (timeout > 0) {
65               /* 重置线程超时时间并且启动定时器 */
66              rt_timer_control(&(thread->thread_timer),              (16)
67                               RT_TIMER_CTRL_SET_TIME,
68                               &timeout);
69              rt_timer_start(&(thread->thread_timer));               (17)
70          }
71
72          /* 开中断 */
73          rt_hw_interrupt_enable(level);
74
75          /* 发起一次线程调度 */
76          rt_schedule();                                              (18)
77
78          if (thread->error != RT_EOK) {
79              /* 返回错误代码 */
```

```
80              return thread->error;                                    (19)
81          }
82
83          /* 接收一个事件，禁用中断 */
84          level = rt_hw_interrupt_disable();
85
86          /* 返回接收的事件 */
87          if (recved)
88              *rec ved = thread->event_set;                            (20)
89      }
90
91      /* 开中断 */
92      rt_hw_interrupt_enable(level);
93
94      RT_OBJECT_HOOK_CALL(rt_object_take_hook, (&(event->parent.parent)));
95
96      return thread->error;                                            (21)
97 }
98 RTM_EXPORT(rt_event_recv);
```

代码清单 18-8（1）：event，表示事件发送操作的事件句柄，由用户自己定义，并且需要在创建事件后使用。

代码清单 18-8（2）：set，表示事件集合中的事件标志，在这里是指线程对哪些事件标志感兴趣。

代码清单 18-8（3）：option，表示接收选项，有 RT_EVENT_FLAG_AND、RT_EVENT_FLAG_OR，可以与 RT_EVENT_FLAG_CLEAR 通过“|”按位或操作符连接使用。

代码清单 18-8（4）：timeout 用于设置等待的超时时间。

代码清单 18-8（5）：recved 用于保存接收的事件标志结果，用户通过它的值判断是否成功接收事件。

代码清单 18-8（6）：检查事件句柄 event 是否有效，如果它是未定义或者未创建的事件句柄，那么是无法接收事件的。

代码清单 18-8（7）：获取当前线程信息，即获取调用接收事件的线程。

代码清单 18-8（8）：如果指定的 option 接收选项是 RT_EVENT_FLAG_AND，那么判断事件集合中的信息与线程感兴趣的信息是否全部吻合，如果满足条件，则标记接收成功。

代码清单 18-8（9）：如果指定的 option 接收选项是 RT_EVENT_FLAG_OR，那么判断事件集合中的信息与线程感兴趣的信息是否有吻合的部分（有其中一个满足即可），如果满足条件，则标记接收成功。

代码清单 18-8（10）：其他情况，接收选项应设置 RT_EVENT_FLAG_AND 或 RT_EVENT_FLAG_OR，二者无法同时使用，也不能不使用。

代码清单 18-8（11）：满足接收事件的条件，则返回接收的事件。读取 recved 即可知道接收到了哪个事件。

代码清单 18-8（12）：如果指定的 option 接收选项选择了 RT_EVENT_FLAG_CLEAR，在接收完成时会清除对应的事件集合的标志位。

代码清单 18-8（13）：如果 timeout= 0，那么接收不到事件就不等待，直接返回 -RT_ETIMEOUT 错误码。

代码清单 18-8（14）：timeout 不为 0，需要等待，那么需要配置线程接收事件的信息，event_set 与 event_info 在线程控制块中有定义，event_set 表示当前线程等待哪些感兴趣的事件，event_info 表示事件接收选项 option。

代码清单 18-8（15）：将等待的线程添加到阻塞列表中。

代码清单 18-8（16）：根据 timeout 的值重置线程超时时间。

代码清单 18-8（17）：启动定时器开始计时。

代码清单 18-8（18）：发起一次线程调度。

代码清单 18-8（19）：返回错误代码。

代码清单 18-8（20）：返回接收的事件

代码清单 18-8（21）：返回接收成功结果。

当用户调用这个函数时，系统首先根据 set 参数和接收选项来判断它要接收的事件是否发生。如果已经发生，则根据参数 option 上是否设置有 RT_EVENT_FLAG_CLEAR 来决定是否清除事件的相应标志位，其中 recved 参数用于保存收到的事件；如果事件没有发生，则把线程感兴趣的事件和接收选项填写到线程控制块中，然后把线程挂起在此事件对象的阻塞列表上，直到事件发生或等待时间超时。事件接收函数 rt_event_recv() 的具体用法参见代码清单 18-9 中加粗部分。

代码清单18-9 事件接收函数rt_event_recv()实例

```
1 static void receive_thread_entry(void *parameter)
2 {
3     rt_uint32_t recved;
4     /* 线程是一个无限循环，不能返回 */
5     while (1) {
6         /* 等待接收事件标志 */
7         rt_event_recv(test_event,                  /* 事件对象句柄 */
8                       KEY1_EVENT|KEY2_EVENT,          /* 接收线程感兴趣的事件 */
9                       RT_EVENT_FLAG_AND|RT_EVENT_FLAG_CLEAR,/* 接收选项 */
10                      RT_WAITING_FOREVER,     /* 指定超时事件，一直等 */
11                      &recved);               /* 指向接收的事件 */
12        if (recved == (KEY1_EVENT|KEY2_EVENT)) { /* 如果接收完成并且正确 */
13            rt_kprintf ( "KEY1 与 KEY2 都按下 \n");
14            LED1_TOGGLE;          //LED1       反转
15        } else
16            rt_kprintf ( " 事件错误! \n");
17    }
18 }
19
```

18.6　事件实验

事件实验是在 RT-Thread 中创建了两个线程，一个是发送事件线程，一个是接收事件线程，两个线程独立运行，发送事件线程通过检测按键的按下情况发送不同的事件，接收事件线程则接收这两个事件，并且判断两个事件是否都发生，如果是，则输出相应信息，LED 进行翻转。接收线程的等待时间是 RT_WAITING_FOREVER，一直在等待事件的发生，接收事件之后进行清除事件标记，具体实现参见代码清单 18-10 中加粗部分。

代码清单18-10　事件实验

```
 1 /**
 2   *********************************************************************
 3   * @file    main.c
 4   * @author  fire
 5   * @version V1.0
 6   * @date    2018-xx-xx
 7   * @brief   RT-Thread 3.0 + STM32 事件标志组
 8   *********************************************************************
 9   * @attention
10   *
11   * 实验平台：基于野火 STM32 全系列（M3/4/7）开发板
12   * 论坛 :http://www.firebbs.cn
13   * 淘宝 :https://fire-stm32.taobao.com
14   *
15   **********************************************************************
16   */
17 
18 /*
19 ************************************************************************
20 *                              包含的头文件
21 ************************************************************************
22 */
23 #include "board.h"
24 #include "rtthread.h"
25 
26 
27 /*
28 ******************************************************************
29 *                               变量
30 ******************************************************************
31 */
32 /* 定义线程控制块 */
33 static rt_thread_t receive_thread = RT_NULL;
34 static rt_thread_t send_thread = RT_NULL;
35 /* 定义事件控制块 (句柄) */
36 static rt_event_t test_event = RT_NULL;
37 
38 /************************* 全局变量声明 ****************************/
39 /*
```

```
40  * 当我们写应用程序时，可能需要用到一些全局变量
41  */
42 #define KEY1_EVENT  (0x01 << 0)//设置事件掩码的位 0
43 #define KEY2_EVENT  (0x01 << 1)//设置事件掩码的位 1
44 /*
45 *************************************************************************
46 *                               函数声明
47 *************************************************************************
48 */
49 static void receive_thread_entry(void *parameter);
50 static void send_thread_entry(void *parameter);
51
52 /*
53 *************************************************************************
54 *                             main() 函数
55 *************************************************************************
56 */
57 /**
58   * @brief  主函数
59   * @param  无
60   * @retval 无
61   */
62 int main(void)
63 {
64     /*
65      * 开发板硬件初始化，RTT 系统初始化已经在 main() 函数之前完成，
66      * 即在 component.c 文件中的 rtthread_startup() 函数中完成了。
67      * 所以在 main() 函数中，只需要创建线程和启动线程即可
68      */
69     rt_kprintf("这是一个[野火]-STM32 全系列开发板 -RTT 事件标志组实验！\n");
70     /* 创建一个事件 */
71     test_event = rt_event_create("test_event",/* 事件标志组名字 */
72                         RT_IPC_FLAG_PRIO);   /* 事件模式 FIFO(0x00)*/
73     if (test_event != RT_NULL)
74         rt_kprintf("事件创建成功！\n\n");
75
76     receive_thread =                                    /* 线程控制块指针 */
77         rt_thread_create( "receive",                    /* 线程名字 */
78                           receive_thread_entry,         /* 线程入口函数 */
79                           RT_NULL,                      /* 线程入口函数参数 */
80                           512,                          /* 线程栈大小 */
81                           3,                            /* 线程的优先级 */
82                           20);                          /* 线程时间片 */
83
84     /* 启动线程，开启调度 */
85     if (receive_thread != RT_NULL)
86         rt_thread_startup(receive_thread);
87     else
88         return -1;
89
90     send_thread =                                       /* 线程控制块指针 */
```

```
91          rt_thread_create( "send",              /* 线程名字 */
92                            send_thread_entry,   /* 线程入口函数 */
93                            RT_NULL,             /* 线程入口函数参数 */
94                            512,                 /* 线程栈大小 */
95                            2,                   /* 线程的优先级 */
96                            20);                 /* 线程时间片 */
97
98      /* 启动线程，开启调度 */
99      if (send_thread != RT_NULL)
100         rt_thread_startup(send_thread);
101      else
102         return -1;
103 }
104
105 /*
106 *************************************************************
107 *                          线程定义
108 *************************************************************
109 */
110
111 static void receive_thread_entry(void *parameter)
112 {
113     rt_uint32_t recved;
114     /* 线程都是一个无限循环，不能返回 */
115     while (1) {
116         /* 等待接收事件标志 */
117         rt_event_recv(test_event,  /* 事件对象句柄 */
118                       KEY1_EVENT|KEY2_EVENT,/* 接收线程感兴趣的事件 */
119                       RT_EVENT_FLAG_AND|RT_EVENT_FLAG_CLEAR,/* 接收选项 */
120                       RT_WAITING_FOREVER,/* 指定超时事件，一直等 */
121                       &recved);     /* 指向接收的事件 */
122         if (recved == (KEY1_EVENT|KEY2_EVENT)) { /* 如果接收完成并且正确 */
123             rt_kprintf ( "KEY1与KEY2都按下，获取事件成功\n");
124             LED1_TOGGLE;        //LED1  反转
125         } else
126             rt_kprintf ( "事件错误！ \n");
127     }
128 }
129
130 static void send_thread_entry(void *parameter)
131 {
132     /* 线程是一个无限循环，不能返回 */
133     while (1) { //如果KEY1被按下
134         if ( Key_Scan(KEY1_GPIO_PORT,KEY1_GPIO_PIN) == KEY_ON ) {
135             rt_kprintf ( "KEY1被按下\n" );
136             /* 发送一个事件1 */
137             rt_event_send(test_event,KEY1_EVENT);
138         }
139             //如果KEY2被按下
140         if ( Key_Scan(KEY2_GPIO_PORT,KEY2_GPIO_PIN) == KEY_ON ) {
141             rt_kprintf ( "KEY2被按下\n" );
```

```
142                 /* 发送一个事件 2 */
143                 rt_event_send(test_event,KEY2_EVENT);
144             }
145             rt_thread_delay(20);      //每 20ms 扫描一次
146         }
147 }
148/**********************END OF FILE****************************/
```

18.7 实验现象

程序编译好，用 USB 线连接计算机和开发板的 USB 接口（对应丝印为 USB 转串口），用 DAP 仿真器把配套程序下载到野火 STM32 开发板（具体型号根据购买的板子而定，每个型号的板子都有对应的程序），在计算机上打开串口调试助手，然后复位开发板就可以在调试助手中看到 rt_kprintf() 的打印信息。按下开发板的 KEY1 按键发送事件 1，按下 KEY2 按键发送事件 2。我们按下 KEY1 与 KEY2 按键试一试，在串口调试助手中可以看到运行结果，并且当事件 1 与事件 2 都发生时，开发板的 LED 会进行翻转，具体如图 18-3 所示。

图 18-3 事件标志组实验现象

第 19 章 软件定时器

19.1 软件定时器的基本概念

定时器，是指从指定的时刻开始，经过一个指定时间，然后触发一个超时事件，用户可以自定义定时器的周期与频率。类似生活中的闹钟，我们可以设置闹钟每天什么时候响，还能设置响的次数，是响一次还是每天都响。

定时器有硬件定时器和软件定时器之分：

硬件定时器是芯片本身提供的定时功能。一般是由外部晶振提供给芯片输入时钟，芯片向软件模块提供一组配置寄存器，接受控制输入，到达设定时间值后，芯片中断控制器产生时钟中断。硬件定时器的精度一般很高，可以达到纳秒级别，并且是中断触发方式。

软件定时器，软件定时器是由操作系统提供的一类系统接口，它构建在硬件定时器的基础之上，使系统能够提供不受硬件定时器资源限制的定时器服务。软件定时器实现的功能与硬件定时器也是类似的。

使用硬件定时器时，每次在定时时间到达之后就会自动触发一个中断，用户在中断中处理信息；而使用软件定时器时，需要我们在创建软件定时器时指定时间到达后要调用的函数（也称超时函数 / 回调函数，为了统一，下文均用超时函数描述），在超时函数中处理信息。

软件定时器在被创建之后，当经过设定的时钟计数值后会触发用户定义的超时函数。定时精度与系统时钟的周期有关。一般系统利用 SysTick 作为软件定时器的基础时钟，超时函数类似硬件的中断服务函数，所以，超时函数也要快进快出，而且超时函数中不能有任何阻塞线程运行的情况，比如 rt_thread_delay() 以及其他能阻塞线程运行的函数，两次触发超时函数的时间间隔 Tick 叫作定时器的定时周期。

RT-Thread 操作系统提供软件定时器功能，软件定时器的使用相当于扩展了定时器的数量，允许创建更多的定时业务。RT-Thread 软件定时器支持以下功能：

- 静态裁剪，即能通过宏关闭软件定时器功能。
- 软件定时器创建。

- 软件定时器启动。
- 软件定时器停止。
- 软件定时器删除。

RT-Thread 提供的软件定时器支持单次模式和周期模式，单次模式和周期模式的定时时间到之后都会调用定时器的超时函数，用户可以在超时函数中加入要执行的工程代码。

- 单次模式：当用户创建了定时器并启动了定时器后，定时时间到了，只执行一次超时函数之后就将该定时器删除，不再重新执行。
- 周期模式：这个定时器会按照设置的定时时间循环执行超时函数，直到用户将定时器删除，如图 19-1 所示。

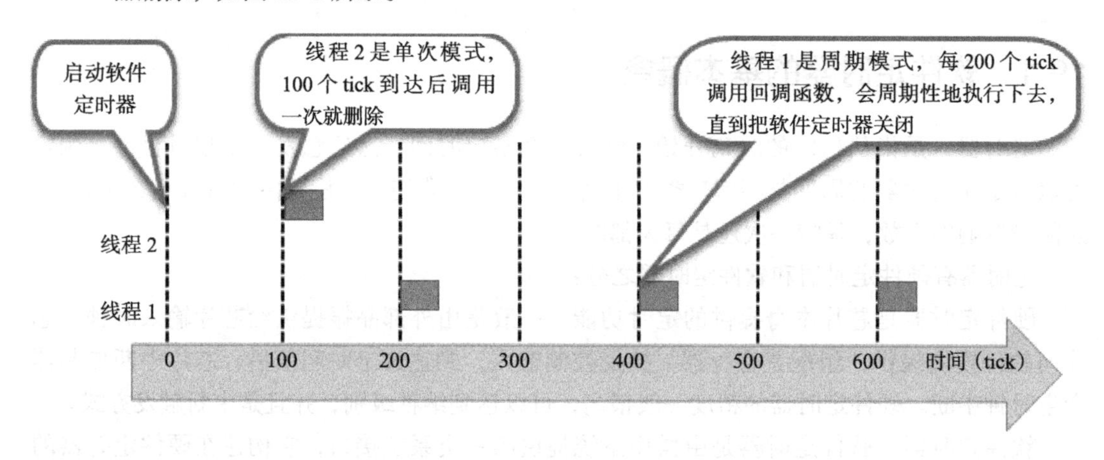

图 19-1 软件定时器的单次模式与周期模式

注意：在 RT-Thread 中创建定时器 API 接口可以选择软件定时器与硬件定时器，但是硬件定时器超时函数的上下文环境中断，而软件定时器超时函数的上下文是线程。下文所说的定时器均为软件定时器工作模式，RT-Thread 中在 rtdef.h 中定义了相关的宏定义来选择定时器的工作模式：

- RT_TIMER_FLAG_HARD_TIMER 为硬件定时器。
- RT_TIMER_FLAG_SOFT_TIMER 为软件定时器。

19.2 软件定时器的应用场景

在很多应用中，我们需要一些定时器线程，硬件定时器受硬件的限制，数量上不足以满足用户的实际需求，无法提供更多的定时器，那么可以采用软件定时器来完成，由软件定时器代替硬件定时器线程。但需要注意的是软件定时器的精度是无法和硬件定时器相比的，因为在软件定时器的定时过程中是极有可能被其他的线程所打断的，这是由于软件定时器的线程优先级是 RT_TIMER_THREAD_PRIO，默认为 4。所以，软件定时器更适用于对时间精度要求不高的线程，或一些辅助型的线程。

19.3 软件定时器的精度

在操作系统中，通常软件定时器以系统节拍周期为计时单位。系统节拍表示系统时钟的频率，类似人的心跳 1s 能跳动多少下。系统节拍配置为 RT_TICK_PER_SECOND，该宏在 rtconfig.h 中定义，默认值是 1000。那么系统的时钟节拍周期就为 1ms（1s 跳动 1000 下，每一下用时为 1ms）。软件定时器的定时数值必须是这个节拍周期的整数倍，例如节拍周期是 10ms，那么上层软件定时器定时数值只能是 10ms、20ms、100ms 等，而不能取值为 15ms。由于节拍定义了系统中定时器能够分辨的精确度，系统可以根据实际系统 CPU 的处理能力和实时性需求设置合适的数值，系统节拍周期的值越小，精度越高，但是系统开销也将越大，因为在 1s 中系统进入时钟中断的次数也就越多。

19.4 软件定时器的运作机制

软件定时器是系统资源，在创建定时器时会分配一块内存空间。当用户创建并启动一个软件定时器时，RT-Thread 会根据当前系统 rt_tick 时间及用户设置的定时确定该定时器唤醒时间 timeout，并将该定时器控制块挂入软件定时器列表 rt_soft_timer_list。

在 RT-Thread 定时器模块中维护着两个重要的全局变量：

- rt_tick，它是一个 32 位无符号的变量，用于记录当前系统经过的 tick 时间，当硬件定时器中断来临时，它将自动增加 1。
- 软件定时器列表 rt_soft_timer_list。系统新创建并激活的定时器都会以超时时间升序的方式插入 rt_soft_timer_list 列表中。系统在定时器线程中扫描 rt_soft_timer_list 中的第一个定时器，看是否已超时，若已经超时了，则调用软件定时器超时函数，否则退出软件定时器线程，因为定时时间是升序插入软件定时器列表的，如果列表中第一个定时器的定时时间都还没到，那后面的定时器定时时间自然没到。

例如，系统当前时间 rt_tick 值为 0，在当前系统中已经创建并启动了一个定时器 Timer1；系统继续运行，当系统的时间 rt_tick 为 20 时，用户创建并且启动一个定时时间为 100 的定时器 Timer2，此时 Timer2 的溢出时间 timeout 就为定时时间 + 系统当前时间（100+20=120），然后将 Timer2 按 timeout 升序插入软件定时器列表中；假设当前系统时间 rt_tick 为 40 时，用户创建并且启动了一个定时时间为 50 的定时器 Timer3，那么此时 Timer3 的溢出时间 timeout 就为 40+50=90，同样按照 timeout 的数值升序插入软件定时器列表中，在定时器链表中的插入过程具体如图 19-2 所示。同理，创建并且启动在已有的两个定时器中间的定时器也是一样的，具体如图 19-3 所示。

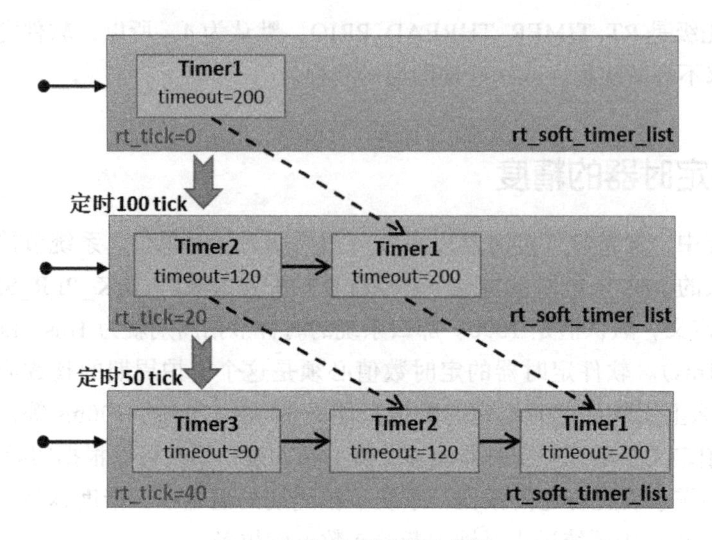

图 19-2 定时器链表示意图 1

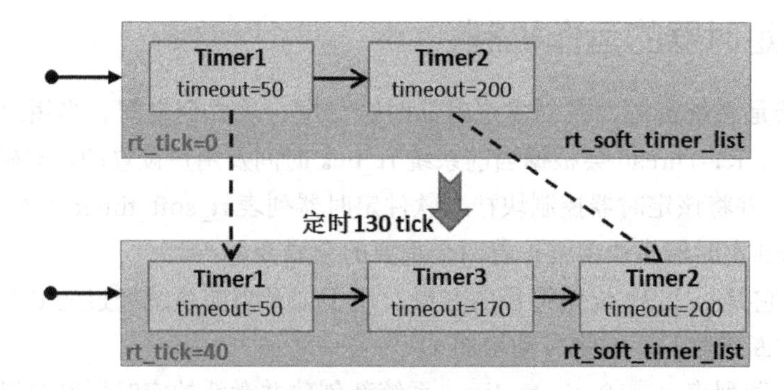

图 19-3 定时器链表示意图 2

那么系统如何处理软件定时器列表？系统在不断运行，而 rt_tick 随着 SysTick 的触发一直在增长（每一次硬件定时器中断来临，rt_tick 变量会加 1）。在软件定时器线程中扫描 rt_soft_timer_list，比较当前系统时间 rt_tick 是否大于或等于 timeout，若是，则表示超时，定时器线程调用对应定时器的超时函数，否则退出软件定时器线程。下面以图 19-3 为例，讲解软件定时器调用超时函数的过程。在创建 Timer1 并且启动后，假如系统经过了 50 个 tick，rt_tick 从 0 增长到 50，与 Timer1 的 timeout 值相等，这时会触发与 Timer1 对应的超时函数，从而转到超时函数中执行用户代码，同时将 Timer1 从 rt_timer_list 中删除。同理，在 rt_tick=40 时创建的 Timer3，在经过 130 个 tick 后（此时系统时间 rt_tick 是 40，130 个 tick 就是系统时间 rt_tick 为 170 时），与 Timer3 定时器对应的超时函数会被触发，接着将 Timer3 从 rt_timer_list 中删除。

使用软件定时器时要注意以下几点：

- 软件定时器的超时函数中应快进快出，绝对不允许使用任何可能引软件定时器线程挂起或者阻塞的 API 接口，在超时函数中也绝对不允许出现死循环。
- 软件定时器使用了系统的一个队列和一个线程资源，软件定时器线程的优先级默认为 RT_TIMER_THREAD_PRIO。
- 创建单次软件定时器，该定时器超时执行完超时函数后，系统会自动删除该软件定时器，并回收资源。
- 定时器线程的堆栈大小默认为 RT_TIMER_THREAD_STACK_SIZE，512 个字节。

19.5　定时器超时函数

定时器最主要的目的是在经过指定的定时时间后，系统能够自动执行用户设定的动作，也就是超时函数。该函数在创建定时器的时候需要用户自己定义，并且编写对应的执行代码。

在 RT-Thread 实时操作系统中，定时器超时函数存在两种情况：

- 超时函数在（系统时钟）中断上下文环境中执行（硬件定时器）。
- 超时函数在线程的上下文环境中执行（软件定时器）。

如果超时函数是在中断上下文环境中执行，显然对于超时函数的要求与中断服务例程的要求相同：执行时间应该尽量短，执行时不应导致当前上下文挂起、等待。例如在中断上下文中执行的超时函数不应该试图去申请动态内存、释放动态内存等，也不允许调用 rt_thread_delay() 等导致上下文挂起的 API 接口，其具体的实现过程参见代码清单 19-1 中加粗部分。因为定时器超时函数包括软硬件定时器，所以此处仅对硬件定时器做两个简单介绍，本节主要讲解软件定时器的实现。

代码清单19-1　硬件定时器超时在SysTick的isr中的实现

```
 1 void rt_tick_increase(void)
 2 {
 3     struct rt_thread *thread;
 4 
 5     /* 系统时间全局变量自加 */
 6     ++ rt_tick;
 7 
 8     /* 检查时间片 */
 9     thread = rt_thread_self();
10 
11     -- thread->remaining_tick;
12     if (thread->remaining_tick == 0) {
13         /* 更改为初始化的时间 */
14         thread->remaining_tick = thread->init_tick;
15 
16         /* 强制切换 */
17         rt_thread_yield();
```

```
18     }
19
20     /* 检查定时器时间 */
21     rt_timer_check();                                                    (1)
22 }
```

代码清单 19-1（1）：rt_timer_check() 是具体的检查定时器是否超时的函数。在第一部分的第 11 章中详细讲解了此函数的实现过程，这里就不再赘述，具体参见代码清单 9-13。

而软件定时器的超时函数在线程上下文中执行，则不会有这个限制，但是通常也要求超时函数执行时间应该足够短，不允许在超时函数中有阻塞的情况出现，更不允许有死循环，也不应该影响其他定时器执行超时函数或本定时器的下一次超时回调。软件定时器的超时函数在线程中执行，下面一起来看看软件定时器超时函数是怎样实现的。

我们知道，在 RT-Thread 启动时，会创建几个必要的线程，有 main_thread_entry 线程、rt_thread_idle_entry 线程、rt_thread_timer_entry 线程。rt_thread_timer_entry 是定时器线程，用于扫描软件定时器列表中是否有超时的定时器，然后执行其对应的超时函数，具体实现参见代码清单 19-2。

代码清单19-2　rt_thread_timer_entry线程

```
 1 /* system timer thread entry */
 2 static void rt_thread_timer_entry(void *parameter)
 3 {
 4     rt_tick_t next_timeout;
 5
 6     while (1) {
 7         /* 获取软件定时器列表中下一个定时器的到达时间 */
 8         next_timeout = rt_timer_list_next_timeout(rt_soft_timer_list); (1)
 9         if (next_timeout == RT_TICK_MAX) {
10             /* 如果没有软件定时器，则挂起线程自身 */
11             rt_thread_suspend(rt_thread_self());                       (2)
12             rt_schedule();
13         } else {
14             rt_tick_t current_tick;
15
16             /* 获取当前系统时间 */
17             current_tick = rt_tick_get();                              (3)
18
19             if ((next_timeout- current_tick) < RT_TICK_MAX / 2) {      (4)
20                 /* 计算下一个定时器溢出时间与当前时间的间隔 */
21                 next_timeout = next_timeout- current_tick;             (5)
22                 rt_thread_delay(next_timeout);                         (6)
23             }
24         }
25
26         /* 检查软件定时器列表 */
27         rt_soft_timer_check();                                         (7)
28     }
```

```
29 }
30 #endif
```

代码清单 19-2（1）：rt_thread_timer_entry 是一个线程，所以也是需要死循环的，线程在运行时扫描软件定时器列表获取下一个定时器定时到达的时间。

代码清单 19-2（2）：如果此时软件定时器列表中没有软件定时器，就把线程自身挂起。因为软件定时器线程的运行是会占用 CPU 的，当没有开启软件定时器时就不要经常进入线程扫描，直接挂起线程即可。挂起自身之后要发起一次线程调度，让出 CPU。

代码清单 19-2（3）：如果启动了软件定时器，那么就获取当前系统时间 current_tick。

代码清单 19-2（4）：下一个定时器溢出时间与系统当前时间比较，如果时间还没到，执行（5）～（6）。

代码清单 19-2（5）：计算还有多长时间到达下一个定时器溢出的时间，记录在 next_timeout 中。

代码清单 19-2（6）：将定时器线程延时 next_timeout，这样做就不需要经常进入定时器线程查找定时器，直到下一个定时器需要唤醒时才进来处理，这样将大大提高 CPU 的利用率，这也是软件定时器为什么不够精确的原因，线程在唤醒时不一定能得到 CPU 的使用权。

代码清单 19-2（7）：软件定时器扫描函数 rt_soft_timer_check()，其实现过程具体参见代码清单 19-3。

代码清单19-3 软件定时器扫描函数rt_soft_timer_check()

```
 1 void rt_soft_timer_check(void)
 2 {
 3     rt_tick_t current_tick;
 4     rt_list_t *n;
 5     struct rt_timer *t;
 6 
 7     RT_DEBUG_LOG(RT_DEBUG_TIMER, ("software timer check enter\n"));
 8 
 9     current_tick = rt_tick_get();
10 
11     /* 锁定调度程序 */
12     rt_enter_critical();
13 
14     for (n = rt_soft_timer_list[RT_TIMER_SKIP_LIST_LEVEL- 1].next;
15          n != &(rt_soft_timer_list[RT_TIMER_SKIP_LIST_LEVEL- 1]);) {
16        t = rt_list_entry(n, struct rt_timer, row[RT_TIMER_SKIP_LIST_LEVEL- 1]);
17 
18         /*
19          * 判断是否超时
20          *
21          */
22         if ((current_tick- t->timeout_tick) < RT_TICK_MAX / 2) { (1)
23             RT_OBJECT_HOOK_CALL(rt_timer_timeout_hook, (t));
```

```
24
25                /* 移动节点到下一个 */
26                n = n->next;
27
28                /* 首先从定时器列表中删除定时器 */
29                _rt_timer_remove(t);                                     (2)
30
31                /* 执行超时功能时不锁定调度程序 */
32                rt_exit_critical();
33                /* 调用超时函数 */
34                t->timeout_func(t->parameter);                           (3)
35
36                /* 重新获取当前系统时间 tick */
37                current_tick = rt_tick_get();                            (4)
38
39                  RT_DEBUG_LOG(RT_DEBUG_TIMER, ("current tick: %d\n", current_tick));
40
41                    /* 锁定调度程序 */
42                    rt_enter_critical();
43
44                    if ((t->parent.flag & RT_TIMER_FLAG_PERIODIC) &&
45                    (t->parent.flag & RT_TIMER_FLAG_ACTIVATED)) {        (5)
46                    /* 开始，设置定时器状态为可用 */
47                    t->parent.flag &= ~RT_TIMER_FLAG_ACTIVATED;
48                    rt_timer_start(t);
49                } else {
50                    /* 停止，设置定时器状态为不可用 */
51                    t->parent.flag &= ~RT_TIMER_FLAG_ACTIVATED;          (6)
52                }
53            } else break; /* 不再检查了 */                                (7)
54        }
55
56        /* 解锁调度程序 */
57        rt_exit_critical();
58
59        RT_DEBUG_LOG(RT_DEBUG_TIMER, ("software timer check leave\n"));
60 }
```

代码清单 19-3（1）：判断系统时间是否到达定时器溢出时间。

代码清单 19-3（2）：如果系统时间到达定时器溢出时间，首先移动软件定时器列表的表头指针，指向下一个定时器，然后从软件定时器列表中删除当前时间溢出的定时器。

代码清单 19-3（3）：执行定时器的超时函数。

代码清单 19-3（4）：重新获取当前系统时间 current_tick。

代码清单 19-3（5）：如果这个定时器是周期定时器，那么需要根据初始设置的定时时间重新加入定时器链表中，设置定时器状态为可用，然后调用启动定时器函数 rt_timer_start() 将定时器重新添加到软件定时器列表中，插入定时器列表会按定时器溢出时间 timeout 进行排序。

代码清单 19-3（6）：如果软件定时器是单次模式，则将软件定时器设置为不可用状态。

代码清单 19-3（7）：退出。

19.6　软件定时器的使用

由于在第一部分第 8 章中已经详细讲解了定时器的函数接口与实现过程，现在不再赘述。直接讲解如何使用软件定时器。

这里先来介绍软件定时器的创建函数。

RT-Thread 提供的只是一些基础函数，使用任何一个内核的资源都需要我们自己去创建，就像线程、信号量等这些 RT-Thread 的资源，所以，使用软件定时器也是需要我们自己去创建的。下面来看看软件定时器创建函数 rt_timer_create() 的源码，具体参见代码清单 19-4。

代码清单19-4　软件定时器的创建函数rt_timer_create()源码

```
 1 rt_timer_t rt_timer_create(const char *name,                        (1)
 2                            void (*timeout)(void *parameter),        (2)
 3                            void *parameter,                         (3)
 4                            rt_tick_t   time,                        (4)
 5                            rt_uint8_t  flag)                        (5)
 6 {
 7     struct rt_timer *timer;
 8
 9     /* 分配定时器对象 */
10     timer = (struct rt_timer *)rt_object_allocate(RT_Object_Class_Timer, name);
11     if (timer == RT_NULL) {                                         (6)
12         return RT_NULL;
13     }
14
15     _rt_timer_init(timer, timeout, parameter, time, flag);          (7)
16
17     return timer;                                                   (8)
18 }
```

代码清单 19-4（1）：定时器的名称，由用户自定义。

代码清单 19-4（2）：定时器超时函数指针（当定时器超时时，系统会调用这个指针指向的函数），函数主体由用户自己实现。

代码清单 19-4（3）：定时器超时函数的入口参数（当定时器超时时，调用超时函数会把这个参数作为入口参数传递给超时函数）。

代码清单 19-4（4）：定时器的超时时间，单位是 tick。

代码清单 19-4（5）：定时器创建时的参数，支持的值具体参见代码清单 19-5（可以用“或”关系取多个值，但是需要注意的是互斥关系的不能共用，同一个定时器不能是无效的又是可用的，不能既是硬件定时器同时又是软件定时器），当指定的 flag 为 RT_IMER_FLAG_HARD_TIMER 时，如果定时器超时，定时器的超时函数将在中断中被调用；当指定的 flag 为 RT_TIMER_FLAG_SOFT_TIMER 时，如果定时器超时，定时器的超时函数将在线程中被调用。

代码清单19-5　定时器创建时的参数（在rtdef.h文件中定义）

```
1 #define RT_TIMER_FLAG_DEACTIVATED           0x0/**< 定时器是无效的 */
2 #define RT_TIMER_FLAG_ACTIVATED             0x1/**< 定时器是可用的 */
3 #define RT_TIMER_FLAG_ONE_SHOT              0x0/**< 单次定时器 */
4 #define RT_TIMER_FLAG_PERIODIC              0x2/**< 周期定时器 */
5
6 #define RT_TIMER_FLAG_HARD_TIMER            0x0/**< 硬定时器，定时器的超时函数将
7                                          在 tick isr 中调用 */
8 #define RT_TIMER_FLAG_SOFT_TIMER            0x4/**< 软定时器，定时器的超时函数将
9                                          在定时器线程中调用 */
```

代码清单 19-4（6）：分配软件定时器对象，调用 rt_object_allocate() 函数将从对象系统分配对象，为创建的软件定时器分配一个软件定时器的对象，并且设置对象名称，在系统中，对象的名称必须是唯一的。

代码清单 19-4（7）：调用 _rt_timer_init() 初始化函数进行定时器的初始化，在第一部分中详细讲解过，此处不再赘述，具体参见代码清单 8-6。

代码清单 19-4（8）：如果定时器创建成功，则返回定时器的句柄，如果创建失败，则返回 RT_NULL（通常会由于系统内存不够用而返回 RT_NULL）。

软件定时器的创建函数使用起来是很简单的，软件定时器的超时函数需要用户自己实现，软件定时器的工作模式以及定时器的定时时间按需选择即可，具体参见代码清单 19-6 中加粗部分。

代码清单19-6　软件定时器的创建函数rt_timer_create()实例

```
1 /* 创建一个软件定时器 */
2 swtmr1 = rt_timer_create("swtmr1_callback", /* 软件定时器的名称 */
3                          swtmr1_callback,   /* 软件定时器的超时函数 */
4                          0,                 /* 定时器超时函数的入口参数 */
5                          5000,         /* 软件定时器的超时时间（周期超时时间）*/
6                        RT_TIMER_FLAG_ONE_SHOT | RT_TIMER_FLAG_SOFT_TIMER);
7                       /* 一次模式软件定时器模式 */
8 /* 启动定时器 */
9 if (swtmr1 != RT_NULL)
10     rt_timer_start(swtmr1);
11
12 /* 创建一个软件定时器 */
13 swtmr2 = rt_timer_create("swtmr2_callback",        /* 软件定时器的名称 */
14                          swtmr2_callback,          /* 软件定时器的超时函数 */
15                          0,                 /* 定时器超时函数的入口参数 */
16                          1000,     /* 软件定时器的超时时间（周期超时时间）*/
```

```
17                          RT_TIMER_FLAG_PERIODIC | RT_TIMER_FLAG_SOFT_TIMER);
18                           /* 软件定时器模式周期模式 */
19 /* 启动定时器 */
20 if (swtmr2 != RT_NULL)
21     rt_timer_start(swtmr2);
```

软件定时器的其他相关函数均在第一部分的第 8 章中详细介绍了，现在不再赘述，因为这些函数的实现都是一样的，只不过在第一部分中使用的是硬件定时器资源，在 systick 中断服务函数中实现定时器的扫描是否超时，而现在使用的是软件定时器资源，在定时器线程中扫描是否超时，原理都是一样的。

19.7　软件定时器实验

软件定时器实验是在 RT-Thread 中创建了两个软件定时器，其中一个软件定时器是单次模式，5000 个 tick 调用一次超时函数，另一个软件定时器是周期模式，1000 个 tick 调用一次超时函数，在超时函数中输出相关信息，具体实现参见代码清单 19-7 中加粗部分。

代码清单19-7　软件定时器实验

```
1 /**
2   ********************************************************************
3   * @file    main.c
4   * @author  fire
5   * @version V1.0
6   * @date    2018-xx-xx
7   * @brief   RT-Thread 3.0 + STM32 软件定时器
8   ********************************************************************
9   * @attention
10  *
11  * 实验平台：基于野火 STM32 全系列（M3/4/7）开发板
12  * 论坛 :http://www.firebbs.cn
13  * 淘宝 :https://fire-stm32.taobao.com
14  *
15  *********************************************************************
16  */
17
18 /*
19 *********************************************************************
20 *                             包含的头文件
21 *********************************************************************
22 */
23 #include "board.h"
24 #include "rtthread.h"
25
26
27 /*
28 ****************************************************************
```

```
29 *                                   变量
30 ************************************************************************
31 */
32 /* 定义线软件定时器制块 */
33 static rt_timer_t swtmr1 = RT_NULL;
34 static rt_timer_t swtmr2 = RT_NULL;
35 /************************ 全局变量声明 ******************************/
36 /*
37  * 当我们写应用程序时，可能需要用到一些全局变量
38  */
39 static uint32_t TmrCb_Count1 = 0;
40 static uint32_t TmrCb_Count2 = 0;
41
42 /*
43 *******************************************************************************
44 *                                 函数声明
45 *******************************************************************************
46 */
47 static void swtmr1_callback(void *parameter);
48 static void swtmr2_callback(void *parameter);
49
50 /*
51 *******************************************************************************
52 *                                 main() 函数
53 *******************************************************************************
54 */
55 /**
56   * @brief  主函数
57   * @param  无
58   * @retval 无
59   */
60 int main(void)
61 {
62
63     /*
64      * 开发板硬件初始化，RTT 系统初始化已经在 main() 函数之前完成，
65      * 即在 component.c 文件中的 rtthread_startup() 函数中完成了。
66      * 所以在 main() 函数中，只需要创建线程和启动线程即可
67      */
68     rt_kprintf("这是一个[野火]-STM32 全系列开发板 -RTT 软件定时器实验! \n");
69     rt_kprintf("定时器超时函数 1 只执行一次就被销毁 \n");
70     rt_kprintf("定时器超时函数 2 则循环执行 \n");
71     /* 创建一个软件定时器 */
72     swtmr1 = rt_timer_create("swtmr1_callback", /* 软件定时器的名称 */
73                             swtmr1_callback,/* 软件定时器的超时函数 */
74                             0,        /* 定时器超时函数的入口参数 */
75                             5000,     /* 软件定时器的超时时间（周期超时时间）*/
76                        RT_TIMER_FLAG_ONE_SHOT | RT_TIMER_FLAG_SOFT_TIMER);
77                         /* 软件定时器模式一次模式 */
78     /* 启动定时器 */
79     if (swtmr1 != RT_NULL)
```

```
80          rt_timer_start(swtmr1);
81
82      /* 创建一个软件定时器 */
83      swtmr2 = rt_timer_create("swtmr2_callback", /* 软件定时器的名称 */
84                                swtmr2_callback,/* 软件定时器的超时函数 */
85                                0,              /* 定时器超时函数的入口参数 */
86                                1000,     /* 软件定时器的超时时间（周期超时时间）*/
87                         RT_TIMER_FLAG_PERIODIC | RT_TIMER_FLAG_SOFT_TIMER);
88                         /* 软件定时器模式周期模式 */
89      /* 启动定时器 */
90      if (swtmr2 != RT_NULL)
91          rt_timer_start(swtmr2);
92  }
93
94  /*
95  *************************************************************************
96  *                              线程定义
97  *************************************************************************
98  */
99
100 static void swtmr1_callback(void *parameter)
101 {
102     uint32_t tick_num1;
103
104     TmrCb_Count1++;                         /* 每调用一次加 1 */
105
106     tick_num1 = (uint32_t)rt_tick_get();    /* 获取滴答定时器的计数值 */
107
108     rt_kprintf("swtmr1_callback 函数执行 %d 次\n", TmrCb_Count1);
109     rt_kprintf("滴答定时器数值 =%d\n", tick_num1);
110 }
111
112 static void swtmr2_callback(void *parameter)
113 {
114     uint32_t tick_num2;
115
116     TmrCb_Count2++;                         /* 每调用一次加 1 */
117
118     tick_num2 = (uint32_t)rt_tick_get();    /* 获取滴答定时器的计数值 */
119
120     rt_kprintf("swtmr2_callback 函数执行 %d 次\n", TmrCb_Count2);
121
122     rt_kprintf("滴答定时器数值 =%d\n", tick_num2);
123 }
124
125
126
127
128 /****************************END OF FILE****************************/
129
```

19.8 实验现象

程序编译好，用 USB 线连接计算机和开发板的 USB 接口（对应丝印为 USB 转串口），用 DAP 仿真器把配套程序下载到野火 STM32 开发板（具体型号根据购买的板子而定，每个型号的板子都有对应的程序），在计算机上打开串口调试助手，然后复位开发板就可以在调试助手中看到 rt_kprintf() 的打印信息，在串口调试助手中可以看到运行结果。可以看到，每过 1000 个 tick 时，软件定时器就会触发一次超时函数，当 5000 个 tick 到来时，触发软件定时器单次模式的超时函数，之后便不会再次调用了，具体如图 19-4 所示。

图 19-4 软件定时器实验现象

第 20 章 邮箱

20.1 邮箱的基本概念

邮箱在操作系统中是一种常用的 IPC 通信方式，邮箱可以在线程与线程之间、中断与线程之间进行消息的传递，此外，邮箱相比于信号量与消息队列来说，其开销更低，效率更高，所以常用来进行线程与线程、中断与线程间的通信。邮箱中的每一封邮件只能容纳固定的 4 字节内容（STM32 是 32 位处理系统，一个指针的大小即为 4 个字节，所以一封邮件恰好能够容纳一个指针），当需要在线程间传递比较大的消息时，可以把指向一个缓冲区的指针作为邮件发送到邮箱中。

线程能够从邮箱中读取邮件消息，当邮箱中没有邮件时，根据用户自定义的阻塞时间决定是否挂起读取线程；当邮箱中有新邮件时，挂起的读取线程被唤醒，邮箱也是一种异步的通信方式。

通过邮箱，线程或中断服务函数可以将一个或多个邮件放入邮箱中。同样，一个或多个线程可以从邮箱中获得邮件消息。当有多个邮件发送到邮箱时，通常应将先进入邮箱的邮件先传给线程，也就是说，线程先得到的是最先进入邮箱的消息，即先进先出原则，同时 RT-Thread 中的邮箱支持优先级，也就是说在所有等待邮件的线程中优先级最高的会先获得邮件。

RT-Thread 中使用邮箱实现线程异步通信工作，具有如下特性：

- 邮件支持先进先出方式排队与优先级排队方式，支持异步读 / 写工作方式。
- 发送与接收邮件均支持超时机制。
- 一个线程能够从任意一个消息队列接收和发送邮件。
- 多个线程能够向同一个邮箱发送邮件和从中接收邮件。
- 邮箱中的每一封邮件只能容纳固定的 4 字节内容（可以存放地址）。
- 当队列使用结束后，需要通过删除邮箱以释放内存。

邮箱与消息队列很相似，消息队列中消息的长度是可以由用户配置的，但邮箱中邮件的大小却只能固定容纳 4 字节的内容，所以，使用邮箱的开销是很小的，因为传递的只能是 4 字节以内的内容，那么其效率会更高。

20.2 邮箱的运作机制

创建邮箱对象时会先创建一个邮箱对象控制块，然后给邮箱分配一块内存空间用来存放邮件，这块内存的大小等于邮件大小（4 字节）与邮箱容量的乘积，接着初始化接收邮件和发送邮件在邮箱中的偏移量，再初始化消息队列，此时消息队列为空。

RT-Thread 操作系统的邮箱对象由多个元素组成，当邮箱被创建时，它就被分配了邮箱控制块，包括邮箱名称、邮箱缓冲区起始地址、邮箱大小等。同时每个邮箱对象中包含多个邮件框，每个邮件框可以存放一封邮件；所有邮箱中的邮件框总数即邮箱的大小，这个大小可在邮箱创建时指定。

线程或者中断服务程序都可以给邮箱发送邮件，非阻塞方式的邮件发送过程能够安全地应用于中断服务中，是中断服务函数、定时器向线程发送消息的有效手段，而阻塞方式的邮件发送只能应用于线程中。当发送邮件时，当且仅当邮箱中邮件还没满时才能进行发送，如果邮箱已满，可以根据用户设定的等待时间进行等待，当邮箱中的邮件被收取而空出空间来时，等待挂起的发送线程将被唤醒继续发送的过程，当等待时间到了还未完成发送邮件，或者未设置等待时间，此时发送邮件失败，发送邮件的线程或者中断程序会收到一个错误码（-RT_EFULL）。线程发送邮件可以带阻塞，但在中断中不能采用任何带阻塞的方式发送邮件。

接收邮件时，根据邮箱控制块中的 entry 判断队列中是否有邮件，如果邮箱的邮件非空，那么可以根据 out_offset 找到最先发送到邮箱中的邮件进行接收。在接收时如果邮箱为空，如果用户设置了等待超时时间，系统会将当前线程挂起，当达到设置的超时时间，邮箱依然未收到邮件时，线程将被唤醒并返回 -RT_ETIMEOUT。如果邮箱中存在邮件，那么接收线程将复制邮箱中的 4 个字节邮件到接收线程中。通常来说，邮件收取过程可能是阻塞的，这取决于邮箱中是否有邮件，以及收取邮件时设置的超时时间。

当邮箱不再被使用时，应该删除它以释放系统资源，一旦操作完成，邮箱将被永久性删除。

邮箱的运作机制具体如图 20-1 所示。

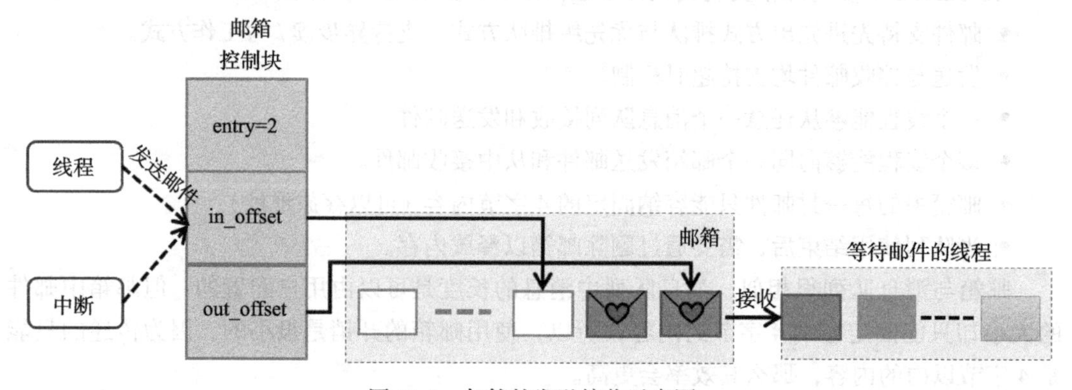

图 20-1 邮箱的发送接收示意图

20.3　邮箱的应用场景

RT-Thread 操作系统的邮箱中可存放固定条数的邮件，邮箱容量在创建 / 初始化邮箱时设定，每个邮件大小为 4 字节。当需要在线程间传递比较大的消息时，可以把指向一个缓冲区的指针作为邮件发送到邮箱中。

与系统其他通信方式相比，邮箱的通信开销更低，效率更高。无论是什么消息，传递的都是 4 个字节的邮件，所以经常应用在众多领域，另外其实现的发送 / 接收阻塞机制，能很好地应用于线程与线程、中断与线程之间的通信。

其实邮箱中每封邮件的大小为 4 个字节，在 32 位系统中，刚好能存放一个指针，所以，邮箱也特别适合那种仅传递地址的情况。

20.4　邮箱的应用技巧

可能很多人会问，在实际应用中，有很多结构体，那怎么用邮箱进行传递呢？其实这是很简单的，只是一个指针的传递，具体参见代码清单 20-1。

代码清单20-1　邮箱传递的结构体

```
1 struct msg {
2     rt_uint8_t *data_ptr;
3     rt_uint32_t data_size;
4 };
```

对于这样一个消息结构体，其中包含了指向数据的指针 data_ptr 和数据块长度的变量 data_size。当一个线程需要把这个消息发送给另外一个线程时，可以采用如下操作，具体参见代码清单 20-2。

代码清单20-2　对结构体进行发送操作

```
1 struct msg* msg_ptr;
2 msg_ptr = (struct msg*)rt_malloc(sizeof(struct msg));
3 msg_ptr->data_ptr = ...; /* 指向相应的数据块地址 */
4 msg_ptr->data_size = len; /* 数据块的长度 */
5 /* 发送这个消息指针给 mb 邮箱 */
6 rt_mb_send(mb, (rt_uint32_t)msg_ptr);
```

申请结构体大小的内存空间，返回的指针指向了结构体。当结构体中的信息处理完，那么可以将指向结构体的指针作为邮件发送到邮箱中，而在接收邮件的线程中完成对结构体信息的读取操作，在完成操作后应当释放内存。因为收取过来的是指针，而 msg_ptr 是一个新分配出来的内存块，所以在接收线程处理完毕后，需要释放相应的内存块，具体参见代码清单 20-3。

代码清单20-3　对结构体进行接收操作

```
1 struct msg* msg_ptr;
```

```
2 if (rt_mb_recv(mb, (rt_uint32_t*)&msg_ptr) == RT_EOK)
3 {
4     /* 在接收线程处理完毕后，需要释放相应的内存块 */
5     rt_free(msg_ptr);
6 }
```

20.5 邮箱控制块

邮箱控制块包含了每个使用中邮箱的所有信息，如邮箱名称、内存缓冲区、邮箱大小以及邮箱中邮件的数量等，是邮箱的很重要的控制块，具体参见代码清单 20-4。

代码清单20-4 邮箱控制块

```
 1 struct rt_mailbox {
 2     struct rt_ipc_object parent;                        (1)
 3
 4     rt_uint32_t          *msg_pool;                     (2)
 5
 6     rt_uint16_t           size;                          (3)
 7
 8     rt_uint16_t           entry;                         (4)
 9     rt_uint16_t           in_offset;                     (5)
10     rt_uint16_t           out_offset;                    (6)
11
12     rt_list_t             suspend_sender_thread;         (7)
13 };
14 typedef struct rt_mailbox *rt_mailbox_t;
```

代码清单 20-4（1）：邮箱属于内核对象，也会在自身结构体中包含一个内核对象类型的成员，通过这个成员可以将邮箱挂到系统对象容器中。

代码清单 20-4（2）：邮箱缓冲区的开始地址。

代码清单 20-4（3）：邮箱缓冲区的大小，也就是邮箱的大小，其大小决定了能存放多少封 4 字节大小的邮件。

代码清单 20-4（4）：邮箱中当前邮件的数目。

代码清单 20-4（5）：邮箱邮件的进偏移指针，指向空的邮件。

代码清单 20-4（6）：邮箱邮件的出偏移指针，如果邮箱中有邮件，则指向先进来的邮件。

代码清单 20-4（7）：发送线程的挂起等待链表。

20.6 邮箱函数

20.6.1 邮箱创建函数 rt_mb_create()

邮箱创建函数，顾名思义，就是创建一个邮箱，与消息队列一样，都是需要先创建才能使用的内核资源。需要什么样的邮箱我们自己创建即可，邮箱的大小、邮箱的名称这些信息都是自定义的，RT-Thread 提供了这个创建函数，如何使用由我们自己来决定。

创建邮箱对象时会先创建一个邮箱对象控制块，然后给邮箱分配一块内存空间用来存放邮件，这块内存的大小等于邮件大小（4 字节）与邮箱容量的乘积，接着初始化接收邮件和发送邮件在邮箱中的偏移量。创建邮箱的函数源码具体参见代码清单 20-5。

代码清单20-5 邮箱创建函数rt_mb_create()源码

```
 1 rt_mailbox_t rt_mb_create(const char *name,                    (1)
 2                           rt_size_t size,                       (2)
 3                           rt_uint8_t flag)                      (3)
 4 {
 5     rt_mailbox_t mb;
 6
 7     RT_DEBUG_NOT_IN_INTERRUPT;
 8
 9     /* 分配邮箱对象 */
10     mb = (rt_mailbox_t)rt_object_allocate(RT_Object_Class_MailBox, name);
11     if (mb == RT_NULL)                                          (4)
12         return mb;
13
14     /* 设置接收线程等待模式 */
15     mb->parent.parent.flag = flag;                              (5)
16
17     /* 初始化邮箱对象 */
18     rt_ipc_object_init(&(mb->parent));                          (6)
19
20     /* 初始化邮箱 */
21     mb->size     = size;                                        (7)
22     mb->msg_pool = RT_KERNEL_MALLOC(mb->size * sizeof(rt_uint32_t));
23         if (mb->msg_pool == RT_NULL) {                          (8)
24         /* 删除邮箱对象 */
25         rt_object_delete(&(mb->parent.parent));                 (9)
26
27         return RT_NULL;
28     }
29     mb->entry      = 0;                                         (10)
30     mb->in_offset  = 0;
31     mb->out_offset = 0;
32
33     /* 初始化发送邮件挂起线程的链表 */
34     rt_list_init(&(mb->suspend_sender_thread));                 (11)
35
36     return mb;
37 }
38 RTM_EXPORT(rt_mb_create);
```

代码清单 20-5（1）：name 表示邮箱名称。

代码清单 20-5（2）：size 表示邮箱容量，即这个邮箱能存放多少封邮件。

代码清单 20-5（3）：flag 用于设置邮箱的阻塞唤醒模式。

代码清单 20-5（4）：分配邮箱对象，调用 rt_object_allocate() 函数将从对象系统分配对象，为创建的邮箱分配一个邮箱的对象，并且设置对象名称，在系统中，对象的名称必须是唯一的。

代码清单 20-5（5）：设置邮箱的阻塞唤醒模式，创建的邮箱由于指定的 flag 不同，而有不同的意义：使用 RT_IPC_FLAG_PRIO 优先级 flag 创建的 IPC 对象，在多个线程等待资源时，将由优先级高的线程优先获得资源。而使用 RT_IPC_FLAG_FIFO 先进先出 flag 创建的 IPC 对象，在多个线程等待资源时，将按照先来先得的顺序获得资源。RT_IPC_FLAG_PRIO 与 RT_IPC_FLAG_FIFO 均在 rtdef.h 中定义。

代码清单 20-5（6）：初始化邮箱内核对象。调用 rt_ipc_object_init() 会初始化一个链表用于记录访问此事件而阻塞的线程。

代码清单 20-5（7）：初始化邮箱，设置邮箱的大小。

代码清单 20-5（8）：申请邮箱内存，其内存大小为邮箱容量乘以 4 个字节，因为每封邮件的大小为 4 个字节。

代码清单 20-5（9）：如果内存申请失败，则需要删除邮箱对象。

代码清单 20-5（10）：申请内存成功，则初始化相关信息，将当前邮件的数量清零，邮件的进出偏移指针也为 0。

代码清单 20-5（11）：初始化发送邮件挂起线程的链表。

在创建邮箱时，是需要用户自己定义邮箱的句柄的，但是注意了，定义了邮箱的句柄并不等于创建了邮箱，创建邮箱必须是调用 rt_mb_create() 函数进行创建，否则，以后根据邮箱句柄使用邮箱的其他函数时都会发生错误。在创建邮箱时是会返回创建的情况的，如果创建成功，则返回创建的邮箱句柄，如果返回 RT_NULL，则表示失败。邮箱创建函数 rt_mb_create() 使用实例具体参见代码清单 20-6 中加粗部分。

代码清单20-6 邮箱创建函数rt_mb_create()实例

```
1 /* 定义邮箱控制块 */
2 static rt_mailbox_t test_mail = RT_NULL;
3
4 /* 创建一个邮箱 */
5 test_mail = rt_mb_create("test_mail",          /* 消息队列名字 */
6                          10,                   /* 邮箱大小 */
7                          RT_IPC_FLAG_FIFO);    /* 信号量模式 FIFO(0x00)*/
8 if (test_mail != RT_NULL)
9     rt_kprintf("邮箱创建成功! \n\n");
```

20.6.2 邮箱删除函数 rt_mb_delete()

在不想使用邮箱时，想要删除邮箱怎么办呢？ RT-Thread 提供了一个删除邮箱的函数——rt_mb_delete()，使用该函数就能进行邮箱删除了。当系统不再使用邮箱对象时，可以通过删除邮箱对象控制块来释放系统资源，一旦操作完成，邮箱将被永久删除，具体参见代码清单 20-7。

代码清单20-7　邮箱删除函数rt_mb_delete()源码

```
 1 rt_err_t rt_mb_delete(rt_mailbox_t mb)                          (1)
 2 {
 3     RT_DEBUG_NOT_IN_INTERRUPT;
 4
 5     /* 邮箱句柄检查 */
 6     RT_ASSERT(mb != RT_NULL);                                   (2)
 7
 8     /* 恢复所有阻塞在接收邮件中的线程 */
 9     rt_ipc_list_resume_all(&(mb->parent.suspend_thread));       (3)
10
11     /* 也恢复所有阻塞在发送邮件中的线程  */
12     rt_ipc_list_resume_all(&(mb->suspend_sender_thread));       (4)
13
14 #if defined(RT_USING_MODULE) && defined(RT_USING_SLAB)          (5)
15     /* 邮箱对象属于应用程序模块 */
16     if (mb->parent.parent.flag & RT_OBJECT_FLAG_MODULE)
17         rt_module_free(mb->parent.parent.module_id, mb->msg_pool);
18     else
19 #endif
20
21         /* 释放邮箱内存 */
22         RT_KERNEL_FREE(mb->msg_pool);                           (6)
23
24     /* 删除邮箱对象 */
25     rt_object_delete(&(mb->parent.parent));                     (7)
26
27     return RT_EOK;
28 }
29 RTM_EXPORT(rt_mb_delete);
```

代码清单 20-7（1）：mb 是我们自己定义的邮箱句柄，删除哪个邮箱就把该邮箱句柄传进来即可。

代码清单 20-7（2）：检查邮箱句柄 mb 是否有效，如果它是未定义或者未创建的邮箱句柄，那么是无法进行删除操作的。

代码清单 20-7（3）：调用 rt_ipc_list_resume_all() 函数将所有因为接收不到邮件而阻塞的线程从阻塞态中唤醒，所有被唤醒的线程的返回值是 -RT_ERROR。与所有对象资源的删除函数一样，我们一般不会直接删除一个邮箱，所以在删除邮箱时，应先确认所有的线程都无须接收邮件，并且都没被此邮箱阻塞时才进行删除，否则删除之后线程需要发送 / 接收此邮箱邮件，那也会发生错误。

代码清单 20-7（4）：同理，也应该调用 rt_ipc_list_resume_all() 函数将所有因为邮箱满了发送不了邮件而阻塞的线程从阻塞态中恢复过来，所有被唤醒的线程的返回值

是 -RT_ERROR。

代码清单 20-7（5）：如果启用了 RT_USING_SLAB 这个宏定义，表示使用 slab 分配内存机制，那么需要使用 rt_module_free() 函数释放内存，在这里我们并未使用 slab。

代码清单 20-7（6）：释放邮箱内存，一旦释放，将永久性被删除。

代码清单 20-7（7）：删除邮箱对象。

邮箱删除函数的使用是很简单的，只需要传递进我们创建的邮箱对象句柄，其使用方法具体参见代码清单 20-8 中加粗部分。

代码清单20-8 邮箱删除函数rt_mb_delete()实例

```
1 /* 定义邮箱控制块 */
2 static rt_mailbox_t test_mail = RT_NULL;
3 rt_err_t uwRet = RT_EOK;
4
5 /* 删除一个邮箱 */
6 uwRet = rt_mbt_delete(test_mail);
7 if (RT_EOK== uwRet)
8     rt_kprintf("邮箱创建成功! \n\n");
```

20.6.3 邮箱邮件发送函数 rt_mb_send_wait()（阻塞）

邮箱的邮件发送可以从线程发送到线程，当发送邮件时，邮箱发送的邮件可以是 4 字节以内任意格式的数据或者是一个指向缓冲区的指针。当且仅当邮箱还未满时，发送者才能成功发送邮件；当邮箱中的邮件已经满时，用户可以设置阻塞时间，进行发送邮件等待。当邮箱满时，将发送邮件线程挂起指定时间，当发送超时时，发送邮件的线程会收到一个错误代码 -RT_EFULL ，表示发送邮件失败，邮箱发送邮件函数 rt_mb_send_wait() 源码具体参见代码清单 20-9。

代码清单20-9 邮箱邮件发送函数rt_mb_send_wait()（阻塞）源码

```
1 /**
2  * 如果这个邮箱对象是空的，这个函数会发送一个邮件到邮箱对象。
3  * 如果这个邮箱对象是满的，将会挂起当前线程
4  *
5  * @param 邮箱对象
6  * @param 邮箱大小
7  * @param 等待时间
8  *
9  * @return 错误代码
10  */
11 rt_err_t rt_mb_send_wait(rt_mailbox_t mb,                              (1)
12                          rt_uint32_t value,                            (2)
13                          rt_int32_t   timeout)                         (3)
14 {
15     struct rt_thread *thread;
16     register rt_ubase_t temp;
17     rt_uint32_t tick_delta;
```

```
18
19      /* 检查邮箱对象 */
20      RT_ASSERT(mb != RT_NULL);                                       (4)
21
22      /* 初始化系统时间差 */
23      tick_delta = 0;
24      /* 获取当前线程 */
25      thread = rt_thread_self();                                      (5)
26
27      RT_OBJECT_HOOK_CALL(rt_object_put_hook, (&(mb->parent.parent)));
28
29      /* 关中断 */
30      temp = rt_hw_interrupt_disable();
31
32      /* 无阻塞调用 */
33      if (mb->entry == mb->size && timeout == 0) {                    (6)
34          rt_hw_interrupt_enable(temp);
35
36          return -RT_EFULL;
37      }
38
39      /* 邮箱满了 */
40      while (mb->entry == mb->size) {                                 (7)
41          /* 重置线程错误代码 */
42          thread->error = RT_EOK;
43
44          /* 不等待，返回错误 */
45          if (timeout == 0) {                                         (8)
46              /* 开中断 */
47              rt_hw_interrupt_enable(temp);
48
49              return -RT_EFULL;
50          }
51
52          RT_DEBUG_IN_THREAD_CONTEXT;
53          /* 挂起当前线程 */
54          rt_ipc_list_suspend(&(mb->suspend_sender_thread),           (9)
55                              thread,
56                              mb->parent.parent.flag);
57
58          /* 有等待时间 */
59          if (timeout > 0) {                                          (10)
60              /* 获取当前系统时间 */
61              tick_delta = rt_tick_get();
62
63        RT_DEBUG_LOG(RT_DEBUG_IPC, ("mb_send_wait: start timer of thread:%s\n",
64                                    thread->name));
65
66              /* 重置线程超时时间并开始定时 */
67              rt_timer_control(&(thread->thread_timer),               (11)
68                               RT_TIMER_CTRL_SET_TIME,
```

```
69                                   &timeout);
70              rt_timer_start(&(thread->thread_timer));           (12)
71          }
72
73          /* 开中断 */
74          rt_hw_interrupt_enable(temp);
75
76          /* 进行线程调度 */
77          rt_schedule();                                          (13)
78
79          /*从挂起状态恢复*/
80          if (thread->error != RT_EOK) {                          (14)
81              /* 返回错误代码 */
82              return thread->error;
83          }
84
85          /* 关中断 */
86          temp = rt_hw_interrupt_disable();
87
88          /*如果它不是永远等待*/
89          if (timeout > 0) {
90              tick_delta = rt_tick_get()- tick_delta;
91              timeout-= tick_delta;
92              if (timeout < 0)
93                  timeout = 0;
94          }
95      }
96
97      /* 将要发送的信息放入邮件中 */
98      mb->msg_pool[mb->in_offset] = value;                        (15)
99      /* 邮件进指针偏移 */
100      ++ mb->in_offset;                                          (16)
101      if (mb->in_offset >= mb->size)                             (17)
102          mb->in_offset = 0;
103      /* 记录邮箱中邮件的数量 */
104      mb->entry ++;                                              (18)
105
106      /* 恢复线程 */
107      if (!rt_list_isempty(&mb->parent.suspend_thread)) {        (19)
108          rt_ipc_list_resume(&(mb->parent.suspend_thread));
109
110          /* 开中断 */
111          rt_hw_interrupt_enable(temp);
112
113          rt_schedule();                                         (20)
114
115          return RT_EOK;
116      }
117
118      /* 开中断 */
119      rt_hw_interrupt_enable(temp);
```

```
120
121     return RT_EOK;                                              (21)
122 }
123 RTM_EXPORT(rt_mb_send_wait);
```

代码清单 20-9（1）：mb 表示邮箱对象的句柄。

代码清单 20-9（2）：value 表示邮件内容，可以是 4 字节大小以内的任意内容，也可以是一个指针。

代码清单 20-9（3）：timeout 表示超时时间。

代码清单 20-9（4）：检查邮箱句柄 mb 是否有效，如果它是未定义或者未创建的邮箱句柄，那么是无法进行发送邮件操作的。

代码清单 20-9（5）：先获取当前线程，在后面需要用到当前线程的信息。

代码清单 20-9（6）：如果邮箱已满，并且是无阻塞调用（timeout=0），那么发送失败，直接退出发送。

代码清单 20-9（7）：如果邮箱满了，进入死循环中。

代码清单 20-9（8）：timeout=0，用户不等待，返回错误码。

代码清单 20-9（9）：（9）～（17）中的内容都是邮箱满了并且 timeout 不为 0 的情况。因为用户设置了阻塞时间，所以先将当前线程挂起。

代码清单 20-9（10）：有等待时间（并非一直等待的情况，因为 RT_WAITING_FOREVER 的值为（-1），在 rtdef.h 中有定义），现在是设置了某个等待的时间。

代码清单 20-9（11）：重置线程定时器的超时时间，调用 rt_timer_control() 函数改变当前线程阻塞时间 thread_timer。

代码清单 20-9（12）：启动定时器，开始计时。

代码清单 20-9（13）：因为现在线程是等到了，要进行线程切换，所以需要进行一次线程调度。

代码清单 20-9（14）：超时时间到了，线程被唤醒，但此时邮件还没发送完成，那么将返回错误码。

代码清单 20-9（15）：如果邮箱还未满，那么可以将要发送的邮件放入邮箱。

代码清单 20-9（16）：更新发送邮件指针的进偏移地址，因为邮箱是一个内存池，其存放邮件的地址在 32 位机器中指针下标加 1，偏移刚好是 4 个字节，指向了下一个空闲邮件地址。

代码清单 20-9（17）：判断邮箱是否满了，若满了，则将 in_offset 设置为 0。

代码清单 20-9（18）：记录邮箱中邮件的数量，邮箱控制块需要知道邮箱中邮件的实时数量。

代码清单 20-9（19）：如果有线程因为接收不到邮件而进入阻塞，那么需要恢复该线程，调用 rt_ipc_list_resume() 函数将该线程恢复。

代码清单 20-9（20）：恢复线程后进行一次线程调度。

代码清单 20-9（21）：返回发送邮件结果。

发送邮件时，发送者需指定发送到的邮箱的对象句柄（即指向邮箱控制块的指针），并且指定发送的邮件内容，如果内容大于 4 个字节，可以将内容的地址作为邮件发送出去，邮箱发送邮件函数 rt_mb_send_wait() 的实例具体参见代码清单 20-10 中加粗部分。

代码清单20-10 邮箱邮件发送函数rt_mb_send_wait()（阻塞）实例

```
 1 /* 定义邮箱控制块 */
 2 static rt_mailbox_t test_mail = RT_NULL;
 3 /************************* 全局变量声明 ****************************/
 4 /*
 5  * 当我们写应用程序时，可能需要用到一些全局变量
 6  */
 7 char test_str1[] = "this is a mail test 1";/* 邮箱消息 test1 */
 8 char test_str2[] = "this is a mail test 2";/* 邮箱消息 test2 */
 9
10 static void send_thread_entry(void *parameter)
11 {
12     rt_err_t uwRet = RT_EOK;
13     /* 线程是一个无限循环，不能返回 */
14     while (1) {
15         //如果 KEY1 被按下
16         if ( Key_Scan(KEY1_GPIO_PORT,KEY1_GPIO_PIN) == KEY_ON ) {
17             rt_kprintf ( "KEY1 被按下 \n" );
18             /* 发送一个邮箱消息 1 */
19             uwRet = rt_mb_send_wait(test_mail,/* 邮箱对象句柄 */
20                                     (rt_uint32_t)&test_str1,/* 邮件内容（地址）*/
21                                     10); /* 超时时间 */
22             if (RT_EOK == uwRet)
23                 rt_kprintf ( " 邮箱消息发送成功 \n" );
24             else
25                 rt_kprintf ( " 邮箱消息发送失败 \n" );
26         }
27         //如果 KEY2 被按下
28         if ( Key_Scan(KEY2_GPIO_PORT,KEY2_GPIO_PIN) == KEY_ON ) {
29             rt_kprintf ( "KEY2 被按下 \n" );
30             /* 发送一个邮箱消息 2 */
31             uwRet = rt_mb_send_wait(test_mail,/* 邮箱对象句柄 */
32                                    (rt_uint32_t)&test_str1,/* 邮件内容（地址）*/
33                                       10);   /* 超时时间 */
34             if (RT_EOK == uwRet)
35                 rt_kprintf ( " 邮箱消息发送成功 \n" );
36             else
37                 rt_kprintf ( " 邮箱消息发送失败 \n" );
38         }
39         rt_thread_delay(20);       //每 20ms 扫描一次
40     }
41 }
```

发送的邮件可以是 4 字节任意格式的数据，当邮箱中的邮件已满时，发送邮件的线程

或者中断程序会收到 -RT_EFULL 的返回值。

20.6.4 邮箱邮件发送函数 rt_mb_send ()（非阻塞）

RT-Thread 提供了两个邮箱发送函数，一个是带阻塞的 rt_mb_send_wait() 函数，另一个是非阻塞的 rt_mb_send() 函数，那么这两个函数有什么不一样呢？其实，看了源码就会知道，二者没什么差别，下面一起来看看 rt_mb_send ()（非阻塞）的源码，具体参见代码清单 20-11。

代码清单20-11 邮箱邮件发送函数rt_mb_send ()（非阻塞）源码

```
1 /**
2  * 此函数将邮件发送到邮箱对象，
3  * 如果有邮件对象挂起，则会被唤醒。
4  * 此函数将立即返回，如果要阻塞发送，请改用 rt_mb_send_wait() 函数。
5  *
6  * @param 邮箱对象
7  * @param 要发送的邮件内容
8  *
9  * @return 返回的错误码
10  */
11 rt_err_t rt_mb_send(rt_mailbox_t mb, rt_uint32_t value)
12 {
13     return rt_mb_send_wait(mb, value, 0);
14 }
15 RTM_EXPORT(rt_mb_send);
```

其实 rt_mb_send() 真正调用的函数是 rt_mb_send_wait()，但是它却是不等待的（因为 timeout=0），这个函数多用于中断与线程的通信，因为中断中不允许阻塞。而 rt_mb_send_wait() 却比较灵活，多用于线程与线程的通信。

既然 rt_mb_send() 函数源码实际上就是调用 rt_mb_send_wai()，连实现都是一样的，那么使用也是一样的，只不过 rt_mb_send() 传递的参数少了一个 timeout 而已，具体实例参见代码清单 20-12 中加粗部分。

代码清单20-12 邮箱邮件发送函数rt_mb_send ()（非阻塞）实例

```
1 /* 定义邮箱控制块 */
2 static rt_mailbox_t test_mail = RT_NULL;
3 /************************* 全局变量声明 ****************************/
4 /*
5  * 当我们写应用程序时，可能需要用到一些全局变量
6  */
7 char test_str1[] = "this is a mail test 1";/* 邮箱消息 test1 */
8 char test_str2[] = "this is a mail test 2";/* 邮箱消息 test2 */
9
10 static void send_thread_entry(void *parameter)
11 {
12     rt_err_t uwRet = RT_EOK;
```

```
13      /* 线程是一个无限循环，不能返回 */
14      while (1) {
15          //如果 KEY1 被按下
16          if ( Key_Scan(KEY1_GPIO_PORT,KEY1_GPIO_PIN) == KEY_ON ) {
17              rt_kprintf ( "KEY1 被按下\n" );
18              /* 发送一个邮箱消息 1 */
19              uwRet = rt_mb_send(test_mail,/* 邮箱对象句柄 */
20                                (rt_uint32_t)&test_str1)/* 邮件内容（地址）*/
21                      if (RT_EOK == uwRet)
22                          rt_kprintf ( "邮箱消息发送成功\n" );
23              else
24                  rt_kprintf ( "邮箱消息发送失败\n" );
25          }
26          //如果 KEY2 被按下
27          if ( Key_Scan(KEY2_GPIO_PORT,KEY2_GPIO_PIN) == KEY_ON ) {
28              rt_kprintf ( "KEY2 被按下\n" );
29              /* 发送一个邮箱消息 2 */
30              uwRet = rt_mb_send(test_mail,/* 邮箱对象句柄 */
31                                (rt_uint32_t)&test_str1)/* 邮件内容（地址）*/
32                      if (RT_EOK == uwRet)
33                          rt_kprintf ( "邮箱消息发送成功\n" );
34              else
35                  rt_kprintf ( "邮箱消息发送失败\n" );
36          }
37          rt_thread_delay(20);      //每 20ms 扫描一次
38      }
39 }
```

20.6.5 邮箱邮件接收函数 rt_mb_recv()

电子邮件的收发与我们现实生活中的邮件收发其实是一样的道理，既然别人给我们发了一份邮件，那么我们肯定要看看有什么事情发生，然后进行处理。在 RT-Thread 中提供了一个函数接口——邮箱的邮件接收函数 rt_mb_recv()，我们可以使用该函数访问指定的邮箱，看看是否有邮件发送过来，接收到邮件就去处理信息，如果还没有邮件发送过来，那我们可以不等这个邮件或者指定等待时间去接收这个邮件，如果超时了还是没有收到邮件，就返回错误代码。

只有当接收者接收的邮箱中有邮件时，接收线程才能立即取到邮件，否则接收线程会根据指定超时时间将线程挂起，直到接收完成或者超时，下面一起来看看邮件的接收函数，具体参见代码清单 20-13。

代码清单20-13 邮箱邮件接收函数rt_mb_recv()源码

```
1 rt_err_t rt_mb_recv(rt_mailbox_t mb,                     (1)
2                     rt_uint32_t *value,                  (2)
3                     rt_int32_t timeout)                  (3)
4 {
5     struct rt_thread *thread;
```

```
6       register rt_ubase_t temp;
7       rt_uint32_t tick_delta;
8
9       /* 邮箱检查 */
10      RT_ASSERT(mb != RT_NULL);                                          (4)
11
12      /* 初始化系统时间差变量 */
13      tick_delta = 0;
14      /* 获取当前线程 */
15      thread = rt_thread_self();                                         (5)
16
17      RT_OBJECT_HOOK_CALL(rt_object_trytake_hook, (&(mb->parent.parent)));
18
19      /* 关中断 */
20      temp = rt_hw_interrupt_disable();
21
22      /* 非阻塞调用 */
23      if (mb->entry == 0 && timeout == 0) {                              (6)
24          rt_hw_interrupt_enable(temp);
25
26          return -RT_ETIMEOUT;
27      }
28
29      /* 邮箱是空的 */
30      while (mb->entry == 0) {                                           (7)
31          /* 重置线程错误 */
32          thread->error = RT_EOK;
33
34          /* 不等待，返回错误码 -RT_ETIMEOUT */
35          if (timeout == 0) {
36              /* 开中断 */
37              rt_hw_interrupt_enable(temp);
38
39              thread->error =-RT_ETIMEOUT;
40
41              return -RT_ETIMEOUT;
42          }
43
44          RT_DEBUG_IN_THREAD_CONTEXT;
45          /* 挂起当前线程 */
46          rt_ipc_list_suspend(&(mb->parent.suspend_thread),              (8)
47                              thread,
48                              mb->parent.parent.flag);
49
50          /* 有等待时间，开始等待 */
51          if (timeout > 0) {
52              /* 获取开始时的系统时间 */
53              tick_delta = rt_tick_get();                                (9)
54
55          RT_DEBUG_LOG(RT_DEBUG_IPC, ("mb_recv: start timer of thread:%s\n",
56                                      thread->name));
```

```
57
58                /* 重置线程超时时间，并且开始定时器 */
59                rt_timer_control(&(thread->thread_timer),              (10)
60                                 RT_TIMER_CTRL_SET_TIME,
61                                 &timeout);
62                rt_timer_start(&(thread->thread_timer));               (11)
63            }
64
65            /* 开中断 */
66            rt_hw_interrupt_enable(temp);
67
68            /* 发起线程调度 */
69            rt_schedule();                                             (12)
70
71            /* 解除阻塞了 */
72            if (thread->error != RT_EOK) {
73                /* 返回错误代码 */
74                return thread->error;
75            }
76
77            /* 关中断 */
78            temp = rt_hw_interrupt_disable();
79
80        /* 如果它不是永远等待 */
81            if (timeout > 0) {
82                tick_delta = rt_tick_get()- tick_delta;
83                timeout-= tick_delta;
84                if (timeout < 0)
85                    timeout = 0;
86            }
87        }
88
89        /* 将邮件内容放到接收邮件的地址中 */
90        *value = mb->msg_pool[mb->out_offset];                         (13)
91
92        /* 接收邮件偏移指针自加 */
93        ++ mb->out_offset;                                             (14)
94        if (mb->out_offset >= mb->size)                                (15)
95            mb->out_offset = 0;
96        /* 记录当前邮件数量 */
97        mb->entry--;                                                   (16)
98
99        /* 恢复挂起的线程 */
100           if (!rt_list_isempty(&(mb->suspend_sender_thread))) {     (17)
101           rt_ipc_list_resume(&(mb->suspend_sender_thread));
102
103           /* 开中断 */
104           rt_hw_interrupt_enable(temp);
105
106           RT_OBJECT_HOOK_CALL(rt_object_take_hook, (&(mb->parent.parent)));
107
```

```
108         rt_schedule();                                           (18)
109
110         return RT_EOK;
111     }
112
113     /* 关中断 */
114     rt_hw_interrupt_enable(temp);
115
116     RT_OBJECT_HOOK_CALL(rt_object_take_hook, (&(mb->parent.parent)));
117
118     return RT_EOK;                                               (19)
119 }
120 RTM_EXPORT(rt_mb_recv);
```

代码清单 20-13（1）：mb 表示邮箱对象的句柄。

代码清单 20-13（2）：value 用于存放邮件内容的地址，在调用接收函数前需要用户自己定义一个用于保存数据的变量，并且将该变量的地址作为参数传递进来。

代码清单 20-13（3）：timeout 超时时间。

代码清单 20-13（4）：检查邮箱句柄 mb 是否有效，如果它是未定义或者未创建的邮箱句柄，那么是无法进行接收邮件操作的。

代码清单 20-13（5）：先获取当前线程，在后面需要用到当前线程的信息。

代码清单 20-13（6）：如果邮箱是空的，并且是无阻塞调用（timeout=0）接收函数，那么接收邮件失败。

代码清单 20-13（7）：如果邮箱是空的，则进入死循环中。

代码清单 20-13（8）：（8）～（12）的内容都是邮箱是空的并且 timeout 不为 0 的情况。因为用户设置了阻塞时间，所以可先将当前线程挂起。

代码清单 20-13（9）：获取阻塞开始时的系统时间。

代码清单 20-13（10）：重置线程定时器的超时时间，调用 rt_timer_control() 函数改变当前线程阻塞时间 thread_timer。

代码清单 20-13（11）：启动定时器，开始计时。

代码清单 20-13（12）：因为现在线程等待到了，要进行线程切换，所以进行一次线程调度。

代码清单 20-13（13）：将接收到的邮件内容放到接收地址中，在接收线程中用户可以自己定义接收的类型，可以是 4 字节内的任意内容，也可以是指针。

代码清单 20-13（14）：更新接收邮件指针的偏移地址，因为邮箱是一个内存池，其存放邮件的地址在 32 位机器中指针下标自加 1 偏移刚好是 4 个字节，如果有邮件，则指向下一个邮件的地址（如果没有邮件，那么就是空闲地址）。

代码清单 20-13（15）：判断接收邮件指针的偏移地址是否达到邮箱最大容量，如果是，则重置为 0。

代码清单 20-13（16）：记录当前邮件数量，每接收一封邮件就要减少一封邮件。

代码清单 20-13（17）：如果有线程因为发送邮件不成功而被阻塞，那么需要恢复该线程，调用 rt_ipc_list_resume() 函数将该线程恢复。

代码清单 20-13（18）：进行一次线程调度。

代码清单 20-13（19）：返回接收邮件结果。

接收邮件时，接收者需指定接收邮件的邮箱句柄，并指定接收到的邮件存放位置以及设置指定超时时间，成功收到邮件则返回 RT_EOK；当指定的时间内依然未收到邮件时，将返回 -RT_ETIMEOUT。接收是允许带阻塞的，所以仅在线程中接收邮件，邮件接收函数 rt_mb_recv() 实例具体参见代码清单 20-14 中加粗部分。

代码清单20-14　邮箱邮件接收函数rt_mb_recv()实例

```
 1 /* 定义邮箱控制块 */
 2 static rt_mailbox_t test_mail = RT_NULL;
 3
 4 static void receive_thread_entry(void *parameter)
 5 {
 6     rt_err_t uwRet = RT_EOK;
 7     char *r_str;
 8     /* 线程是一个无限循环，不能返回 */
 9     while (1) {
10         /* 等待接邮箱消息 */
11         uwRet = rt_mb_recv(test_mail,                  /* 邮箱对象句柄 */
12                            (rt_uint32_t*)&r_str,    /* 接收邮箱消息 */
13                            RT_WAITING_FOREVER);     /* 指定超时事件，一直等 */
14
15         if (RT_EOK == uwRet) { /* 如果接收完成并且正确 */
16             rt_kprintf ( "邮箱的内容是%s\n\n",r_str);
17             LED1_TOGGLE;        //LED1 反转
18         } else
19             rt_kprintf ( "邮箱接收错误！错误码是0x%x\n",uwRet);
20     }
21 }
22
```

20.7 邮箱实验

邮箱实验是在 RT-Thread 中创建了两个线程，一个是发送邮件线程，一个是接收邮件线程，两个线程独立运行。发送邮件线程是通过检测按键的按下情况来发送邮件。假如发送邮件错误，就把发送邮件错误的情况在串口打印出来；接收邮件线程在没有接收邮件之前一直等待邮件，一旦接收邮件，就通过串口调试助手把邮件中的数据信息打印出来，具体参见代码清单 20-15 中加粗部分。

注意： 在使用邮箱时请确保在 rtconfig.h 中打开 RT_USING_MAILBOX 这个宏定义。

代码清单20-15　邮箱的实验

```
1 /**
2   *************************************************************************
3   * @file    main.c
4   * @author  fire
5   * @version V1.0
6   * @date    2018-xx-xx
7   * @brief   RT-Thread 3.0 + STM32 邮箱
8   *************************************************************************
9   * @attention
10  *
11  * 实验平台：基于野火 STM32 全系列（M3/4/7）开发板
12  * 论坛 :http://www.firebbs.cn
13  * 淘宝 :https://fire-stm32.taobao.com
14  *
15  *************************************************************************
16  */
17
18 /*
19 ***************************************************************************
20 *                              包含的头文件
21 ***************************************************************************
22 */
23 #include "board.h"
24 #include "rtthread.h"
25
26
27 /*
28 ********************************************************************
29 *                               变量
30 ********************************************************************
31 */
32 /* 定义线程控制块 */
33 static rt_thread_t receive_thread = RT_NULL;
34 static rt_thread_t send_thread = RT_NULL;
35 /* 定义邮箱控制块 */
36 static rt_mailbox_t test_mail = RT_NULL;
37
38 /************************* 全局变量声明 ****************************/
39 /*
40  * 当我们在写应用程序的时候，可能需要用到一些全局变量
41  */
42 char test_str1[] = "this is a mail test 1";/* 邮箱消息 test1 */
43 char test_str2[] = "this is a mail test 2";/* 邮箱消息 test2 */
44 /*
45 ***************************************************************************
46 *                              函数声明
```

```
47 ***************************************************************************
48 */
49 static void receive_thread_entry(void *parameter);
50 static void send_thread_entry(void *parameter);
51
52 /*
53 ***************************************************************************
54 *                              main() 函数
55 ***************************************************************************
56 */
57 /**
58   * @brief  主函数
59   * @param  无
60   * @retval 无
61   */
62 int main(void)
63 {
64     /*
65      * 开发板硬件初始化，RTT 系统初始化已经在 main() 函数之前完成，
66      * 即在 component.c 文件中的 rtthread_startup() 函数中完成了。
67      * 所以在 main() 函数中，只需要创建线程和启动线程即可
68      */
69     rt_kprintf("这是一个[野火]-STM32 全系列开发板 -RTT 邮箱消息实验！ \n");
70     rt_kprintf("按下 KEY1 | KEY2 进行邮箱实验测试！\n");
71     /* 创建一个邮箱 */
72     test_mail = rt_mb_create("test_mail", /* 邮箱名字 */
73                              10,          /* 邮箱大小 */
74                              RT_IPC_FLAG_FIFO);/* 信号量模式 FIFO(0x00)*/
75     if (test_mail != RT_NULL)
76         rt_kprintf("邮箱创建成功！ \n\n");
77
78     receive_thread =                                      /* 线程控制块指针 */
79         rt_thread_create( "receive",                      /* 线程名字 */
80                           receive_thread_entry,           /* 线程入口函数 */
81                           RT_NULL,                        /* 线程入口函数参数 */
82                           512,                            /* 线程栈大小 */
83                           3,                              /* 线程的优先级 */
84                           20);                            /* 线程时间片 */
85
86     /* 启动线程，开启调度 */
87     if (receive_thread != RT_NULL)
88         rt_thread_startup(receive_thread);
89     else
90         return -1;
91
92     send_thread =                                         /* 线程控制块指针 */
93         rt_thread_create( "send",                         /* 线程名字 */
94                           send_thread_entry,              /* 线程入口函数 */
95                           RT_NULL,                        /* 线程入口函数参数 */
96                           512,                            /* 线程栈大小 */
97                           2,                              /* 线程的优先级 */
```

```
98                          20);                    /* 线程时间片 */
99
100     /* 启动线程，开启调度 */
101     if (send_thread != RT_NULL)
102         rt_thread_startup(send_thread);
103     else
104         return -1;
105 }
106
107 /*
108 ******************************************************************
109 *                           线程定义
110 ******************************************************************
111 */
112
113 static void receive_thread_entry(void *parameter)
114 {
115     rt_err_t uwRet = RT_EOK;
116     char *r_str;
117     /* 线程是一个无限循环，不能返回 */
118     while (1) {
119         /* 等待接邮箱消息 */
120         uwRet = rt_mb_recv(test_mail, /* 邮箱对象句柄 */
121                            (rt_uint32_t*)&r_str, /* 接收邮箱消息 */
122                            RT_WAITING_FOREVER);/* 指定超时事件，一直等 */
123
124         if (RT_EOK == uwRet) { /* 如果接收完成并且正确 */
125             rt_kprintf ( "邮箱的内容是%s\n\n",r_str);
126             LED1_TOGGLE;        //LED1反转
127         } else
128             rt_kprintf ( "邮箱接收错误！错误码是0x%x\n",uwRet);
129     }
130 }
131
132 static void send_thread_entry(void *parameter)
133 {
134     rt_err_t uwRet = RT_EOK;
135    /* 线程是一个无限循环，不能返回 */
136     while (1) {
137         //如果KEY1被按下
138         if ( Key_Scan(KEY1_GPIO_PORT,KEY1_GPIO_PIN) == KEY_ON ) {
139             rt_kprintf ( "KEY1被按下\n" );
140             /* 发送一个邮箱消息1 */
141             uwRet = rt_mb_send(test_mail,(rt_uint32_t)&test_str1);
142             if (RT_EOK == uwRet)
143                 rt_kprintf ( "邮箱消息发送成功\n" );
144             else
145                 rt_kprintf ( "邮箱消息发送失败\n" );
146         }
147         //如果KEY2被按下
148         if ( Key_Scan(KEY2_GPIO_PORT,KEY2_GPIO_PIN) == KEY_ON ) {
```

```
149                 rt_kprintf ( "KEY2 被按下\n" );
150                 /* 发送一个邮箱 2 */
151                 uwRet = rt_mb_send(test_mail,(rt_uint32_t)&test_str2);
152                 if (RT_EOK == uwRet)
153                     rt_kprintf ( "邮箱消息发送成功\n" );
154                 else
155                     rt_kprintf ( "邮箱消息发送失败\n" );
156             }
157             rt_thread_delay(20);        //每 20ms 扫描一次
158     }
159 }
160
161
162
163
164 /*****************************END OF FILE*****************************/
165
```

20.8 实验现象

程序编译好，用USB线连接计算机和开发板的USB接口（对应丝印为USB转串口），用DAP仿真器把配套程序下载到野火STM32开发板（具体型号根据购买的板子而定，每个型号的板子都有对应的程序），在计算机上打开串口调试助手，然后复位开发板就可以在调试助手中看到rt_kprintf()的打印信息，按下开发板的KEY1按键发送邮件1，按下KEY2按键发送邮件2；按下KEY1与KEY2按键试一试，在串口调试助手中可以看到运行结果，具体如图20-2所示。

图 20-2 邮箱实验现象

第 21 章 内存管理

21.1 内存管理的基本概念

在计算机系统中，变量、中间数据一般存放在系统存储空间中，只有在实际使用时才将它们从存储空间调入中央处理器内部进行运算。通常存储空间可以分为两种：内部存储空间和外部存储空间。内部存储空间访问速度比较快，能够按照变量地址随机地访问，也就是我们通常所说的 RAM（随机存储器），或计算机的内存；而外部存储空间内所保存的内容相对来说比较固定，即使掉电后数据也不会丢失，可以把它理解为计算机的硬盘。在这一章中我们主要讨论内部存储空间（RAM）的管理——内存管理。

RT-Thread 操作系统将内核与内存管理分开实现，操作系统内核仅规定了必要的内存管理函数原型，而不关心这些内存管理函数是如何实现的，所以在 RT-Thread 中提供了多种内存分配算法（分配策略），但是上层接口（API）却是统一的。这样做可以增加系统的灵活性：用户可以选择对自己更有利的内存管理策略，在不同的应用场合使用不同的内存分配策略。

在嵌入式程序设计中，内存分配应该是根据所设计系统的特点来决定是使用动态内存分配还是静态内存分配算法，对于一些对可靠性要求非常高的系统应选择使用静态内存分配算法，而普通的业务系统可以使用动态内存分配算法来提高内存使用效率。静态内存分配算法可以保证设备的可靠性，但是需要考虑内存上限，内存使用效率低，而动态内存分配算法则是相反。

RT-Thread 的内存管理模块管理系统的内存资源，它是操作系统的核心模块之一，主要包括内存的初始化、分配以及释放。

很多人会有疑问，什么不直接使用 C 标准库中的内存管理函数呢？在计算机中我们可以用 malloc() 和 free() 这两个函数动态地分配内存和释放内存。但是，在嵌入式实时操作系统中，调用 malloc() 和 free() 却是危险的，原因有以下几点：

- 这些函数在小型嵌入式系统中并不总是可用的，小型嵌入式设备中的 RAM 不足。
- 它们的实现可能需要占据相当大的一块代码空间。
- 它们几乎都不是线程安全的。
- 它们并不是确定的，每次调用这些函数，其执行的时间可能都不一样。

- 它们有可能产生碎片。
- 这两个函数会使链接器配置得更复杂。
- 如果允许堆空间的生长方向覆盖其他变量占据的内存，它们会成为 debug 的灾难。

在一般的实时嵌入式系统中，由于实时性的要求，很少使用虚拟内存机制。所有的内存都需要用户参与分配，直接操作物理内存，所分配的内存大小不能超过系统的物理内存，对所有系统堆栈的管理都由用户自己进行。

同时，在嵌入式实时操作系统中，对内存的分配时间要求得更为苛刻，分配内存的时间必须是确定的。一般内存管理算法是根据需要存储的数据的长度在内存中去寻找一个与这段数据相适应的空闲内存块，然后将数据存储在里面。而寻找这样一个空闲内存块所耗费的时间是不确定的，因此对于实时系统来说，这就是不可接受的，实时系统必须保证内存块的分配过程在可预测的确定时间内完成，否则实时线程对外部事件的响应也将变得不可确定。

而在嵌入式系统中，内存是十分有限而且十分珍贵的，用掉一块内存就少了一块内存。而在分配过程中，随着内存不断被分配和释放，整个系统内存区域会产生越来越多的碎片，因为在使用过程中申请了一些内存，其中一些释放了，导致内存空间中存在一些小的内存块，它们的地址不连续，不能够作为一整块的大内存分配出去，所以一定会出现在某个时间，系统已经无法分配到合适的内存了，进而导致系统瘫痪的情况。其实系统中实际是还有内存的，但是因为小块的内存的地址不连续，导致无法分配成功，所以我们需要一个优良的内存分配算法来避免这种情况的出现。

不同的嵌入式系统具有不同的内存配置和时间要求，所以单一的内存分配算法只可能适合部分应用程序。因此，RT-Thread 将内存分配作为可移植层面（相对于基本的内核代码部分而言），RT-Thread 有针对性地提供了不同的内存分配管理算法，这使得应用于不同场景的设备可以选择适合自身的内存算法。

RT-Thread 的内存管理模块的算法总体上可分为两类：静态内存管理与动态内存管理，而动态内存管理又根据可用内存的多少划分为两种情况：一种是针对小内存块的分配管理（小内存管理算法），另一种是针对大内存块的分配管理（SLAB 管理算法），需要使用时开启其对应的宏定义即可。

RT-Thread 的内存管理模块通过对内存的申请、释放操作，来管理用户和系统对内存的使用，使内存的利用率和使用效率达到最优，同时最大限度地解决系统的内存碎片问题。

RT-Thread 的内存管理分为静态内存管理和动态内存管理，提供内存初始化、分配、释放等功能，但是各有优缺点。

- 动态内存：在动态内存池中分配用户指定大小的内存块。
  - 优点：按需分配，在设备中可灵活使用。
  - 缺点：内存池中可能出现碎片。
- 静态内存：在静态内存池中分配用户初始化时预设（固定）大小的内存块。
  - 优点：分配和释放效率高，静态内存池中无碎片。
  - 缺点：只能申请到初始化时预设大小的内存块，不能按需申请。

21.2 内存管理的运作机制

首先，在使用内存分配前，必须明白自己在做什么，这样做与其他的方法有什么不同，特别是会产生哪些负面影响，对于自己的产品，应当选择哪种分配策略。

动态分配内存与静态分配内存的区别在于，静态内存一旦创建就指定了内存块的大小，分配只能以内存块大小粒度进行分配；动态内存分配则根据运行时环境确定需要的内存块大小，按照需要分配内存。

静态分配内存适合可以确定需要占用多少内存的情况，静态分配内存的效率比动态分配内存的效率要高，但静态内存的利用率却比动态内存低，因为只能按照已经定义的内存块粒度大小进行分配，而动态内存则可以按需分配。

21.2.1 静态内存管理

内存池（Memory Pool）是一种用于分配大量大小相同的小内存对象的技术。它可以极大地加快内存分配 / 释放的速度。

内存池在创建时先向系统申请一大块内存，然后分成大小相等的多个小内存块，小内存块直接通过链表连接起来（此链表也称为空闲内存链表）。每次分配时，从空闲内存链表中取出表头上第一个内存块，提供给申请者。物理内存中允许存在多个大小不同的内存池，每一个内存池又由多个大小相同的空闲内存块组成。当一个内存池对象被创建时，该内存池对象就被分配给了一个内存池控制块，内存池控制块的参数包括内存池名、内存缓冲区、内存块大小、块数以及一个等待线程列表。

内核负责给内存池分配内存池对象控制块，它同时也接收用户线程的分配内存块申请，当获得申请信息后，内核就可以从内存池中为线程分配内存块。内存池一旦初始化完成，内部的内存块大小将不能再做调整，具体如图 21-1 所示。

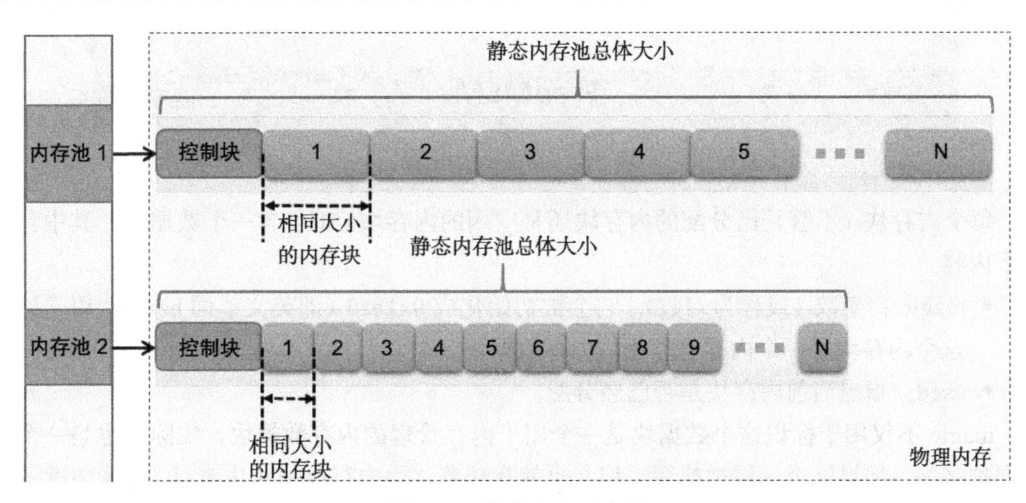

图 21-1 静态内存示意图

21.2.2 动态内存管理

动态内存管理是一个真实的堆（Heap）内存管理模块。动态内存管理，即在内存资源充足的情况下，从系统配置的一块比较大的连续内存，根据用户需求，在这块内存中分配任意大小的内存块。当用户不需要该内存块时，又可以释放回系统供下一次使用。与静态内存相比，动态内存管理的好处是按需分配，缺点是内存池中容易出现碎片（在申请与释放时由于内存不对齐会导致内存碎片）。RT-Thread 系统为了满足不同的需求，提供了两套不同的动态内存管理算法，分别是小堆内存管理算法和 SLAB 内存管理算法。

小堆内存管理模块主要针对系统资源比较少的系统，一般用于小于 2MB 内存空间的系统；而 SLAB 内存管理模块则主要是在系统资源比较丰富时，提供了一种近似多内存池管理算法的快速算法。两种内存管理模块在系统运行时只能选择其中之一或者完全不使用动态堆内存管理器，这两种内存管理模块提供的 API 接口完全相同。

注意：因为动态内存管理器要满足多线程情况下的安全分配，会考虑多线程间的互斥问题，所以请不要在中断服务例程中分配或释放动态内存块。因为它可能会引起当前上下文被挂起等待。

1. 小内存管理模块

小内存管理算法是一个简单的内存分配算法。初始时，它是一块大的内存，其大小为 MEM_SIZE，当需要分配内存块时，将从这个大的内存块上分割出相匹配的内存块，然后把分割出来的空闲内存块还给堆管理系统。每个内存块都包含一个管理用的数据头，通过这个头把使用块与空闲块用双向链表的方式链接起来（内存块链表），具体如图 21-2 和图 21-3 所示。

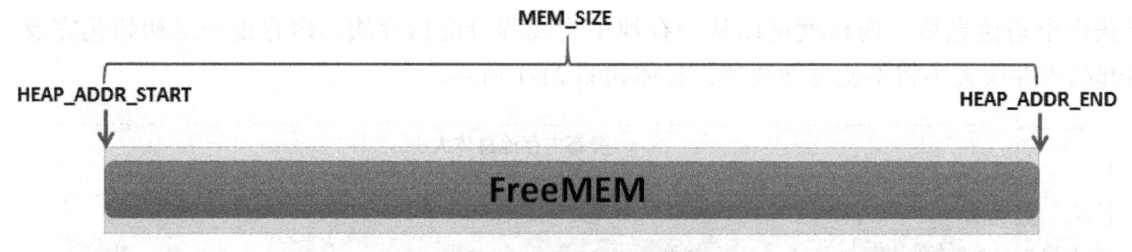

图 21-2 初始时的内存

每个内存块（不管是已分配的内存块还是空闲的内存块）都包含一个数据头，其中包括以下内容。

- magic：变数（或称为幻数），它会被初始化成 0x1ea0（即英文单词 heap），用于标记这个内存块是一个内存管理用的内存数据块。
- used：指出当前内存块是否已经分配。

magic 不仅用于标识这个数据块是一个用于内存管理的内存数据块，实际上也是一个内存保护字——如果这个区域被改写，那么也就意味着这块内存块被非法改写（正常情况下只有内存管理器才会对这块内存进行操作）。

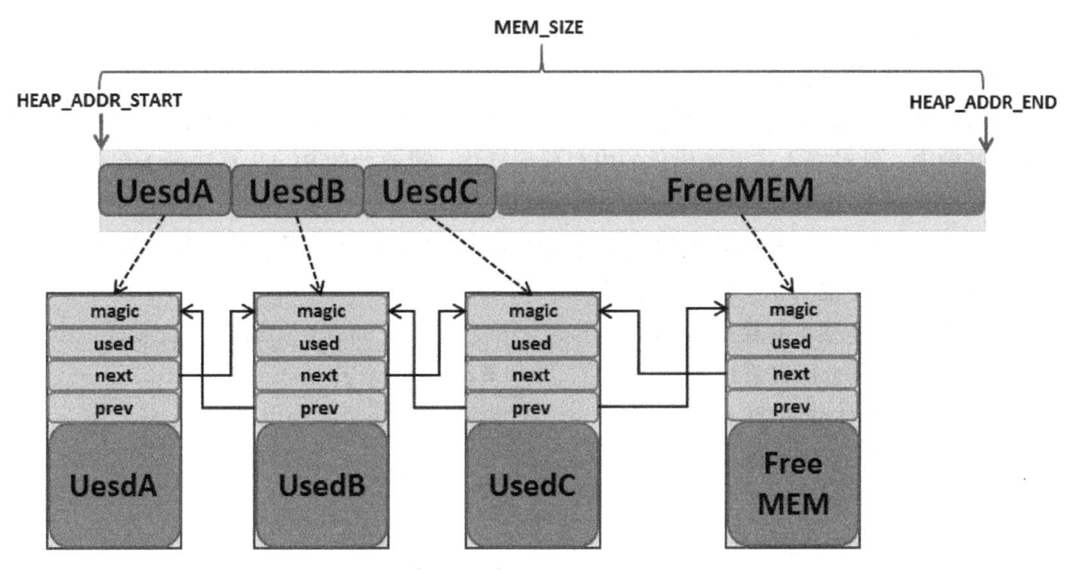

图 21-3　内存块链表

内存管理主要体现在内存的分配与释放上，小型内存管理算法可以用以下例子体现出来。

如图 21-4 所示的内存分配情况，空闲链表指针 lfree 初始指向 32 字节的内存块。当用户线程要再分配一个 64 字节的内存块时，但此 lfree 指针指向的内存块只有 32 字节，并不能满足要求，内存管理器会继续寻找下一个内存块，当找到再下一个内存块，即 128 字节时，它满足分配的要求。因为这个内存块比较大，分配器将把此内存块进行拆分，剩余的内存块（52 字节）继续留在 lfree 链表中，具体如图 21-5 所示。

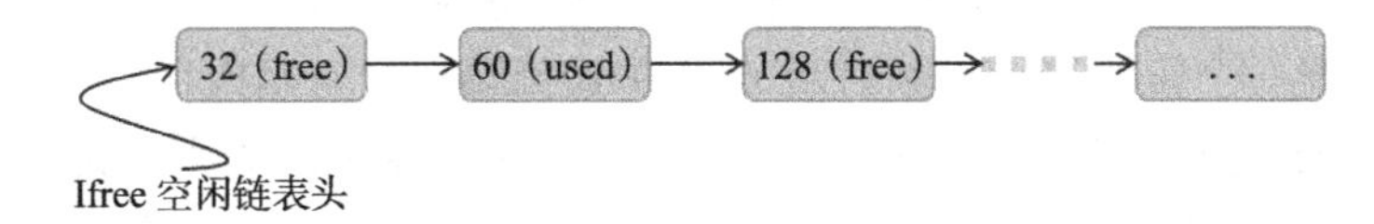

图 21-4　小内存管理算法链表结构示意图

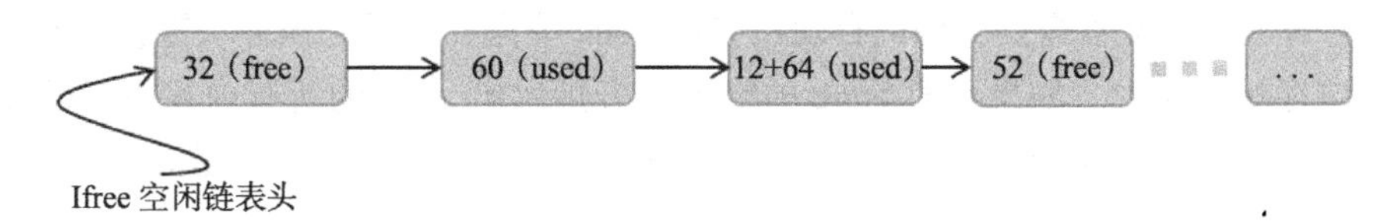

图 21-5　分配 64 字节后的链表结构

另外，在每次分配内存块前，都会留出 12 字节数据头用于 magic、used 信息及链表节点使用。返回给应用的地址实际上是这块内存块 12 字节以后的地址，而数据头部分是用户永远不应该改变的部分（注意：12 字节数据头长度会因系统对齐差异而有所不同）。

释放时则是相反的过程，分配器会查看前后相邻的内存块是否空闲，如果空闲，则合并成一个大的空闲内存块。

2.SLAB 内存管理模块

RT-Thread 的 SLAB 分配器是在 DragonFly BSD 创始人 Matthew Dillon 实现的 SLAB 分配器基础上，针对嵌入式系统优化的内存分配算法。最原始的 SLAB 算法是 Jeff Bonwick 为 Solaris 操作系统而引入的一种高效内核内存分配算法。

RT-Thread 的 SLAB 分配器实现主要是去掉了其中的对象构造及析构过程，只保留了纯粹的缓冲型的内存池算法。SLAB 分配器会根据对象的类型（主要是大小）分成多个区（zone），也可以看成每类对象有一个内存池，具体如图 21-6 所示。

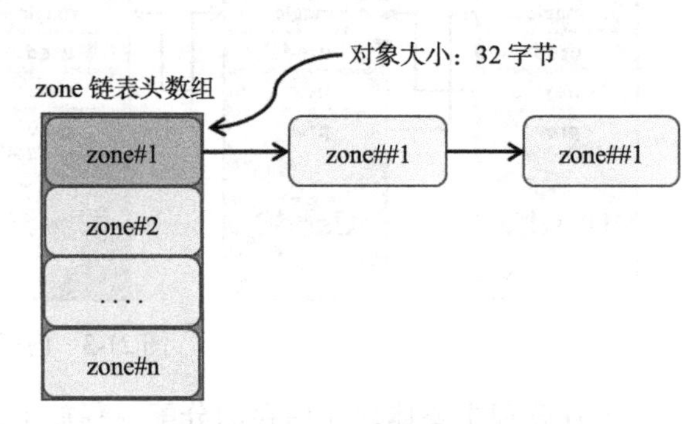

图 21-6 SLAB 内存分配器结构

一个 zone 的大小在 32KB ～ 128KB 之间，分配器会在堆初始化时根据堆的大小自动调整。系统中最多包括 72 种对象的 zone，最大能够分配 16KB 的内存空间，如果超出了 16KB 那么直接从页分配器中分配。每个 zone 上分配的内存块大小是固定的，能够分配相同大小内存块的 zone 会链接在一个链表中，而 72 种对象的 zone 链表则放在一个数组（zone array）中统一管理。

下面是动态内存分配器主要的两种操作。

- 内存分配：假设分配一个 32 字节的内存，SLAB 内存分配器会先按照 32 字节的值，从 zone array 链表表头数组中找到相应的 zone 链表。如果这个链表是空的，则向页分配器分配一个新的 zone，然后从 zone 中返回第一个空闲内存块。如果链表非空，则这个 zone 链表中的第一个 zone 节点必然有空闲块存在（否则它就不应该放在这个链表中），那么就取相应的空闲块。如果分配完成后，zone 中所有空闲内存块都使用完毕，那么分配器需要把这个 zone 节点从链表中删除。
- 内存释放：分配器需要找到内存块所在的 zone 节点，然后把内存块链接到 zone 的空闲内存块链表中。如果此时 zone 的空闲链表指示出 zone 的所有内存块都已经释放，即 zone 是完全空闲的，那么当 zone 链表中全空闲 zone 达到一定数目后，系统就会把这个全空闲的 zone 释放到页面分配器中去。

21.3 内存管理的应用场景

RT-Thread 操作系统将内核与内存管理分开实现，操作系统内核仅规定了必要的内存管理函数原型，而不关心这些内存管理函数是如何实现的。这样做大有好处，可以增加系统的灵活性：不同的应用场合可以使用不同的内存分配实现，用户也能自己通过 API 接口进行对内存的管理，选择对自己更有利的内存管理策略。

内存管理的主要工作是动态划分并管理用户分配好的内存区间，主要是在用户需要使用大小不等的内存块的场景中使用，当用户需要分配内存时，可以通过操作系统的动态内存申请函数索取指定大小内存块，一旦使用完毕，通过动态内存释放函数归还所占用内存，使之可以重复使用。

静态内存管理是当用户需要使用固定长度的内存时，可以使用静态内存分配的方式获取内存，一旦使用完毕，通过静态内存释放函数归还所占用内存，使之可以重复使用。

例如，我们需要定义一个 float 型数组 “ floatArr[];”，但是，在使用数组时，总有一个问题困扰着我们：数组应该有多大？在很多情况下并不能确定要使用多大的数组，此时就可能为了避免发生错误而把数组定义得足够大。即使你知道想利用的空间大小，但是如果因为某种特殊原因，所需空间的大小有增加或者减少，就必须重新修改程序，扩大数组的存储范围。这种分配固定大小的内存分配方法称为静态内存分配。这种内存分配的方法存在比较严重的缺陷，在大多数情况下会浪费大量的内存空间，在少数情况下，当定义的数组不够大时，可能引起下标越界错误，甚至导致严重后果。

我们用动态内存分配就可以解决上面的问题。动态内存分配可以在程序执行的过程中动态地分配或者回收存储空间的分配内存，不像数组等静态内存分配方法那样需要预先分配存储空间，而是由系统根据程序的需要即时分配，且分配的大小就是程序要求的大小。

21.4　静态内存管理函数

对于一些安全型的嵌入式系统，通常不允许使用动态内存分配方法，那么可以采用非常简单的内存管理策略——一经申请的内存，甚至不允许被释放，在满足设计要求的前提下，系统越简单，越容易做得更安全。RT-Thread 也提供了静态内存管理的函数，下面一起来看看静态内存管理函数如何使用。

适用静态内存的典型场景开发流程：

1）规划一片内存区域作为静态内存池。

2）调用 rt_mp_create() 函数，进行静态内存使用前的创建。

3）调用 rt_mp_alloc() 函数，系统内部将会从空闲链表中获取第一个空闲块，并返回该块的用户空间地址。

4）调用 rt_mp_free() 函数。将该块内存加入空闲块链表，进行内存的释放。

21.4.1　静态内存控制块

RT-Thread 对内存的控制很严格，哪个线程、哪个模块用了哪些内存都要明确，我们知道控制块常用于保存使用信息，所以对静态内存的管理也一样离不开控制块。每一个静态内存池中都有一个内存控制块保存信息，下面一起来看一看内存池控制块，具体参见代码清单 21-1。

代码清单21-1 静态内存控制块

```
 1 struct rt_mempool {
 2 struct rt_object parent;                /* 继承自 rt_object */          (1)
 3
 4     void       *start_address;           /* 内存池起始地址 */            (2)
 5     rt_size_t  size;                     /* 内存池大小 */                (3)
 6
 7     rt_size_t  block_size;               /* 内存块大小 */                (4)
 8     rt_uint8_t *block_list;              /* 内存块链表 */                (5)
 9
10     rt_size_t  block_total_count;        /* 内存块总数量 */              (6)
11     rt_size_t  block_free_count;         /* 空闲内存块数量 */            (7)
12
13     rt_list_t  suspend_thread;                                           (8)
14     rt_size_t  suspend_thread_count;                                     (9)
15 };
16 typedef struct rt_mempool *rt_mp_t;
```

代码清单 21-1（1）：静态内存会在自身结构体里面包含一个对象类型的成员，通过这个成员可以将内存挂到系统对象容器里面。

代码清单 21-1（2）：内存池开始地址。

代码清单 21-1（3）：内存池大小。

代码清单 21-1（4）：内存块大小，也就是我们实际申请内存块的大小，单位为字节。

代码清单 21-1（5）：内存块链表，所有可用的内存块都挂载在此链表上。

代码清单 21-1（6）：内存池数据区域中能够容纳的最大内存块数。

代码清单 21-1（7）：内存池中空闲的内存块数。

代码清单 21-1（8）：挂起在内存池的线程列表。

代码清单 21-1（9）：挂起在内存池的线程数量。

21.4.2 静态内存创建函数 rt_mp_create()

在使用静态内存时首先要创建一个内存池，从堆划分一块连续的区域作为静态内存池。创建内存池后，线程才可以从内存池中申请、释放内存，RT-Thread 提供静态内存池创建函数 rt_mp_create()，该函数返回一个已创建的内存池对象，内存池创建函数 rt_mp_create () 的源码具体参见代码清单 21-2。

代码清单21-2 静态内存创建函数rt_mp_create()的源码

```
1 /**
2  * 此函数将创建一个 mempool 对象并从堆中分配内存池。
3  *
4  *
```

```
 5   * @param name 内存池名称
 6   * @param block_count 内存块数量
 7   * @param block_size 内存块大小
 8   *
 9   * @return 已创建的内存池对象
10   */
11 rt_mp_t rt_mp_create(const char *name,                               (1)
12                      rt_size_t   block_count,                         (2)
13                      rt_size_t   block_size)                          (3)
14 {
15     rt_uint8_t *block_ptr;
16     struct rt_mempool *mp;
17     register rt_base_t offset;
18
19     RT_DEBUG_NOT_IN_INTERRUPT;
20
21     /* 分配对象 */
22     mp = (struct rt_mempool *)rt_object_allocate(RT_Object_Class_MemPool, name);
23     /* 分配对象失败 */
24     if (mp == RT_NULL)                                                 (4)
25     return RT_NULL;
26
27     /* 初始化内存池信息 */
28     block_size  = RT_ALIGN(block_size, RT_ALIGN_SIZE);                 (5)
29     mp->block_size = block_size;                                       (6)
30     mp->size  = (block_size + sizeof(rt_uint8_t *)) * block_count; (7)
31
32     /* 分配内存 */
33     mp->start_address = rt_malloc((block_size + sizeof(rt_uint8_t *)) *
34                                   block_count);                        (8)
35     if (mp->start_address == RT_NULL) {
36         /* 没有足够内存，删除内存池对象句柄 */
37         rt_object_delete(&(mp->parent));                               (9)
38
39         return RT_NULL;
40     }
41
42     mp->block_total_count = block_count;                               (10)
43     mp->block_free_count  = mp->block_total_count;                     (11)
44
45     /* 初始化阻塞链表 */
46     rt_list_init(&(mp->suspend_thread));                               (12)
47     mp->suspend_thread_count = 0;
48
49     /* 初始化空闲内存块链表 */
50     block_ptr = (rt_uint8_t *)mp->start_address;                       (13)
51     for (offset = 0; offset < mp->block_total_count; offset ++) { (14)
52         *(rt_uint8_t **)(block_ptr + offset * (block_size + sizeof(rt_uint8_t *)))
53             = block_ptr + (offset + 1) * (block_size + sizeof(rt_uint8_t *));
54     }                                                                  (15)
55
```

```
56      *(rt_uint8_t **)(block_ptr + (offset- 1) * (block_size + sizeof(rt_
uint8_t *)))
57          = RT_NULL;                                                      (16)
58
59      mp->block_list = block_ptr;                                         (17)
60
61      return mp;                                                          (18)
62 }
63 RTM_EXPORT(rt_mp_create);
```

代码清单 21-2（1）：name 内存池名称。

代码清单 21-2（2）：block_count 初始化内存池中可分配内存块最大数量。

代码清单 21-2（3）：block_size 初始化内存块的大小，单位为字节。

代码清单 21-2（4）：分配内存池对象，调用 rt_object_allocate() 函数将从对象系统分配内存池对象，并且设置内存池对象名称。在系统中，对象的名称必须是唯一的。

代码清单 21-2（5）：初始化内存池信息，初始化内存块大小，使其对齐方式与系统内存对齐方式一致，配置 block_size 以 4 字节对齐，如果不满足对齐倍数，则将返回其最小的对齐倍数，如果想要对齐 13 字节大小的内存块，即 RT_ALIGN(13,4) ，则将返回 16（字节）。

代码清单 21-2（6）：内存块大小按传递进来的 block_size 进行初始化配置。

代码清单 21-2（7）：计算得出内存池需要的内存大小，其大小为 (block_size + sizeof(rt_uint8_t *)) * block_count，也就是 [内存块大小 +4 个字节大小（指向内存池控制块）] × 内存块的数量。

代码清单 21-2（8）：分配内存池，调用 rt_malloc () 函数将从系统管理的堆中划分一块连续的内存作为静态内存池，分配的内存大小为内存池大小。很多读者可能会问，还没创建，怎么分配内存？此处分配内存是调用 rt_malloc() 函数进行的动态内存分配，因为 RT-Thread 必须采用动态内存分配的方式，所以此处只是划分一块堆内存区域给我们当作静态内存池使用，初始化内存池之后，这块区域的内存就是静态的，只能使用静态内存管理接口访问。

代码清单 21-2(9)：系统已经没有足够的内存了，分配失败，需要删除内存池对象句柄，所以在静态内存池创建时一定要考虑系统的内存大小。

代码清单 21-2（10）：分配成功，静态内存控制块的 block_total_count（内存块总数量）就是创建时由用户定义的 block _count。

代码清单 21-2（11）：初始化空闲内存块数量。

代码清单 21-2（12）：初始化线程的阻塞列表和在此列表上线程的数量。

代码清单 21-2（13）：初始化第一个内存块的起始地址。

代码清单 21-2（14）：在 for 循环中初始化空闲内存块列表，循环执行次数为空闲内存块的数量值。

代码清单 21-2（15）：将所有的内存块都连接起来，在分配时更容易管理，其初始化结果如图 21-7 所示。

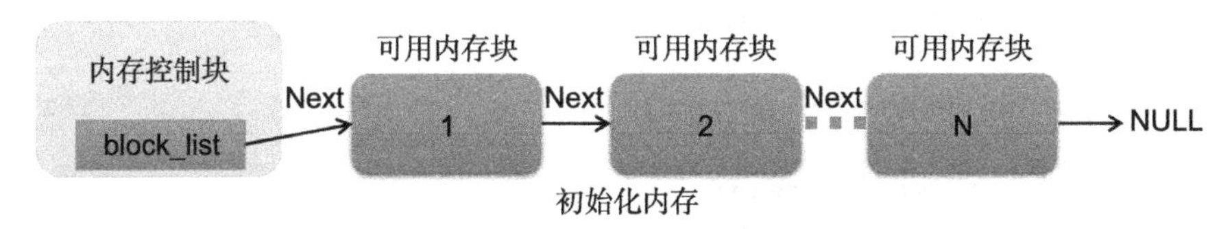

图 21-7　静态内存池初始化完成示意图

代码清单 21-2（16）：最后一块内存块的下一个内存若是没有了，就是 NULL。

代码清单 21-2（17）：内存块列表指向第一块可用内存块。

代码清单 21-2（18）：创建成功，返回内存池对象句柄。

使用该函数接口可以创建一个静态内存池，前提是在系统资源允许的情况下（最主要的是动态堆内存资源）才能创建成功。创建内存池时，需要给内存池指定一个名称，从系统中申请一个内存池对象，然后从堆内存中划分一块连续的内存区域作为静态内存池，并将内存区域组织成用于静态分配的空闲块列表。创建内存池成功将返回内存池的句柄，否则返回 RT_NULL。静态内存创建函数 rt_mp_create() 使用实例具体参见代码清单 21-3 中加粗部分。

代码清单21-3　静态内存创建函数rt_mp_create()实例

```
 1 /* 定义内存池控制块 */
 2 static rt_mp_t test_mp = RT_NULL;
 3 /* 定义申请内存的指针 */
 4 static rt_uint32_t *p_test = RT_NULL;
 5 /* 相关宏定义 */
 6 #define  BLOCK_COUNT   20              //内存块数量
 7 #define  BLOCK_SIZE   3                //内存块大小
 8 /* 创建一个静态内存池 */
 9 test_mp = rt_mp_create("test_mp",
10                        BLOCK_COUNT,
11                        BLOCK_SIZE);
12 if (test_mp != RT_NULL)
13     rt_kprintf("静态内存池创建成功! \n\n");
```

21.4.3　静态内存删除函数 rt_mp_delete()

删除内存池时，会首先唤醒等待在该内存池对象上的所有线程（返回 -RT_ERROR），然后释放已从内存堆上分配的内存池数据存放区域，最后删除内存池对象。删除内存池后将无法向内存池申请内存块。静态内存删除函数 rt_mp_delete() 的源码具体参见代码清单 21-4。

代码清单21-4　静态内存删除函数rt_mp_delete()的源码

```
1 /**
2   * 这个函数会删除内存池对象并且释放内存池对象的内存
```

```
3   *
4   * @param mp 内存池对象句柄
5   *
6   * @return 删除成功则返回 RT_EOK
7   */
8 rt_err_t rt_mp_delete(rt_mp_t mp)                                    (1)
9 {
10     struct rt_thread *thread;
11     register rt_ubase_t temp;
12
13     RT_DEBUG_NOT_IN_INTERRUPT;
14
15     /* 检查内存池对象 */
16     RT_ASSERT(mp != RT_NULL);                                        (2)
17
18     /* 唤醒所有在阻塞中的线程 */
19     while (!rt_list_isempty(&(mp->suspend_thread))) {               (3)
20         /* 关中断 */
21         temp = rt_hw_interrupt_disable();
22
23         /* 获取阻塞线程 */                                            (4)
24          thread = rt_list_entry(mp->suspend_thread.next, struct rt_thread,
tlist);
25         /* 返回线程错误 */
26         thread->error =-RT_ERROR;
27
28         /*
29         * 恢复线程
30         * 在 rt_thread_resume() 函数中，它将从挂起列表中删除当前线程
31         *
32         */
33         rt_thread_resume(thread);                                    (5)
34
35         /* 挂起线程数减 1 */
36         mp->suspend_thread_count--;                                  (6)
37
38         /* 开中断 */
39         rt_hw_interrupt_enable(temp);
40     }
41
42 #if defined(RT_USING_MODULE) && defined(RT_USING_SLAB)               (7)
43
44     if (mp->parent.flag & RT_OBJECT_FLAG_MODULE)
45         rt_module_free(mp->parent.module_id, mp->start_address);
46     else
47 #endif
48
49         /* 释放申请的内存池 */
50         rt_free(mp->start_address);                                  (8)
```

```
51
52      /* 删除内存池对象 */
53      rt_object_delete(&(mp->parent));                                (9)
54
55          return RT_EOK;                                             (10)
56 }
57 RTM_EXPORT(rt_mp_delete);
```

代码清单 21-4（1）：mp 表示内存池对象句柄，根据内存池对象句柄决定要删除的是哪个内存池。

代码清单 21-4（2）：检查内存池对象句柄 mp 是否有效。

代码清单 21-4（3）：如果当前有线程挂在内存池的阻塞列表中，需要将该线程唤醒，直到没有线程阻塞时才退出 while 循环。

代码清单 21-4（4）：获取阻塞的线程。

代码清单 21-4（5）：调用 rt_thread_resume() 线程恢复函数，将该线程恢复，该函数会将线程从阻塞链表中删除。

代码清单 21-4（6）：将内存池控制块中记录线程挂起数量的 suspend_thread_count 变量减 1。

代码清单 21-4（7）：在这里我们并没有使用 slab 分配机制，未启用 RT_USING_SLAB 这个宏定义，所以还不需要使用 rt_module_free() 释放内存函数。

代码清单 21-4（8）：释放内存池的内存，因为这个内存池是从系统堆内存动态划分的，删除后要进行释放。

代码清单 21-4（9）：调用 rt_object_delete() 函数删除内存池对象。

代码清单 21-4（10）：返回删除结果 RT_EOK。

内存池的删除函数实现过程我们都已经了解了，用 rt_mp_delete() 函数来删除我们需要删除的内存池可以说是手到擒来，但是需要注意的是，删除时会将所有因为申请不到内存块而进入阻塞的线程恢复，被恢复的线程会得到一个 -RT_ERROR，所以，建议在删除内存池之前，应确保所有的线程没有阻塞，并且以后也不会再向这个内存池申请内存块，之后才进行删除操作，这样做才是最稳妥的。rt_mp_delete() 的使用实例具体参见代码清单 21-5 中加粗部分。

代码清单21-5　静态内存删除函数rt_mp_delete()实例

```
1 /* 定义内存池控制块 */
2 static rt_mp_t test_mp = RT_NULL;
3
4 rt_err_t uwRet = RT_EOK;
5
6 /* 删除一个静态内存池 */
7 uwRet = rt_mp_delete(test_mp);
8 if (RT_EOK == uwRet)
9     rt_kprintf("静态内存池删除成功！ \n\n");
```

21.4.4 静态内存初始化函数 rt_mp_init()

初始化内存池与创建内存池类似，只是初始化内存池用于静态内存管理模式，内存池控制块来源于用户在系统中申请的静态对象。另外，与创建内存池不同的是，此处内存池对象所使用的内存空间是由用户指定的一个缓冲区空间，用户把缓冲区的指针传递给内存池对象控制块，其余的初始化工作与创建内存池相同，具体参见代码清单 21-6。

代码清单21-6 静态内存初始化函数rt_mp_init()源码

```
 1 /**
 2   *
 3   * 此函数将初始化内存池对象，通常用于静态对象
 4   *
 5   * @param mp 内存池对象
 6   * @param name 内存池名称
 7   * @param start 内存池起始地址
 8   * @param size 内存池总大小
 9   * @param block_size 每个内存块的大小
10   *
11   * @return RT_EOK
12   */
13 rt_err_t rt_mp_init(struct rt_mempool *mp,                          (1)
14                     const char        *name,                         (2)
15                     void              *start,                        (3)
16                     rt_size_t          size,                         (4)
17                     rt_size_t          block_size)                   (5)
18 {
19     rt_uint8_t *block_ptr;
20     register rt_base_t offset;
21
22     /* 检查内存池 */
23     RT_ASSERT(mp != RT_NULL);                                        (6)
24
25     /* 初始化内存池对象 */
26     rt_object_init(&(mp->parent), RT_Object_Class_MemPool, name); (7)
27
28     /* 初始化内存池 */
29     mp->start_address = start;                                       (8)
30     mp->size = RT_ALIGN_DOWN(size, RT_ALIGN_SIZE);                   (9)
31
32     /* 内存块大小对齐 */
33     block_size = RT_ALIGN(block_size, RT_ALIGN_SIZE);                (10)
34     mp->block_size = block_size;
35
36
37     mp->block_total_count = mp->size / (mp->block_size + sizeof(rt_uint8_t *));
38     mp->block_free_count  = mp->block_total_count;                   (11)
39
40     /* 初始化阻塞链表 */
41     rt_list_init(&(mp->suspend_thread));                             (12)
```

```
42      mp->suspend_thread_count = 0;
43
44      /* 初始化内存块空闲链表 */
45      block_ptr = (rt_uint8_t *)mp->start_address;                    (13)
46      for (offset = 0; offset < mp->block_total_count; offset ++) { (14)
47      *(rt_uint8_t **)(block_ptr + offset * (block_size + sizeof(rt_uint8_t *))) =
48      (rt_uint8_t *)(block_ptr + (offset + 1) * (block_size + sizeof(rt_
uint8_t *)));
49      }                                                                (15)
50
51  *(rt_uint8_t **)(block_ptr + (offset- 1) * (block_size + sizeof(rt_uint8_t *))) =
52          RT_NULL;                                                     (16)
53
54      mp->block_list = block_ptr;                                      (17)
55
56      return RT_EOK;                                                   (18)
57  }
58  RTM_EXPORT(rt_mp_init);
```

代码清单 21-6（1）：mp 表示内存池对象句柄。

代码清单 21-6（2）：name 表示内存池名称，是字符串常量类型。

代码清单 21-6（3）：start 表示内存池起始地址，是由用户自己定义的具体的起始地址。

代码清单 21-6（4）：size 表示初始化内存池总容量大小。

代码清单 21-6（5）：block_size 表示每个内存块的大小。

代码清单 21-6（6）：检查内存池对象句柄 mp 是否有效。

代码清单 21-6（7）：初始化内存池内核对象。调用 rt_object_init() 函数将初始化内存池对象并将其添加到对象管理系统。在系统中，对象的名称必须是唯一的。

代码清单 21-6（8）：初始化内存池，内存池的地址是由用户传递进来的地址。

代码清单 21-6（9）：初始化内存池容量 size，使其以 4 字节对齐方式对齐，如果不满足对齐倍数，则将返回其最小的对齐倍数，如果想要对齐 13 字节大小的内存块，即 RT_ALIGN_DOWN(13,4)，将返回 16（字节）。

代码清单 21-6（10）：初始化内存块大小 block_size，使其对齐方式与系统内存对齐方式一致，配置 block_size 以 4 字节对齐。

代码清单 21-6（11）：通过计算得出内存池中最大内存块数量，例如内存池大小为 200 个字节，内存块的大小为 16 个字节，但是需要再加上 4 个字节大小的内存头（指向内存池控制）。很显然，内存块的数量最大为 5=200/(16+4)，并且初始化可用空闲内存块个数。

代码清单 21-6（12）：初始化线程的阻塞链表和线程阻塞的数量。

代码清单 21-6（13）：初始化第一个内存块的起始地址。

代码清单 21-6（14）：在 for 循环中初始化空闲内存块链表，循环执行次数为空闲内存块的数量。

代码清单 21-6（15）：将所有的空闲内存块都连接起来，在分配时更容易管理，其初始化结果如图 21-8 所示。

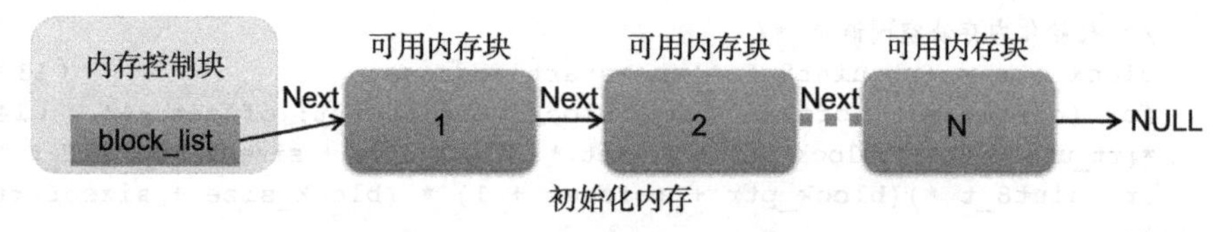

图 21-8　静态内存池初始化完成示意图

代码清单 21-6（16）：最后一块内存块的下一个内存若是没有了，就为 NULL。

代码清单 21-6（17）：内存控制块的 block_list 内存块链表指向第一块可用内存块。

代码清单 21-6（18）：创建成功，返回内存池对象句柄。

其实静态内存初始化函数 rt_mp_init() 与静态内存创建函数 rt_mp_create() 的源码差不多，初始化内存池时，调用 rt_mp_init() 函数一般需要我们定义一个区域作为静态内存池，这个区域一般为一个大数组，这样，系统就可以对该内存池进行初始化，将内存池用到的内存空间组织成可用于分配的空闲块列表，其具体使用方法参见代码清单 21-7 中加粗部分。

代码清单21-7　静态内存初始化函数rt_mp_init()实例

```
 1 /* 定义内存池控制块 */
 2 static rt_mp_t test_mp = RT_NULL;
 3 static rt_uint8_t mempool[4096];
 4
 5 rt_err_t uwRet = RT_EOK;
 6
 7 /* 初始化内存池对象 */
 8 uwRet = rt_mp_init(&test_mp,                    /** 内存池对象 **/
 9                    "test_mp",                   /** 内存池名称 **/
10                    &mempool[0],                 /** 内存池起始地址 **/
11                    sizeof(mempool),             /** 内存池总大小 **/
12                    80);                         /** 每个内存块的大小 **/
13 if (RT_EOK == uwRet)
14     rt_kprintf("初始化内存成功! \n");
```

21.4.5　静态内存申请函数 rt_mp_alloc()

这个函数用于申请固定大小的内存块，从指定的内存池中分配一个内存块给用户使用，该内存块的大小在内存池初始化时就已经决定了。如果内存池中有可用的内存块，则从内存池的内存块列表上取下一个内存块；如果内存池中已经没有可用的内存块，则根据用户设定的超时时间把当前线程挂在内存池的阻塞列表中，直到内存池中有可用内存块，其源码具体参见代码清单 21-8。

代码清单21-8　静态内存申请函数rt_mp_alloc()

```
 1 /**
```

```
2    * 这个函数用于从指定内存池分配内存块
3    *
4    * @param mp 内存池对象
5    * @param time 超时时间
6    *
7    * @return 分配成功的内存块地址或 RT_NULL 表示分配失败
8    */
9  void *rt_mp_alloc(rt_mp_t mp, rt_int32_t time)              (1)
10 {
11     rt_uint8_t *block_ptr;
12     register rt_base_t level;
13     struct rt_thread *thread;
14     rt_uint32_t before_sleep = 0;
15
16     /* 获取当前线程 */
17     thread = rt_thread_self();                              (2)
18
19     /* 关中断 */
20     level = rt_hw_interrupt_disable();
21
22     while (mp->block_free_count == 0) {                     (3)
23         /* 无内存块可用 */
24         if (time == 0) {                                    (4)
25             /* 开中断 */
26             rt_hw_interrupt_enable(level);
27
28             rt_set_errno(-RT_ETIMEOUT);
29
30             return RT_NULL;
31         }
32
33         RT_DEBUG_NOT_IN_INTERRUPT;
34
35         thread->error = RT_EOK;
36
37         /* 需要挂起当前线程 */
38         rt_thread_suspend(thread);                          (5)
39         rt_list_insert_after(&(mp->suspend_thread), &(thread->tlist));
40         mp->suspend_thread_count++;                         (6)
41
42         if (time > 0) {
43             /* 获取当前系统时间 */
44             before_sleep = rt_tick_get();                   (7)
45
46             /* 重置线程超时时间并且启动定时器 */
47             rt_timer_control(&(thread->thread_timer),       (8)
48                              RT_TIMER_CTRL_SET_TIME,
49                              &time);
50             rt_timer_start(&(thread->thread_timer));        (9)
51         }
52
```

```
53          /* 开中断 */
54          rt_hw_interrupt_enable(level);
55
56          /* 发起线程调度 */
57          rt_schedule();                                        (10)
58
59          if (thread->error != RT_EOK)
60              return RT_NULL;
61
62          if (time > 0) {
63              time-= rt_tick_get()- before_sleep;
64              if (time < 0)
65                  time = 0;
66          }
67          /* 关中断 */
68          level = rt_hw_interrupt_disable();
69      }
70
71      /* 内存块可用，记录当前可用内存块个数，申请之后空闲内存块数量减 1 */
72      mp->block_free_count--;                                   (11)
73
74      /* 获取内存块指针 */
75      block_ptr = mp->block_list;                               (12)
76      RT_ASSERT(block_ptr != RT_NULL);
77
78      /* 设置下一个空闲内存块为可用内存块 */
79      mp->block_list = *(rt_uint8_t **)block_ptr;               (13)
80
81
82      *(rt_uint8_t **)block_ptr = (rt_uint8_t *)mp;             (14)
83
84      /* 开中断 */
85      rt_hw_interrupt_enable(level);
86
87      RT_OBJECT_HOOK_CALL(rt_mp_alloc_hook,
88                          (mp, (rt_uint8_t *)(block_ptr + sizeof(rt_uint8_t
*))));
89
90      return (rt_uint8_t *)(block_ptr + sizeof(rt_uint8_t *));      (15)
91  }
92  RTM_EXPORT(rt_mp_alloc);
```

代码清单 21-8（1）：mp 表示内存池对象，time 表示超时时间。

代码清单 21-8（2）：获取当前线程。

代码清单 21-8（3）：如果无内存块可用，则进入 while 循环。

代码清单 21-8（4）：如果用户不设置等待时间，则直接返回错误码。

代码清单 21-8（5）：因为能到这一步，用户肯定设置了等待时间，那么，先将当前线程挂起。

代码清单 21-8（6）：记录挂起的线程数量。

代码清单 21-8（7）：获取当前系统时间。

代码清单 21-8（8）：重置线程定时器的超时时间，调用 rt_timer_control() 函数改变当前线程阻塞时间 thread_timer。

代码清单 21-8（9）：启动定时器开始计时。

代码清单 21-8（10）：因为现在线程是等待状态，要进行线程切换，所以进行一次线程调度。

代码清单 21-8（11）：当前内存池中还有内存块可用，记录当前可用内存块个数，申请之后可用内存块数量减 1。

代码清单 21-8（12）：获取内存块指针，指向空闲的内存块。

代码清单 21-8（13）：设置当前申请内存块的下一个内存块为可用内存块，将 mp-> block_list 的指针指向下一个内存块，具体如图 21-9 所示。

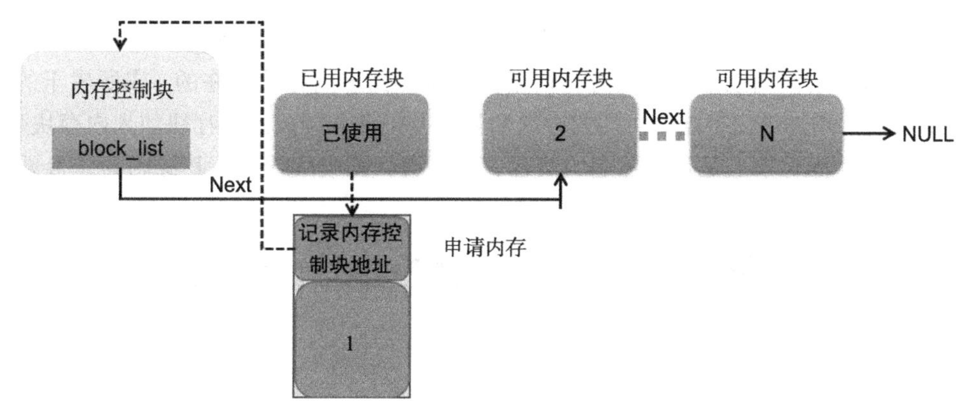

图 21-9 申请内存成功示意图

代码清单 21-8（14）：如图 21-9 所示，每一个内存块的前 4 个字节是指向内存池控制块的指针，为的是让我们在释放内存时能找到内存控制块。为什么要记录内存控制块指针呢？因为 block_list 是单链表，在申请内存成功时，已使用的内存块相当于脱离了内存块列表，那么在释放内存块时就没办法正常释放，所以需要保存内存控制块的指针。

代码清单 21-8（15）：返回用户真正能读写操作的内存地址，其地址向下偏移了 4 个字节。

静态内存申请函数 rt_mp_alloc() 的使用是很简单的，仅需配置申请静态内存池句柄与超时时间即可，申请成功后返回指向用户可以操作的内存块地址，所以我们需要定义一个可以对内存块地址进行读写的指针，对申请的内存块进行访问，具体参见代码清单 21-9 中加粗部分。

代码清单21-9 静态内存申请函数rt_mp_alloc()的使用实例

```
1 /* 定义申请内存的指针 */
2 static rt_uint32_t *p_test = RT_NULL;
```

```
 3 rt_kprintf("正在向内存池申请内存..........\n");
 4
 5 p_test = rt_mp_alloc(test_mp,0);
 6 if (RT_NULL == p_test) /* 没有申请成功 */
 7     rt_kprintf("静态内存申请失败! \n");
 8 else
 9     rt_kprintf("静态内存申请成功，地址为%d! \n\n",p_test);
10
11 rt_kprintf("正在向p_test写入数据..........\n");
12 *p_test = 1234;
13 rt_kprintf("已经写入p_test地址的数据\n");
14 rt_kprintf("*p_test = %.4d，地址为%d\n\n", *p_test,p_test);
15
```

21.4.6 静态内存释放函数 rt_mp_free()

嵌入式系统的内存对我们来说是十分珍贵的，任何内存块使用完后都必须被释放，否则会造成内存泄露，导致系统发生致命错误。RT-Thread 提供了 rt_mp_free() 函数进行静态内存的释放管理，使用该函数接口时，根据内存块得到该内存块所在的（或所属于的）内存池对象，然后增加该内存池的可用内存块数目，并把该被释放的内存块加入内存块列表，接着判断该内存池对象上是否有挂起的线程，如果有，则唤醒线程，其源码具体参见代码清单 21-10。

代码清单21-10 静态内存释放函数rt_mp_free()源码

```
 1 /**
 2   * 这个函数会释放一个内存块
 3   *
 4   * @param block 要释放的内存块的地址
 5   */
 6 void rt_mp_free(void *block)                                          (1)
 7 {
 8     rt_uint8_t **block_ptr;
 9     struct rt_mempool *mp;
10     struct rt_thread *thread;
11     register rt_base_t level;
12
13     /* 获取块所属的池的控制块 */
14     block_ptr = (rt_uint8_t **)((rt_uint8_t *)block- sizeof(rt_uint8_t *));
                                                                      (2)
15     mp = (struct rt_mempool *)*block_ptr;                             (3)
16
17     RT_OBJECT_HOOK_CALL(rt_mp_free_hook, (mp, block));
18
19     /* 关中断 t */
20     level = rt_hw_interrupt_disable();
21
```

```
22     /* 增加可用的内存块数量 */
23     mp->block_free_count ++;                              (4)
24
25     /* 将释放的内存块添加到block_list链表中 */
26     *block_ptr = mp->block_list;                          (5)
27     mp->block_list = (rt_uint8_t *)block_ptr;             (6)
28
29     if (mp->suspend_thread_count > 0) {                   (7)
30         /* 获取阻塞的线程 */
31         thread = rt_list_entry(mp->suspend_thread.next,   (8)
32                                struct rt_thread,
33                                tlist);
34
35         /* 重置线程错误为RT_EOK */
36         thread->error = RT_EOK;
37
38         /* 恢复线程 */
39         rt_thread_resume(thread);                         (9)
40
41         /* 记录阻塞线程数量，减1 */
42         mp->suspend_thread_count--;                       (10)
43
44         /* 开中断 */
45         rt_hw_interrupt_enable(level);
46
47         /* 发起线程调度 */
48         rt_schedule();                                    (11)
49
50         return;
51     }
52
53     /* 开中断 */
54     rt_hw_interrupt_enable(level);
55 }
56 RTM_EXPORT(rt_mp_free);
```

代码清单21-10（1）：block表示要释放的内存块的地址。

代码清单21-10（2）：每个内存块中前4个字节保存的信息就是指向内存池控制块指针，所以需要进行指针的偏移，为了获得内存池控制块的地址。

代码清单21-10（3）：获取内存块所属的内存池对象mp。

代码清单21-10（4）：记录当前可用内存块数量。

代码清单21-10（5）：将释放的内存块添加到block_list链表中，内存控制块指向当前可用内存链表头的具体过程如图21-10中（1）所示。

代码清单21-10（6）：内存控制块的block_list指向刚释放的内存块，具体如图21-10中（2）所示。

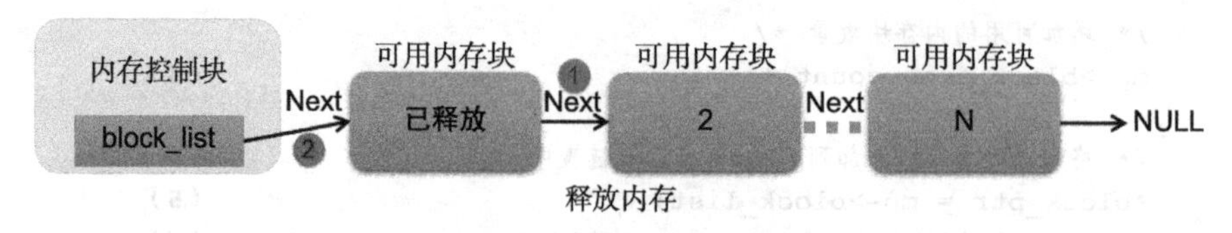

图 21-10 内存释放完成示意图

代码清单 21-10（7）：如果当前有线程因为无法申请内存而进入阻塞，则会执行 while 循环中的代码。

代码清单 21-10（8）：获取阻塞的线程。

代码清单 21-10（9）：调用 rt_thread_resume() 函数将该线程恢复。

代码清单 21-10（10）：记录阻塞线程数量，suspend_thread_count 减 1。

代码清单 21-10（11）：恢复挂起的线程，需要发起一次线程调度。

内存释放函数的使用是非常很简单的，仅将需要释放的内存块地址传递进去即可，系统会根据内存块前 4 字节的内容自动找到对应的内存池控制块，然后根据内存池控制块进行释放内存操作，具体实现参见代码清单 21-11。

代码清单21-11 静态内存释放函数rt_mp_free()实例

```
1 /* 定义申请内存的指针 */
2 static rt_uint32_t *p_test = RT_NULL;
3
4 rt_kprintf("正在释放内存...........\n");
5 rt_mp_free(p_test);
```

21.5 动态内存管理函数

动态内存管理在 RT-Thread 中运用极多，为了尽可能让 RT-Thread 易于使用，信号量、队列、互斥量、软件定时器、线程这些内核对象并不是在编译时静态分配的，而是在运行时动态分配的。内核对象创建时，RT-Thread 分配内存空间，在内核对象删除时释放内存。这样的策略减少了设计和计划上的努力，简化了 API，并且减少了 RAM 的占用，提高内存的利用率，更能灵活运用内存。

动态内存的典型场景开发流程如下：

1）初始化系统堆内存空间：rt_system_heap_init()。

2）申请任意大小的动态内存：rt_malloc()。

3）释放动态内存 rt_free()。回收系统内存，供下一次使用。

21.5.1 系统堆内存初始化函数 rt_system_heap_init()

在使用堆内存时，必须在系统初始化时进行堆内存的初始化，一般在系统初始化时就分配一大块内存作为堆内存，然后调用 rt_system_heap_init() 函数进行系统堆内存初始化，之后才能申请内存。在初始化时，用户需要知道初始化的是哪段内存，所以必须知道内存的起始地址与结束地址，这个函数会把参数 begin_addr、end_addr 区域的内存空间作为内存堆来使用，系统堆内存初始化函数 rt_system_heap_init() 的源码具体参见代码清单 21-12。

代码清单21-12 系统堆内存初始化rt_system_heap_init()的源码

```
 1 void rt_system_heap_init(void *begin_addr, void *end_addr)                (1)
 2 {
 3     struct heap_mem *mem;
 4     rt_uint32_t begin_align = RT_ALIGN((rt_uint32_t)begin_addr, RT_ALIGN_SIZE);
                                                                              (2)
 5     rt_uint32_t end_align = RT_ALIGN_DOWN((rt_uint32_t)end_addr, RT_ALIGN_SIZE);
                                                                              (3)
 6
 7     RT_DEBUG_NOT_IN_INTERRUPT;
 8
 9     /* 对齐地址 */
10     if ((end_align > (2 * SIZEOF_STRUCT_MEM)) &&
11         ((end_align- 2 * SIZEOF_STRUCT_MEM) >= begin_align)) {            (4)
12         /* 计算对齐的内存大小 */
13         mem_size_aligned = end_align- begin_align- 2 * SIZEOF_STRUCT_MEM;
14     } else {
15         rt_kprintf("mem init, error begin address 0x%x, and end address 0x%x\n",
16                    (rt_uint32_t)begin_addr, (rt_uint32_t)end_addr);
17
18         return;
19     }
20
21     /* 指向堆的起始地址 */
22     heap_ptr = (rt_uint8_t *)begin_align;                                  (5)
23
24     RT_DEBUG_LOG(RT_DEBUG_MEM, ("mem init, heap begin address 0x%x, size %d\n",
25                                 (rt_uint32_t)heap_ptr, mem_size_aligned));
26
27     /* 初始化起始地址 */
28     mem        = (struct heap_mem *)heap_ptr;                              (6)
29     mem->magic = HEAP_MAGIC;
30     mem->next  = mem_size_aligned + SIZEOF_STRUCT_MEM;
31     mem->prev  = 0;
32     mem->used  = 0;
33 #ifdef RT_USING_MEMTRACE
34     rt_mem_setname(mem, "INIT");
35 #endif
36
37     /* 初始化结束地址 */
38     heap_end        = (struct heap_mem *)&heap_ptr[mem->next];             (7)
39     heap_end->magic = HEAP_MAGIC;
40     heap_end->used  = 1;
41     heap_end->next  = mem_size_aligned + SIZEOF_STRUCT_MEM;
42     heap_end->prev  = mem_size_aligned + SIZEOF_STRUCT_MEM;
```

```
43 #ifdef RT_USING_MEMTRACE
44     rt_mem_setname(heap_end, "INIT");
45 #endif
46
47     rt_sem_init(&heap_sem, "heap", 1, RT_IPC_FLAG_FIFO);              (8)
48
49     /* 初始化指向堆起始的最低空闲指针 */
50     lfree = (struct heap_mem *)heap_ptr;
51 }
```

代码清单 21-12（1）：begin_addr 表示内存的起始地址，end_addr 表示结束地址。rt_system_heap_init() 函数会把参数 begin_addr、end_addr 区域的内存空间作为堆内存来使用。

代码清单 21-12（2）：起始地址对齐，按 4 字节对齐，其地址要能被 4 整除。如果不对齐，则会向下进行对齐，例如 RT_ALIGN(13，4) 会将其地址改为 16。

代码清单 21-12（3）：结束地址对齐，按 4 字节对齐，其地址要能被 4 整除，如果不对齐，则会向上进行对齐，例如 RT_ALIGN_DOWN(13，4) 会将其地址改为 12。

代码清单 21-12（4）：如果对齐后的内存大于两个数据头，则此内存是有效的，可以进行初始化内存。数据头是每个动态分配的内存块都包含的一个结构体，与静态内存的前 4 字节的内容一样，用于保存内存块的信息。内存管理器能根据数据头进行内存的释放与回收，其数据类型具体参见代码清单 21-13。

代码清单21-13　内存管理的数据头heap_mem

```
 1 struct heap_mem {
 2
 3     rt_uint16_t magic;                    (1)
 4     rt_uint16_t used;                     (2)
 5
 6     rt_size_t next, prev;                 (3)
 7
 8 #ifdef RT_USING_MEMTRACE
 9     rt_uint8_t thread[4];     /* thread name */
10 #endif
11 };
```

代码清单 21-13（1）：magic 表示变数（或称为幻数），它会被初始化成 0x1ea0（即英文单词 heap），用于标记这个内存块是一个用于内存管理的内存数据块。

代码清单 21-13（2）：used 指示出当前内存块是否已经分配，1 代表内存已经分配了，0 代表内存可用。

代码清单 21-13（3）：两个指针，用于将内存块形成双向链表，便于管理，具体如图 21-3 所示。

代码清单 21-12（5）：获取地址 heap_ptr，指向堆内存的起始地址。

代码清单 21-12（6）：初始化起始地址数据头，magic 初始化成 0x1ea0（即英文单词 heap），mem->next 表示下一个内存块指向结束地址的数据头，当前内存没有被分割，只有从起始地址到结束地址的一整块内存。

代码清单 21-12（7）：初始化结束地址数据头，因为结束地址之后没有内存了，所以 used 的值要为 1，表示在这个地址之后没有内存空间可以分配了，具体如图 21-11 所示。

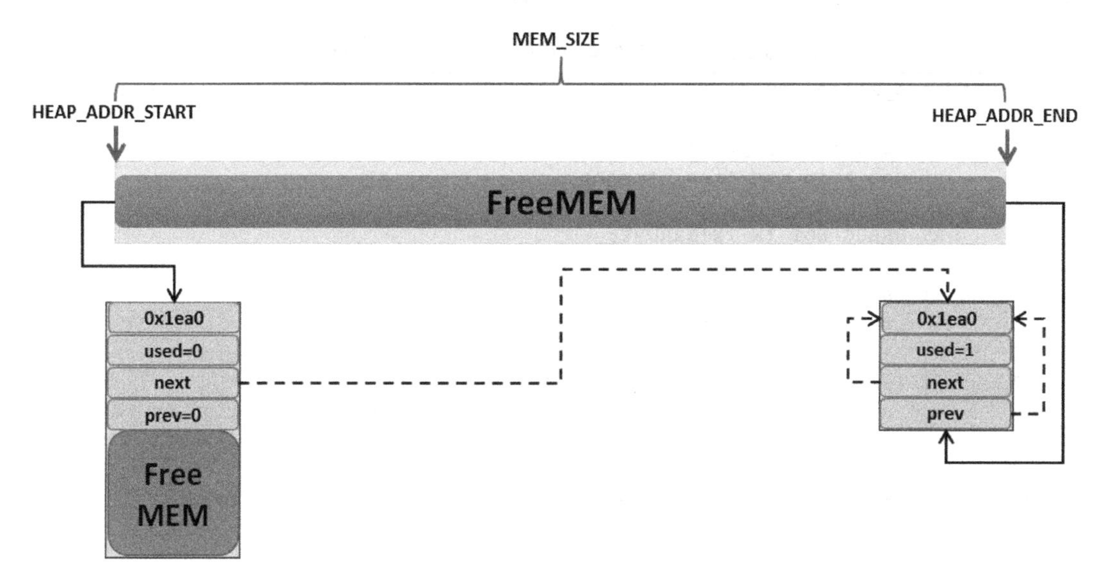

图 21-11　初始化内存完成示意图

代码清单 21-12（8）：初始化一个二值信号量，因为申请内存需要进行资源保护，所以不能让这个线程在申请内存时被另一个线程打断，否则会出现混乱。

初始化系统内存的使用是很简单的，一般系统在初始化时就已经将内存初始化完成了，并不需要我们再次初始化。在 rt_hw_board_init() 函数中（board.c 文件）已经进行初始化了，当然我们也能将内存再初始化一次，具体实现参见代码清单 21-14 中加粗部分。

代码清单21-14　系统堆内存初始化函数rt_system_heap_init()实例

```
 1 #define RT_HEAP_SIZE 1024
 2 /* 从内部 SRAM 中分配一部分静态内存作为 rtt 的堆空间，这里配置为 4KB */
 3 static uint32_t rt_heap[RT_HEAP_SIZE];
 4 RT_WEAK void *rt_heap_begin_get(void)
 5 {
 6     return rt_heap;
 7 }
 8
 9 RT_WEAK void *rt_heap_end_get(void)
10 {
11     return rt_heap + RT_HEAP_SIZE;
12 }
13
14 rt_system_heap_init(rt_heap_begin_get(), rt_heap_end_get());
```

21.5.2 系统堆内存申请函数 rt_malloc()

rt_malloc() 函数会从系统堆空间中找到合适的用户指定大小的内存块，然后把该内存块可用地址返回给用户，rt_malloc() 函数的源码实现具体参见代码清单 21-15。

代码清单21-15 系统堆内存申请函数rt_malloc()源码

```
 1 void *rt_malloc(rt_size_t size)                                      (1)
 2 {
 3     rt_size_t ptr, ptr2;
 4     struct heap_mem *mem, *mem2;
 5
 6     RT_DEBUG_NOT_IN_INTERRUPT;
 7
 8     if (size == 0)
 9         return RT_NULL;
10
11     if (size != RT_ALIGN(size, RT_ALIGN_SIZE))
12         RT_DEBUG_LOG(RT_DEBUG_MEM, ("malloc size %d, but align to %d\n",
13                              size, RT_ALIGN(size, RT_ALIGN_SIZE)));
14     else
15         RT_DEBUG_LOG(RT_DEBUG_MEM, ("malloc size %d\n", size));
16
17     /* 对齐内存 */
18     size = RT_ALIGN(size, RT_ALIGN_SIZE);                            (2)
19
20     if (size > mem_size_aligned) {                                   (3)
21         RT_DEBUG_LOG(RT_DEBUG_MEM, ("no memory\n"));
22
23         return RT_NULL;
24     }
25
26     /*每个数据块的长度必须至少为MIN_SIZE_ALIGNED*/
27     if (size < MIN_SIZE_ALIGNED)                                     (4)
28         size = MIN_SIZE_ALIGNED;
29
30     /* 获取信号量 */
31     rt_sem_take(&heap_sem, RT_WAITING_FOREVER);                      (5)
32
33     for (ptr = (rt_uint8_t *)lfree- heap_ptr;
34         ptr < mem_size_aligned- size;
35         ptr = ((struct heap_mem *)&heap_ptr[ptr])->next) {          (6)
36         mem = (struct heap_mem *)&heap_ptr[ptr];
37
38         if ((!mem->used) && (mem->next- (ptr + SIZEOF_STRUCT_MEM)) >= size) {
                                                                      (7)
39             /*该内存没有被使用并且可以达到用户需要申请的内存大小
40             * */
41
42             if (mem->next- (ptr + SIZEOF_STRUCT_MEM) >=
43                 (size + SIZEOF_STRUCT_MEM + MIN_SIZE_ALIGNED)) { (8)
```

```
44
45      / *(除了上面的内容，我们测试是否包含另一个 struct heap_mem
46          (SIZEOF_STRUCT_MEM)
47          * 至少 MIN_SIZE_ALIGNED 数据也适合用户数据空间 mem 的大小)
48          * 拆分大块，创建空余数，余数必须足够大才能包含 MIN_SIZE_ALIGNED 数据:
49          *ifmem-> next- (ptr +(2 * SIZEOF_STRUCT_MEM)) == size,
50          * struct heap_mem 适合但 mem2 和 mem2-> next 之间没有数据
51          * 我们可以省略 MIN_SIZE_ALIGNED。我们会创建一个空的内存块
52          * 虽然无法保存数据的区域，但是当 mem-> next 被释放时，两个区域将合并，
53          从而产生更多的可用内存 */
54              ptr2 = ptr + SIZEOF_STRUCT_MEM + size;                    (9)
55
56              /* 创建一个数据头结构体 */
57              mem2        = (struct heap_mem *)&heap_ptr[ptr2];       (10)
58              mem2->magic = HEAP_MAGIC;
59              mem2->used = 0;
60              mem2->next = mem->next;                                  (11)
61              mem2->prev = ptr;                                        (12)
62 #ifdef RT_USING_MEMTRACE
63              rt_mem_setname(mem2, "    ");
64 #endif
65
66              /* 将其插入 mem 和 mem-> next 之间 */
67              mem->next = ptr2;
68              mem->used = 1;                                           (13)
69
70          if (mem2->next != mem_size_aligned + SIZEOF_STRUCT_MEM) {
71              ((struct heap_mem *)&heap_ptr[mem2->next])->prev = ptr2;
72                  }
73 #ifdef RT_MEM_STATS
74              used_mem += (size + SIZEOF_STRUCT_MEM);                  (14)
75              if (max_mem < used_mem)
76                  max_mem = used_mem;
77 #endif
78              } else {
79              /* (mem2 结构不适合下次用户申请的数据空间大小，此时将始终使用:
80               * 如果不是，我们连续有 2 个未使用的结构，在之前就处理了这种情况
81               * 当前内存块是最适合用户申请的内存的，直接分配即可。
82               *
83               * 不进行分裂，没有 mem2 创建也无法移动 mem
84               * 在 men 后面找到下一个空闲块并更新最低空闲指针
85               */
86                  mem->used = 1;                                       (15)
87 #ifdef RT_MEM_STATS
88              used_mem += mem->next- ((rt_uint8_t *)mem- heap_ptr); (16)
89              if (max_mem < used_mem)
90                  max_mem = used_mem;
91 #endif
92              }
93              /* 设置内存块数据头的变幻数 */
94              mem->magic = HEAP_MAGIC;                                 (17)
```

```
 95 #ifdef RT_USING_MEMTRACE
 96             if (rt_thread_self())
 97                 rt_mem_setname(mem, rt_thread_self()->name);
 98             else
 99                 rt_mem_setname(mem, "NONE");
100 #endif
101
102             if (mem == lfree) {                              (18)
103                 /* 在 mem 之后找到下一个空闲块并更新最小空闲指针 */
104                 while (lfree->used && lfree != heap_end)      (19)
105                     lfree = (struct heap_mem *)&heap_ptr[lfree->next];
106
107                     RT_ASSERT(((lfree == heap_end) || (!lfree->used)));
108             }
109
110                 rt_sem_release(&heap_sem);
111         RT_ASSERT((rt_uint32_t)mem + SIZEOF_STRUCT_MEM + size <= (rt_
uint32_t)heap_end);
112             RT_ASSERT((rt_uint32_t)((rt_uint8_t *)mem +
113             SIZEOF_STRUCT_MEM) % RT_ALIGN_SIZE == 0);
114         RT_ASSERT((((rt_uint32_t)mem) & (RT_ALIGN_SIZE- 1)) == 0);
115             RT_DEBUG_LOG(RT_DEBUG_MEM,
116                 ("allocate memory at 0x%x, size: %d\n",
117                 (rt_uint32_t)((rt_uint8_t *)mem + SIZEOF_STRUCT_MEM),
118                 (rt_uint32_t)(mem->next- ((rt_uint8_t *)mem- heap_ptr))));
119
120             RT_OBJECT_HOOK_CALL(rt_malloc_hook,
121                 (((void *)((rt_uint8_t *)mem + SIZEOF_STRUCT_MEM)), size));
122
123             /* 返回除内存块数据头结构之外的内存数据 */
124             return (rt_uint8_t *)mem + SIZEOF_STRUCT_MEM;       (20)
125         }
126     }
127
128     rt_sem_release(&heap_sem);                                (21)
129
130     return RT_NULL;
131 }
132 RTM_EXPORT(rt_malloc);
```

代码清单 21-15（1）：size 表示申请多大的内存块，单位为字节。

代码清单 21-15（2）：初始化 size，配置 size 以 4 字节对齐，使其对齐方式与系统内存对齐方式一致。

代码清单 21-15（3）：如果 size 大于当前系统管理的最大空闲内存，内存不足，返回错误。

代码清单 21-15（4）：每个内存块的大小必须至少为 MIN_SIZE_ALIGNED，否则连内存块的数据头部分都放不下，更不要说存放数据了。

代码清单 21-15（5）：获取信号量，此信号量是一个二值信号量，用于对内存资源进行保护。当一个线程申请内存时，其他线程就不能申请，否则内存就会变得很混乱。

代码清单 21-15（6）：在 for 循环中遍历寻找合适的内存资源。

代码清单 21-15（7）：该内存没有被使用，并且可以达到用户需要申请的内存的大小，表示已经找到了符合用户申请的大小的内存。

代码清单 21-15（8）：当内存满足用户需要并且在分割后剩下的内存块也适合存放数据，则进行内存块分割。

代码清单 21-15（9）：获取分割后的空闲内存块地址 ptr2。它的起始地址就是当前内存块地址 ptr+12 字节的内存块数据头 + 用户申请的内存块大小 size。

代码清单 21-15（10）：为分割后的空闲内存块创建一个数据头。在 RT-Thread 中，不管是已使用的还是空闲的内存块，都要有数据头，因为这样便于管理、申请与释放，其过程如图 21-12 所示。

代码清单 21-15（11）：ptr2 是空闲内存块，used 为 0，它的 next 指针指向下一个内存块，也就是本内存块没分割之前的下一个内存块，其过程如图 21-12 所示。

代码清单 21-15（12）：很显然 ptr2 的上一个内存块就是当前申请的内存块，利用双向链表将内存块连接起来。

代码清单 21-15（13）：申请的内存块 used 设置为 1 表示已使用，具体如图 21-12 所示。

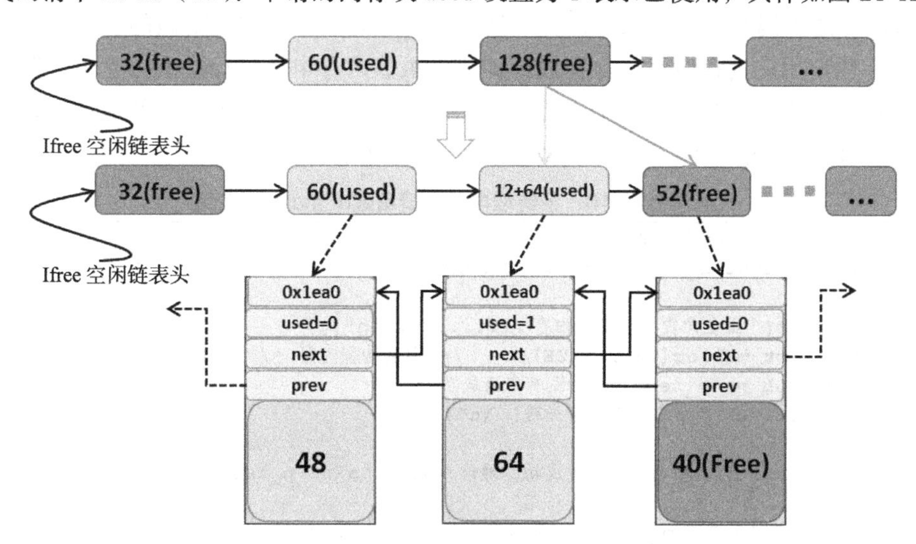

图 21-12　内存分割示意图（假设需要分配 64 字节内存）

代码清单 21-15（14）：计算得出当前内存块的大小为用户要申请的内存大小 size+ 内存块中数据头大小（12 字节）。

代码清单 21-15（15）：else 中的内容是不进行内存块分割，因为剩下的内存块太小，都无法保存数据，没必要再进行内存块分割，直接将当前内存块作为已使用的内存块即可，具体如图 21-13 所示。

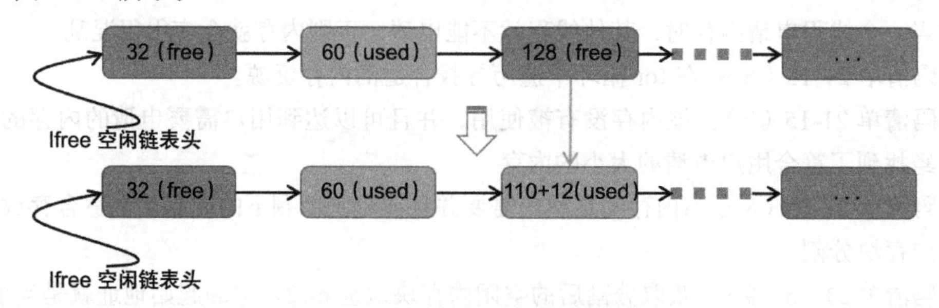

图 21-13　不进行内存分割过程示意图

代码清单 21-15（16）：计算得到使用的内存块大小。

代码清单 21-15（17）：设置内存块数据头的变幻数为 0x1ea0（即英文单词 heap）。

代码清单 21-15（18）：如果当前申请的内存块是 lfree 指向的内存块，那么现在申请成功了，内存块肯定不是空闲的内存块，需要更新一下 lfree 的指针。

代码清单 21-15（19）：找到下一个空闲块并更新最小空闲内存块指针。

代码清单 21-15（20）：返回用户需要的内存地址，因为数据头是内存管理器处理的地方，无须用户管理，同时用户也不应该修改数据头的内容。

代码清单 21-15（21）：申请完成，释放二值信号量，让别的线程也能申请内存。

申请内存的源码其实不要求用户很了解，因为这是内存管理器要做的事情，我们需要注意的是在用户用完内存时将内存释放掉即可。虽然内存申请过程看上去复杂，但使用起来是很简单的，用户需要定义一个指针，因为申请内存返回的是内存块的地址。系统堆内存申请函数 rt_malloc() 实例具体参见代码清单 21-16 中加粗部分。

代码清单21-16　系统堆内存申请函数rt_malloc()实例

```
 1 /* 定义申请内存的指针 */
 2 static rt_uint32_t *p_test = RT_NULL;
 3
 4 rt_kprintf("正在向内存池申请内存...........\n");
 5 p_test = rt_malloc(TEST_SIZE);     /* 申请动态内存 */
 6 if (RT_NULL == p_test) /* 没有申请成功 */
 7     rt_kprintf("动态内存申请失败！\n");
 8 else
 9     rt_kprintf("动态内存申请成功，地址为 %d！\n\n",p_test);
10
11 rt_kprintf("正在向p_test写入数据...........\n");
12 *p_test = 1234;
13 rt_kprintf("已经写入p_test地址的数据\n");
14 rt_kprintf("*p_test = %.4d ,地址为 %d\n\n", *p_test,p_test);
```

21.5.3　系统堆内存释放函数 rt_free()

在嵌入式系统中，当不使用系统内存时，就应该把内存释放出来，不然很容易造成内存不足的问题，导致系统发生致命错误。RT-Thread 提供了 rt_free() 函数进行动态内存的释放管理。rt_free() 函数会把待释放的内存还给堆管理器。在调用这个函数时用户需传递待释放的内存块指针，如果是空指针则直接返回，其源码具体参见代码清单 21-17。

代码清单21-17　系统堆内存释放函数rt_free()源码

```
 1 /**
 2   *     此函数将释放先前利用 rt_malloc() 分配的内存块
 3   * 释放的内存块将被恢复到系统堆
 4   *
 5   * @param rmem 即将释放的内存块指针
 6   */
 7 void rt_free(void *rmem)                                              (1)
 8 {
 9     struct heap_mem *mem;
10
11     RT_DEBUG_NOT_IN_INTERRUPT;
12
13     if (rmem == RT_NULL)                                              (2)
14         return;
15     RT_ASSERT((((rt_uint32_t)rmem) & (RT_ALIGN_SIZE- 1)) == 0);
16     RT_ASSERT((rt_uint8_t *)rmem >= (rt_uint8_t *)heap_ptr &&
17               (rt_uint8_t *)rmem < (rt_uint8_t *)heap_end);
18
19     RT_OBJECT_HOOK_CALL(rt_free_hook, (rmem));
20
21     if ((rt_uint8_t *)rmem < (rt_uint8_t *)heap_ptr ||
22         (rt_uint8_t *)rmem >= (rt_uint8_t *)heap_end) {               (3)
23         RT_DEBUG_LOG(RT_DEBUG_MEM, ("illegal memory\n"));
24
25         return;
26     }
27
28     /* 获取相应的 heap_mem 结构体 */
29     mem = (struct heap_mem *)((rt_uint8_t *)rmem- SIZEOF_STRUCT_MEM); (4)
30
31     RT_DEBUG_LOG(RT_DEBUG_MEM,
32                  ("release memory 0x%x, size: %d\n",
33                   (rt_uint32_t)rmem,
34                 (rt_uint32_t)(mem->next- ((rt_uint8_t *)mem- heap_ptr))));
35
36
37     /* 获取信号量，保护堆免受并发访问 */
38     rt_sem_take(&heap_sem, RT_WAITING_FOREVER);                       (5)
39
40     /* 必须处于使用状态 */
41     if (!mem->used || mem->magic != HEAP_MAGIC) {                     (6)
42         rt_kprintf("to free a bad data block:\n");
43         rt_kprintf("mem: 0x%08x, used flag: %d, magic code: 0x%04x\n",
44                    mem, mem->used, mem->magic);
```

```
45 }
46     RT_ASSERT(mem->used);
47     RT_ASSERT(mem->magic == HEAP_MAGIC);
48
49     mem->used  = 0;                                          (7)
50     mem->magic = HEAP_MAGIC;
51 #ifdef RT_USING_MEMTRACE
52     rt_mem_setname(mem, "    ");
53 #endif
54
55     if (mem < lfree) {                                       (8)
56         /* 新释放的内存大小现在是最小的 */
57         lfree = mem;
58     }
59
60 #ifdef RT_MEM_STATS
61     used_mem-= (mem->next- ((rt_uint8_t *)mem- heap_ptr));
62 #endif
63
64     /* 最后，看看 prev 与 next 也是不是空闲的，看看是否能合并 */
65     plug_holes(mem);                                         (9)
66     rt_sem_release(&heap_sem);                               (10)
67 }
68 RTM_EXPORT(rt_free);
```

代码清单 21-17（1）：rmem 表示即将释放的内存块指针，由用户传递进来。

代码清单 21-17（2）：检查内存块指针是否有效，如果无效，直接退出释放函数。

代码清单 21-17（3）：检查 rmem 的地址是否属于系统管理的内存范围，如果 rmem 的地址比系统管理的起始地址还小或者比系统管理的结束地址还大，那么肯定是地址非法了，将打印出错误信息，退出释放函数。

代码清单 21-17（4）：根据 rmem 偏移，获取内存块中的数据头信息。这样做的好处是可以知道要释放的内存是不是由内存管理器管理的，所以一般不允许用户改变数据头的内容。

代码清单 21-17（5）：获取信号量，保护堆免受并发访问。

代码清单 21-17（6）：如果需要释放的内存块还不是使用的状态，那么无须释放，或者内存块中变幻数 magic 不是 HEAP_MAGIC，那么也不能释放该内存。

代码清单 21-17（7）：释放内存，将 used 变为 0，表明内存未使用，但是注意了，该内存的真正数据是没有释放的，used 为 0 只是表明该内存块能被申请而已。

代码清单 21-17（8）：新释放的内存大小现在是最小的，那么 lfree 必须指向刚释放的内存块。

代码清单 21-17（9）：最后，调用 plug_holes() 函数看看释放的内存块相邻的两个内存块是不是空闲的，是否能合并成一个大的内存块。

代码清单 21-17（10）：释放信号量，保证别的线程能释放内存。

内存释放函数的使用很简单，一般来说，只需要用户传递正确的内存块指针即可，而且在使用完内存时一定要及时释放内存，提高内存的利用率。系统堆内存释放函数 rt_free() 实例具体参见代码清单 21-18 中加粗部分。

代码清单21-18　系统堆内存释放函数rt_free()实例

```
1 /* 定义申请内存的指针 */
2 static rt_uint32_t *p_test = RT_NULL;
3
4 rt_kprintf("正在向内存池申请内存...........\n");
5 p_test = rt_malloc(TEST_SIZE);     /* 申请动态内存 */
6 if (RT_NULL == p_test) /* 没有申请成功 */
7     rt_kprintf("动态内存申请失败！\n");
8 else
9     rt_kprintf("动态内存申请成功，地址为%d！\n\n",p_test);
10
11 rt_kprintf("正在向p_test写入数据...........\n");
12 *p_test = 1234;
13 rt_kprintf("已经写入p_test地址的数据\n");
14 rt_kprintf("*p_test = %.4d ,地址为%d\n\n", *p_test,p_test);
15
16 rt_kprintf("正在释放内存...........\n");
17 rt_free(p_test);
18 rt_kprintf("释放内存成功！\n\n");
```

动态内存的使用有几点要注意的地方：

- 由于系统中动态内存管理需要消耗管理控制块结构的内存，故实际操作中用户可使用空间总量小于堆内存的实际大小，假设以堆内存的 begin_addr 作为起始地址，end_addr 作为结束地址，那么实际内存大小应为 end_addr − begin_addr，而用户是不可能用到那么多内存的，因为内存管理器也是要用内存的。
- 系统中为了对齐地址可能会丢弃部分空间，故存在一些内存碎片。
- 系统中进行内存释放时调用 rt_free() 函数，只有在内存还没释放时才能进行释放并且返回成功，当内存被释放掉后还继续调用 rt_free() 函数则会提示出错。

21.6　内存管理实验

21.6.1　静态内存管理实验

静态内存管理实验是在 RT-Thread 中创建了两个线程，其中一个线程是申请内存，另一个线程是清除内存块中的内容以及释放内存。划分静态内存池区域可以通过定义全局数组或调用动态内存分配接口的方式获取。在不需要内存时，要注意及时释放该段内存，避免内存泄露。具体实现参见代码清单 21-19 中加粗部分。

代码清单21-19　静态内存管理实验

```
 1 /**
 2   ************************************************************************
 3   * @file    main.c
 4   * @author  fire
 5   * @version V1.0
 6   * @date    2018-xx-xx
 7   * @brief   RT-Thread 3.0 + STM32 静态内存管理
 8   ************************************************************************
 9   * @attention
10   *
11   * 实验平台：基于野火 STM32 全系列（M3/4/7）开发板
12   * 论坛：http://www.firebbs.cn
13   * 淘宝：https://fire-stm32.taobao.com
14   *
15   ************************************************************************
16   */
17
18 /*
19 *************************************************************************
20 *                               包含的头文件
21 *************************************************************************
22 */
23 #include "board.h"
24 #include "rtthread.h"
25
26
27 /*
28 ***********************************************************************
29 *                                变量
30 ***********************************************************************
31 */
32 /* 定义线程控制块 */
33 static rt_thread_t alloc_thread = RT_NULL;
34 static rt_thread_t free_thread = RT_NULL;
35 /* 定义内存池控制块 */
36 static rt_mp_t test_mp = RT_NULL;
37 /* 定义申请内存的指针 */
38 static rt_uint32_t *p_test = RT_NULL;
39
40
41 /************************* 全局变量声明 ****************************/
42 /*
43 * 当我们写应用程序时，可能需要用到一些全局变量
44 */
45
46 /* 相关宏定义 */
47 #define  BLOCK_COUNT   20                //内存块数量
48 #define  BLOCK_SIZE   3                  //内存块大小
49
```

```
50
51 /*
52 ******************************************************************************
53 *                              函数声明
54 ******************************************************************************
55 */
56 static void alloc_thread_entry(void *parameter);
57 static void free_thread_entry(void *parameter);
58
59 /*
60 ******************************************************************************
61 *                              main()函数
62 ******************************************************************************
63 */
64 /**
65   * @brief  主函数
66   * @param  无
67   * @retval 无
68   */
69 int main(void)
70 {
71     /*
72      * 开发板硬件初始化，RTT系统初始化已经在main()函数之前完成，
73      * 即在component.c文件中的rtthread_startup()函数中完成了。
74      * 所以在main()函数中，只需要创建线程和启动线程即可
75      */
76     rt_kprintf("这是一个[野火]-STM32全系列开发板-RTT静态内存管理实验！\n");
77     rt_kprintf("正在创建一个内存池...........\n");
78     /* 创建一个静态内存池 */
79     test_mp = rt_mp_create("test_mp",
80                            BLOCK_COUNT,
81                            BLOCK_SIZE);
82     if (test_mp != RT_NULL)
83         rt_kprintf("静态内存池创建成功！\n\n");
84
85     /* 创建一个线程 */
86     alloc_thread =                             /* 线程控制块指针 */
87         rt_thread_create( "alloc",             /* 线程名字 */
88                           alloc_thread_entry,  /* 线程入口函数 */
89                           RT_NULL,             /* 线程入口函数参数 */
90                           512,                 /* 线程栈大小 */
91                           1,                   /* 线程的优先级 */
92                           20);                 /* 线程时间片 */
93
94     /* 启动线程，开启调度 */
95     if (alloc_thread != RT_NULL)
96         rt_thread_startup(alloc_thread);
97     else
98         return -1;
99
100     free_thread =                             /* 线程控制块指针 */
```

```
101         rt_thread_create( "free",                /* 线程名字 */
102                           free_thread_entry,     /* 线程入口函数 */
103                           RT_NULL,               /* 线程入口函数参数 */
104                           512,                   /* 线程栈大小 */
105                           2,                     /* 线程的优先级 */
106                           20);                   /* 线程时间片 */
107
108     /* 启动线程，开启调度 */
109     if (free_thread != RT_NULL)
110         rt_thread_startup(free_thread);
111     else
112         return -1;
113 }
114
115 /*
116 *************************************************************************
117 *                               线程定义
118 *************************************************************************
119 */
120
121 static void alloc_thread_entry(void *parameter)
122 {
123     rt_kprintf("正在向内存池申请内存..........\n");
124
125     p_test = rt_mp_alloc(test_mp,0);
126     if (RT_NULL == p_test) /* 没有申请成功 */
127         rt_kprintf("静态内存申请失败！\n");
128     else
129         rt_kprintf("静态内存申请成功，地址为%d！\n\n",p_test);
130
131     rt_kprintf("正在向p_test写入数据..........\n");
132     *p_test = 1234;
133     rt_kprintf("已经写入p_test地址的数据\n");
134     rt_kprintf("*p_test = %.4d ,地址为%d\n\n", *p_test,p_test);
135
136     /* 线程是一个无限循环，不能返回 */
137     while (1) {
138         LED2_TOGGLE;
139         rt_thread_delay(1000);      //每1000ms扫描一次
140     }
141 }
142
143 static void free_thread_entry(void *parameter)
144 {
145     rt_err_t uwRet = RT_EOK;
146     rt_kprintf("正在释放内存..........\n");
147     rt_mp_free(p_test);
148     rt_kprintf("释放内存成功！\n\n");
149     rt_kprintf("正在删除内存..........\n");
150     uwRet = rt_mp_delete(test_mp);
151     if (RT_EOK == uwRet)
```

```
152             rt_kprintf("删除内存成功! \n");
153         /* 线程是一个无限循环，不能返回 */
154         while (1) {
155             LED1_TOGGLE;
156             rt_thread_delay(500);        //每500ms扫描一次
157         }
158 }
159/*****************************END OF FILE****************************/
```

21.6.2 动态内存管理实验

动态内存管理实验是在 RT-Thread 中创建了两个线程，其中一个线程是申请内存，另一个线程是清除内存块中的内容以及释放内存。在不需要内存时，要注意及时释放该段内存，避免内存泄露。具体实现参见代码清单 21-20 中加粗部分。

代码清单21-20 动态内存管理实验

```
 1 /**
 2   *********************************************************************
 3   * @file    main.c
 4   * @author  fire
 5   * @version V1.0
 6   * @date    2018-xx-xx
 7   * @brief   RT-Thread 3.0 + STM32 动态内存管理
 8   *********************************************************************
 9   * @attention
10   *
11   * 实验平台：基于野火 STM32 全系列（M3/4/7）开发板
12   * 论坛 :http://www.firebbs.cn
13   * 淘宝 :https://fire-stm32.taobao.com
14   *
15   **********************************************************************
16   */
17
18 /*
19 *************************************************************************
20 *                               包含的头文件
21 *************************************************************************
22 */
23 #include "board.h"
24 #include "rtthread.h"
25
26
27 /*
28 ******************************************************************
29 *                               变量
30 ******************************************************************
31 */
32 /* 定义线程控制块 */
33 static rt_thread_t alloc_thread = RT_NULL;
```

```
34 static rt_thread_t free_thread = RT_NULL;
35
36 /* 定义申请内存的指针 */
37 static rt_uint32_t *p_test = RT_NULL;
38
39 /************************* 全局变量声明 ****************************/
40 /*
41  * 当我们写应用程序时，可能需要用到一些全局变量
42  */
43
44 /* 相关宏定义 */
45 #define  TEST_SIZE   100                 //内存大小（字节）
46
47
48 /*
49 *************************************************************************
50 *                              函数声明
51 *************************************************************************
52 */
53 static void alloc_thread_entry(void *parameter);
54 static void free_thread_entry(void *parameter);
55
56 /*
57 *************************************************************************
58 *                             main()函数
59 *************************************************************************
60 */
61 /**
62   * @brief  主函数
63   * @param  无
64   * @retval 无
65   */
66 int main(void)
67 {
68     /*
69      * 开发板硬件初始化，RTT系统初始化已经在main()函数之前完成，
70      * 即在component.c文件中的rtthread_startup()函数中完成了。
71      * 所以在main()函数中，只需要创建线程和启动线程即可
72      */
73     rt_kprintf("这是一个[野火]-STM32全系列开发板-RTT动态内存管理实验！\n");
74
75     /* 创建一个线程 */
76     alloc_thread =                                  /* 线程控制块指针 */
77         rt_thread_create( "alloc",                  /* 线程名字 */
78                           alloc_thread_entry,       /* 线程入口函数 */
79                           RT_NULL,                  /* 线程入口函数参数 */
80                           512,                      /* 线程栈大小 */
81                           1,                        /* 线程的优先级 */
82                           20);                      /* 线程时间片 */
83
84     /* 启动线程，开启调度 */
```

```
85      if (alloc_thread != RT_NULL)
86          rt_thread_startup(alloc_thread);
87      else
88          return -1;
89
90      free_thread =                                   /* 线程控制块指针 */
91          rt_thread_create( "free",                   /* 线程名字 */
92                            free_thread_entry,        /* 线程入口函数 */
93                            RT_NULL,                  /* 线程入口函数参数 */
94                            512,                      /* 线程栈大小 */
95                            2,                        /* 线程的优先级 */
96                            20);                      /* 线程时间片 */
97
98      /* 启动线程，开启调度 */
99      if (free_thread != RT_NULL)
100          rt_thread_startup(free_thread);
101      else
102          return -1;
103 }
104
105 /*
106 ******************************************************************
107 *                               线程定义
108 ******************************************************************
109 */
110
111 static void alloc_thread_entry(void *parameter)
112 {
113     rt_kprintf("正在向内存池申请内存...........\n");
114     p_test = rt_malloc(TEST_SIZE);     /* 申请动态内存 */
115     if (RT_NULL == p_test) /* 没有申请成功 */
116         rt_kprintf("动态内存申请失败！ \n");
117     else
118         rt_kprintf("动态内存申请成功，地址为%d！ \n\n",p_test);
119
120     rt_kprintf("正在向p_test写入数据...........\n");
121     *p_test = 1234;
122     rt_kprintf("已经写入p_test地址的数据\n");
123     rt_kprintf("*p_test = %.4d ,地址为%d\n\n", *p_test,p_test);
124
125     /* 线程是一个无限循环，不能返回 */
126     while (1) {
127         LED2_TOGGLE;
128         rt_thread_delay(1000);     //每1000ms扫描一次
129     }
130 }
131
132 static void free_thread_entry(void *parameter)
133 {
134     rt_kprintf("正在释放内存...........\n");
135     rt_free(p_test);
```

```
136         rt_kprintf("释放内存成功! \n\n");
137
138         /* 线程是一个无限循环，不能返回 */
139         while (1) {
140             LED1_TOGGLE;
141             rt_thread_delay(500);       //每500ms扫描一次
142         }
143 }
144 /****************************END OF FILE****************************/
```

21.7　实验现象

21.7.1　静态内存管理实验现象

程序编译好，用USB线连接计算机和开发板的USB接口（对应丝印为USB转串口），用DAP仿真器把配套程序下载到野火STM32开发板（具体型号根据购买的板子而定，每个型号的板子都有对应的程序），在计算机上打开串口调试助手，然后复位开发板就可以在调试助手中看到rt_kprintf()的打印信息与运行结果，开发板的LED灯也在闪烁，具体如图21-14所示。

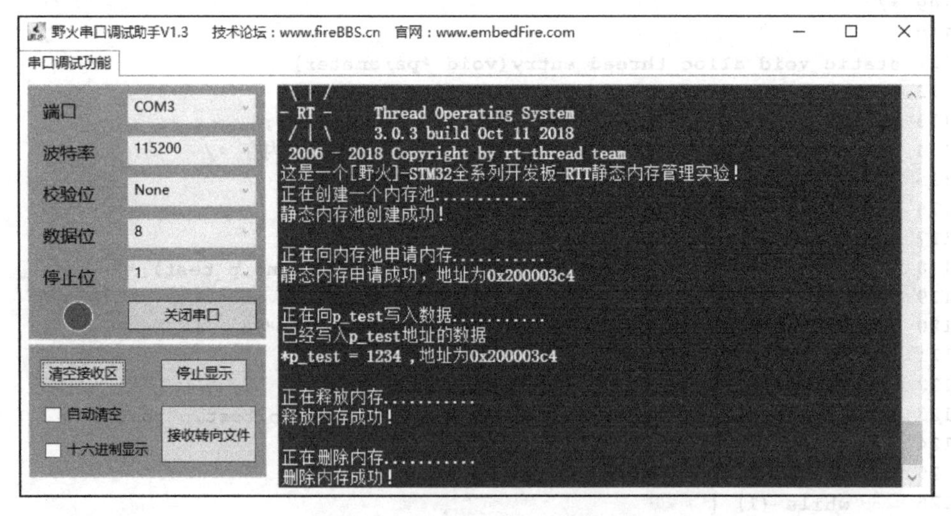

图21-14　静态内存管理实验现象

21.7.2　动态内存管理实验现象

程序编译好，用USB线连接计算机和开发板的USB接口（对应丝印为USB转串口），用DAP仿真器把配套程序下载到野火STM32开发板（具体型号根据购买的板子而定，每个型号的板子都有对应的程序），在计算机上打开串口调试助手，然后复位开发板就可以在调试助手中看到 rt_kprintf() 的打印信息与运行结果，开发板的 LED 灯也在闪烁，具体如图 21-15 所示。

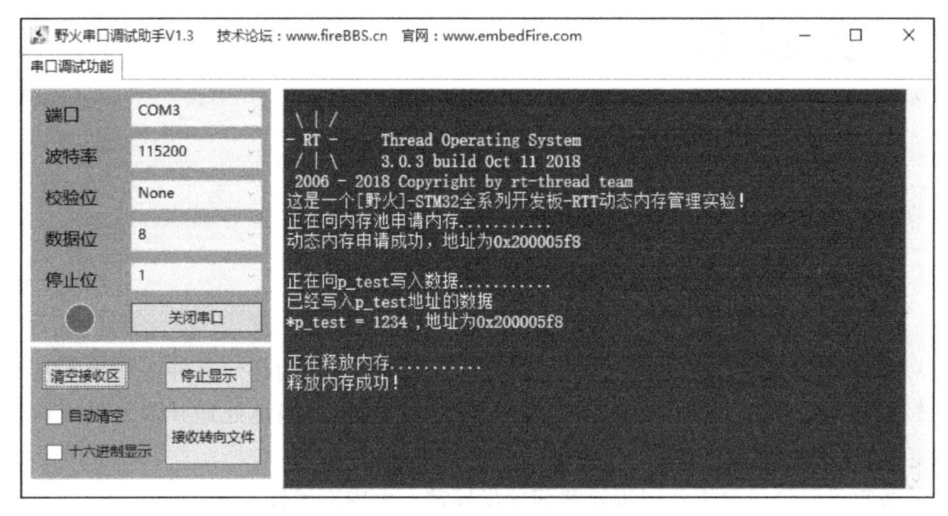

图 21-15　动态内存管理实验现象

第 22 章 中断管理

22.1 异常与中断的基本概念

异常是指导致处理器脱离正常运行而转向执行特殊代码的任何事件，如果不及时进行处理，轻则系统出错，重则会导致系统毁灭性瘫痪。所以正确地处理异常是提高软件鲁棒性（稳定性）非常重要的一环，对于实时系统更是如此。

异常通常可以分成两类：同步异常和异步异常。由内部事件（像处理器指令运行产生的事件）引起的异常称为同步异常，例如，造成被零除的算术运算引发一个异常。又如，在某些处理器体系结构中，对于确定的数据尺寸必须从内存的偶数地址进行读和写操作，从一个奇数内存地址的读或写操作将引起存储器存取一个错误事件并引起一个异常。

异步异常主要是指由外部硬件装置产生的事件引起的异常。

同步异常不同于异步异常的地方是事件的来源，同步异常事件是由于执行某些指令而从处理器内部产生的，而异步异常事件的来源是外部硬件装置，例如按下设备某个按钮产生的事件。同步异常与异步异常的区别还在于，同步异常触发后，系统必须立刻进行处理而不能依然执行原有的程序指令步骤；而异步异常则可以延缓处理甚至是忽略，例如按键中断异常，虽然中断异常触发了，但是系统可以忽略它继续运行（同样也忽略了相应的按键事件）。

中断属于异步异常。所谓中断，是指中央处理器（CPU）正在处理某件事时，外部发生了某一事件，请求 CPU 迅速处理，CPU 暂时中断当前的工作，转而处理所发生的事件，处理完后，再回到原来被中断的地方，继续原来的工作。

无论线程具有什么样的优先级，中断都能打断线程的运行，因此中断一般用于处理比较紧急的事件，而且只做简单处理，例如标记该事件。在使用 RT-Thread 系统时，一般建议使用信号量、消息或事件标志组等标志中断的发生，将这些内核对象发布给处理线程，处理线程再做具体处理。

通过中断机制，在外设不需要 CPU 介入时，CPU 可以执行其他线程，而当外设需要 CPU 时，通过产生中断信号使 CPU 立即停止当前线程转而响应中断请求。这样可以使 CPU 避免把大量时间耗费在等待、查询外设状态的操作上，因此将大大提高系统实时性以及执行效率。

此处读者要知道一点，RT-Thread 源码中有多处临界段，临界段虽然保护了关键代码的执行不被打断，但也会影响系统的实时性，任何使用了操作系统的中断响应都不会比裸机快。比如，某个时候有一个线程在运行中，并且该线程的部分程序将中断屏蔽掉，也就是进入临界段中，这时如果有一个紧急的中断事件被触发，这个中断就会被挂起，不能得到及时响应，必须等到中断开启才可以得到响应。如果屏蔽中断的时间超过了紧急中断能够容忍的限度，危害是可想而知的。所以，操作系统的中断在某些时候会有适当的中断延迟，因此调用中断屏蔽函数进入临界段时，也需要快进快出。

RT-Thread 的中断管理支持：

- 开 / 关中断。
- 恢复中断。
- 中断启用。
- 中断屏蔽。

22.1.1　中断

与中断相关的硬件可以划分为 3 类：外设、中断控制器、CPU。

- 外设：当外设需要请求 CPU 时，产生一个中断信号，该信号连接至中断控制器。
- 中断控制器：中断控制器是 CPU 众多外设中的一个，它一方面接收其他外设中断信号的输入，另一方面会发出中断信号给 CPU。可以通过对中断控制器编程实现对中断源的优先级、触发方式、打开和关闭源等设置操作。在 Cortex-M 系列控制器中，常用的中断控制器是 NVIC（Nested Vectored Interrupt Controller，内嵌向量中断控制器）。
- CPU：CPU 会响应中断源的请求，中断当前正在执行的线程，转而执行中断处理程序。NVIC 最多支持 240 个中断，每个中断最多有 256 个优先级。

22.1.2　和中断相关的术语

- 中断号：每个中断请求信号都会有特定的标志，使得计算机能够判断是哪个设备提出的中断请求，这个标志就是中断号。
- 中断请求："紧急事件"需向 CPU 提出申请，要求 CPU 暂停当前执行的线程，转而处理该"紧急事件"，这一申请过程称为中断请求。
- 中断优先级：为使系统能够及时响应并处理所有中断，系统根据中断时间的重要性和紧迫程度，将中断源分为若干个级别，称作中断优先级。
- 中断处理程序：当外设产生中断请求后，CPU 暂停当前的线程，转而响应中断申请，即执行中断处理程序。
- 中断触发：中断源发出并送给 CPU 控制信号，将中断触发器置"1"，表明该中断源产生了中断，要求 CPU 去响应该中断，CPU 暂停当前线程，执行相应的中断处理程序。

- 中断触发类型：外部中断申请通过一个物理信号发送到 NVIC，可以是电平触发或边沿触发。
- 中断向量：中断服务程序的入口地址。
- 中断向量表：存储中断向量的存储区，中断向量与中断号对应，中断向量在中断向量表中按照中断号顺序存储。
- 临界段：代码的临界段也称为临界区，一旦这部分代码开始执行，就不允许任何中断打断。为确保临界段代码的执行不被中断，在进入临界段之前需关中断，而临界段代码执行完毕后，要立即开中断。RT-Thread 支持中断屏蔽和中断启用。

22.2　中断管理的运作机制

当中断产生时，处理器将按如下顺序执行：

1）保存当前处理器状态信息。

2）载入异常或中断处理函数到 PC 寄存器。

3）把控制权转交给处理函数并开始执行。

4）当处理函数执行完成时，恢复处理器状态信息。

5）从异常或中断返回到前一个程序执行点。

中断使得 CPU 可以在事件发生时才进行处理，而不必让 CPU 连续不断地查询是否有相应的事件发生。通过关中断和开中断这两条特殊指令可以让处理器不响应或响应中断。在关闭中断期间，通常处理器会把新产生的中断挂起，当中断打开时立刻进行响应，所以会有适当的延时响应中断，故用户在进入临界区时应快进快出。

中断发生的环境有两种：在线程的上下文中，在中断服务函数处理上下文中。

- 如果线程在工作时发生了一个中断，无论中断的优先级是多大，都会打断当前线程的执行，转到对应的中断服务函数中执行，其过程具体如图 22-1 所示。

图 22-1（1）、（3）：在线程运行时发生了中断，那么中断会打断线程的运行，操作系统将先保存当前线程的上下文，转而去处理中断服务函数。

图 22-1（2）、（4）：当且仅当中断服务函数处理完时才恢复线程的上下文，继续运行线程。

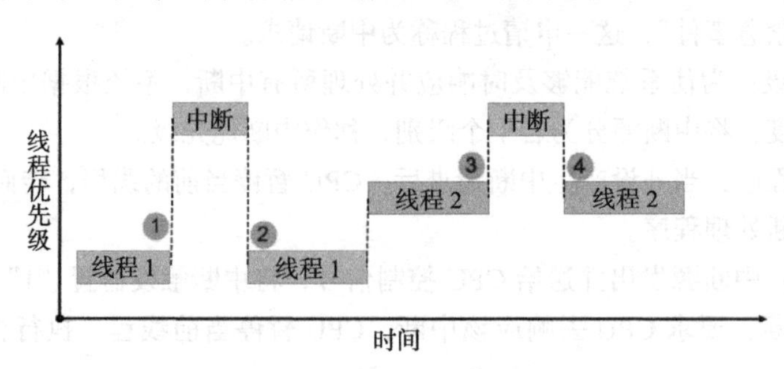

图 22-1　中断发生在线程上下文

- 在执行中断服务例程的过程中，如果有更高优先级别的中断源触发中断，由于当前处于中断处理上下文中，那么根据不同的处理器架构可能有不同的处理方式：新的中断等待挂起，直到当前中断处理离开后再行响应；新的高优先级中断打断当前中断处理过程，去直接响应更高优先级的新中断源。后面这种情况，称为中断嵌套。在硬实时环境中，前一种情况是不允许发生的，不能使响应中断的时间尽量短。而在软件处理（软实时环境）中，RT-Thread 允许中断嵌套，即在一个中断服务例程期间，处理器可以响应另外一个优先级更高的中断，过程如图 22-2 所示。

对于图 22-2（1）当中断 1 的服务函数在处理时发生了中断 2，由于中断 2 的优先级比中断 1 更高，所以发生了中断嵌套，那么操作系统将先保存当前中断服务函数的上下文环境，并且转向处理中断 2，当且仅当中断 2 执行完时（见图 22-2（2）），才能继续执行中断 1。

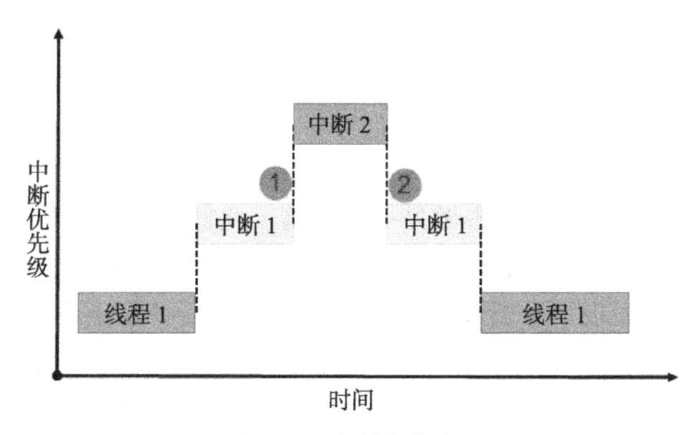

图 22-2　中断嵌套发生

22.3　中断延迟的概念

即使操作系统的响应很快了，对于中断的处理也存在中断延迟响应的问题，我们称之为中断延迟（Interrupt Latency）。

中断延迟是指从硬件中断发生到开始执行中断处理程序第一条指令之间的时间。也就是系统接收到中断信号到操作系统做出响应，并完成转入中断服务程序的时间。也可以简单地理解为（外部）硬件（设备）发生中断，到系统执行中断服务子程序（ISR）的第一条指令的时间。

中断的处理过程是，外界硬件发生了中断后，CPU 到中断处理器读取中断向量，并且查找中断向量表，找到对应的中断服务子程序（ISR）的首地址，然后跳转到对应的 ISR 去做相应处理。这部分时间可称为识别中断时间。

在允许中断嵌套的实时操作系统中，中断也是基于优先级的，允许高优先级中断打断正在处理的低优先级中断，所以，如果当前正在处理更高优先级的中断，即使此时有低优先级的中断，系统也不会立刻响应，而是等到高优先级的中断处理完之后才会响应。在不支持中断嵌套的情况下，即中断是没有优先级的，不允许被打断，如果当前系统正在处理一个中断，而此时另一个中断到来了，系统是不会立即响应的，而是等处理完当前的中断之后，才会处理后来的中断。此部分时间，可称为等待中断打开时间。

在操作系统中，很多时候我们会主动进入临界段，系统不允许当前状态被中断打断，所以在临界区发生的中断会被挂起，直到退出临界段时才打开中断。此部分时间，可称为关闭中断时间。

中断延迟可以定义为从中断开始的时刻到中断服务例程开始执行的时刻之间的时间段：

中断延迟 = 识别中断时间 + [等待中断打开时间] + [关闭中断时间]

注意：“[ ]”中的时间不一定都存在，此处为最大可能的中断延迟时间。

22.4 中断管理的应用场景

中断在嵌入式处理器中应用得非常多，没有中断的系统不是好系统，因为有中断，才能启动或者停止某件事情，从而转去做另一件事情。我们可以举一个日常生活中的例子来说明，假如你正在给朋友写信，电话铃响了，这时你放下手中的笔去接电话，通话完毕再继续写信。这个例子就表现了中断及其处理的过程：电话铃声使你暂时中止当前的工作，而去处理更急于处理的事情——接电话，当把急于处理的事情处理完之后，再回过头来继续原来的事情。在这个例子中，电话铃声就可以称为“中断请求”，而暂停写信去接电话就叫作“中断响应”，那么接电话的过程就是“中断处理”。由此我们可以看出，在计算机执行程序的过程中，由于出现某个特殊情况（或称为“特殊事件”），使得系统暂时中止现行程序，而转去处理这一特殊事件的程序，处理完之后再回到原来程序的中断点继续向下执行。

为什么说没有中断的系统不是好系统呢？我们可以再举一个例子来说明中断的作用。假设有一个朋友来拜访你，但是由于不知何时到达，你只能在门口等待，于是什么事情也干不了；但如果在门口装一个门铃，你就不必在门口等待而可以在家里做其他的工作，朋友来了按门铃通知你，这时你才中断手中的工作去开门，这就避免了不必要的等待。CPU 也是一样，如果时间都浪费在查询上，那这个 CPU 什么也干不了，发挥不了其应有的作用。在嵌入式系统中合理利用中断，能更好地利用 CPU 的资源。

22.5 ARM Cortex-M 的中断管理

ARM Cortex-M 内核的中断是不受 RT-Thread 管理的，所以 RT-Thread 中的中断使用其实与裸机中差别不大，需要我们自己配置中断，并且启用中断，编写中断服务函数，在中断服务函数中使用内核 IPC 通信机制。一般建议使用信号量、消息或事件标志组等标志事件的发生，将事件发布给处理线程，等退出中断后再由相关处理线程具体处理中断。由于中断不受 RT-Thread 管理，所以不需要使用 RT-Thread 提供的函数（中断屏蔽与启用除外）。

ARM Cortex-M NVIC 支持中断嵌套功能：当一个中断触发并且系统进行响应时，处理器硬件会将当前运行的部分上下文寄存器自动压入中断栈中，这部分寄存器包括 PSR、r0、r1、r2、r3 以及 r12。当系统正在服务一个中断时，如果有一个更高优先级的中断触发，那么处理器同样会打断当前运行的中断服务例程，然后把旧的中断服务例程上下文的 PSR、r0、r1、r2、r3 和 r12 寄存器自动保存到中断栈中。这部分上下文寄存器保存到中断栈的行为完全是硬件行为，这一点是与其他 ARM 处理器区别最大之处（以往都需要依赖于软件保存上下文）。

另外，在 ARM Cortex-M 系列处理器上，所有中断都采用中断向量表的方式进行处理，即当一个中断触发时，处理器将直接判定是哪个中断源，然后直接跳转到相应的固定位置进行处理。而在 ARM7、ARM9 中，一般是先跳转进入 IRQ 入口，然后再由软件判断是哪个中断源触发，获得了相对应的中断服务例程入口地址后，再进行后续的中断处理。ARM7、ARM9 的好处在于，所有中断都有统一的入口地址，便于操作系统统一管理。而 ARM Cortex-M 系列处理器则恰恰相反，每个中断服务例程必须排列在一起放在统一的地址（这个地址必须设置到 NVIC 的中断向量偏移寄存器中）上。中断向量表一般由一个数组定义（或在起始代码中给出），在 STM32 上，默认采用起始代码给出，具体参见代码清单 22-1。

代码清单22-1　中断向量表（部分）

```
 1 __Vectors       DCD     __initial_sp              ; Top of Stack
 2                 DCD     Reset_Handler             ; Reset Handler
 3                 DCD     NMI_Handler               ; NMI Handler
 4                 DCD     HardFault_Handler         ; Hard Fault Handler
 5                 DCD     MemManage_Handler         ; MPU Fault Handler
 6                 DCD     BusFault_Handler          ; Bus Fault Handler
 7                 DCD     UsageFault_Handler        ; Usage Fault Handler
 8                 DCD     0                         ; Reserved
 9                 DCD     0                         ; Reserved
10                 DCD     0                         ; Reserved
11                 DCD     0                         ; Reserved
12                 DCD     SVC_Handler               ; SVCall Handler
13  DCD     DebugMon_Handler           ; Debug Monitor Handler
14                 DCD     0                         ; Reserved
15                 DCD     PendSV_Handler            ; PendSV Handler
16                 DCD     SysTick_Handler           ; SysTick Handler
17
18                 ; External Interrupts
19                 DCD     WWDG_IRQHandler           ; Window Watchdog
20  DCD     PVD_IRQHandler            ; PVD through EXTI Line detect
21                 DCD     TAMPER_IRQHandler         ; Tamper
22                 DCD     RTC_IRQHandler            ; RTC
23                 DCD     FLASH_IRQHandler          ; Flash
24                 DCD     RCC_IRQHandler            ; RCC
```

```
25                 DCD     EXTI0_IRQHandler              ; EXTI Line 0
26                 DCD     EXTI1_IRQHandler              ; EXTI Line 1
27                 DCD     EXTI2_IRQHandler              ; EXTI Line 2
28                 DCD     EXTI3_IRQHandler              ; EXTI Line 3
29                 DCD     EXTI4_IRQHandler              ; EXTI Line 4
30                 DCD     DMA1_Channel1_IRQHandler      ; DMA1 Channel 1
31                 DCD     DMA1_Channel2_IRQHandler      ; DMA1 Channel 2
32                 DCD     DMA1_Channel3_IRQHandler      ; DMA1 Channel 3
33                 DCD     DMA1_Channel4_IRQHandler      ; DMA1 Channel 4
34                 DCD     DMA1_Channel5_IRQHandler      ; DMA1 Channel 5
35                 DCD     DMA1_Channel6_IRQHandler      ; DMA1 Channel 6
36                 DCD     DMA1_Channel7_IRQHandler      ; DMA1 Channel 7
37
38                 ……
39
```

RT-Thread 在 Cortex-M 系列处理器上也遵循与裸机中断一致的方法，当用户需要使用自定义的中断服务例程时，只需要定义相同名称的函数覆盖弱化符号即可。所以，RT-Thread 在 Cortex-M 系列处理器中的中断控制其实与裸机没什么差别。

22.6 中断管理实验

中断管理实验是在 RT-Thread 中创建了两个线程（分别用于获取信号量与消息队列），并且定义了两个按键 KEY1 与 KEY2 的触发方式为中断触发，其触发的中断服务函数则与裸机一样，在中断触发时通过消息队列将消息传递给线程，线程接收到消息就将其通过串口调试助手显示出来。而且中断管理实验也实现了一个串口的 DMA 传输 + 空闲中断功能，当串口接收完不定长的数据之后产生一个空闲中断，在中断中将信号量传递给线程，线程在收到信号量时将串口的数据读取出来并且在串口调试助手中回显，具体实现参见代码清单 22-2 中加粗部分。

代码清单22-2　中断管理的实验

```
 1 /**
 2   ******************************************************************************
 3   * @file    main.c
 4   * @author  fire
 5   * @version V1.0
 6   * @date    2018-xx-xx
 7   * @brief   RT-Thread 3.0 + STM32 中断管理
 8   ******************************************************************************
 9   * @attention
10   *
11   * 实验平台：基于野火 STM32 全系列（M3/4/7）开发板
12   * 论坛 :http://www.firebbs.cn
13   * 淘宝 :https://fire-stm32.taobao.com
14   *
```

```
15    ************************************************************************
16    */
17
18 /*
19 *************************************************************************
20 *                              包含的头文件
21 *************************************************************************
22 */
23 #include "board.h"
24 #include "rtthread.h"
25 #include <string.h>
26
27 /*
28 ******************************************************************
29 *                                 变量
30 ******************************************************************
31 */
32 /* 定义线程控制块 */
33 static rt_thread_t key_thread = RT_NULL;
34 static rt_thread_t usart_thread = RT_NULL;
35 /* 定义消息队列控制块 */
36 rt_mq_t test_mq = RT_NULL;
37 /* 定义信号量控制块 */
38 rt_sem_t test_sem = RT_NULL;
39
40 /************************** 全局变量声明 ****************************/
41 /*
42  * 当我们写应用程序时，可能需要用到一些全局变量
43  */
44
45 /* 相关宏定义 */
46 externchar Usart_Rx_Buf[USART_RBUFF_SIZE];
47
48 /*
49 *************************************************************************
50 *                              函数声明
51 *************************************************************************
52 */
53 static void key_thread_entry(void *parameter);
54 static void usart_thread_entry(void *parameter);
55
56 /*
57 *************************************************************************
58 *                              main() 函数
59 *************************************************************************
60 */
61 /**
62   * @brief  主函数
63   * @param  无
64   * @retval 无
```

```
65  */
66 int main(void)
67 {
68     /*
69      * 开发板硬件初始化，RTT系统初始化已经在main()函数之前完成，
70      * 即在component.c文件的rtthread_startup()函数中完成了。
71      * 所以在main()函数中，只需要创建线程和启动线程即可
72      */
73     rt_kprintf("这是一个[野火]-STM32全系列开发板-RTT中断管理实验！\n");
74     rt_kprintf("按下KEY1 | KEY2触发中断！\n");
75     rt_kprintf("串口发送数据触发中断，任务处理数据！\n");
76     /* 创建一个消息队列 */
77     test_mq = rt_mq_create("test_mq", /* 消息队列名字 */
78                            4,          /* 消息的最大长度 */
79                            2,          /* 消息队列的最大容量 */
80                            RT_IPC_FLAG_FIFO);/* 队列模式 FIFO(0x00)*/
81     if (test_mq != RT_NULL)
82         rt_kprintf("消息队列创建成功！\n\n");
83
84     /* 创建一个信号量 */
85     test_sem = rt_sem_create("test_sem", /* 消息队列名字 */
86                              0,          /* 信号量初始值，默认有一个信号量 */
87                              RT_IPC_FLAG_FIFO); /* 信号量模式 FIFO(0x00)*/
88     if (test_sem != RT_NULL)
89         rt_kprintf("信号量创建成功！\n\n");
90
91     /* 创建一个线程 */
92     key_thread =                                          /* 线程控制块指针 */
93         rt_thread_create( "key",                          /* 线程名字 */
94                           key_thread_entry,               /* 线程入口函数 */
95                           RT_NULL,                        /* 线程入口函数参数 */
96                           512,                            /* 线程栈大小 */
97                           1,                              /* 线程的优先级 */
98                           20);                            /* 线程时间片 */
99
100     /* 启动线程，开启调度 */
101     if (key_thread != RT_NULL)
102         rt_thread_startup(key_thread);
103     else
104         return -1;
105
106     usart_thread =                                        /* 线程控制块指针 */
107         rt_thread_create( "usart",                        /* 线程名字 */
108                           usart_thread_entry,             /* 线程入口函数 */
109                           RT_NULL,                        /* 线程入口函数参数 */
110                           512,                            /* 线程栈大小 */
111                           2,                              /* 线程的优先级 */
112                           20);                            /* 线程时间片 */
113
114     /* 启动线程，开启调度 */
115     if (usart_thread != RT_NULL)
```

```
116         rt_thread_startup(usart_thread);
117     else
118         return -1;
119 }
120
121 /*
122 ******************************************************************
123 *                              线程定义
124 ********************************************************************
125 */
126
127 static void key_thread_entry(void *parameter)
128 {
129     rt_err_t uwRet = RT_EOK;
130     uint32_t r_queue;
131     /* 线程是一个无限循环，不能返回 */
132     while (1) {
133         /* 队列读取（接收），等待时间为一直等待 */
134         uwRet = rt_mq_recv(test_mq, /* 读取（接收）队列的 ID（句柄） */
135                            &r_queue,      /* 读取（接收）的数据的保存位置 */
136                            sizeof(r_queue), /* 读取（接收）的数据的长度 */
137                            RT_WAITING_FOREVER); /* 等待时间：一直等 */
138         if (RT_EOK == uwRet) {
139             rt_kprintf("触发中断的是 KEY%d!\n",r_queue);
140         } else {
141             rt_kprintf("数据接收出错，错误代码：0x%lx\n",uwRet);
142         }
143         LED1_TOGGLE;
144     }
145 }
146
147 static void usart_thread_entry(void *parameter)
148 {
149     rt_err_t uwRet = RT_EOK;
150     /* 线程是一个无限循环，不能返回 */
151     while (1) {
152         uwRet = rt_sem_take(test_sem,      /* 获取串口中断的信号量 */
153                             0);     /* 等待时间：0 */
154         if (RT_EOK == uwRet) {
155             rt_kprintf("收到数据:%s\n",Usart_Rx_Buf);
156             memset(Usart_Rx_Buf,0,USART_RBUFF_SIZE);/* 清零 */
157         }
158     }
159 }
160/****************************END OF FILE****************************/
```

而中断服务函数则需要我们自己编写，并且通过信号量告知线程，具体实现参见代码清单 22-3。

代码清单22-3　中断管理——中断服务函数

```
1 /* 该文件统一用于存放中断服务函数 */
2 #include "stm32f10x_it.h"
```

```
 3 #include "board.h"
 4 #include "rtthread.h"
 5
 6 /* 外部定义消息队列控制块 */
 7 extern rt_mq_t test_mq;
 8
 9 uint32_t send_data1 = 1;
10 uint32_t send_data2 = 2;
11 /******************************************************************
12   * @ 函数名: KEY1_IRQHandler
13   * @ 功能说明: 中断服务函数
14   * @ 参数: 无
15   * @ 返回值: 无
16   ****************************************************************/
17 void KEY1_IRQHandler(void)
18 {
19     //确保是否产生了EXTI Line中断
20     if (EXTI_GetITStatus(KEY1_INT_EXTI_LINE) != RESET) {
21         /* 将数据写入（发送到）队列中，等待时间为 0  */
22         rt_mq_send(   test_mq,/* 写入（发送到）队列的ID(句柄) */
23                       &send_data1, /* 写入（发送）的数据 */
24                       sizeof(send_data1)); /* 数据的长度 */
25         //清除中断标志位
26         EXTI_ClearITPendingBit(KEY1_INT_EXTI_LINE);
27     }
28 }
29 /***************************************************************
30   * @ 函数名: KEY1_IRQHandler
31   * @ 功能说明: 中断服务函数
32   * @ 参数: 无
33   * @ 返回值: 无
34   ****************************************************************/
35 void KEY2_IRQHandler(void)
36 {
37     //确保是否产生了EXTI Line中断
38     if (EXTI_GetITStatus(KEY2_INT_EXTI_LINE) != RESET) {
39         /* 将数据写入（发送到）队列中，等待时间为 0  */
40         rt_mq_send(   test_mq,          /* 写入（发送到）队列的ID(句柄) */
41                       &send_data2,      /* 写入（发送）的数据 */
42                       sizeof(send_data2)); /* 数据的长度 */
43         //清除中断标志位
44         EXTI_ClearITPendingBit(KEY2_INT_EXTI_LINE);
45     }
46 }
47
48 // 串口中断服务函数
49 void DEBUG_USART_IRQHandler(void)
50 {
51     if (USART_GetITStatus(DEBUG_USARTx,USART_IT_IDLE)!=RESET) {
52         Uart_DMA_Rx_Data();        /* 释放一个信号量，表示数据已接收 */
53         USART_ReceiveData(DEBUG_USARTx); /* 清除标志位 */
```

```
54      }
55 }
56
```

22.7 实验现象

将程序编译好，用 USB 线连接计算机和开发板的 USB 接口（对应丝印为 USB 转串口），用 DAP 仿真器把配套程序下载到野火 STM32 开发板（具体型号根据购买的板子而定，每个型号的板子都有对应的程序），在计算机上打开串口调试助手，然后复位开发板就可以在调试助手中看到 rt_kprintf() 的打印信息，按下开发板的 KEY1 按键触发中断发送消息 1，按下 KEY2 按键发送消息 2；我们按下 KEY1 与 KEY2 按键试一试，在串口调试助手中可以看到运行结果，然后通过串口调试助手发送一段不定长信息，触发中断会在中断服务函数中发送信号量通知线程，线程接收到信号量时将串口信息打印出来，具体如图 22-3 所示。

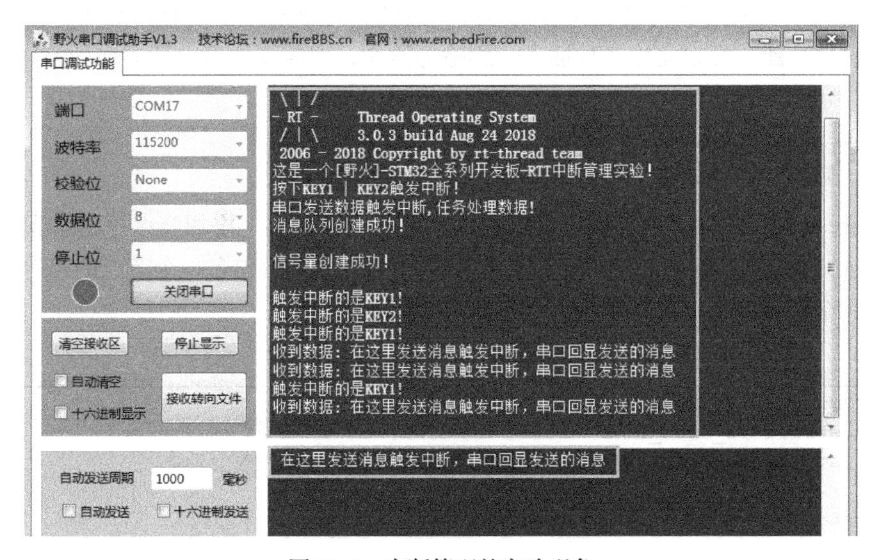

图 22-3 中断管理的实验现象

第 23 章 双向链表

23.1 双向链表的基本概念

双向链表也叫双链表，是链表的一种，是在操作系统中常用的数据结构，它的每个数据节点中都有两个指针，分别指向直接后继和直接前驱，其头指针 head 是唯一确定的。所以，从双向链表中的任意一个节点开始，都可以很方便地访问它的前驱节点和后继节点，这种数据结构形式使得双向链表在查找时更加方便，特别是大量数据的遍历。由于双向链表具有对称性，能方便地完成各种插入、删除等操作，但需要注意前后方向的操作。

23.2 双向链表函数

RT-Thread 提供了很多操作链表的函数，如链表的初始化、添加节点、删除节点等。

RT-Thread 的链表节点结构体中只有两个指针，一个是指向上一个节点的指针，另一个是指向下一个节点的指针，具体参见代码清单 23-1。

代码清单23-1 链表节点结构体

```
1 struct rt_list_node {
2     struct rt_list_node *next;  /* 指向下一个节点的指针 */
3     struct rt_list_node *prev;  /* 指向上一个节点的指针 */
4 };
5 typedef struct rt_list_node rt_list_t;
```

23.2.1 链表初始化函数 rt_list_init()

在使用链表时必须进行初始化，将链表的指针指向它自己，为以后添加节点做准备。链表的数据结构也是需要内存空间的，所以也需要进行内存的申请。链表初始化函数 rt_list_init() 的源码具体参见代码清单 23-2，其结果如图 23-1 所示。

代码清单23-2 链表初始化函数rt_list_init()源码

```
1 /**
2   * @brief 初始化一个链表
3   *
```

```
4   * @param
5   */
6 rt_inline void rt_list_init(rt_list_t *l)
7 {
8     l->next = l->prev = l;
9 }
```

其初始化完成后，可以检查一下链表初始化是否成功——判断链表是不是空的即可，因为初始化完成时，链表肯定是空的。注意，在初始化链表时，其实链表就是链表头，需要申请内存。链表的初始化实例具体参见代码清单 23-3。

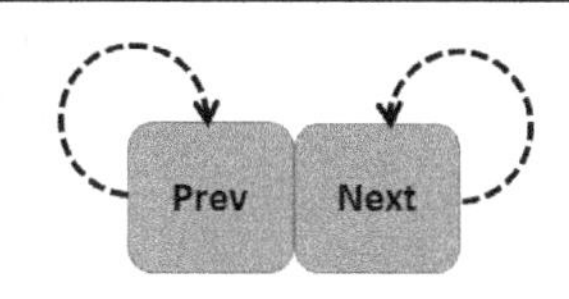

图 23-1　链表初始化示意图

代码清单23-3　链表初始化函数rt_list_init()实例

```
 1 head = rt_malloc(sizeof(rt_list_t));/* 申请动态内存 */
 2 if (RT_NULL == head) /* 没有申请成功 */
 3     rt_kprintf(" 动态内存申请失败！ \n");
 4 else
 5     rt_kprintf(" 动态内存申请成功，头节点地址为 %d！ \n",head);
 6
 7 rt_kprintf("\n 双向链表初始化中 ......\n");
 8 rt_list_init(head);
 9 if (rt_list_isempty(head))
10     rt_kprintf(" 双向链表初始化成功 !\n\n");
```

23.2.2　向链表中插入节点

1. 用于向链表指定节点后面插入节点的函数 rt_list_insert_after()

插入节点需要先申请节点大小的内存，然后根据插入的位置（在某个节点（rt_list_t *l）后面）进行插入操作，具体实现参见代码清单 23-4。

代码清单23-4　向链表指定节点后面插入节点的函数rt_list_insert_after()的源码

```
1 rt_inline void rt_list_insert_after(rt_list_t *l, rt_list_t *n)
2 {
3     l->next->prev = n;                                          (1)
4     n->next = l->next;                                          (2)
5
6     l->next = n;                                                (3)
7     n->prev = l;                                                (4)
8 }
```

这是数据结构的基本使用方法，其过程具体如图 23-2 所示。

2. 用于向链表指定节点前面插入节点的函数 rt_list_insert_before()

插入节点需要先申请节点大小的内存，然后根据插入的位置（在某个节点（rt_list_t *l）前面）进行插入操作，具体实现参见代码清单 23-5。

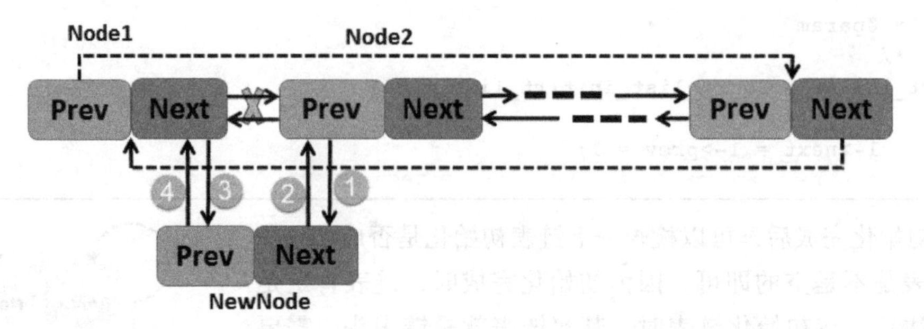

图 23-2 插入节点的过程示意图

代码清单23-5 向链表指定节点前面插入节点的函数rt_list_insert_before()的源码

```
1 rt_inline void rt_list_insert_before(rt_list_t *l, rt_list_t *n)
2 {
3     l->prev->next = n;                                          (1)
4     n->prev = l->prev;                                          (2)
5
6     l->prev = n;                                                (3)
7     n->next = l;                                                (4)
8 }
9
```

这是数据结构的基本使用方法，其过程具体如图 23-3 所示。

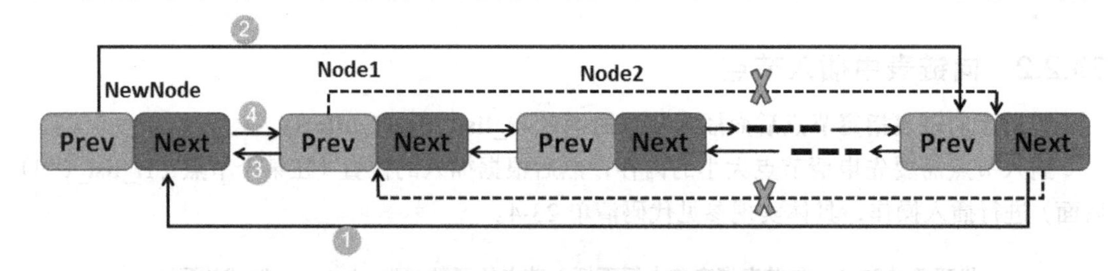

图 23-3 插入节点的过程示意图

插入节点的实例也很简单，但是要注意申请内存，具体实现参见代码清单 23-6 中加粗部分。

代码清单23-6 向链表插入节点函数实例

```
1 /* 插入节点：顺序插入与从末尾插入 */
2
3 rt_kprintf("添加节点和尾节点添加......\n");
4
5 /* 动态申请第一个节点的内存 */
6 node1 = rt_malloc(sizeof(rt_list_t));
7
8 /* 动态申请第二个节点的内存 */
9 node2 = rt_malloc(sizeof(rt_list_t));
```

```
10
11 rt_kprintf(" 添加第一个节点与第二个节点 .....\n");
12
13 /* 因为这是在某个节点后面添加一个节点函数,
14    为后面的 rt_list_insert_before()（某个节点之前）
15    添加节点做铺垫，两个函数添加完之后的顺序是
16    head-> node1-> node2 */
17
18 rt_list_insert_after(head,node2);
19
20 rt_list_insert_before(node2,node1);
21
22 if ((node1->prev == head) && (node2->prev == node1))
23     rt_kprintf(" 添加节点成功 !\n\n");
24 else
25     rt_kprintf(" 添加节点失败 !\n\n");
26
```

23.2.3 从链表删除节点函数 rt_list_remove()

删除节点与添加节点一样，其实删除节点更简单，只需要知道要删除哪个节点即可。把该节点前后的节点链接起来，那该节点就删除了，然后将该节点的指针指向节点本身即可。不过同样需要注意要释放该节点的内存，因为该节点是动态分配内存的，否则会导致内存泄露，源码具体参见代码清单 23-7，其实现过程具体如图 23-4 所示。

代码清单23-7　从链表删除节点函数rt_list_remove()源码

```
1 rt_inline void rt_list_remove(rt_list_t *n)
2 {
3     n->next->prev = n->prev;                                    (1)
4     n->prev->next = n->next;                                    (2)
5
6     n->next = n->prev = n;                                      (3)
7 }
```

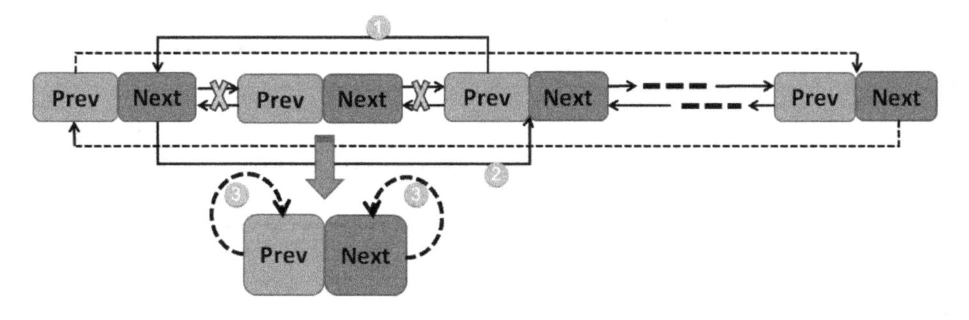

图 23-4　节点删除过程示意图

删除节点的用法也很简单，具体实现参见代码清单 23-8。

代码清单23-8 从链表删除节点函数rt_list_remove()实例

```
1 rt_kprintf("删除节点......\n");        /* 删除已有节点 */
2 rt_list_remove(node1);
3 rt_free(node1);/* 释放第一个节点的内存 */
4 if (node2->prev == head)
5     rt_kprintf("删除节点成功\n\n");
```

23.3 双向链表实验

双向链表实验将实现如下功能：

- 调用 rt_list_init() 初始双向链表。
- 调用 rt_list_insert_after() 与 rt_list_insert_ before() 向链表中增加节点。
- 调用 rt_list_remove() 删除指定节点。
- 调用 rt_list_isempty() 判断链表是否为空。
- 测试操作是否成功。

删除节点时要注意释放内存，具体实现参见代码清单 23-9 中加粗部分。

代码清单23-9 双向链表实验

```
 1 /**
 2   *********************************************************************
 3   * @file    main.c
 4   * @author  fire
 5   * @version V1.0
 6   * @date    2018-xx-xx
 7   * @brief   RT-Thread 3.0 + STM32 双向链表实验
 8   *********************************************************************
 9   * @attention
10   *
11   * 实验平台：基于野火 STM32 全系列（M3/4/7）开发板
12   * 论坛：http://www.firebbs.cn
13   * 淘宝：https://fire-stm32.taobao.com
14   *
15   **********************************************************************
16   */
17
18 /*
19 ***********************************************************************
20 *                              包含的头文件
21 ***********************************************************************
22 */
23 #include "board.h"
24 #include "rtthread.h"
25
26
27 /*
```

```
28 *************************************************************
29 *                                   变量
30 *************************************************************
31 */
32 /* 定义线程控制块 */
33 static rt_thread_t test1_thread = RT_NULL;
34 static rt_thread_t test2_thread = RT_NULL;
35
36 /************************ 全局变量声明 ****************************/
37 /*
38  * 当我们写应用程序时，可能需要用到一些全局变量
39  */
40
41 /*
42 *******************************************************************
43 *                                 函数声明
44 *******************************************************************
45 */
46 static void test1_thread_entry(void *parameter);
47 static void test2_thread_entry(void *parameter);
48
49 /*
50 *******************************************************************
51 *                               main()函数
52 *******************************************************************
53 */
54 /**
55   * @brief  主函数
56   * @param  无
57   * @retval 无
58   */
59 int main(void)
60 {
61     /*
62      * 开发板硬件初始化，RTT系统初始化已经在main()函数之前完成，
63      * 即在component.c文件中的rtthread_startup()函数中完成了。
64      * 所以在main()函数中，只需要创建线程和启动线程即可
65      */
66     rt_kprintf("这是一个[野火]-STM32全系列开发板-RTT双向链表操作实验! \n");
67
68     test1_thread =                                  /* 线程控制块指针 */
69         rt_thread_create( "test1",                  /* 线程名字 */
70                           test1_thread_entry,       /* 线程入口函数 */
71                           RT_NULL,                  /* 线程入口函数参数 */
72                           512,                      /* 线程栈大小 */
73                           2,                        /* 线程的优先级 */
74                           20);                      /* 线程时间片 */
75
76     /* 启动线程，开启调度 */
77     if (test1_thread != RT_NULL)
78         rt_thread_startup(test1_thread);
```

```
79      else
80          return -1;
81
82      test2_thread =                                      /* 线程控制块指针 */
83          rt_thread_create( "test2",                      /* 线程名字 */
84                            test2_thread_entry,           /* 线程入口函数 */
85                            RT_NULL,                      /* 线程入口函数参数 */
86                            512,                          /* 线程栈大小 */
87                            3,                            /* 线程的优先级 */
88                            20);                          /* 线程时间片 */
89
90      /* 启动线程，开启调度 */
91      if (test2_thread != RT_NULL)
92          rt_thread_startup(test2_thread);
93      else
94          return -1;
95  }
96
97  /*
98  *************************************************************************
99  *                               线程定义
100 *************************************************************************
101 */
102
103 static void test1_thread_entry(void *parameter)
104 {
105     rt_list_t *head;   /* 定义一个双向链表的头节点 */
106     rt_list_t *node1;  /* 定义一个双向链表的头节点 */
107     rt_list_t *node2;  /* 定义一个双向链表的头节点 */
108
109     head = rt_malloc(sizeof(rt_list_t));/* 申请动态内存 */
110     if (RT_NULL == head) /* 没有申请成功 */
111         rt_kprintf("动态内存申请失败！ \n");
112     else
113         rt_kprintf("动态内存申请成功，头节点地址为%d！ \n",head);
114
115     rt_kprintf("\n双向链表初始化中......\n");
116     rt_list_init(head);
117     if (rt_list_isempty(head))
118         rt_kprintf("双向链表初始化成功!\n\n");
119
120     /* 插入节点：顺序插入与从末尾插入 */
121     rt_kprintf("添加节点和尾节点添加......\n");
122
123     /* 动态申请第一个节点的内存 */
124     node1 = rt_malloc(sizeof(rt_list_t));
125
126     /* 动态申请第二个节点的内存 */
127     node2 = rt_malloc(sizeof(rt_list_t));
128
```

```
129       rt_kprintf("添加第一个节点与第二个节点.....\n");
130
131       /* 因为这是在某个节点后面添加一个节点函数,
132          为后面的 rt_list_insert_before() (某个节点之前)
133          添加节点做铺垫,两个函数添加完之后的顺序是
134          head-> node1-> node2 */
135
136       rt_list_insert_after(head,node2);
137
138       rt_list_insert_before(node2,node1);
139
140       if ((node1->prev == head) && (node2->prev == node1))
141           rt_kprintf("添加节点成功!\n\n");
142       else
143           rt_kprintf("添加节点失败!\n\n");
144
145       rt_kprintf("删除节点......\n"); /* 删除已有节点 */
146       rt_list_remove(node1);
147       rt_free(node1);/* 释放第一个节点的内存 */
148       if (node2->prev == head)
149           rt_kprintf("删除节点成功\n\n");
150
151       /* 线程是一个无限循环,不能返回 */
152       while (1) {
153           LED1_TOGGLE;
154           rt_thread_delay(500);       //每 500ms 扫描一次
155       }
156 }
157
158 static void test2_thread_entry(void *parameter)
159 {
160
161       /* 线程是一个无限循环,不能返回 */
162       while (1) {
163           rt_kprintf("线程运行中!\n");
164           LED2_TOGGLE;
165           rt_thread_delay(1000);      //每 1000ms 扫描一次
166       }
167 }
168/*******************************END OF FILE*****************************/
169
```

23.4 实验现象

程序编译好,用 USB 线连接计算机和开发板的 USB 接口(对应丝印为 USB 转串口),用 DAP 仿真器把配套程序下载到野火 STM32 开发板(具体型号根据购买的板子而定,每个型号的板子都有对应的程序),在计算机上打开串口调试助手,然后复位开发板就可以在

调试助手中看到 rt_kprintf() 的打印信息，其中输出了信息表明双向链表的操作已经全部完成，开发板上的 LED 灯在闪烁，具体如图 23-5 所示。

图 23-5 双向链表的实验现象

第 24 章 CPU 利用率统计

24.1 CPU 利用率的基本概念

CPU 使用率其实就是系统运行的程序占用的 CPU 资源，表示机器在某段时间程序运行的情况，如果这段时间中，程序一直在占用 CPU 的使用权，那么可以认为 CPU 的利用率是 100%。CPU 的利用率越高，说明机器在这个时间上运行了很多程序，反之较少。利用率的高低与 CPU 强弱有直接关系，就像一段一模一样的程序，如果使用运算速度很慢的 CPU，它可能要运行 1000ms，而使用运算速度很快的 CPU，可能只需要 10ms，那么在 1000ms 这段时间中，前者的 CPU 利用率就是 100%，而后者的 CPU 利用率只有 1%，因为 1000ms 内前者都在使用 CPU 做运算，而后者只使用 10ms 的时间做运算，剩下的时间 CPU 可以做其他事情。

RT-Thread 是多线程操作系统，对 CPU 都是分时使用的，比如 A 进程占用 10ms，然后 B 进程占用 30ms，之后空闲 60ms，再又是 A 进程占 10ms，B 进程占 30ms，空闲 60ms……如果在一段时间内都是如此，那么这段时间内的利用率为 40%，因为整个系统中只有 40% 的时间是 CPU 处理数据的时间。

24.2 CPU 利用率的作用

一个系统设计的好坏，可以用 CPU 利用率来衡量，一个好的系统必然要能完美地响应紧急的处理需求，并且系统的资源不会过于浪费（性价比高）。举个例子，假设一个系统的 CPU 利用率经常在 90% ～ 100% 徘徊，那么系统就很少有空闲的时候，这时候突然有一些事情急需 CPU 的处理，但是此时 CPU 都很可能被其他线程占用了，那么这个紧急事件就有可能无法得到响应，即使能被响应，那么占用 CPU 的线程又处于等待状态，这种系统就是不够完美的，因为资源处理得过于紧迫；反过来，假如 CPU 的利用率在 1% 以下，那么我们就可以认为这种产品的资源过于浪费，CPU 大部分时间处于空闲状态。设计产品，既不能让资源过于浪费，也不能让资源处理过于紧迫，这种设计才是完美的。

24.3 CPU 利用率统计实现

RT-Thread 提供了一个 CPU 统计的代码文件，该代码并非 RT-Thread 内核资源，只是利用 RT-Thread 中的空闲线程来统计 CPU 的利用率，实现的原理很简单，在 RT-Thread 的空闲线程计算出一段时间内处于空闲线程的时间，就知道 CPU 处于有效运行状态的时间，从而得到 CPU 的利用率。下面来看看 CPU 利用率统计的源码文件 cpuusage.c，该文件在 rt-thread\examples\kernel 路径下。

如果需要使用它来统计 CPU 利用率，那么需要先将该文件添加到工程中，我们首先将 cpuusage.c 文件复制到模板工程的 USER 文件夹下面，如图 24-1 所示，然后添加到我们的工程分组中。

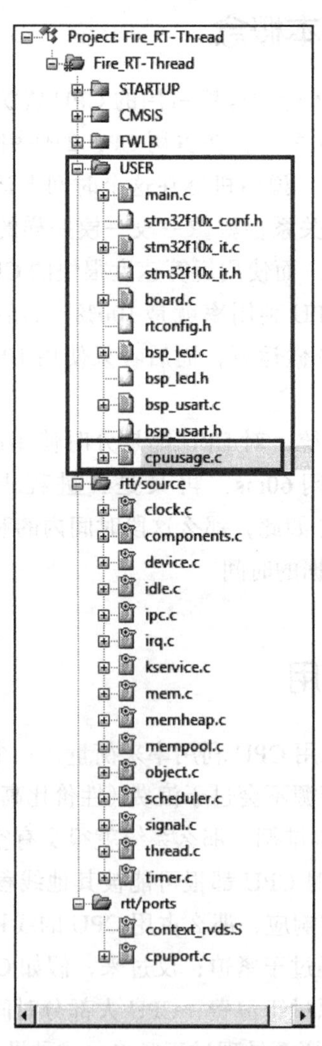

图 24-1 将 cpuusage.c 文件复制到 USER 文件夹

将 cpuusage.c 文件添加到工程文件中后我们可以进行一次编译，会提示无法识别 rt_thread_idle_sethook() 函数，该函数在 cpuusage.c 文件中被调用，具体如图 24-2 所示。

```
*** Using Compiler 'V5.06 update 6 (build 750)', folder: 'D:\Keil_v5\ARM\ARMCC\Bin'
Build target 'Fire_RT-Thread'
linking...
..\..\Output\Fire_RT-Thread.axf: Error: L6218E: Undefined symbol rt_thread_idle_sethook (referred from cpuusage.o).
Not enough information to list image symbols.
Not enough information to list load addresses in the image map.
Finished: 2 information, 0 warning and 1 error messages.
"..\..\Output\Fire_RT-Thread.axf" - 1 Error(s), 0 Warning(s).
Target not created.
Build Time Elapsed:  00:00:00
```

图 24-2　编译时发生错误

原来，rt_thread_idle_sethook() 函数是一个钩子函数，该函数是系统定义的函数，只有启用空闲钩子函数时，编译器才会将空闲钩子函数相关的代码编译进来，我们就在 rtconfig.h 中将 RT_USING_IDLE_HOOK 宏定义打开，再次编译时就会发现错误已经消失了，这样就能使用 cpuusage.c 文件提供的函数来统计我们的 CPU 利用率了。

为了使用方便，我们再创建一个与 cpuusage.c 源码文件对应的头文件 cpuusage.h，目的是声明 cpuusage.c 文件中对外提供的函数接口，以便调用这些函数，具体参见代码清单 24-1，cpuusage.c 源码文件具体参见代码清单 24-2。

代码清单24-1　cpuusage.h文件（自己创建的）

```
 1 #ifndef __CPUUSAGE_H__
 2 #define __CPUUSAGE_H__
 3
 4
 5 #include <rtthread.h>
 6 #include <rthw.h>
 7
 8
 9 /* 获取 CPU 利用率 */
10 void cpu_usage_init(void);
11 void cpu_usage_get(rt_uint8_t *major, rt_uint8_t *minor);
12
13 #endif
```

代码清单24-2　cpuusage.c文件（文件路径：rt-thread\examples\kernel）

```
 1 #include <rtthread.h>
 2 #include <rthw.h>
 3 #include "cpuusage.h"
 4
 5 #define CPU_USAGE_CALC_TICK    1000
 6 #define CPU_USAGE_LOOP         100
 7
 8 static rt_uint8_t  cpu_usage_major = 0, cpu_usage_minor= 0;
 9 static rt_uint32_t total_count = 0;
10
11 static void cpu_usage_idle_hook()
```

```
12 {
13     rt_tick_t tick;
14     rt_uint32_t count;
15 volatile rt_uint32_t loop;
16
17 if (total_count == 0) {                                        (1)
18 /* get total count */
19         rt_enter_critical();                                   (2)
20         tick = rt_tick_get();                                  (3)
21 while (rt_tick_get() - tick < CPU_USAGE_CALC_TICK) {
22             total_count ++;                                    (4)
23             loop = 0;
24 while (loop < CPU_USAGE_LOOP) loop ++;
25         }
26         rt_exit_critical();
27     }
28
29     count = 0;
30 /* get CPU usage */
31     tick = rt_tick_get();                                      (5)
32 while (rt_tick_get() - tick < CPU_USAGE_CALC_TICK) {
33         count ++;                                              (6)
34         loop  = 0;
35         while (loop < CPU_USAGE_LOOP) loop ++;
36     }
37
38 /* calculate major and minor */
39 if (count < total_count) {                                     (7)
40         count = total_count - count;
41         cpu_usage_major = (count * 100) / total_count;
42         cpu_usage_minor = ((count * 100) % total_count) * 100 / total_count;
43     } else {
44         total_count = count;                                   (8)
45
46 /* no CPU usage */
47         cpu_usage_major = 0;
48         cpu_usage_minor = 0;
49     }
50 }
51
52 void cpu_usage_get(rt_uint8_t *major, rt_uint8_t *minor)
53 {
54     RT_ASSERT(major != RT_NULL);
55     RT_ASSERT(minor != RT_NULL);
56
57     *major = cpu_usage_major;                                  (9)
58     *minor = cpu_usage_minor;
59 }
60
```

```
61 void cpu_usage_init()
62 {
63 /* 设置空闲线程钩子函数 */
64     rt_thread_idle_sethook(cpu_usage_idle_hook);          (10)
65 }
```

代码清单 24-2（1）：在第一次进入该函数时，total_count 为 0，那么就在指定的时间段中使 CPU 全速运算，看能将 total_count 加 1 运算加到多大，并以 total_count 的值作为 CPU 利用率 100% 的运算标准。

代码清单 24-2（2）：进入临界段，不响应中断，CPU 全速运行。

代码清单 24-2（3）：获取当前时间 tick，也就是作为运算起始的时间点。

代码清单 24-2（4）：在一个相对时间 rt_tick_get()- tick < CPU_USAGE_CALC_TICK 中，循环将 total_count 自加，CPU_USAGE_CALC_TICK 的大小由宏定义指定，用户可以修改其值，我们以 1000 个 tick 来为计算。到时间之后，退出循环，我们也得到一个 CPU 全速运算的值 total_count。

代码清单 24-2（5）：获取当前时间 tick，也就是作为运算起始的时间点，此处获取当前系统时间是为了计算在指定的 CPU_USAGE_CALC_TICK 相对时间内，计算空闲任务所占的相对时间。

代码清单 24-4（6）：不进入临界段的 count 自加，可能 count 的运算会被系统其他任务或中断打断，这样的运算我们称之为空闲的 CPU 运算，只在空闲时间占用 CPU，因为空闲线程是永远处于运行状态的，而空闲任务则可以被我们粗略认为是做无用功的，CPU 没有被用上。

代码清单 24-2（7）：假设在 CPU 全速运行时，total_count 自加到 100，而在有线程运行时，空闲线程是不能获得 CPU 的使用权的，那么自然 count 也无法一直自加，所以 count 的值往往比 total_count 小，假设某段时间内 count 的值为 80，那么我们可以认为空闲线程占用了系统 80% 的 CPU 使用权，其他线程占用了 20%，而这 20% 是有用的，所以可以看作 CPU 的利用率是 20%。按照这个思路，将得到某个相对时间段中 CPU 的利用率，CPU 利用率的结果将保留两位小数，cpu_usage_major 是 CPU 利用率的整数部分，cpu_usage_minor 是 CPU 利用率的小数部分。

代码清单 24-2（8）：如果 count 的值大于或等于 total_count 的值，就说明了这段时间 CPU 没有处理其他事情，基本都在空闲线程中做运算。

代码清单 24-2（9）：获取 CPU 利用率，并保存在传入的参数中。

代码清单 24-2（10）：CPU 利用率统计的初始化函数，设置空闲线程钩子函数，让空闲线程能调用空闲钩子函数，从而能进行 CPU 利用率的统计。

注意：在使用 CPU 利用率统计之前，必须先调用 cpu_usage_init() 函数，我们已经在 board.c 文件中进行初始化了。

24.4 CPU利用率实验

CPU利用率实验是在RT-Thread中创建了两个线程，其中一个线程是模拟占用CPU，另一个线程用于获取CPU利用率并通过串口打印出来。具体参见代码清单24-3中加粗部分。

代码清单24-3 CPU利用率实验

```
1 /**
2   *********************************************************************
3   * @file    main.c
4   * @author  fire
5   * @version V1.0
6   * @date    2018-xx-xx
7   * @brief   RT-Thread 3.0 + STM32 CPU利用率统计
8   *********************************************************************
9   * @attention
10  *
11  * 实验平台：野火 STM32 开发板
12  * 论坛：http://www.firebbs.cn
13  * 淘宝：https://fire-stm32.taobao.com
14  *
15  **********************************************************************
16  */
17
18 /*
19 *************************************************************************
20 *                              包含的头文件
21 *************************************************************************
22 */
23 #include "board.h"
24 #include "rtthread.h"
25
26
27 /*
28 *************************************************************************
29 *                              变量
30 *************************************************************************
31 */
32 /* 定义线程控制块 */
33 static rt_thread_t led1_thread = RT_NULL;
34 static rt_thread_t get_cpu_use_thread = RT_NULL;
35 /*
36 *************************************************************************
37 *                              函数声明
38 *************************************************************************
39 */
40 static void led1_thread_entry(void *parameter);
41 static void get_cpu_use_thread_entry(void *parameter);
42
```

```
43 /*
44 ************************************************************************
45 *                              main() 函数
46 ************************************************************************
47 */
48 /**
49   * @brief  主函数
50   * @param  无
51   * @retval 无
52   */
53 int main(void)
54 {
55 /*
56      * 开发板硬件初始化，RTT 系统初始化已经在 main() 函数之前完成，
57      * 即在 component.c 文件中的 rtthread_startup() 函数中完成了。
58      * 所以在 main() 函数中，只需要创建线程和启动线程即可
59      */
60
61     rt_kprintf(" 这是一个 [ 野火 ]-STM32 全系列开发板 -RTT-CPU 利用率统计实验 \r\n");
62
63     led1_thread =                                 /* 线程控制块指针 */
64         rt_thread_create( "led1",                 /* 线程名字 */
65                           led1_thread_entry,      /* 线程入口函数 */
66                           RT_NULL,                /* 线程入口函数参数 */
67                           512,                    /* 线程栈大小 */
68                           3,                      /* 线程的优先级 */
69                           20);                    /* 线程时间片 */
70
71 /* 启动线程，开启调度 */
72 if (led1_thread != RT_NULL)
73         rt_thread_startup(led1_thread);
74 else
75     return -1;
76
77     get_cpu_use_thread =                                  /* 线程控制块指针 */
78         rt_thread_create( "get_cpu_use",                  /* 线程名字 */
79                           get_cpu_use_thread_entry,       /* 线程入口函数 */
80                           RT_NULL,                        /* 线程入口函数参数 */
81                           512,                            /* 线程栈大小 */
82                           5,                              /* 线程的优先级 */
83                           20);                            /* 线程时间片 */
84
85 /* 启动线程，开启调度 */
86 if (get_cpu_use_thread != RT_NULL)
87         rt_thread_startup(get_cpu_use_thread);
88 else
89     return -1;
90 }
91
92 /*
```

```
 93 ******************************************************************************
 94 *                                   线程定义
 95 ******************************************************************************
 96 */
 97
 98 static void led1_thread_entry(void *parameter)
 99 {
100     rt_uint16_t i;
101
102 while (1) {
103         LED1_TOGGLE;
104
105 /* 模拟占用CPU资源，修改数值作为模拟测试 */
106 for (i = 0; i < 10000; i++);
107
108         rt_thread_delay(5);    /* 延时5个tick */
109     }
110 }
111
112 static void get_cpu_use_thread_entry(void *parameter)
113 {
114     rt_uint8_t major,minor;
115
116 while (1) {
117 /* 获取CPU利用率数据 */
118         cpu_usage_get(&major,&minor);
119
120 /* 打印CPU利用率 */
121         rt_kprintf("CPU利用率 = %d.%d%\r\n",major,minor);
122
123         rt_thread_delay(1000);    /* 延时1000个tick */
124
125     }
126 }
127
128 /********************************END OF FILE****************************/
```

24.5 实验现象

程序编译好，用USB线连接计算机和开发板的USB接口（对应丝印为USB转串口），用DAP仿真器把配套程序下载到野火STM32开发板（具体型号根据购买的板子而定，每个型号的板子都配套有对应的程序），在计算机上打开串口调试助手，然后复位开发板就可以在调试助手中看到rt_kprintf()的打印信息，具体如图24-3所示。

注意：在开始的时候调用获取CPU利用率函数cpu_usage_get()会计算参考值，所以刚开始时CPU利用率为0，后面的才是统计后的真正数据。

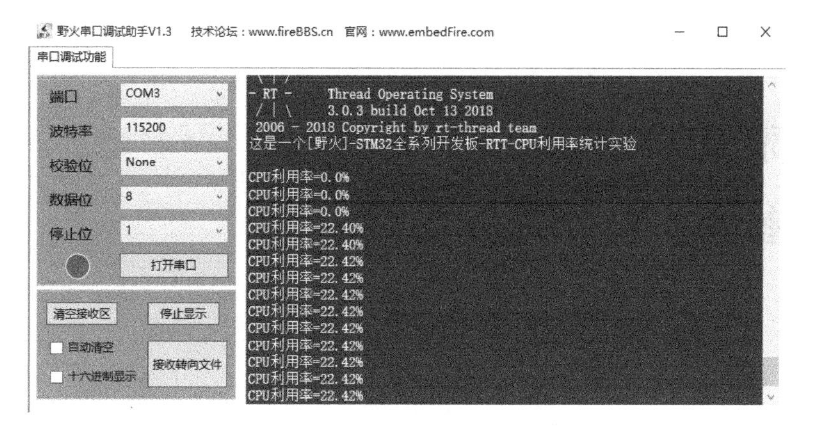

图 24-3　CPU 利用率实验现象

附录
参考资料和配套硬件

本书的参考资料

1）RT-Thread 官方源代码（参见网址 http://github.com/RT-Thread/rt-thread）。

2）RT-Thread_manual.zh.pdf（参见网址 http://www.rt-thread.org/document/site/）。

3）《STM32 库开发实战指南》(机械工业出版社出版)。

注意：本书配套的实验源代码均可到野火电子公众号下载。

本书的配套硬件平台

本书支持野火 STM32 开发板全套系列，具体型号如表 1 所示，各开发板样式及带液晶效果图如图 1 ～图 10 所示。其中野火挑战者有 3 个型号，分别为 F429、F767 和 H743，它们共用同一个底板，只是核心板不一样。学习时如果搭配这些硬件平台做实验，将会达到事半功倍的效果，可以避免中间硬件不一样时移植遇到的各种问题。

表 1　野火 STM32 开发板型号汇总

型　号	区　别			
	内　核	引　脚	RAM	ROM
MINI	Cortex-M3	64	48KB	256KB
指南者	Cortex-M3	100	64KB	512KB
霸道	Cortex-M3	144	64KB	512KB
霸天虎	Cortex-M4	144	192KB	1MB
挑战者	Cortex-M4	176	256KB	1MB

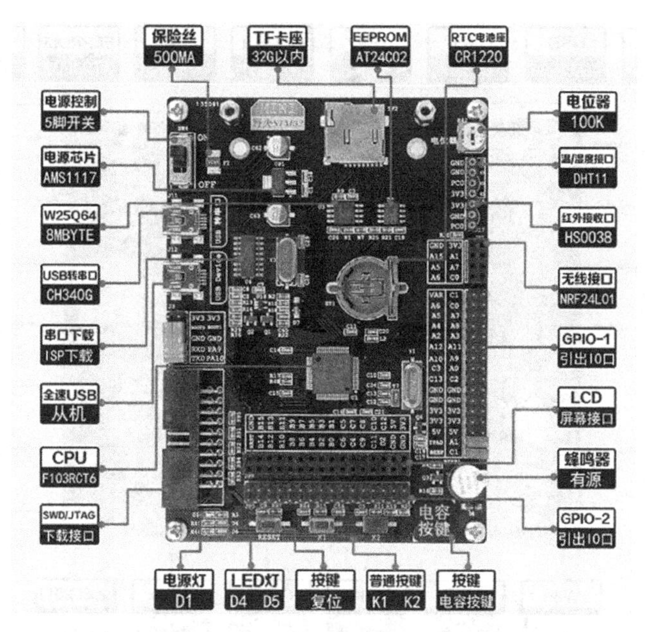

图 1　野火“MINI”STM32F103RCT6 开发板

图 2　野火“MINI”STM32F103RCT6 开发板带液晶效果图

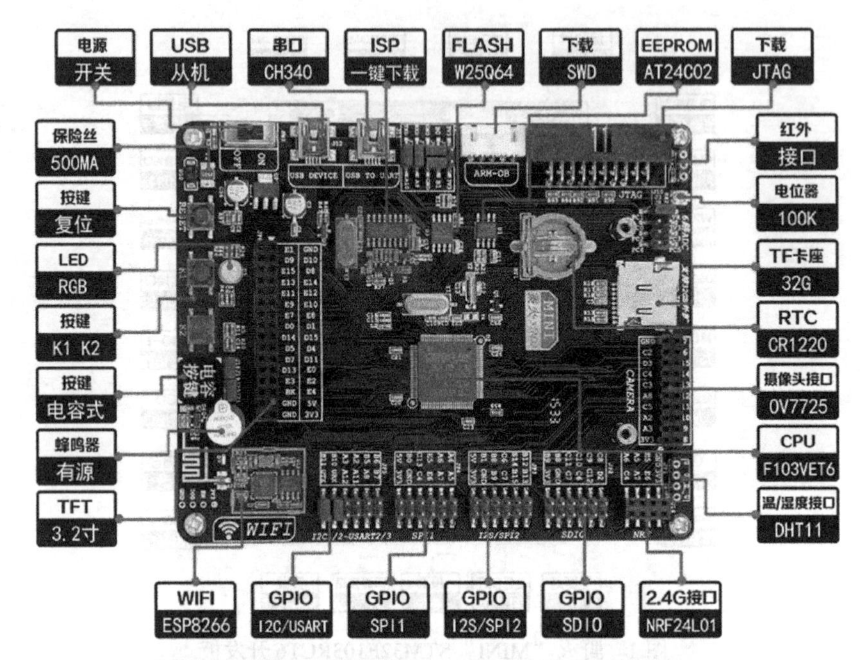

图 3 野火“指南者”STM32F103VET6 开发板

图 4 野火“指南者”STM32F103VET6 开发板带液晶效果图

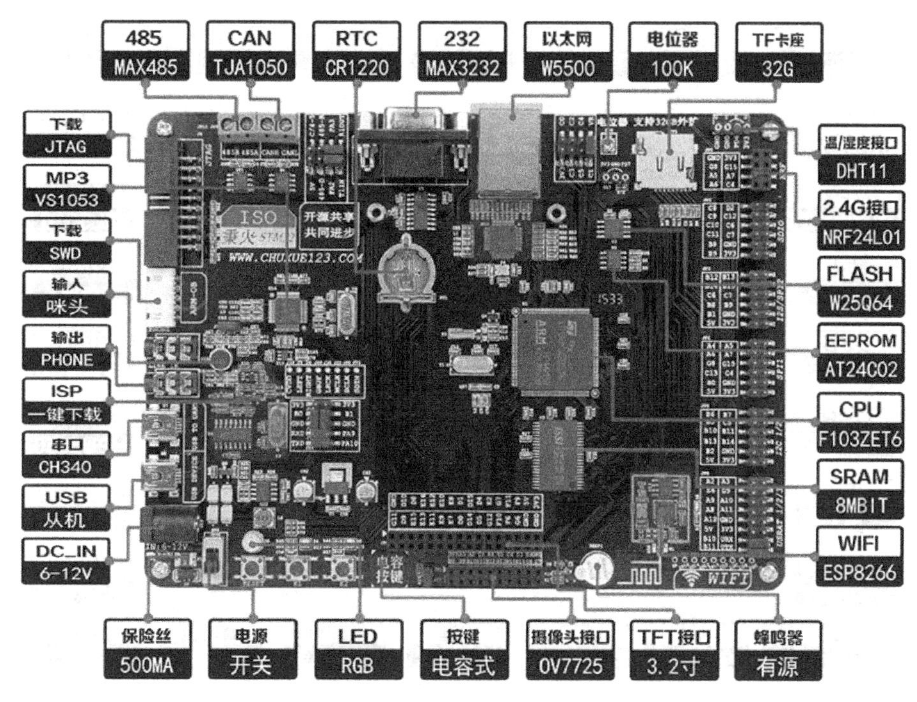

图 5　野火“霸道”STM32F103ZET6 开发板

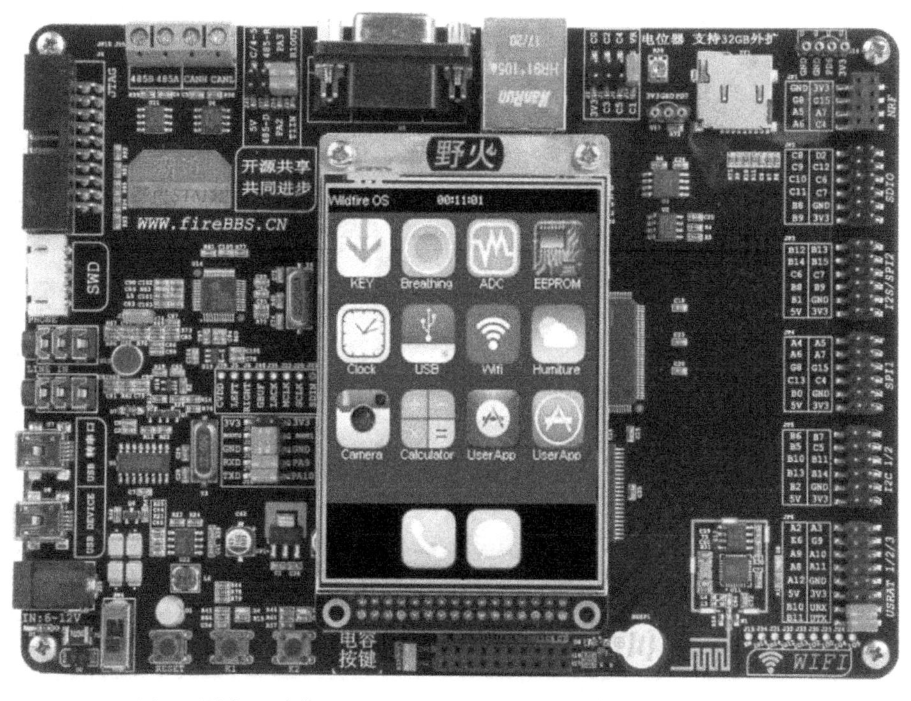

图 6　野火“霸道”STM32F103ZET6 开发板带液晶显示效果图

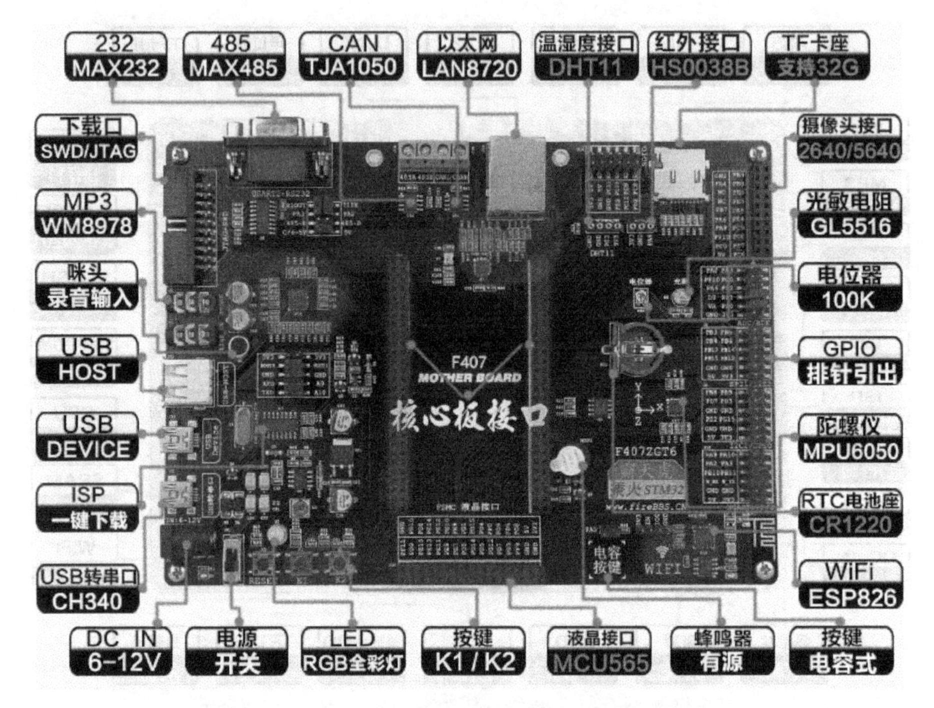

图 7 野火“霸天虎”STM32F407ZGT6 开发板

图 8 野火“霸天虎”STM32F407ZGT6 开发板带液晶显示效果图

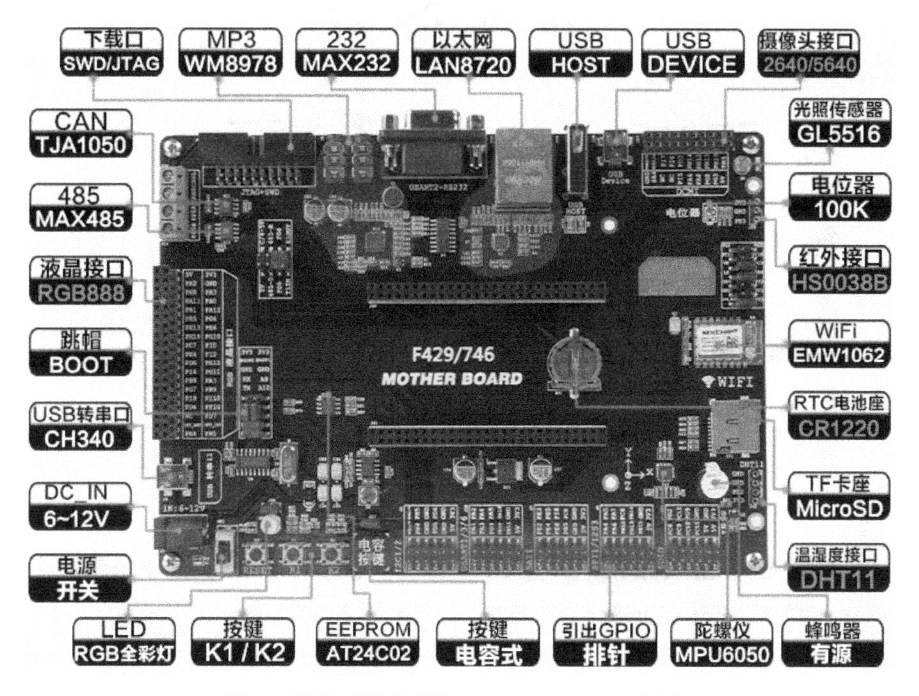

图 9　野火“挑战者”F429/F767/H743 开发板

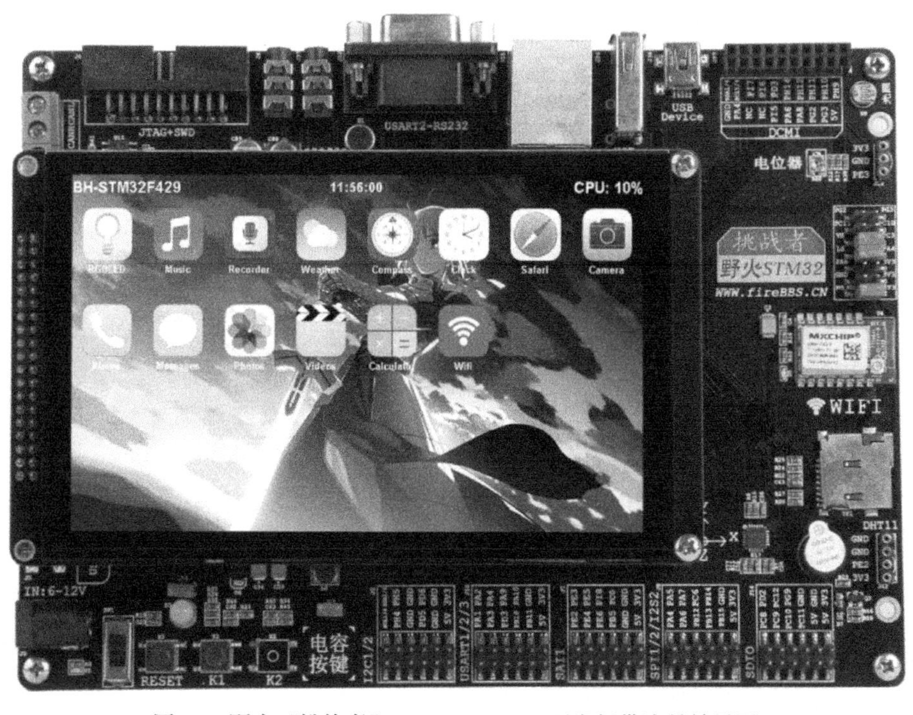

图 10　野火“挑战者”F429/F767/H74 开发板带液晶效果图

推荐阅读

集成电路测试指南

作者：加速科技应用工程团队 ISBN：978-7-111-68392-6 定价：99.00元

将集成电路测试原理与工程实践紧密结合，测试方法和测试设备紧密结合。

内容涵盖数字、模拟、混合信号芯片等主要类型的集成电路测试。

Verilog HDL与FPGA数字系统设计（第2版）

作者：罗杰 ISBN：978-7-111-57575-7 定价：99.00元

本书根据EDA课程教学要求，以提高数字系统设计能力为目标，将数字逻辑设计和Verilog HDL有机地结合在一起，重点介绍在数字设计过程中如何使用Verilog HDL。

FPGA Verilog开发实战指南：基于Intel Cyclone IV（基础篇）

作者：刘火良 杨森 张硕 ISBN：978-7-111-67416-0 定价：199.00元

以Verilog HDL语言为基础，详细讲解FPGA逻辑开发实战。理论与实战相结合，并辅以特色波形图，真正实现以硬件思维进行FPGA逻辑开发。结合野火征途系列FPGA开发板，并提供完整源代码，极具可操作性。

FPGA Verilog开发实战指南：基于Intel Cyclone IV（进阶篇）

作者：刘火良 杨森 张硕 ISBN：978-7-111-67410-8 定价：169.00元

以Verilog HDL语言为基础，循序渐进详解FPGA逻辑开发实战。理论与实战案例结合，学习如何以硬件思维进行FPGA逻辑开发，并结合野火征途系列FPGA开发板和完整代码，极具可操作性